高等职业教育自动化类专业系列教材

# 工业组态控制技术


主　编　吴孝慧　鹿业勃

副主编　李　强　程义民　王　振

　　　　许艳梅　明习凤

主　审　谢双合　殷淑英



電子工業出版社

Publishing House of Electronics Industry

北京·BEIJING

## 内容简介

"工业组态控制技术"为高职高专院校理实一体化教材，主要介绍工控组态软件——组态王和MCGS嵌入版组态软件在各种控制系统中的具体应用，以实用、易用为主线，采用项目化的编写方式对多种控制系统进行详细的讲解，力求使读者能够有所借鉴。全书共分为六个项目，项目一到项目四是以电动机控制、化工反应车间控制、自动门控制、楼宇系统控制为例，分别对组态王软件和MCGS嵌入版组态软件的基本知识做了详细的介绍，使读者对两种组态软件有一个全面的了解；项目五和项目六分别对前面两种组态软件学习的综合技能训练进行讲解，并且与PLC（西门子S7-200和三菱）硬件设备进行通信，介绍PLC控制的组态监控系统的构建方法，从而达到将学生学习内容与工作内容紧密结合起来，全面提升学生的职业岗位能力的学习目标，可以满足多个学校对不同组态软件学习的要求。

本书主要作为高职高专院校机电一体化、电气自动化、电子、计算机控制技术等专业的课程教材，还可作为相关专业工程技术人员的自学参考用书。



**图书在版编目（CIP）数据**

工业组态控制技术/吴孝慧，鹿业勃主编. —北京：电子工业出版社，2016.7
ISBN 978-7-121-28566-0

Ⅰ.①工… Ⅱ.①吴… ②鹿… Ⅲ.①过程控制软件－高等学校－教材 Ⅳ.①TP317

中国版本图书馆CIP数据核字（2016）第073521号

策划编辑：朱怀永
责任编辑：底　波
印　　刷：北京七彩京通数码快印有限公司
装　　订：北京七彩京通数码快印有限公司
出版发行：电子工业出版社
　　　　　北京市海淀区万寿路173信箱　邮编　100036
开　　本：787×1092　1/16　印张：19.75　字数：505千字
版　　次：2016年7月第1版
印　　次：2025年1月第15次印刷
定　　价：40.00元

凡所购买电子工业出版社图书有缺损问题，请向购买书店调换，若书店售缺，请与本社发行部联系，联系及邮购电话：（010）88254888，88258888。

质量投诉请发邮件至zlts@phei.com.cn，盗版侵权举报请发邮件至dbqq@phei.com.cn。

本书咨询联系方式：zhy@phei.com.cn。

# 前　言

为落实“课岗证融通，实境化历练”人才培养模式改革政策，满足高等职业教育技能型人才培养的要求，更好地适应企业的需要，省内职业院校联合组织课程组有关人员和企业技术人员编写本书。

本书主要介绍工控组态软件（组态王和MCGS嵌入版组态）在典型工业控制系统中的具体应用，采用项目化的编写方式对各种控制系统进行详细的讲解，力求使读者能够有所借鉴。全书共分为六个项目，项目一和项目二是以电动机、化工反应车间组态监控系统项目载体，以任务为驱动，对组态王软件的基础知识运用做了详细的介绍，经过项目三的实践练习，使读者对组态王软件运用有一个全面的了解；项目四是以楼宇监控系统为载体对触摸屏TPC和MCGS嵌入版组态软件的运用做了详细的介绍，以达到读者能在控制系统中运用MCGS组态软件的能力；项目五和项目六分别对前面两种组态软件学习的综合技能训练进行讲解，并且与PLC（西门子S7-200和三菱）硬件设备进行通信，讲解掌握PLC控制的组态监控系统的构建方法，从而满足多个学校对不同组态软件学习的要求。

本书的编写贯彻了“以学生为主体，以就业为导向，以能力为核心”的理念，对内容进行了适当的调整，补充了一些新知识。注重培养学生的良好综合素质、实践能力和创新能力，使本书更规范、更实用。本书图文并茂，内容丰富。本书可采用理实一体化教学方式，通过项目教学法，将控制系统的理论学习与实践教学有机结合在一起，实现学校与企业实际有机结合的目的，为学生走上工作岗位后能迅速掌握企业的控制系统奠定了基础。

本书以通过课程的讲授和训练，使学生掌握一般组态控制技术和工控组态软件的使用方法为目的。以“硬件集成、软件组态、控制编程、安装调试”关键能力为主线，在了解和掌握工控系统组态和调试的原理、方法和过程的基础上，培养学生具有完备的工控系统安装与调试能力，较强的设计能力、扩展能力以及较好的自动化技术系统设计和综合实践能力。

本书由吴孝慧、鹿业勃主编，李强、程义民、王振、许艳梅、明习凤副主编。谢双合、殷淑英主审。

由于时间较仓促，编者水平有限，调研不够深入，书中难免存在不足之处，诚恳地希望各位专家和广大读者批评指正。

编　者

2015年12月

# 目　录

**项目一　电动机典型控制组态监控系统** ······ 1

任务 1　电动机启停监控设计 ······ 1
任务 2　电动机正反转监控设计 ······ 25
任务 3　电动机△-Y形降压启动监控设计 ······ 43

**项目二　化工反应车间组态监控系统** ······ 66

任务 1　化工反应车间液体混合监控设计 ······ 66
任务 2　化工反应车间反应罐趋势曲线监控设计 ······ 88
任务 3　化工反应车间反应罐数据报表监控设计 ······ 120
任务 4　化工反应车间报警事件监控设计 ······ 144

**项目三　自动门组态监控系统** ······ 168

任务 1　水平自动门监控系统设计 ······ 168
任务 2　垂直自动门监控设计 ······ 178

**项目四　楼宇组态监控系统** ······ 197

任务 1　两台电动机顺启逆停监控设计 ······ 197
任务 2　楼宇广告彩灯监控设计 ······ 224
任务 3　楼宇升降电梯监控设计 ······ 237

**项目五　十字路口交通灯组态监控系统** ······ 255

任务 1　基于西门子 S7-200PLC 的交通灯组态监控系统 ······ 255
任务 2　基于 PLC 和组态软件的十字路口交通灯监控系统设计 ······ 262

**项目六　机械手组态监控系统** ······ 277

任务 1　基于组态软件的机械手监控系统设计 ······ 277
任务 2　基于 PLC 和组态软件的机械手监控系统设计 ······ 292

**参考文献** ······ 307

# 项目一

# 电动机典型控制组态监控系统

组态软件，又称组态监控软件系统软件。译自英文 SCADA，即 Supervisory Control and Data Acquisition（数据采集与监视控制）。它是指一些数据采集与过程控制中的专用软件。它处在自动控制系统监控层一级的软件平台和开发环境，使用灵活的组态方式，为用户提供快速构建工业自动控制系统监控功能的、通用层次的软件工具。组态软件的应用领域很广，可以应用于电力系统、给水系统、石油、化工等领域的数据采集与监视控制以及过程控制等诸多领域。在电力系统以及电气化铁道上又称远动系统（Remote Terminal Unit，RTU System）。

组态软件在国内是一个约定俗成的概念，并没有明确的定义，它可以理解为“组态式监控软件”。“组态（Configure）”的含义是配置、设定、设置等意思，是指用户通过类似“搭积木”的简单方式来完成自己所需要的软件功能，而不需要编写计算机程序。它有时也称为“二次开发”，组态软件就称为“二次开发平台”。“监控（Supervisory Control）”，即“监视和控制”，是指通过计算机信号对自动化设备或过程进行监视、控制和管理。

## 任务1　电动机启停监控设计

### 一、任务描述

使用组态软件模拟监控电动机启停控制过程，如图 1-1 所示。组态软件模拟过程：按下启动按钮，电动机运行；按下停止按钮，电动机停转。通过此学习任务来了解组态软件及软件基本操作方法，培养学生组态画面绘制、动画连接设置的能力。

### 二、任务资讯

#### （一）组态软件产生的背景

“组态”的概念是伴随着集散型控制系统（Distributed Control System，DCS）的出现，开始被广大的自动化生产过程技术人员所熟知。组态软件是对工业自动化生产中的一些数据进行采集与过程控制的一种专用软件。它是自动控制系统中监控层级的软件平台和

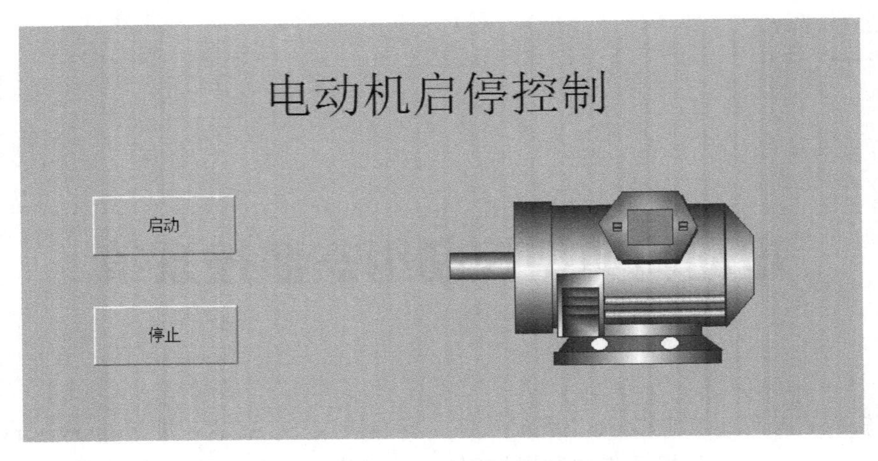


图 1-1　电动机启停组态模拟监控工程

开发环境，为用户提供快速构建工业自动控制系统监控功能的、通用层次的软件工具。在工业控制技术不断发展和应用过程中，PC（包括工控机）相比以前的专用系统具有明显的优势。这些优势主要体现在：

① PC 技术保持了较快的发展速度，各种相关技术成熟；

② 由 PC 构建的工业控制系统具有相对较低的成本；

③ PC 的软件资源和硬件资源丰富，软件之间的互操作性强；

④ 基于 PC 的控制系统易于学习和使用，可以容易地得到技术方面的支持。

PC 技术向工业控制领域的渗透过程中，组态软件占据着非常重要而且特殊的地位。

组态软件支持各种工控设备和常见的通信协议，并且通常提供分布式数据管理和网络功能。对应于原有的 HMI 概念，组态软件是一个使用户能快速建立自己需求的 HMI 的软件工具或开发环境。在组态软件出现之前，工控领域的用户通过手工或委托第三方编写 HMI 应用，开发时间长、效率低、可靠性差；或者购买专用的工控系统，但这些系统通常是封闭的，选择余地小，不能满足客户需求，很难与外界数据进行交互，升级和增加功能都受到了严重的限制。

组态软件的出现，把用户从这些困境中解救了出来。利用组态软件的功能，构建一套最适合自己的应用系统。随着它的快速发展，实时数据库、实时控制、SCADA、通信及联网、开放数据接口、对 I/O 设备的广泛支持已经成为它的主要内容，随着技术的发展，监控组态软件将会不断被赋予新的内容。

### （二）组态软件在我国的发展及国内外主要产品介绍

组态软件产品出现于 20 世纪 80 年代初，并在 80 年代末期进入我国。但在 90 年代中期之前，组态软件在我国的应用并不普及。究其原因，大致有以下几点。

① 国内用户缺乏对组态软件的认识，项目中没有组态软件的预算，或宁愿投入人力、物力针对具体项目做长周期的、繁冗的、上位机的编程开发工作，而不采用组态软件。

② 在很长时间里，国内用户的软件意识还不强，面对价格不菲的进口软件（早期的组态软件多为国外厂家开发），很少有用户愿意购买。

③ 当时国内工业自动化和信息技术应用的水平还不高，对组态软件提供的大规模应用、大量数据的采集、监控、处理和将处理结果生成管理所需的数据等需求并未完全成形。

随着工业控制系统应用的深入，在面临更大规模、更复杂的控制系统时，人们逐渐意识到原有的上位机编程开发方式对项目来说是费时、费力、得不偿失的，同时，MIS（管理信息系统，Management Information System）和 CIMS（计算机集成制造系统，Computer Integrated Manufacturing System）的大量应用，要求工业现场为企业的生产、经营、决策提供更详细和深入的数据，以便优化企业生产经营中的各个环节。在 1995 年以后组态软件在国内的应用逐渐得到了普及。

下面对几种组态软件分别进行介绍。

InTouch：Wonderware 的 InTouch 软件是最早进入我国的组态软件。在 20 世纪 80 年代末 90 年代初，基于 Windows 3.1 的 InTouch 软件曾让我们耳目一新，并且 InTouch 提供了丰富的图库。但是，早期的 InTouch 软件采用 DDE 方式与驱动程序通信，性能较差，最新的 InTouch 7.0 版已经完全基于 32 位的 Windows 平台，并且提供了 OPC 支持。

Fix：美国 Intellution 公司以 Fix 组态软件起家，1995 年被爱默生收购，现在是爱默生集团的全资子公司，Fix6.x 软件提供工控人员熟悉的概念和操作界面，并提供完备的驱动程序（需单独购买）。Intellution 将自己最新的产品系列命名为 Ifix，在 Ifix 中，Intellution 提供了强大的组态功能，但新版本与以往的 6.x 版本并不完全兼容。原有的 Script 语言改为 VBA（Visual Basic for Application），并且在内部集成了微软的 VBA 开发环境。遗憾的是，Intellution 并没有提供 6.1 版脚本语言到 VBA 的转换工具。在 Ifix 中，Intellution 的产品与 Microsoft 的操作系统、网络进行了紧密的集成。Intellution 也是 OPC（Ole for Process Control）组织的发起成员之一。Ifix 的 OPC 组件和驱动程序同样需要单独购买。

Citech：CIT 公司的 Citech 也是较早进入中国市场的产品。Citech 具有简洁的操作方式，但其操作方式更多的是面向程序员，而不是工控用户。Citech 提供了类似 C 语言的脚本语言进行二次开发，但与 Ifix 不同的是，Citech 的脚本语言并非是面向对象的，而是类似于 C 语言，这无疑为用户进行二次开发增加了难度。

WinCC：西门子的 WinCC 也是一套完备的组态开发环境，Simens 提供类似 C 语言的脚本，包括一个调试环境。WinCC 内嵌 OPC 支持，并可对分布式系统进行组态。但 WinCC 的结构较复杂，用户最好经过 Simens 的培训以掌握 WinCC 的应用。

组态王：组态王是国内第一家较有影响的组态软件开发公司（更早的品牌多数已经湮灭）。组态王提供了资源管理器式的操作主界面，并且提供了以汉字作为关键字的脚本语言支持。组态王也提供多种硬件驱动程序。

MCGS：MCGS 是北京昆仑通态自动化软件科技有限公司研发的一套基于 Windows 平台的，用于快速构造和生成上位机监控系统的组态软件系统，主要完成现场数据的采集与监测、前端数据的处理与控制，可运行于 Microsoft Windows 95/98/Me/NT/2000/xp 等操作系统。

MCGS 组态软件包括三个版本，分别是网络版、通用版、嵌入版。MCGS 具有功能完善、操作简便、可视性好、可维护性强等突出特点。通过与其他相关的硬件设备结合，可以快速、方便地开发各种用于现场采集、数据处理和控制的设备。用户只需要通过简单的模块化组态就可构造自己的应用系统，如可以灵活组态各种智能仪表、数据采集模块，无纸记录仪、无人值守的现场采集站、人机界面等专用设备。

力控：大庆三维公司的力控是国内较早就已经出现的组态软件之一。随着 Windows 3.1 的流行，又开发出了 16 位 Windows 版的力控。但直至 Windows 95 版本的力控诞生之前，它主要用于公司内部的一些项目。32 位下的 1.0 版的力控，在体系结构上就已经具备了较为明显的先进性，其最大的特征之一就是基于真正意义的分布式实时数据库的三层结构，而且其实时数据库结构可为可组态的活结构。在 1999—2000 年间，力控得到了长足的发展，最新推出的 2.0 版在功能的丰富特性、易用性、开放性和 I/O 驱动数量上，都得到了很大的提高。

### （三）组态软件的发展方向

目前看到的所有组态软件都能完成类似的功能：几乎所有运行于 32 位 Windows 平台的组态软件都采用类似资源浏览器的窗口结构，并且对工业控制系统中的各种资源（设备、标签量、画面等）进行配置和编辑；都提供多种数据驱动程序；都使用脚本语言提供二次开发的功能等。但是，从技术上说，各种组态软件提供实现这些功能的方法却各不相同。从这些不同之处，以及 PC 技术发展的趋势，可以看出组态软件未来发展的方向。

#### 1. 数据采集的方式

大多数组态软件提供了多种数据采集程序，用户可以自行进行配置。然而在这种情况下，驱动程序只能由组态软件的开发商提供，或者由用户按照某种组态软件的接口规范编写，这对用户提出了过高的要求。由 OPC 基金组织提出的 OPC 规范基于微软的 OLE/DCOM 技术，提供了在分布式系统下，软件组件交互和共享数据的完整的解决方案。在支持 OPC 的系统中，数据的提供者作为服务器（Server），数据请求者作为客户（Client），服务器和客户之间通过 DCOM 接口进行通信，而无须知道对方内部实现的细节。由于 COM 技术是在二进制代码级实现的，所以服务器和客户可以由不同的厂商提供。

在实际应用中，作为服务器的数据采集程序往往由硬件设备制造商随硬件提供，可以发挥硬件的全部效能，而作为客户的组态软件可以通过 OPC 与各厂家的驱动程序无缝连接，故从根本上解决了以前采用专用格式驱动程序总是滞后于硬件更新的问题。同时，组态软件同样可以作为服务器为其他的应用系统（如 MIS 等）提供数据。OPC 现在已经得到了包括 Intellution、Simens、GE、ABB 等国外知名厂商的支持。随着支持 OPC 的组态软件和硬件设备的普及，使用 PC 进行数据采集已成为组态中合理的选择。

#### 2. 脚本的功能

脚本语言是扩充组态系统功能的重要手段。因此，大多数组态软件提供了脚本语言的支持。具体的实现方式可分为三种：一是内置的类 C/Basic 语言；二是采用微软的 VBA 编程语言；三是有少数组态软件采用面向对象的脚本语言。类C/Basic语言要求用户使用类似高级语言的语句书写脚本，使用系统提供的函数调用组合完成各种系统功能。应该指明的是，多数采用这种方式的国内组态软件，对脚本的支持并不完善，许多组态软件只提供“IF…THEN…ELSE”语句结构，不提供循环控制语句，为书写脚本程序带来了一定的困难。

微软的VBA是一种相对完备的开发环境，采用VBA的组态软件通常使用微软的VBA环境和组件技术，把组态系统中的对象以组件方式实现，使用VBA的程序对这些对象进行访问。由于Visual Basic是解释执行的，所以VBA程序的一些语法错误可能到执行时才能发现。而面向对象的脚本语言提供了对象访问机制，对系统中的对象可以通过属性和方法进行访问，比较容易学习、掌握和拓展，但实现比较复杂。

### 3. 组态环境的可扩展性

可扩展性为用户提供了在不改变原有系统的情况下，向系统内增加新功能的能力，这种增加的功能可能来自于组态软件开发商、第三方软件提供商或用户自身。增加功能最常用的手段是ActiveX组件的应用，目前还只有少数组态软件能提供完备的ActiveX组件引入功能及实现引入对象在脚本语言中的访问。

### 4. 组态软件的开放性

随着管理信息系统和计算机集成制造系统的普及，生产现场数据的应用已经不仅仅局限于数据采集和监控。在生产制造过程中，需要现场的大量数据进行流程分析和过程控制，以实现对生产流程的调整和优化。现有的组态软件对这些方面大部分需求还只能以报表的形式提供，或者通过ODBC将数据导出到外部数据库，以供其他的业务系统调用，在绝大多数情况下，仍然需要进行再开发才能实现。随着生产决策活动对信息需求的增加，可以预见，组态软件与管理信息系统或领导信息系统的集成必将更加紧密，并很可能以实现数据分析与决策功能的模块形式在组态软件中出现。

### 5. 对Internet的支持程度

现代企业的生产已经趋向国际化、分布式的生产方式。Internet将是实现分布式生产的基础。

### 6. 组态软件的控制功能

随着以工业PC为核心的自动控制集成系统技术的日趋完善和工程技术人员使用组态软件水平的不断提高，用户对组态软件的要求已不像过去那样主要侧重于画面，而是要考虑一些实质性的应用功能，如软件PLC，先进过程控制策略等。以经典控制理论为基础的控制方案已经不能适应企业提出的高弹性、高效益的要求，以多变量预测控制为代表的先进控制策略的提出和成功应用之后，受到了过程工业界的普遍关注。

先进过程控制（Advanced Process Control，APC）是指一类在动态环境中，基于模型、充分借助计算机能力，为工厂获得最大理论而实施的运行和控制策略。先进控制策略主要有：双重控制及阀位控制、纯滞后补偿控制、解耦控制、自适应控制、差拍控制、状态反馈控制、多变量预测控制、推理控制及软测量技术、智能控制（专家控制、模糊控制和神经网络控制）等，尤其是智能控制已成为开发和应用的热点。目前，国内许多大企业纷纷投资，在装置自动化系统中实施先进控制。国外许多控制软件公司和 DCS 厂商都在竞相开发先进控制和优化控制的工程软件包。因此可以看出能嵌入先进控制和优化控制策略的组态软件必将受到用户的极大欢迎。

### （四）认识组态王程序成员

1．开发版

有 64 点、128 点、256 点、512 点、1024 点、不限点六种规格。内置编程语言，支持网络功能，内置高速历史库，内置 Web 浏览功能，支持运行环境在线运行 6 小时。

2．运行版

有 64 点、128 点、256 点、512 点、1024 点、不限点六种规格。支持网络功能，可选用通信驱动程序。

3．NetView

有 512 点、不限点两种规格。支持网络功能，不可选用通信驱动程序。

4．For Internet 应用（Web 版）

有 5 用户、10 用户、20 用户、50 用户、无限用户五种规格。组态王普通版本无该功能。

5．演示版

支持 64 点，内置编程语言，开发和运行时环境可在线运行 2 小时，可选用通信驱动程序，支持 Web 功能 1 用户，Web 浏览每次 10 分钟。

### （五）建立工程的一般过程

① 设计图形界面（定义画面）
② 定义设备
③ 构造数据库（定义变量）
④ 建立动画连接
⑤ 运行和调试

需要说明的是，这五个步骤并不是完全独立的，事实上，前四个部分常常是交错进行的。在用组态王画面开发系统编制工程时，要依照此过程考虑三个方面：

图形：用户希望怎样的图形画面？也就是怎样用抽象的图形画面来模拟实际的工业现场和相应的工控设备。

数据：怎样用数据来描述工控对象的各种属性？也就是创建一个具体的数据库，此数据库中的变量反映了工控对象的各种属性，比如温度、压力等。

连接：数据和图形画面中的图素的连接关系是什么？也就是画面上的图素以怎样的动画来模拟现场设备的运行，以及怎样让操作者输入控制设备的指令。

## 三、任务分析

### (一) 能力目标

1. 能够正确安装组态软件；
2. 能利用组态软件建立一个简单的工程。

### (二) 知识目标

1. 了解组态软件产生的背景、作用及发展方向；
2. 了解组态软件各部分功能；
3. 掌握组态软件建立工程的步骤。

### (三) 仪器设备

计算机、组态王软件 6.55

### (四) 工程画面

电动机启停控制组态监控画面如图 1-2 所示。

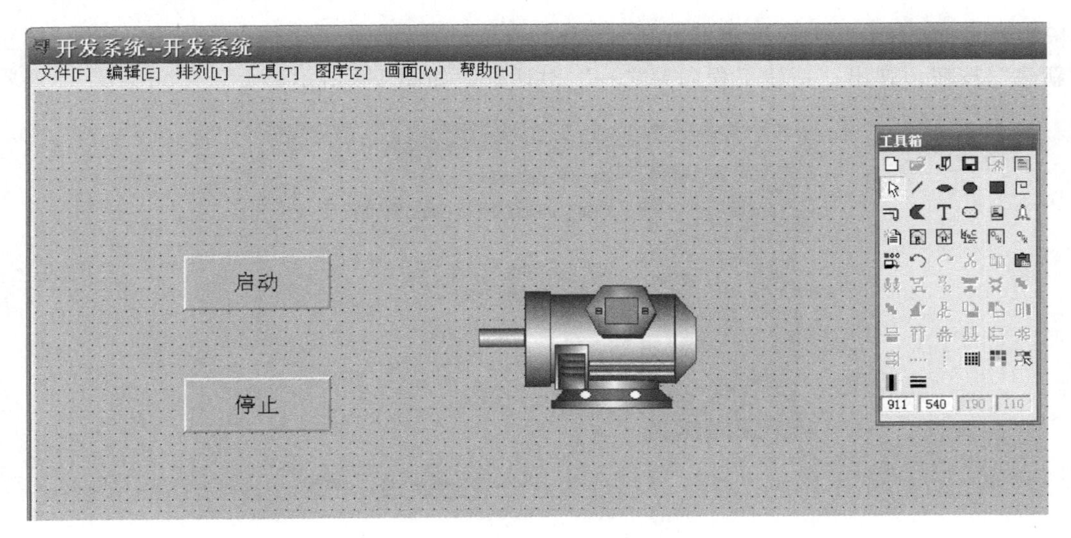


图 1-2　电动机启停控制组态画面

### (五) 变量定义

电动机启停控制组态监控系统变量定义如图 1-3 所示。

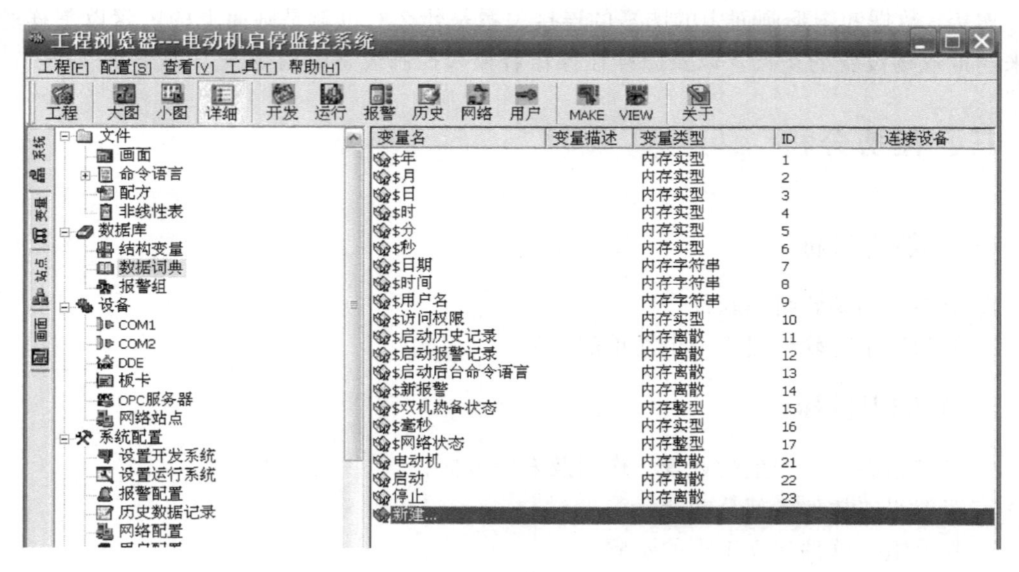


图 1-3　电动机启停控制变量定义

## 四、任务实施——设计电动机启停监控系统工程

### 1. 创建工程路径

启动“组态王”工程管理器（ProjManager），选择菜单“文件＼新建工程”或单击“新建”按钮，弹出“新建工程向导之一”对话框，如图 1-4 所示。

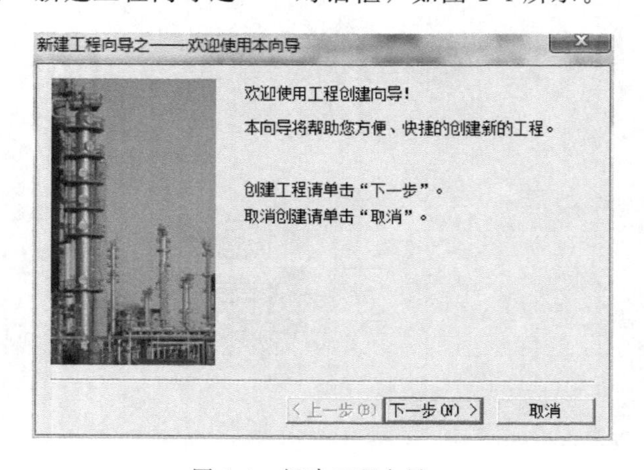


图 1-4　新建工程向导一

单击“下一步”按钮继续。弹出“新建工程向导之二”对话框，如图 1-5 所示。在工程路径文本框中输入一个有效的工程路径，或单击“浏览…”按钮，在弹出的路径选择对话框中选择一个有效的路径。

单击“下一步”按钮继续。弹出“新建工程向导之三”对话框，如图 1-6 所示。在工

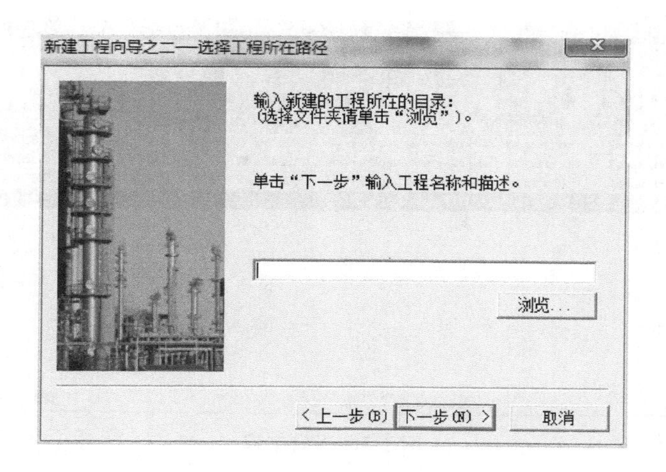


图 1-5　新建工程向导二

程名称文本框中输入工程的名称，该工程名称同时将被作为当前工程的路径名称。在工程描述文本框中输入对该工程的描述文字。工程名称长度应小于 32 个字节，工程描述长度应小于 40 个字节。

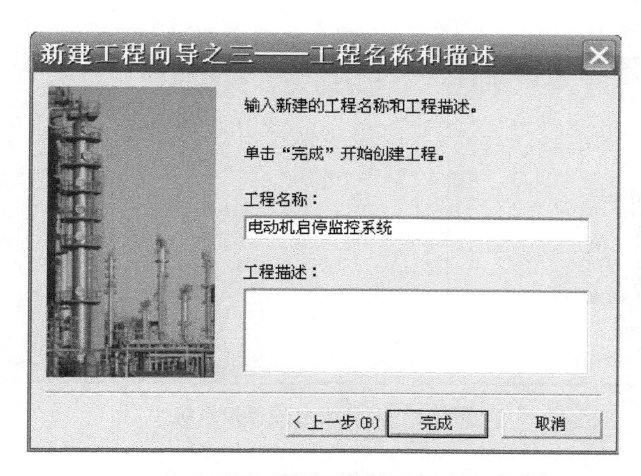


图 1-6　新建工程向导三

单击“完成”按钮完成工程的新建，如图 1-7 所示默认其为当前工程，并标注红旗。

### 2. 创建组态画面

进入组态王开发系统后，就可以为每个工程建立数目不限的画面。“组态王”采用面向对象的编程技术，使用户可以方便地建立画面的图形界面。用户构图时可以像搭积木那样利用系统提供的图形对象完成画面的生成。同时支持画面之间的图形对象复制，可重复使用以前的开发结果。

① 鼠标左键双击电动机启停监控系统，进入新建的组态王工程，如图 1-8 所示。

选择工程浏览器左侧大纲项“文件 \ 画面”，在工程浏览器右侧用鼠标左键双击“新建”图标，弹出对话框如图 1-9 所示。

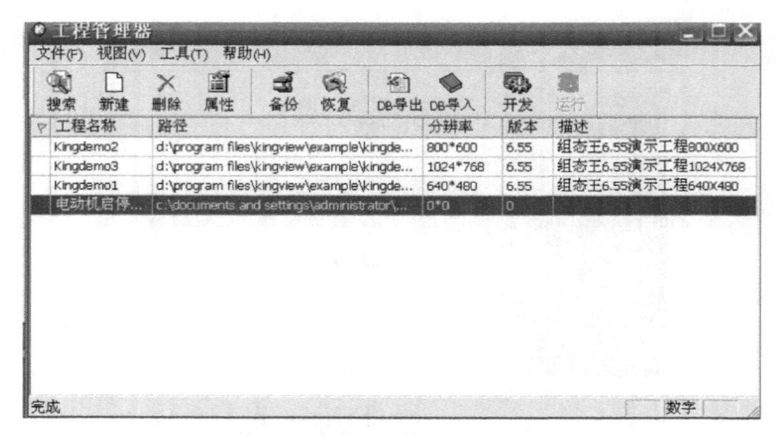


图 1-7　当前工程

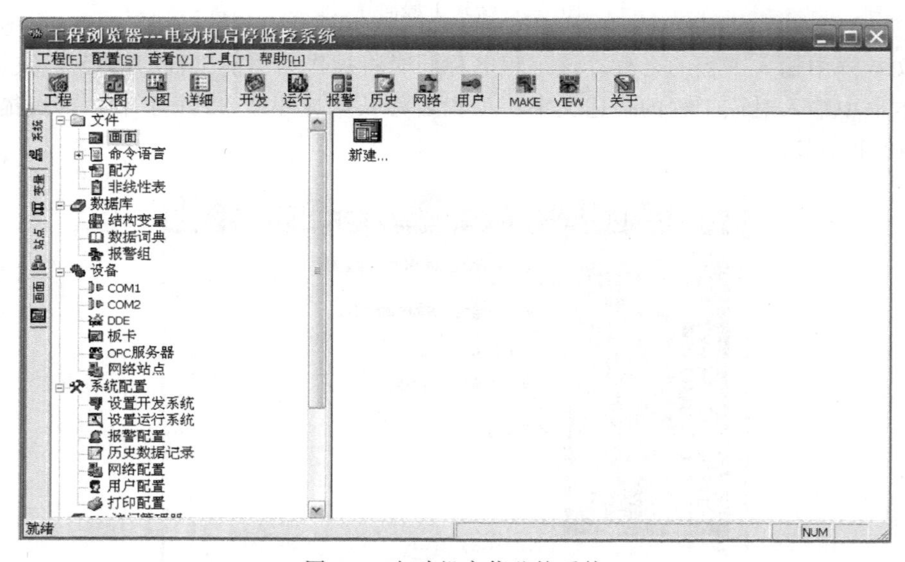


图 1-8　电动机启停监控系统

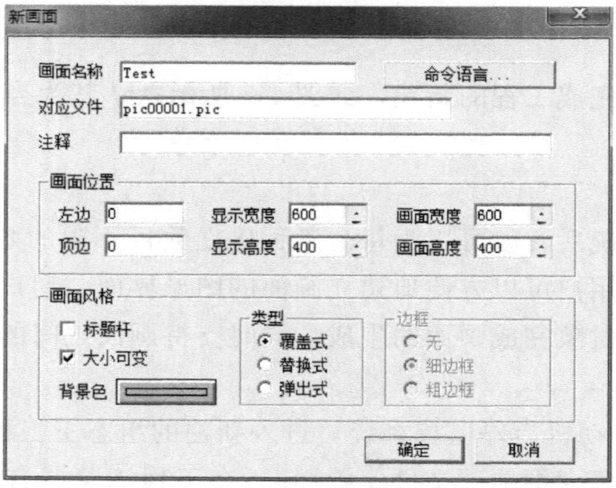

新画面

画面名称 Test　命令语言...
对应文件 pic00001.pic
注释
画面位置
左边 0　显示宽度 600　画面宽度 600
顶边 0　显示高度 400　画面高度 400
画面风格
标题杆
大小可变
背景色
类型
覆盖式
替换式
弹出式
边框
无
细边框
粗边框
确定　取消

图 1-9　新画面

② 在“画面名称”处输入新的画面名称，如 Test，其他属性目前不用更改。单击“确定”按钮，进入内嵌的组态王画面开发系统，如图 1-10 所示。

图 1-10　组态王开发系统

在组态王开发系统中从“工具箱”中选择“按钮”图标，绘制一个启动按钮，一个停止按钮。单击菜单图库中“打开图库”图标，左侧选中“马达”，右侧选取电动机图形，放到画面上，右击选中“按钮”选择“字符串替换”，即可改变按钮文本，如图 1-11 所示。

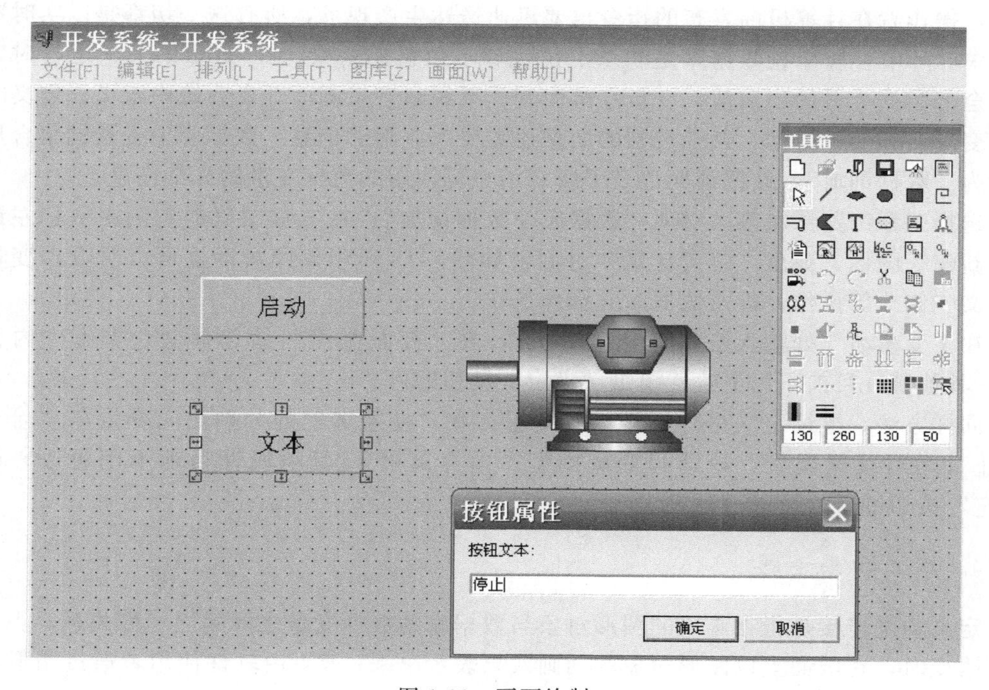


图 1-11　画面绘制

在工具箱中选中“文本”，此时鼠标变成“T”形状，在画面上单击鼠标左键，输入“电动机启停控制”文字。

选择“文件\全部存”命令保存现有画面，如图 1-12 所示。

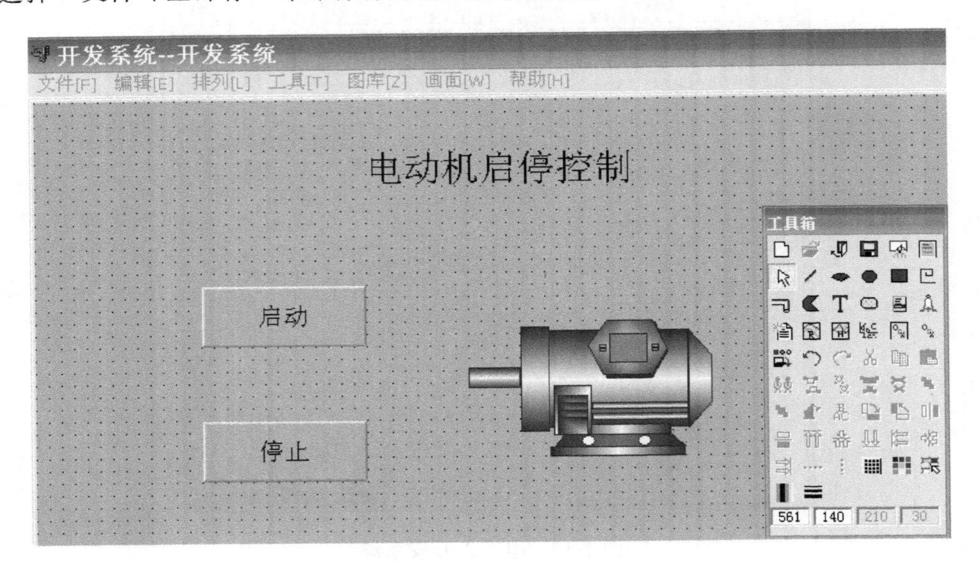


图 1-12　创建图形画面

## 3. 构造数据库

数据库是“组态王”软件的核心部分，工业现场的生产状况要以动画的形式反映在屏幕上，操作者在计算机前发布的指令也要迅速送达生产现场，所有这一切都是以实时数据库为中介环节，所以说数据库是联系上位机和下位机的桥梁。在 TouchView 运行时，它含有全部数据变量的当前值。变量在画面制作系统组态王画面开发系统中定义，定义时要指定变量名和变量类型，某些类型的变量还需要一些附加信息。数据库中变量的集合形象地称为“数据词典”，数据词典记录了所有用户可使用的数据变量的详细信息。

选择工程浏览器左侧大纲项“数据库\数据词典”，在工程浏览器右侧用鼠标左键双击“新建”图标，弹出“定义变量”对话框如图 1-13 所示。此对话框可以对数据变量完成定义、修改等操作，以及数据库的管理工作。

在“变量名”处输入变量名“电动机”，在“变量类型”处选择变量类型“内存离散”，其他属性目前不用更改，单击“确定”按钮即可。

同样方法，继续定义另外两个内存变量。在“变量名”处分别输入变量名“启动”、“停止”；在“变量类型”处选择变量类型“内存离散”；其他属性目前不用更改，单击“确定”按钮即可。

## 4. 建立动画连接

定义动画连接是指在画面的图形对象与数据库的数据变量之间建立一种关系，当变量的值改变时，在画面上以图形对象的动画效果表示出来；或者由软件使用者通过图形对象改变数据变量的值。“组态王”提供了 21 种动画连接方式。一个图形对象可以同时定义多

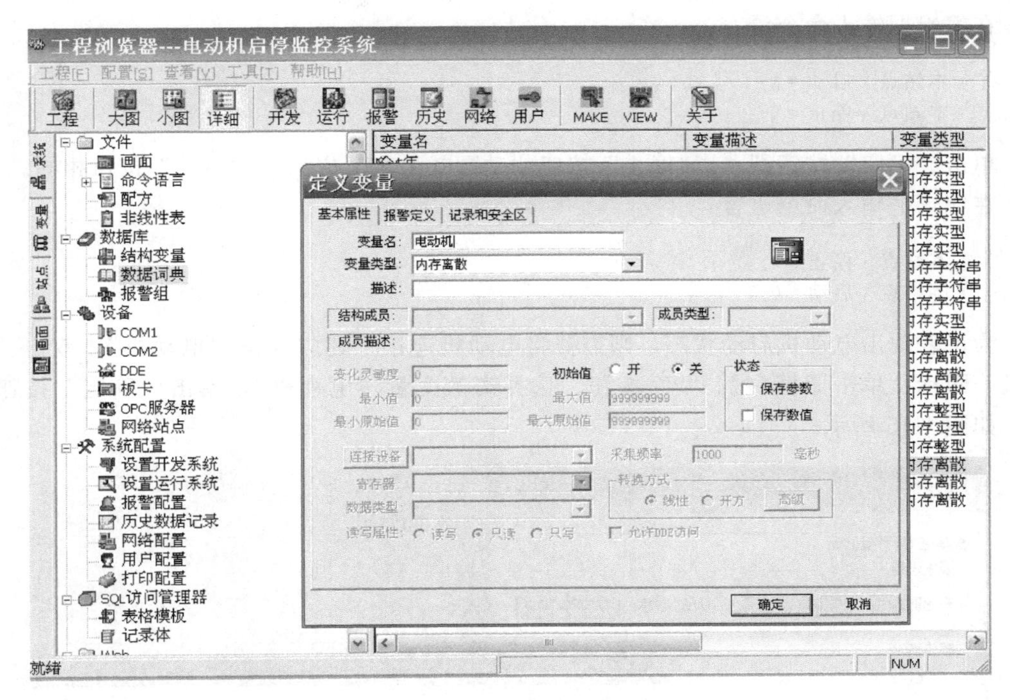

图 1-13　创建内存变量

个连接，组合成复杂的效果，以便满足实际中任意的动画显示需要。

本任务是开关量的控制，要使启动、停止按钮在运行时为触敏对象，需要对“启动”按钮定义动画，双击“启动”按钮，选择“动画连接/按下时”菜单命令，弹出对话框如图 1-14 所示。

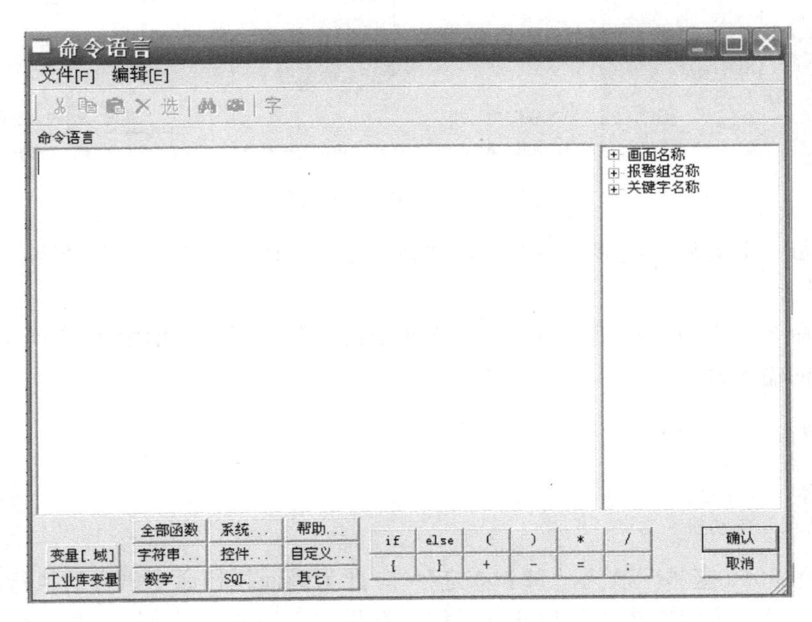

图 1-14　“按下时”命令语言对话框

在编辑框输入命令语言：

```
\\本站点\启动=1;
\\本站点\停止=0;
```

单击“确定”按钮即可。“停止”按钮的动画效果定义方法与“启动”按钮相同。

在编辑框输入命令语言：

```
\\本站点\停止=1;
\\本站点\启动=0;
```

为了表现出电动机启动状态，则需要将电动机连接上建立变量“电动机”，双击“电动机”图标，单击图框右侧“?”按钮，选择离散变量“电动机”，单击“确定”按钮即可，如图 1-15 所示。

图 1-15　电动机变量连接

为使变量“电动机”能够动态变化，选择“编辑\画面属性”菜单命令，弹出对话框如图 1-16 所示。

单击“命令语言…”按钮，弹出“画面命令语言”对话框，如图 1-17 所示。

在编辑框输入命令语言：

```
if(\\本站点\启动==1)
\\本站点\电动机=1;
if(\\本站点\停止==1)
\\本站点\电动机=0;
```

可将“每 3000 毫秒”改为“每 500 毫秒”，此为画面执行命令语言的执行周期。依次单击“确认”及“确定”按钮回到开发系统。选择“文件\全部存”菜单命令。

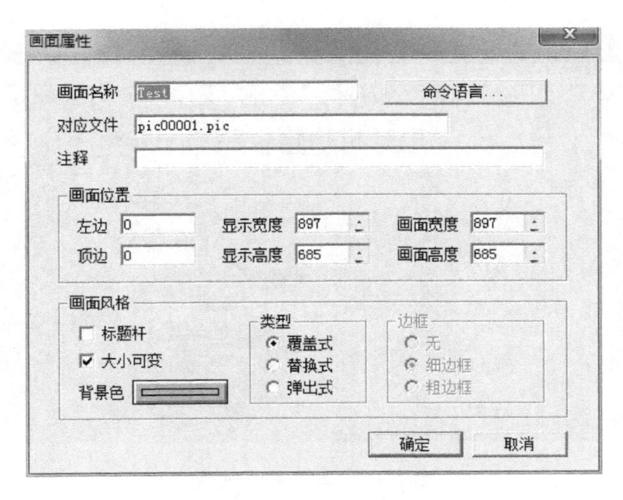


图 1-16　画面属性

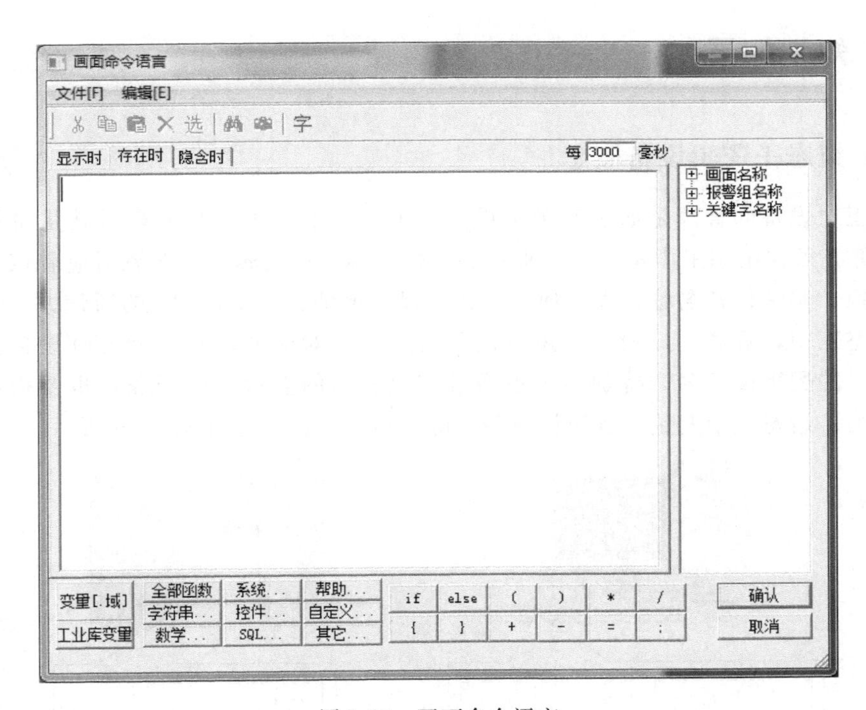


图 1-17　画面命令语言

## 5. 运行和调试

电动机启停监控工程已经初步建立起来，进入到运行和调试阶段。在组态王开发系统中选择“文件\切换到 View”菜单命令，进入组态王运行系统。在运行系统中选择“画面\打开”命令，从“打开画面”窗口选择“Test”画面。显示出组态王运行系统画面，即可看到矩形框和文本在动态变化，如图 1-18 所示。

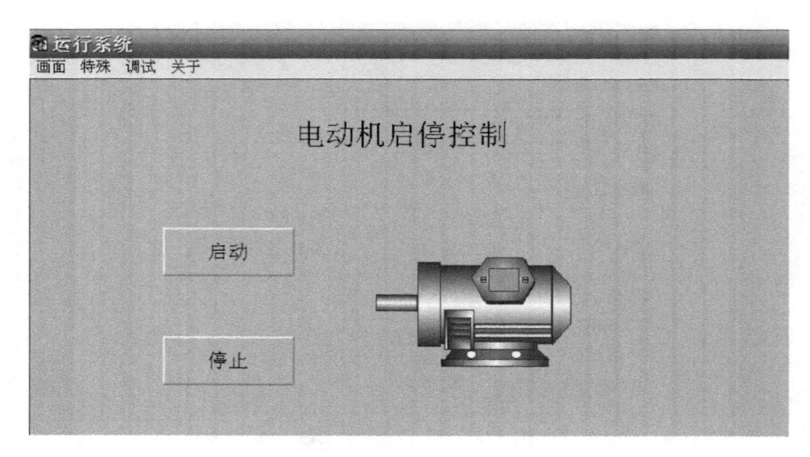


图 1-18 运行系统画面

## 五、知识拓展

### （一）组态王逻辑设备概念

组态王对设备的管理是通过对逻辑设备名的管理实现的，具体来讲就是每一个实际I/O设备都必须在组态王中指定一个唯一的逻辑名称，此逻辑设备名就对应着该I/O设备的生产厂家、实际设备名称、设备通信方式、设备地址、与上位PC的通信方式等信息内容。在组态王中，具体I/O设备与逻辑设备名是一一对应的，有一个I/O设备就必须指定一个唯一的逻辑设备名，特别是设备型号完全相同的多台I/O设备，也要指定不同的逻辑设备名。组态王中变量、逻辑设备与实际设备对应的关系如图1-19所示。

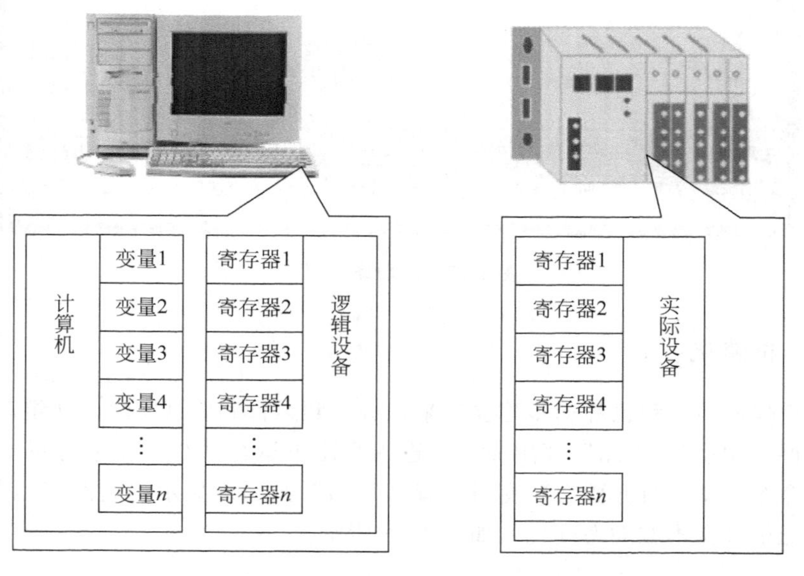


图 1-19 变量、逻辑设备与实际设备的对应关系

假设有两台型号为三菱公司 FX2-60MR PLC 的下位机控制工业生产现场，同时这两台 PLC 均要与装有组态王的上位机通信，则必须给两台 FX2-60MR PLC 指定不同的逻辑名，如图 1-20 所示。其中 PLC1 和 PLC2 是由组态王定义的逻辑设备名（此名由工程人员自己确定），而不一定是实际的设备名称。

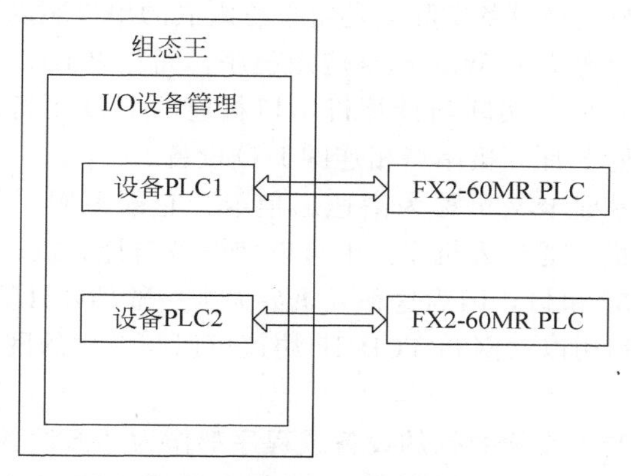


图 1-20　逻辑设备与实际设备示例

另外，组态王中的 I/O 变量与具体 I/O 设备的数据交换就是通过逻辑设备名来实现的，当工程人员在组态王中定义 I/O 变量属性时，就要指定与该 I/O 变量进行数据交换的逻辑设备名，I/O 变量与逻辑设备名之间的关系如图 1-21 所示。

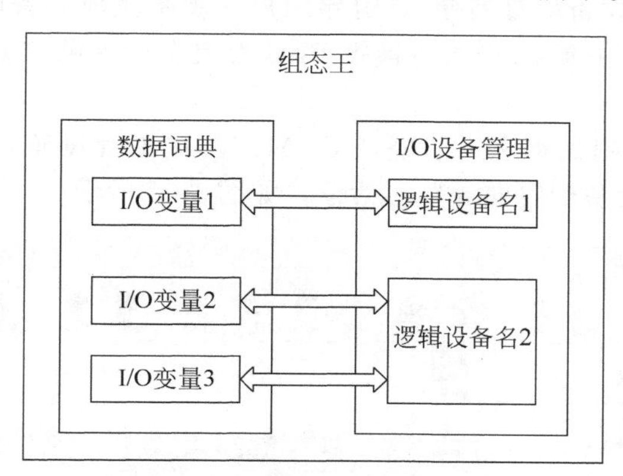


图 1-21　变量与逻辑设备名间的对应关系

## （二）组态王逻辑设备的分类

组态王设备管理中的逻辑设备分为 DDE 设备、板卡类设备（即总线型设备）、串口类设备、人机界面卡和网络模块，工程人员根据自己的实际情况通过组态王的设备管理功能来配置定义这些逻辑设备，下面分别介绍这五种逻辑设备。

DDE 设备：DDE 设备是指与组态王进行 DDE 数据交换的 Windows 独立应用程序。因此，DDE 设备通常就代表了一个 Windows 独立应用程序，该独立应用程序的扩展名通常为“. EXE”文件。组态王与 DDE 设备之间通过 DDE 协议交换数据，如 EXCEL 是 Windows 的独立应用程序，当 EXCEL 与组态王交换数据时，就是采用 DDE 的通信方式进行。

板卡类设备：板卡类逻辑设备实际上是组态王内嵌的板卡驱动程序的逻辑名称。内嵌的板卡驱动程序不是一个独立的 Windows 应用程序，而是以 DLL 形式供组态王调用，这种内嵌的板卡驱动程序对应着实际插入计算机总线扩展槽中的 I/O 设备。因此，一个板卡逻辑设备也就代表了一个实际插入计算机总线扩展槽中的 I/O 板卡。

串口类设备：串口类逻辑设备实际上是组态王内嵌的串口驱动程序的逻辑名称。内嵌的串口驱动程序不是一个独立的 Windows 应用程序，而是以 DLL 形式供组态王调用，这种内嵌的串口驱动程序对应着实际与计算机串口相连的 I/O 设备。因此，一个串口逻辑设备也就代表了一个实际与计算机串口相连的 I/O 设备。

人机界面卡：人机界面卡又可称为高速通信卡，它既不同于板卡，也不同于串口通信，往往由硬件厂商提供。通过人机界面卡可以使设备与计算机进行高速通信，这样不占用计算机本身所带 RS232 串口，因为这种人机界面卡一般插在计算机的 ISA 板槽上。

网络模块：组态王利用以太网和 TCP/IP 协议可以与专用的网络通信模块进行连接。

定义 I/O 设备

组态王把那些需要与之交换数据的设备或程序都作为外部设备。外部设备包括：下位机（PLC、仪表、模块、板卡、变频器等），它们一般通过串行口和上位机交换数据；其他 Windows 应用程序，它们之间一般通过 DDE 交换数据；外部设备还包括网络上的其他计算机。

定义了外部设备之后，组态王就能通过 I/O 变量和它们交换数据。为方便定义外部设备，组态王设计了“设备配置向导”，引导用户一步步完成设备的连接。本例中使用仿真 PLC 和组态王通信，仿真 PLC 可以模拟 PLC 为组态王提供数据，假设仿真 PLC 连接在计算机的 COM1 口。

选择工程浏览器左侧大纲项“设备 \ COM1”，在工程浏览器右侧用鼠标左键双击“新建”图标，运行“设备配置向导”对话框，如图 1-22 所示。

图 1-22 设备配置向导一

选择“仿真PLC”的“COM”项，单击“下一步”按钮，弹出“设备配置向导”对话框，如图1-23所示。

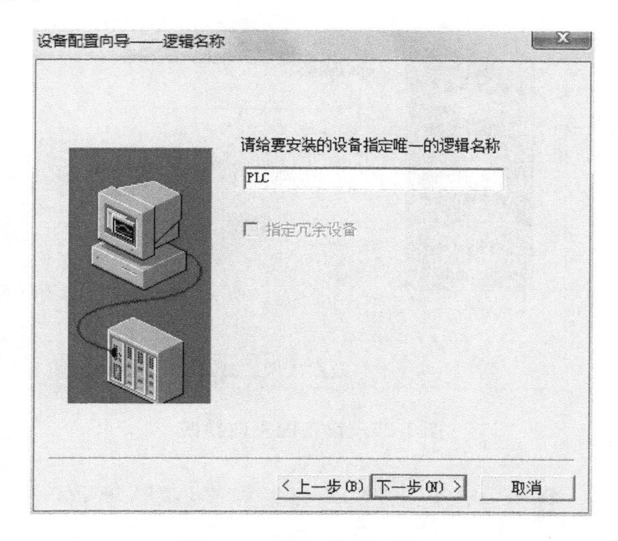


图1-23　设备配置向导二

为外部设备取一个名称，输入PLC，单击“下一步”按钮，弹出“设备配置向导”对话框，如图1-24所示。

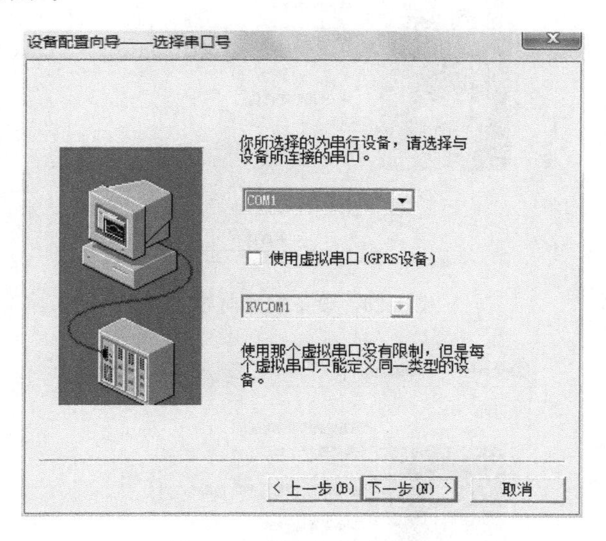


图1-24　设备配置向导三

为设备选择连接串口，类型为COM1，单击“下一步”按钮，弹出“设备配置向导”对话框，如图1-25所示。

填写设备地址，定义为0，单击“下一步”按钮，弹出“通信参数”对话框，如图1-26所示。

设置通信故障恢复参数（一般情况下使用系统默认设置即可），单击“下一步”按钮，弹出“设备安装向导”对话框，如图1-27所示。

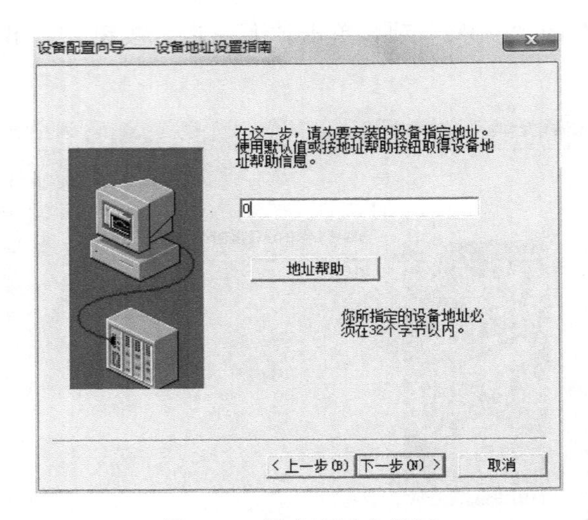


图 1-25　设备配置向导四

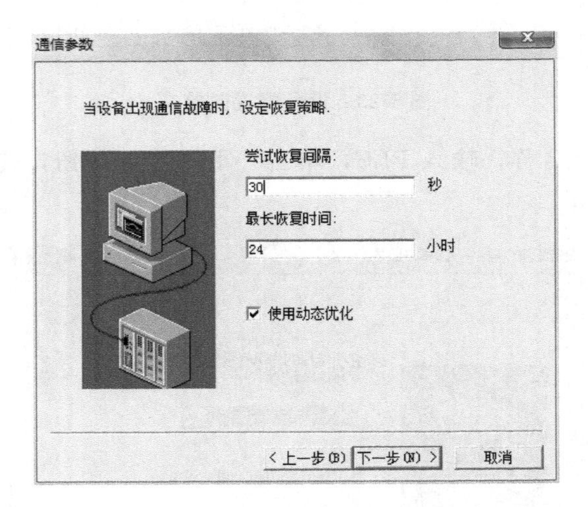


图 1-26　设备配置向导五

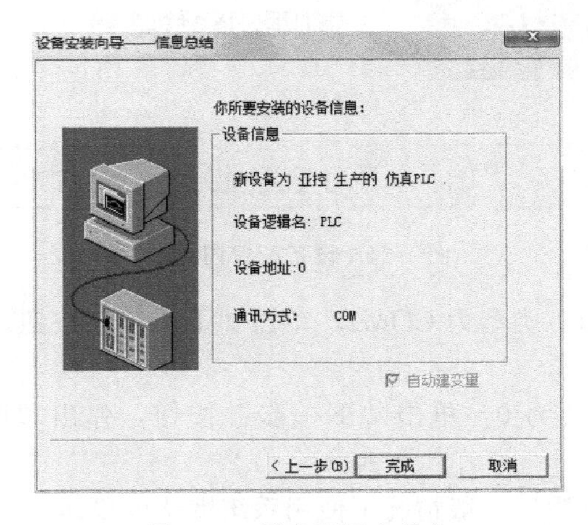


图 1-27　设备配置向导六

检查各项设置是否正确，确认无误后，单击“完成”按钮。

设备定义完成后，可以在工程浏览器的右侧看到新建的外部设备“PLC”。在定义数据库变量时，只要把 I/O 变量连接到这台设备上，它就可以和组态王交换数据了。

## （三）仿真 PLC 设备

### 1. 仿真 PLC 的定义

在使用仿真 PLC 设备前，首先要定义它，实际 PLC 设备都是通过计算机的串口向组态王提供数据，所以仿真 PLC 设备也是模拟安装到串口 COM 上。亚控仿真 PLC 设备配置如图 1-28 所示，定义过程和步骤与上节定义串口设备完全一样。

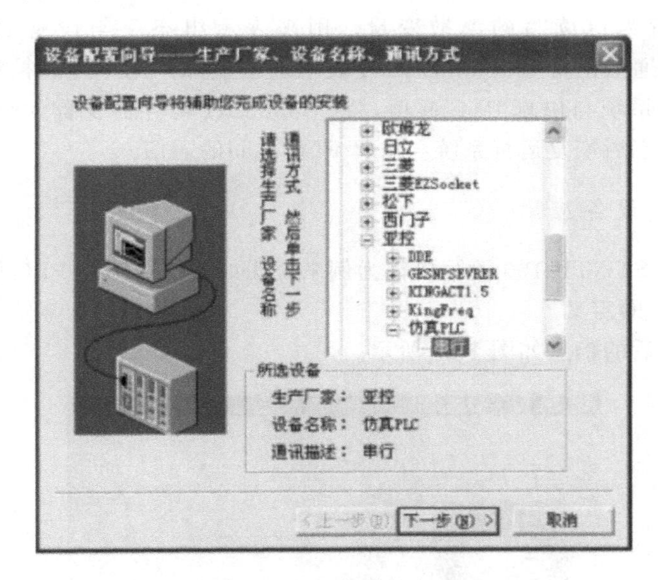


图 1-28　设备配置向导

### 2. 仿真 PLC 的寄存器

仿真 PLC 提供五种类型的内部寄存器变量为 INCREA、DECREA、RADOM、STATIC、CommErr，而 INCREA 、DECREA、RADOM、STATIC 寄存器变量的编号从 1 到 1000，变量的数据类型均为整型（即 INT）。对这五类寄存器变量分别介绍如下。

（1）自动加 1 寄存器 INCREA

该寄存器变量的最大变化范围是 0～1000，寄存器变量的编号原则是在寄存器名后加上整数值，此整数值同时表示该寄存器变量的递增变化范围。例如，INCREA100 表示该寄存器变量从 0 开始自动加 1，其变化范围是 0～100。

（2）自动减 1 寄存器 DECREA

该寄存器变量的最大变化范围是 0～1000，寄存器变量的编号原则是在寄存器名后加上整数值，此整数值同时表示该寄存器变量的递减变化范围。例如，DECREA100 表示该寄存器变量从 100 开始自动减 1，其变化范围是 0～100。

（3）静态寄存器 STATIC

该寄存器变量是一个静态变量，可保存用户下发的数据，当用户写入数据后就保存下来，并可供用户读出，直到用户再一次写入新的数据。此寄存器变量的编号原则是在寄存器名后加上整数值，此整数值同时表示该寄存器变量能存储的最大数据范围。例如，STATIC100 表示该寄存器变量能接收 0～100 中的任意一个整数。

（4）随机寄存器 RADOM

该寄存器变量的值是一个随机值，可供用户读出，此变量是一个只读型，用户写入的数据无效，此寄存器变量的编号原则是在寄存器名后加上整数值，此整数值同时表示该寄存器变量产生数据的最大范围。例如，RADOM100 表示随机值的范围是 0～100。

（5）CommErr 寄存器

该寄存器变量为可读写的离散变量，用来表示组态王与设备之间的通信状态。CommErr＝0 表示通信正常，CommErr＝1 表示通信故障。用户通过控制 CommErr 寄存器状态来控制运行系统与仿真 PLC 通信，将 CommErr 寄存器设置为打开状态时中断通信，设置为关闭状态后恢复运行系统与仿真 PLC 之间的通信。

### 3. 仿真 PLC 设备应用

对常量寄存器 STATIC100 读写操作为例来说明如何使用仿真 PLC 设备。

（1）仿真 PLC 的定义

仿真设备定义后的信息如图 1-29 所示。

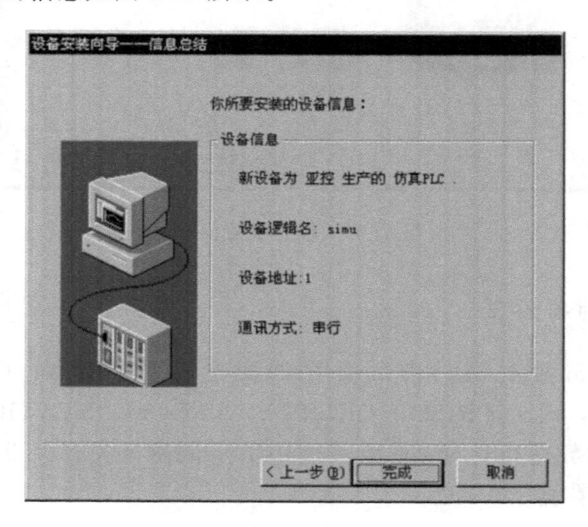


图 1-29　设备信息

（2）定义 I/O 变量

定义一个 I/O 型变量 old _ static，用于读写常量寄存器 STATIC100 中的数据。在工程浏览器中，从左边的工程目录显示区中选择大纲项数据库下的成员数据词典，然后在右边的目录内容显示区中用左键双击“新建”图标，弹出“定义变量”对话框，如图 1-30 所示。在此对话框中，变量名定义为 old _ static，变量类型为 I/O 实数，连接设备选择 simu，寄存器定为 STATIC100，寄存器的数据类型定为 INT，读写属性为读写（根据寄存器类型定义），其他的定义见对话框，单击“确定”按钮，则 old _ static 变量定义结束。

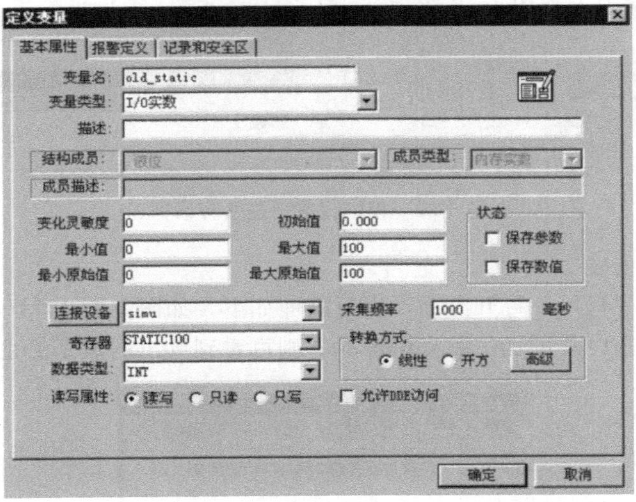

图 1-30　定义变量

(3) 制作画面

在工程浏览器中，单击菜单命令“工程＼切换到 Make”，进入到组态王开发系统，制作的画面如图 1-31 所示，对读数据和写数据的两个输出文本串“＃＃＃”分别进行动画连接。

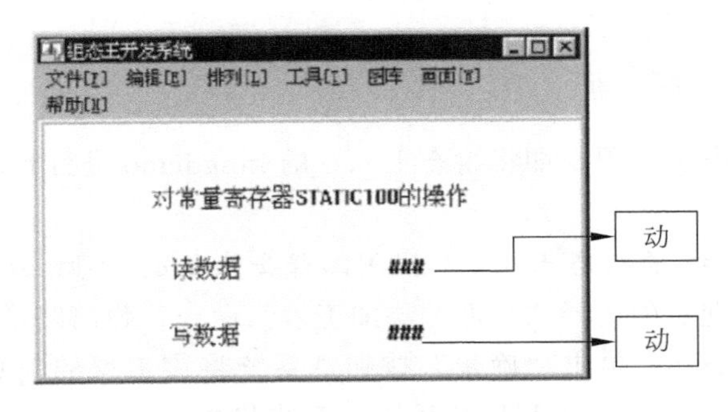


图 1-31　定义动画连接

其中写数据的输出文本串“＃＃＃”要进行“模拟值输入”连接，连接的表达式是变量 old _ static，如图 1-32 所示。

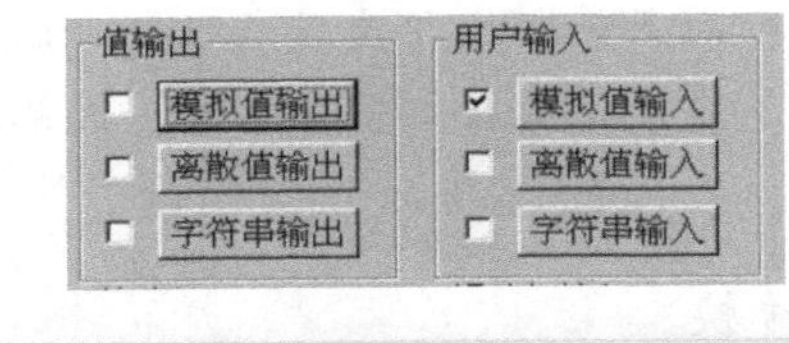

图 1-32　模拟值输入连接对话框

读数据的输出文本串“＃＃＃”要进行“模拟值输出”连接，连接的表达式是变量 old_static，方法同上，如图 1-33 所示。

图 1-33　模拟值输出连接对话框

（4）运行画面程序

运行组态王运行程序，打开画面，运行画面如下，如图 1-34 所示。

对常量寄存器 STATIC100 写入数据 80，则可看到读出的数据值也是 80。

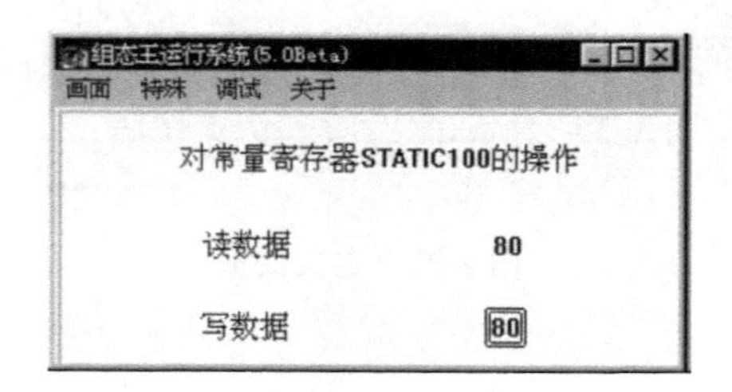


图 1-34　寄存器 STATIC100 测试画面

## （四）组态王的升级和动态分辨率转换

### 1. 组态王版本升级

升级旧版本的组态王工程，如将组态王 6.0 的 kingdemo 进行升级。

**试一试：**

打开已有工程（如：将组态王 6.0 的实例工程安装在 c：\kingdemo 下）。

在组态王工程管理器中选择“文件\添加工程”命令，弹出路径选择对话框，选择工程路径为 c：\kingdemo，单击“确定”按钮，系统将该工程的信息添加到工程管理器中，然后单击“开发”按钮，进入开发系统，系统将提示用户是否升级。如果确定要升级，单击“是”按钮，系统将自动完成版本升级。如果单击“否”按钮，则系统不会将工程进行升级，同时也无法使用当前的组态王版本打开旧版本工程。

**注意：**

组态王软件各版本可以进行向上兼容。即使用高版本可以升级打开低版本工程，低版本工程一旦升级打开之后，就不能使用低版本软件打开。因此用户在升级工程之前要做好工程备份。

### 2. 组态王动态分辨率转换

组态王画面图形对象显示的大小与做工程时所用计算机的分辨率有关，在不同的分辨率下对象的显示情况不相同。为了将不同分辨率的工程显示得更加完美，组态王提供动态分辨率转换功能。

**试一试：**

将一个在分辨率为 1024 * 768 的计算机下做的工程（工程名为 Demo）复制到分辨率为 800 * 600 的计算机上（或者修改计算机的分辨率）。在工程管理器上添加完工程后，在列表中“分辨率”一栏中显示的分辨率为 1024 * 768，如图 1-35 所示。

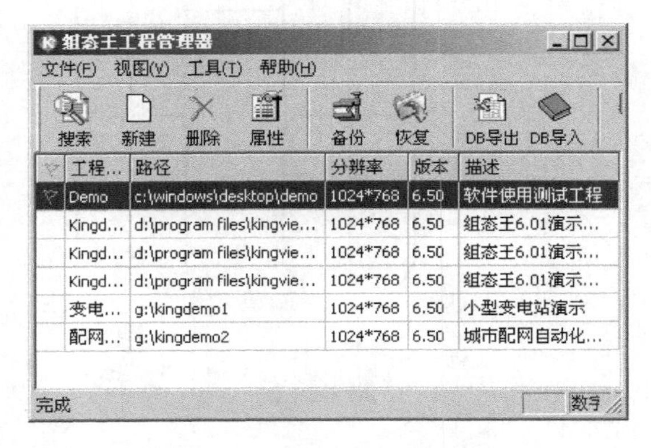


图 1-35　工程管理器分辨率显示

双击蓝色信息条或单击“开发”按钮或选择菜单“工具＼切换到开发系统”，进入组态王的开发系统。系统将弹出提示询问用户是否进行分辨率的转换，如图 1-36 所示。

图 1-36　是否进行分辨率转换对话框

单击“否”按钮，则不会进行分辨率转换，而是直接进入组态王开发系统，画面中的图形对象将会按照 1024 * 768 时的状态进行显示；单击“是”按钮，则系统自动进行分辨率转换，转换结束后，画面中的图形对象将会按照比例进行缩放，使图形显示合理。

## 六、思考与练习

创建组态工程的一般过程。

# 任务 2　电动机正反转监控设计

## 一、任务描述

使用组态软件模拟监控电动机正反转控制过程，如图 1-37 所示。组态软件模拟过程：按下正转按钮，电动机正转运行，按下反转按钮，电动机反转运行，按下停止按钮，电动机停转。通过此任务学习来了解组态画面工具箱图素和图库图素的使用，掌握闪烁、隐含动画连接的运用，系统预设变量的运用。培养学生组态画面绘制、动画连接设置的能力。

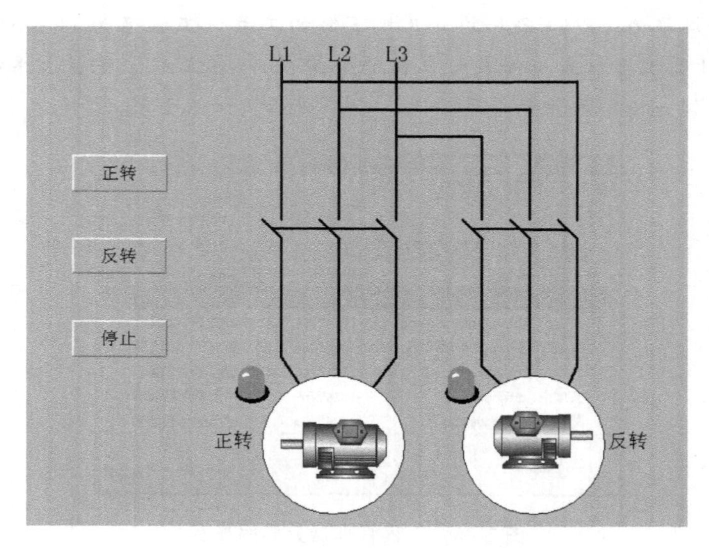


图 1-37　电动机正反转组态模拟监控工程

## 二、任务资讯

工程人员在组态王开发系统中制作的画面都是静态的，那么它们如何才能反映工业现场的状况？这就需要通过实时数据库，因为只有数据库中的变量才是与现场状况同步变化的。“动画连接”就是建立画面的图素与数据库变量的对应关系。这样，工业现场的数据，比如温度、液面高度等，当它们发生变化时，通过 I/O 接口，将引起实时数据库中变量的变化，如果设计者曾经定义了一个画面图素，比如指针与这个变量相关，我们将会看到指针在同步偏转。图形对象可以按动画连接的要求改变颜色、尺寸、位置、填充百分数等，一个图形对象又可以同时定义多个连接。把这些动画连接组合起来，应用程序将呈现出令人难以想象的图形动画效果。

### （一）动画连接种类

在“动画连接”对话框中，如图 1-38 所示。可以设置图形各种动画效果。

下面分组介绍所有的动画连接种类。

属性变化：共有三种连接（线属性、填充属性、文本色），它们规定了图形对象的颜色、线型、填充类型等属性如何随变量或连接表达式的值变化而变化。单击任一按钮弹出相应的连接对话框。线类型的图形对象可定义线属性连接，填充形状的图形对象可定义线属性、填充属性连接，文本对象可定义文本色连接。

位置与大小变化：这五种连接（水平移动、垂直移动、缩放、旋转、填充）规定了图形对象如何随变量值的变化而改变位置或大小。不是所有的图形对象都能定义这五种连接。单击任一按钮弹出相应的连接对话框。

值输出：只有文本图形对象能定义三种值输出连接中的某一种。这种连接用来在画面

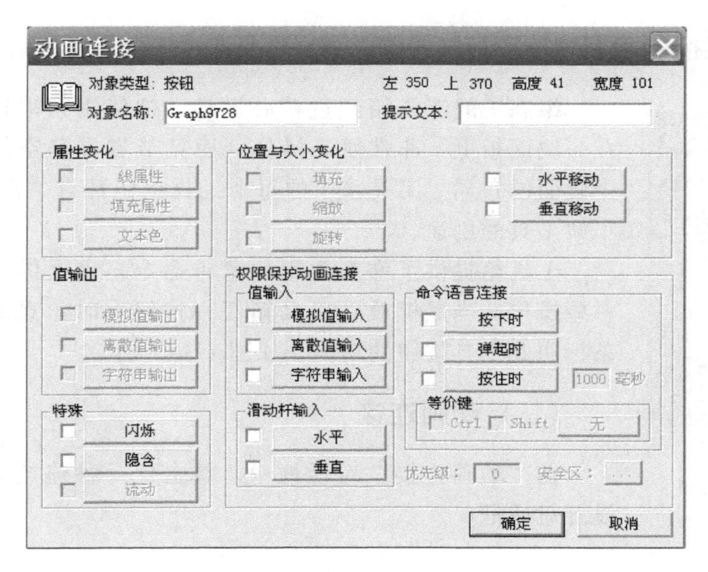


图 1-38　动画连接属性对话框

上输出文本图形对象的连接表达式的值。运行时文本字符串将被连接表达式的值所替换，输出的字符串的大小、字体和文本对象相同。按下任一按钮弹出相应的输出连接对话框。

用户输入：所有的图形对象都可以定义为三种用户输入连接中的一种，输入连接使被连接对象在运行时为触敏对象。当 TouchVew 运行时，触敏对象周围出现反显的矩形框，可由鼠标或键盘选中此触敏对象。按 SPACE 键、ENTER 键或鼠标左键，会弹出输入对话框，可以从键盘键入数据以改变数据库中变量的值。

特殊：所有的图形对象都可以定义闪烁、隐含两种连接，这是两种规定图形对象可见性的连接。按下任一按钮弹出相应连接对话框。

滑动杆输入：所有的图形对象都可以定义两种滑动杆输入连接中的一种，滑动杆输入连接使被连接对象在运行时为触敏对象。当 TouchVew 运行时，触敏对象周围出现反显的矩形框。鼠标左键拖动有滑动杆输入连接的图形对象可以改变数据库中变量的值。

命令语言连接：所有的图形对象都可以定义三种命令语言连接中的一种，命令语言连接使被连接对象在运行时成为触敏对象。当 TouchVew 运行时，触敏对象周围出现反显的矩形框，可由鼠标或键盘选中。按下 SPACE 键、ENTER 0000000000 键或鼠标左键，就会执行定义命令语言连接时用户输入的命令语言程序，按下相应按钮弹出连接的命令语言对话框。

等价键：设置被连接的图素，当单击执行命令语言时与鼠标操作相同功能的快捷键。

优先级：此编辑框用于输入被连接的图形元素的访问优先级级别。当软件在 TouchVew 中运行时，只有优先级级别不小于此值的操作员才能访问它，这是“组态王”保障系统安全的一个重要功能。

安全区：此编辑框用于设置被连接元素的操作安全区。当工程处在运行状态时，只有在设置安全区内的操作员才能访问它，安全区与优先级一样是“组态王”保障系统安全的一个重要功能。

## （二）通用控制项目

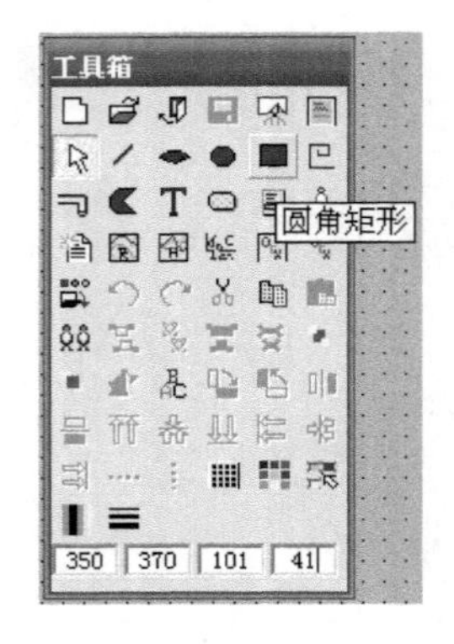

图 1-39　工具箱

组态王的工具箱经过精心设计，把使用频率较高的命令集中在一块面板上，非常便于操作，而且节省屏幕空间，方便查看整个画面的布局。工具箱中的每个工具按钮都有“浮动提示”，帮助了解工具的用途。

工具箱提供了许多常用的菜单命令，也提供了菜单中没有的一些操作。当鼠标放在工具箱任一按钮上时，立刻出现一个提示条标明此工具按钮的功能，如图 1-39 所示。

## （三）动画连接

在“动画连接”对话框中，单击任一种连接方式，将会弹出设置对话框。

### 1. 闪烁连接

闪烁连接是使被连接对象在条件表达式的值为真时闪烁。闪烁效果易于引起注意，故常用于出现非正常状态时的报警，如图 1-40 所示。

例如本例建立一个表示电动机运行状态的红色圆形对象，使其能够在电动机运行时闪烁。图 1-40 是在组态王开发系统中的设计状态。运行中当电动机运行时，红色对象开始闪烁。

闪烁连接的设置方法是：在“动画连接”对话框中单击“闪烁”按钮，弹出“闪烁连接”对话框，如图 1-41 所示。对话框中各项设置的意义如下：

条件表达式：输入闪烁的条件表达式，当此条件表达式的值为真时，图形对象开始闪烁。表达式的值为假时闪烁自动停止。单击“?”按钮可以查看已定义的变量名和变量域。

闪烁速度：规定闪烁的频率。

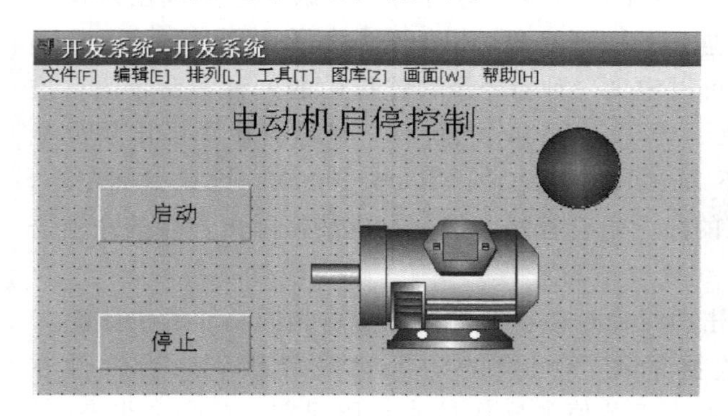

图 1-40　闪烁连接实例

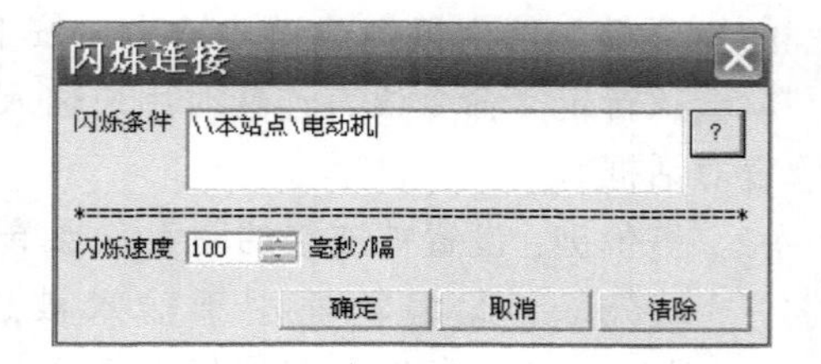

图 1-41　闪烁连接

### 2. 隐含连接

隐含连接是使被连接对象根据条件表达式的值显示或隐含。本例中建立一个表示电动机状态的文本对象“电动机运行”，并且使红色圆形对象在电动机运行时才能够显示出来。

如图 1-42 所示。

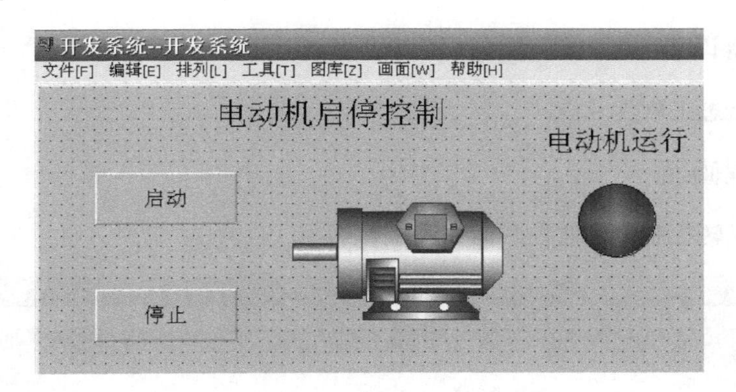


图 1-42　隐含连接实例

隐含连接的设置方法：在“动画连接”对话框中单击“隐含”按钮，弹出“隐含连接”对话框，如图 1-43 所示。对话框中各项设置的意义如下：

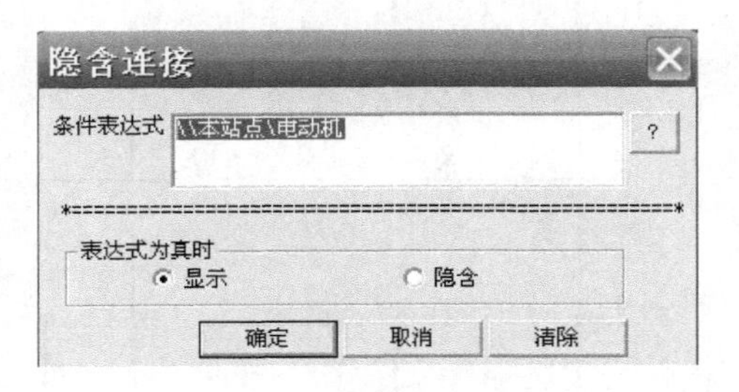


图 1-43　隐含连接

条件表达式：输入显示或隐含的条件表达式，单击“?”按钮可以查看已定义的变量名和变量域。

表达式为真时：规定当条件表达式值为 1（TRUE）时，被连接对象是显示还是隐含。当表达式的值为假时，定义了“显示”状态的对象自动隐含，定义了“隐含”状态的对象自动显示。

## 三、任务分析

### (一) 能力目标

1. 能进行隐含动画效果修改、程序运行和调试；
2. 能根据设计要求设定系统预设变量、内存变量和 I/O 变量；
3. 能正确定义变量的类型、使用范围。

### (二) 知识目标

1. 掌握隐含、闪烁动画连接方法的使用；
2. 掌握组态软件中内存变量和 I/O 变量的类型及应用范围；

3. 掌握变量定义的属性。

## (三) 仪器设备

计算机、组态王软件 6.55

## (四) 工程画面

电动机正反转控制组态监控画面如图 1-44 所示。

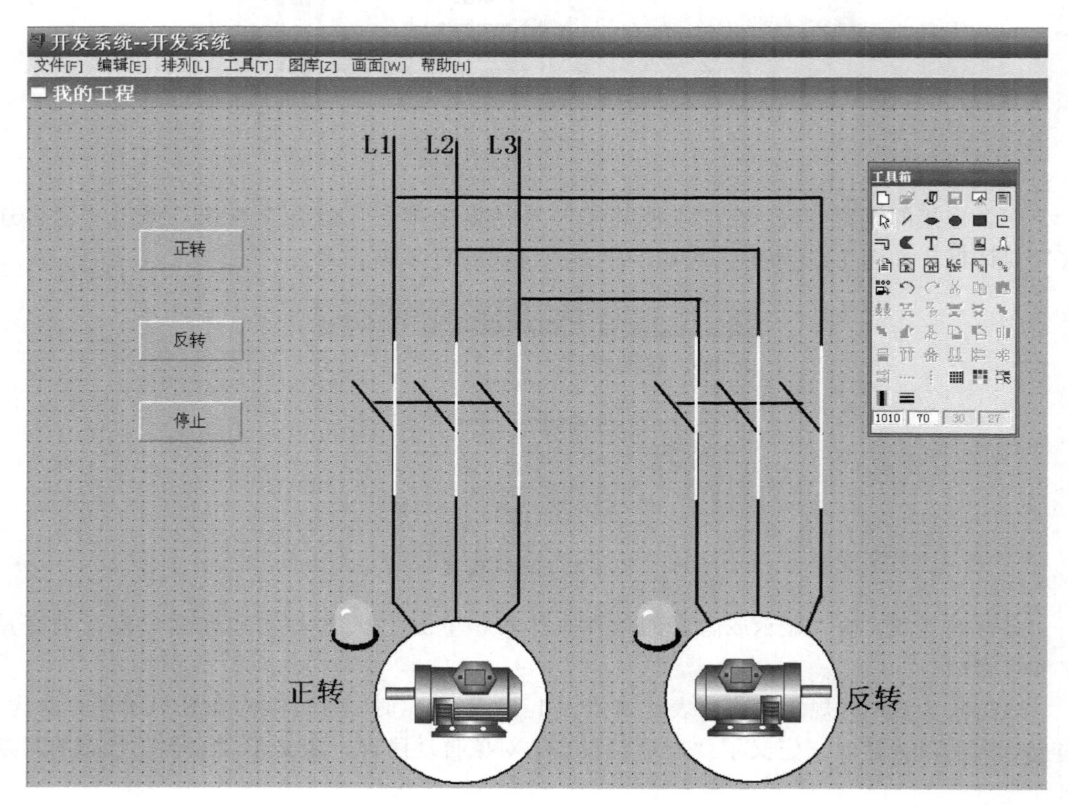


图 1-44 电动机正反转组态画面

要求，电动机正转时，其常开触点闭合，反转常闭触点断开，同样，电动机反转时，其常开触点闭合，正转常闭触点断开。

## (五) 变量定义

电动机正反转控制组态监控系统变量定义如图 1-45 所示。

图 1-45 电动机正反转控制变量定义

# 四、任务实施

## 设计电动机正反转监控系统工程

### 1. 创建新工程

电动机正反转控制组态工程文件的创建与任务 1 相同，这里不再重复。

### 2. 创建组态画面

进入组态王开发系统后，就可以为工程建立画面。

鼠标左键双击电动机正反转监控系统，进入新建的组态王工程，如图 1-46 所示。

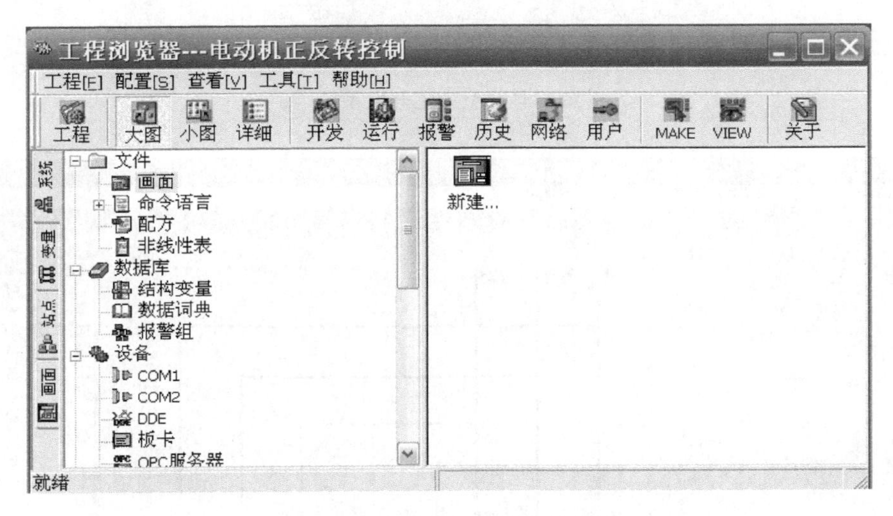


图 1-46　电动机正反转监控系统

选择工程浏览器左侧大纲项“文件 \ 画面”，在工程浏览器右侧用鼠标左键双击“新建”图标，在“画面名称”处输入新的画面名称，其他属性目前不用更改。单击“确定”按钮进入内嵌的组态王画面开发系统，如图 1-47 所示。

在组态王开发系统中从“工具箱”中选择“按钮”图标，绘制两个启动按钮，一个“正转”启动按钮，一个“反转”启动按钮，一个“停止”按钮；在“工具箱”中选择直线“/”图标，在画面上绘制正反转线路。单击菜单图库中“打开图库”图标，左侧选中“指示灯”，选某种类型，添加到画面上，左侧选中“马达”，右侧选取电动机图形，放到画面上，右击选中“按钮”选择“字符串替换”，即可改变按钮文本，如图 1-48 所示。

在上面画面上绘制出线路常开主触点图形，首先，画出常开触点各段线，右击全部选中后，选中“组合拆分”下的“合成组合图素”，如图 1-49 所示。

在画面上画出接通的各段线，右击全部选中后，选中“组合拆分”下的“合成组合图素”，选择“文件 \ 全部存”命令保存现有画面，如图 1-50 所示。

图 1-47 组态王开发系统

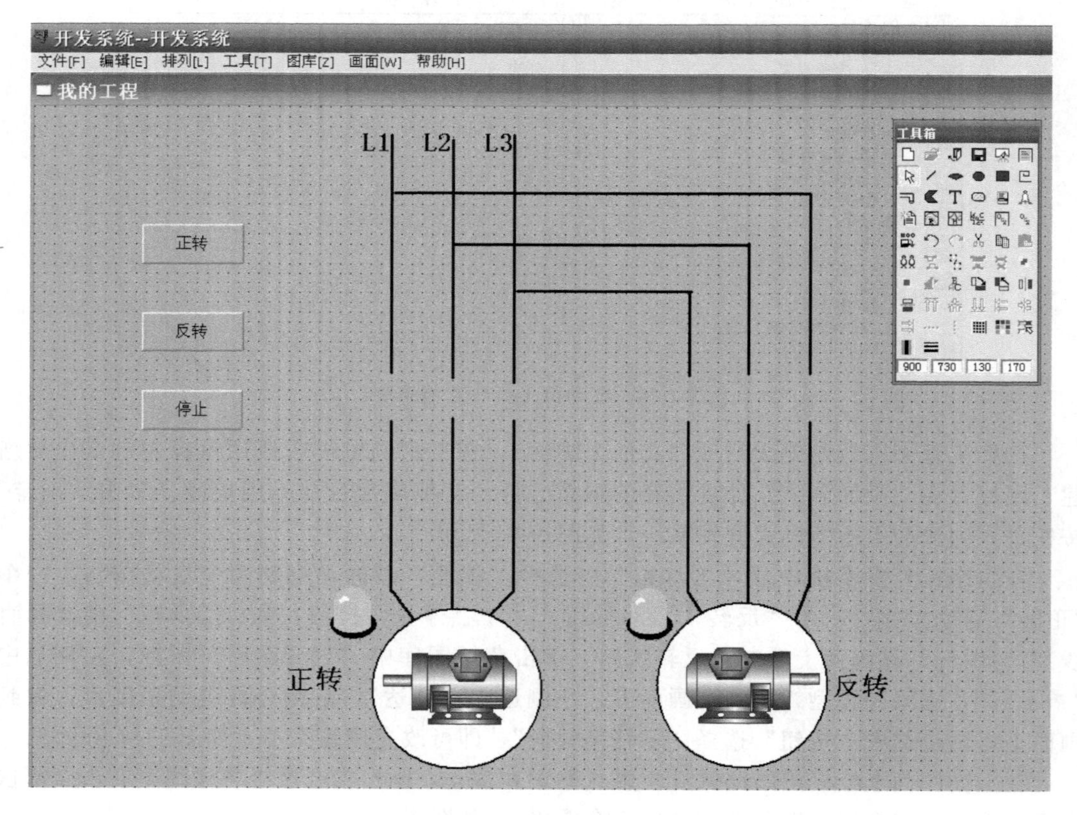


图 1-48 画面绘制

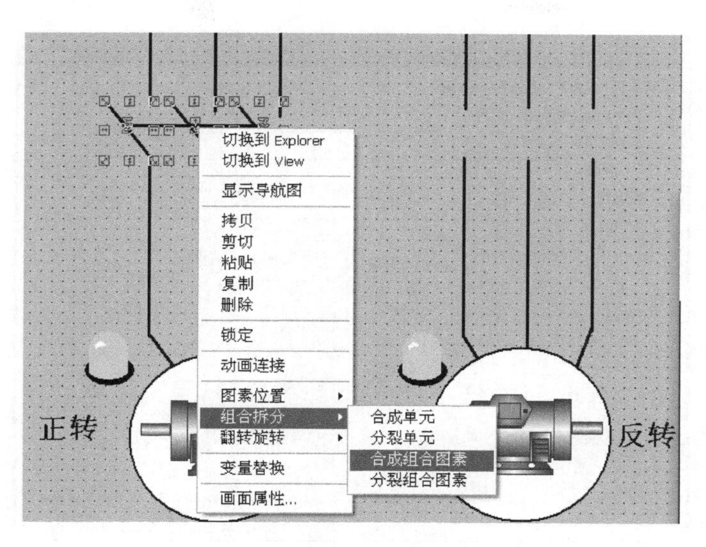


图 1-49　主触点图素合成图

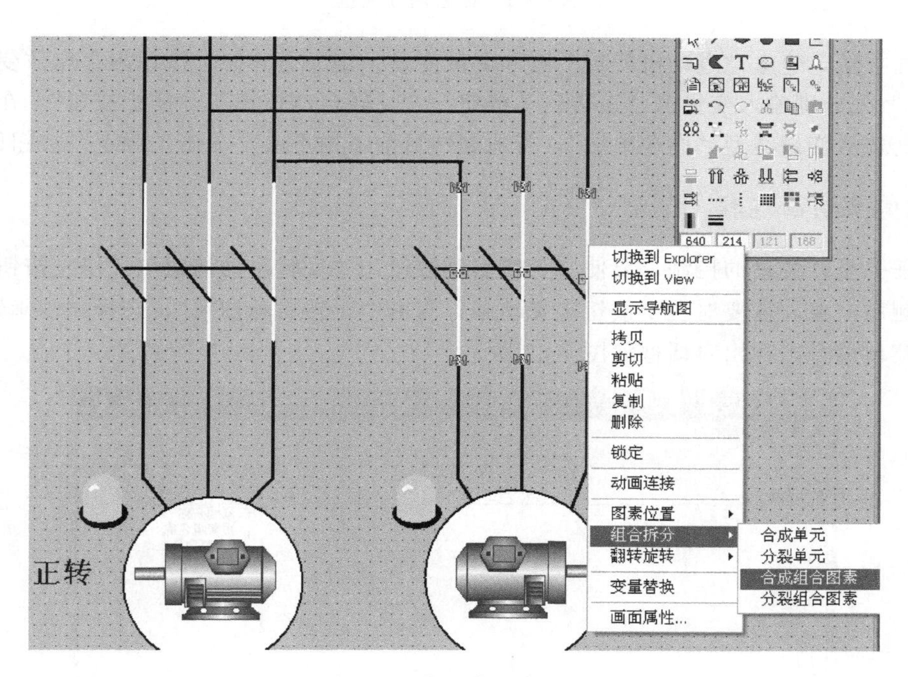


图 1-50　接通线段合成图

3．构造数据库

选择工程浏览器左侧大纲项“数据库\数据词典”，在工程浏览器右侧用鼠标左键双击“新建”图标，弹出“定义变量”对话框如图 1-51 所示。此对话框可以对数据变量完成定义、修改等操作，以及数据库的管理工作。

在“变量名”处输入变量名“电动机正转”，在“变量类型”处选择变量类型“内存离散”，其他属性目前不用更改，单击“确定”按钮即可。

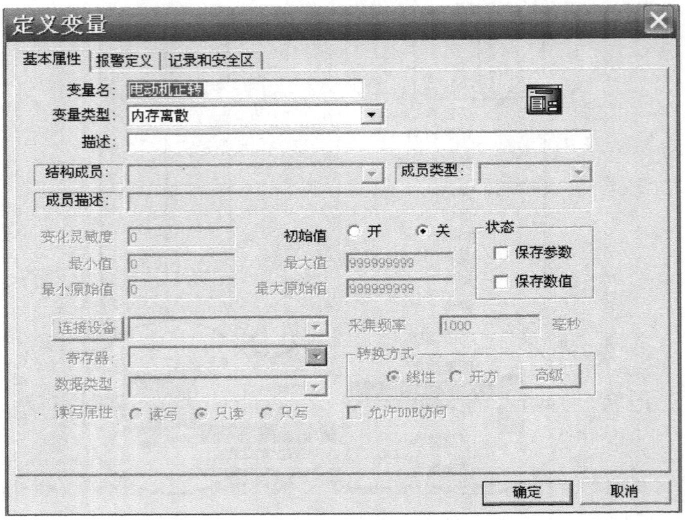

图 1-51　创建内存变量

同样方法，建立“电动机反转”内存离散变量。定义另外三个按钮内存离散变量。在“变量名”处分别输入变量名“正转启动按钮”、“反转启动按钮”、“停止按钮”，在“变量类型”处选择变量类型“内存离散”，其他属性目前不用更改，单击“确定”按钮即可。

4. 建立动画连接

本任务是开关量的控制，要使“正转启动按钮”、“反转启动按钮”、“停止按钮”在运行时为触敏对象，需要对三个按钮定义动画，双击“正转启动按钮”，选择“动画连接/按下时”菜单命令，弹出对话框如图 1-52 所示。

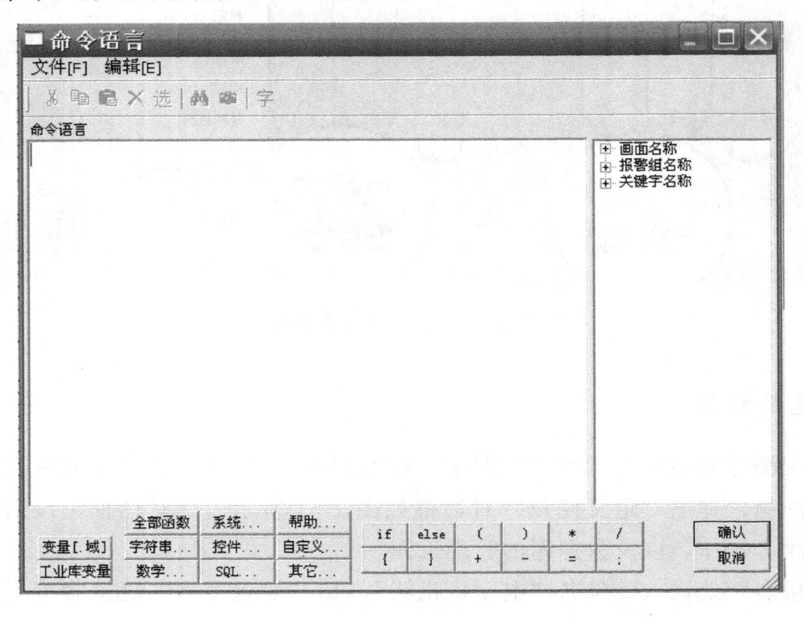


图 1-52　“按下时”命令语言对话框

在编辑框输入命令语言：

```
\\本站点\正转启动按钮 = 1;
\\本站点\反转启动按钮 = 0;
\\本站点\停止 = 0;
```

单击“确定”按钮即可。“反转启动按钮”的动画效果定义方法与“正转启动按钮”相同。

在编辑框输入命令语言：

```
\\本站点\反转启动按钮 = 1;
\\本站点\正转启动按钮 = 0;
\\本站点\停止 = 0;
```

单击“确定”按钮即可。“停止按钮”的动画效果定义方法与“正转启动按钮”相同。

在编辑框输入命令语言：

```
\\本站点\停止 = 1;
```

为了表现出电动机启动状态，则需要将两个电动机连接建立的变量“电动机正转”和“电动机反转”。双击“电动机”图标，单击图框右侧“?”按钮，选择离散变量“电动机正转”和“电动机反转”单击“确定”按钮即可。并将正反转指示灯连接上对应的正反转变量，如图 1-53 所示。

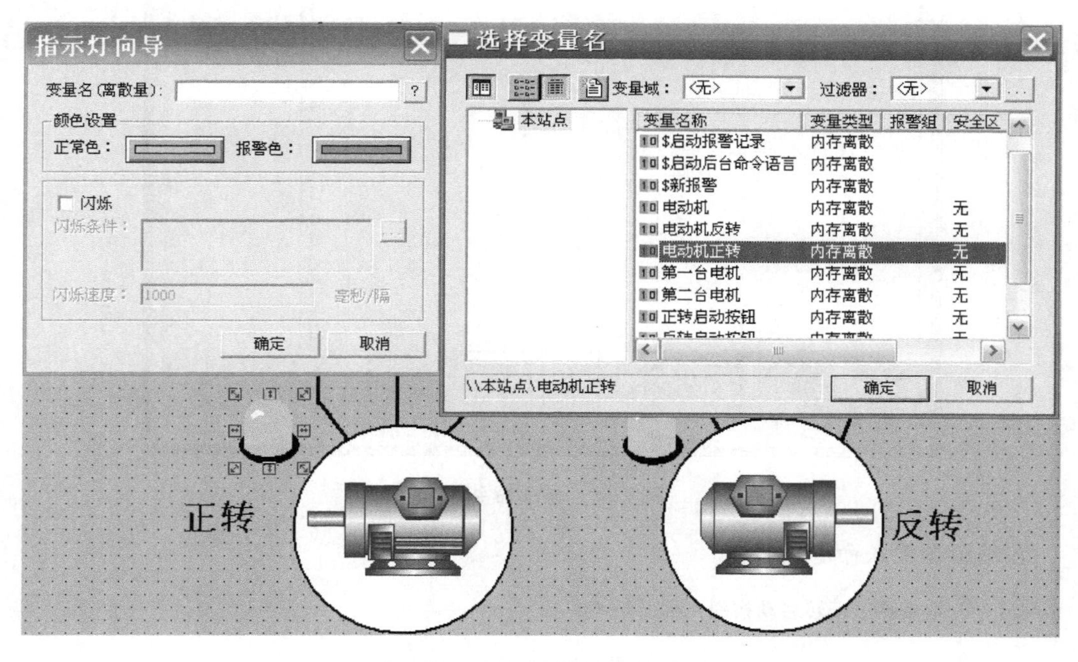


图 1-53　电动机正反转变量连接

为使变量“电动机正、反转”能够动态变化，选择“编辑\画面属性”菜单命令，弹出对话框如图 1-54 所示。

单击“命令语言…”按钮，弹出“画面命令语言”对话框，如图 1-55 所示。

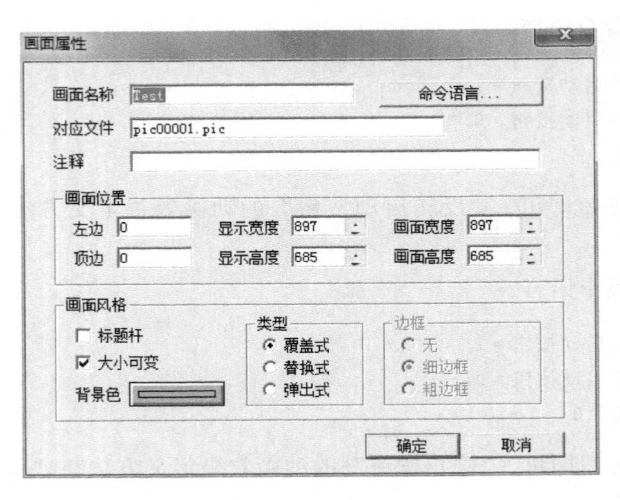


图 1-54　画面属性

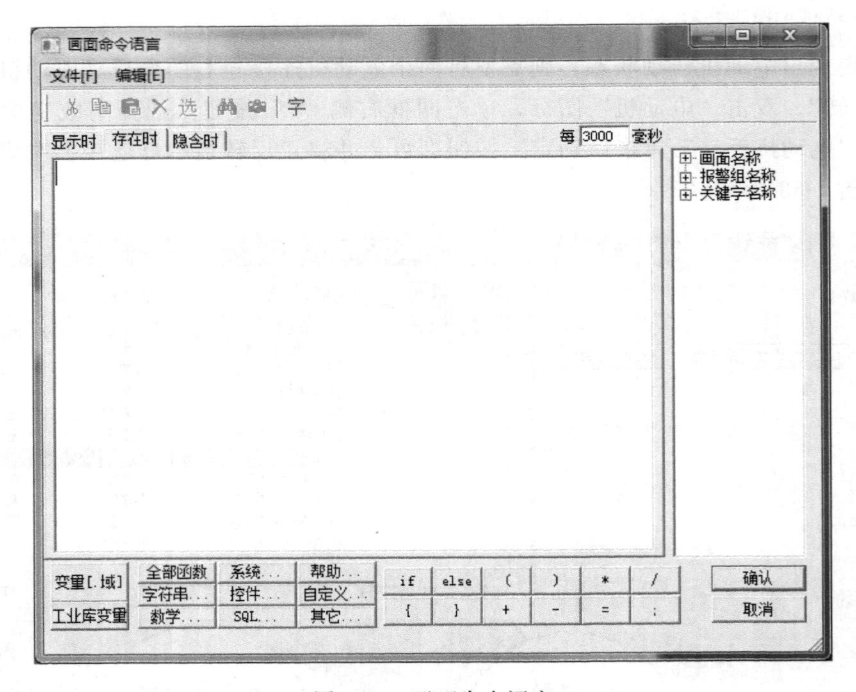


图 1-55　画面命令语言

在编辑框输入命令语言：

```
if(\\本站点\正转启动按钮 == 1)
{
\\本站点\电动机正转 = 1;
\\本站点\电动机反转 = 0;
}
if(\\本站点\反转启动按钮 == 1)
{
\\本站点\电动机反转 = 1;
```

```
\\本站点\电动机正转=0;
}
if(\\本站点\停止==1)
{
\\本站点\电动机正转=0;
\\本站点\电动机反转=0;
\\本站点\正转启动按钮=0;
\\本站点\反转启动按钮=0;
}
```

可将“每3000毫秒”改为“每500毫秒”，此为画面执行命令语言的执行周期。单击“确认”按钮，回到开发系统。选择“文件\全部存”菜单命令。

5. 运行和调试

电动机正反转监控工程已经初步建立起来，进入到运行和调试阶段。在组态王开发系统中选择“文件\切换到View”菜单命令，进入组态王运行系统。在运行系统中选择“画面\打开”命令，从“打开画面”窗口选择“Test”画面。显示出组态王运行系统画面，即可看到矩形框和文本在动态变化，如图1-56所示。

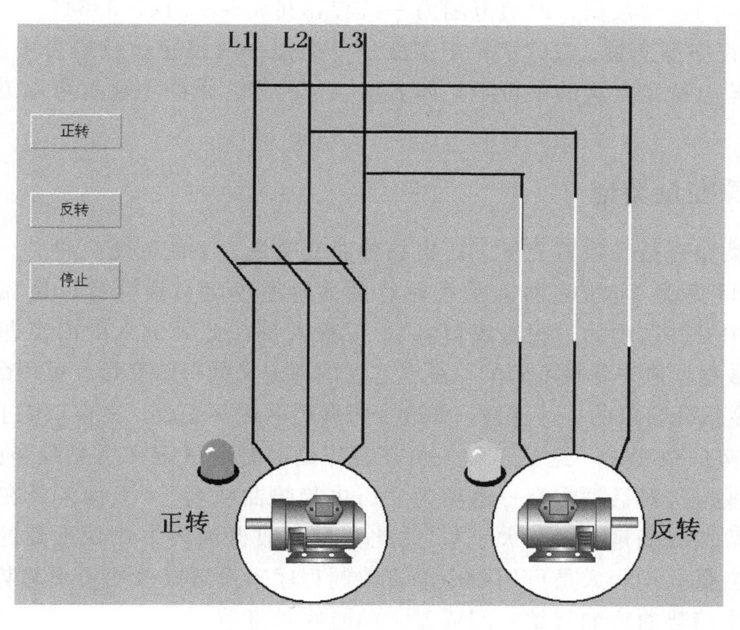


图1-56　运行系统画面

## 五、知识拓展

### （一）数据词典中变量的类型

数据词典中存放的是应用工程中定义的变量及系统变量。变量可以分为基本类型和特殊类型两大类，基本类型的变量又分为内存变量和I/O变量两种。I/O变量指的是组态王与外部设备或其他应用程序交换的变量，如下位机数据采集设备（如 PLC、仪表灯）。这种数据交换是双向的、动态的，就是说在组态王系统运行过程中，每当 I/O 变量的值改变时，该值就会自动写入外部设备或远程应用程序；每当外部设备或远程应用程序中的值改变时，组态王系统中的变量值也会自动改变。所以，那些从下位机采集来的数据、发送给下位机的指令，比如反应罐液位、电源开关等变量，都需要设置成“I/O 变量”。

那些不需要和外部设备或其他应用程序交换，只在组态王内使用的变量，比如计算过程的中间变量，就可以设置成内存变量。

基本类型的变量也可以按照数据类型分为离散型、实型、整型和字符串型。

### （二）变量的数据类型

1. 内存离散变量、I/O 离散变量　类似一般程序设计语言中的布尔（BOOL）变量，只有 0、1 两种取值，用于表示一些开关量。

2. 内存实型变量、I/O 实型变量　类似一般程序设计语言中的浮点型变量，用于表示浮点数据，取值范围为 10E-38～10E＋38，有效值 7 位。

3. 内存整数变量、I/O 整数变量　类似一般程序设计语言中的有符号长整数型变量，用于表示带符号的整型数据，取值范围为－2147483648～＋2147483647。

4. 内存字符串型变量、I/O 字符串型变量　类似一般程序设计语言中的字符串变量，可用于记录一些有特定含义的字符串，如名称、密码等，该类型变量可以进行比较运算和赋值运算。

### （三）特殊变量类型

特殊变量类型有报警窗口变量、历史趋势曲线变量、系统变量三种。

1. 报警窗口变量　这是工程人员在制作画面时通过定义报警窗口生成的，在报警窗口定义对话框中有一选项为“报警窗口名”，工程人员在此处键入的内容即为报警窗口变量。此变量在数据词典中是找不到的，是组态王内部定义的特殊变量。可用命令语言编制程序来设置或改变报警窗口的一些特性，如改变报警组名或优先级，在窗口内上下翻页等。

2. 历史趋势曲线变量　这是工程人员在制作画面时通过定义历史趋势曲线时生成的，在历史趋势曲线定义对话框中有一选项为“历史趋势曲线名”，工程人员在此处键入的内容即为历史趋势曲线变量（区分大小写）。此变量在数据词典中是找不到的，是组态王内部定义的特殊变量。工程人员可用命令语言编制程序来设置或改变历史趋势曲线的一些特性，如改变历史趋势曲线的起始时间或显示的时间长度等。

3. 系统预设变量　预设变量中有 8 个时间变量是系统已经在数据库中定义的，用户可以直接使用。

$ 年：返回系统当前日期的年份。

$ 月：返回 1～12 之间的整数，表示一年之中的某一月。

$ 日：返回 1～31 之间的整数，表示一月之中的某一天。

$ 时：返回 0～23 之间的整数，表示一天之中的某一钟点。

$ 分：返回 0～59 之间的整数，表示一小时之中的某分钟。

$ 秒：返回 0～59 之间的整数，表示一分钟之中的某一秒。

＄日期：返回系统当前日期。

＄时间：返回系统当前时间。

以上变量由系统自动更新，工程人员只能读取时间变量，而不能改变它们的值。

预设变量还包括：

＄用户名：在程序运行时记录当前登录的用户的名字。

＄访问权限：在程序运行时记录当前登录的用户的访问权限。

＄启动历史记录：表明历史记录是否启动（1＝启动；0＝未启动）。

＄启动报警记录：表明报警记录是否启动（1＝启动；0＝未启动）。

＄新报警：每当报警发生时，"＄新报警"被系统自动设置为1。由工程人员负责把该值恢复到0。

＄启动后台命令：表明后台命令是否启动（1＝启动；0＝未启动）。

＄双机热备状态：表明双机热备中计算机的所处状态。

＄毫秒：返回当前系统的毫秒数。

＄网络状态：用户通过引用网络上计算机的＄网络状态的变量得到网络通信的状态。

## (四) 基本变量的定义

内存离散、内存实型、内存长整数、内存字符串、I/O离散、I/O实型、I/O长整数、I/O字符串，这八种基本类型的变量是通过"定义变量"对话框定义的，同时在"定义变量"对话框的基本属性页中设置它们的部分属性。

在工程浏览器中左边的目录树中选择"数据词典"项，右侧的内容显示区会显示当前工程中所定义的变量。双击"新建"图标，弹出"定义变量"对话框。组态王的变量属性由基本属性、报警配置、记录配置三个属性页组成。采用这种卡片式管理方式，用户只要用鼠标单击卡片顶部的属性标签，则该属性卡片有效，用户可以定义相应的属性。"定义变量"对话框如图1-57所示。

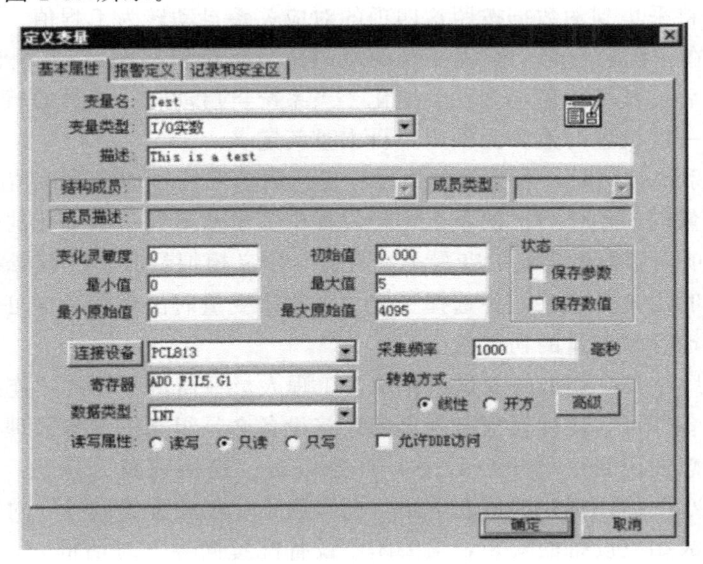


图1-57　变量基本属性

单击“确定”按钮，则工程人员定义的变量有效时保存新建的变量名到数据库的数据词典中。若变量名不合法，会弹出提示对话框提醒工程人员修改变量名。单击“取消”按钮，则工程人员定义的变量无效，并返回“数据词典”界面。“变量属性”对话框的基本属性卡片中的各项用来定义变量的基本特征，各项意义解释如下：

变量名：唯一标识一个应用程序中数据变量的名字，同一应用程序中的数据变量不能重名，数据变量名区分大小写，最长不能超过 31 个字符。用鼠标单击编辑框的任何位置进入编辑状态，工程人员此时可以输入变量名字，变量名可以是汉字或英文名字，第一个字符不能是数字。例如，温度、压力、液位、var1 等均可以作为变量名。变量的名称最多为 31 个字符。变量名命名时不能与组态王中现有的变量名、函数名、关键字、构件名称等重复；命名的首字符只能为字符，不能为数字等非法字符，名称中间不允许有空格、算术符号等非法字符存在。名称长度不能超过 31 个字符。

变量类型：在对话框中只能定义八种基本类型中的一种，用鼠标单击变量类型下拉列表框列出可供选择的数据类型，当定义有结构模板时，一个结构模板就是一种变量类型。

描述：此编辑框用于编辑和显示数据变量的注释信息。例如若想在报警窗口中显示某变量的描述信息，可在定义变量时，在描述编辑框中加入适当说明，并在报警窗口中加上描述项，则在运行系统的报警窗口中可见该变量的描述信息，最长不超过 39 个字符。

变化灵敏度：数据类型为模拟量或长整型时此项有效。只有当该数据变量的值变化幅度超过“变化灵敏度”时，“组态王”才更新与之相连接的图素（默认为 0）。

最小值：指该变量值在数据库中的下限。

最大值：指该变量值在数据库中的上限。

**注意：**组态王中最大的精度为 float 型，4 个字节。定义最大值时注意不要越限。

最小原始值：变量为 I/O 模拟变量时，驱动程序中输入原始模拟值的下限。

最大原始值：变量为 I/O 模拟变量时，驱动程序中输入原始模拟值的上限。

最大值、最小值、最小原始值、最大原始值是对 I/O 模拟量进行工程值自动转换所需要的，组态王将采集到的数据按照这四项的对应关系自动转为工程值。

保存参数：在系统运行时，修改变量的域的值（可读可写型），系统自动保存这些参数值，系统退出后，其参数值不会发生变化。当系统再启动时，变量的域的参数值为上次系统运行时最后一次设置的值，无须用户再去重新定义。

保存数值：系统运行时，当变量的值发生变化后，系统自动保存该值。当系统退出后再次运行时，变量的初始值为上次系统运行过程中变量值最后一次变化的值。

初始值：这项内容与所定义的变量类型有关，定义模拟量时出现编辑框可输入一个数值，定义离散量时出现开或关两种选择。定义字符串变量时出现编辑框可输入字符串，它们规定软件开始运行时变量的初始值。

连接设备：只对 I/O 类型的变量起作用，工程人员只需从下拉式“连接设备”列表框中选择相应的设备即可。此列表框所列出的连接设备名是组态王设备管理中已安装的逻辑设备名。用户要想使用自己的 I/O 设备，首先单击“连接设备”按钮，则“定义变量”对话框自动变成小图标出现在屏幕左下角，同时弹出“设备配置向导”对话框，工程人员根据安装向导完成相应设备的安装，当关闭“设备配置向导”对话框时，“定义变量”对话框又自动弹出；工程人员也可以直接从设备管理中定义自己的逻辑设备名。

寄存器：指定要与组态王定义的变量进行连接通信的寄存器变量名，该寄存器与工程人员指定的连接设备有关。

转换方式：规定I/O模拟量输入原始值到数据库使用值的转换方式。有线性转化、开方转换、和非线性表、累计等转换方式。关于转换的具体概念和方法。

数据类型：只对I/O类型的变量起作用，定义变量对应的寄存器的数据类型，共有9种数据类型供用户使用。这9种数据类型分别是：

Bit：1位；范围是0或1

BYTE：8位，1个字节；范围是0～255

SHORT，2个字节；范围是－32768～32767

UNSHORT：16位，2个字节；范围是0～65535

BCD：16位，2个字节；范围是0～9999

LONG：32位，4个字节；范围是－999999999～999999999

LONGBCD：32位，4个字节；范围是0～99999999

FLOAT：32位，4个字节；范围是10E-38～10E38，有效位7位

String：128个字符长度

各寄存器的数据类型请参见组态王的驱动帮助中相关设备的帮助。

采集频率：用于定义数据变量的采样频率。

读写属性：定义数据变量的读写属性，工程人员可根据需要定义变量为“只读”属性、“只写”属性、“读写”属性。

只读：对于进行采集的变量一般定义属性为只读，其采集频率不能为0。

只写：对于只需要进行输出而不需要读回的变量一般定义属性为只写。

读写：对于需要进行输出控制又需要读回的变量一般定义属性为读写。

## （五）动画连接向导的使用

### 1. 动画连接命令语言

命令语言连接会使被连接对象在运行时成为触敏对象。当TouchVew运行时，触敏对象周围出现反显的矩形框。命令语言有三种：“按下时”、“弹起时”和“按住时”。分别表示鼠标左键在触敏对象上按下、弹起、按住时执行连接的命令语言程序。定义“按住时”的命令语言连接时，还可以指定按住鼠标后每隔多少毫秒执行一次命令语言，这个时间间隔在编辑框内输入。可以指定一个等价键，工程人员在键盘上用等价键代替鼠标，等价键的按下、弹起、按住三种状态分别等同于鼠标的按下、弹起、按住状态。单击任一种“命令语言连接”按钮，将弹出对话框用于输入命令语言连接程序，如图1-58所示。

在对话框右边有一些能产生提示信息的按钮，可让用户选择已定义的变量名及域，系统预定义函数名，画面窗口名，报警组名，算符，关键字等。还提供剪切、复制、粘贴、复原等编辑手段，使用户可以从其他命令语言连接中复制已编好的命令语言程序。

组态王提供可视化动画连接向导供用户使用。该向导的动画连接包括：水平移动、垂直移动、旋转、滑动杆水平输入、滑动杆垂直输入五部分。使用可视化动画连接向导可以简单、精确地定位图素动画的中心位置、移动起止位置和移动范围等。

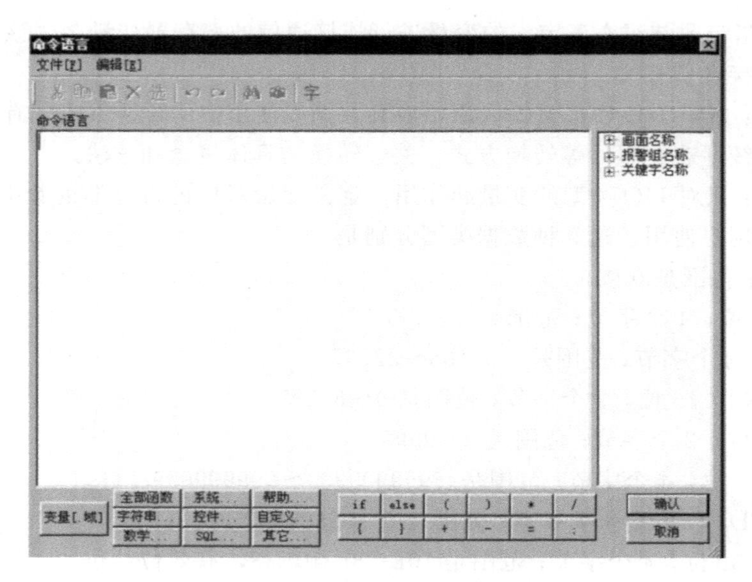


图 1-58　动画连接命令语言

## 2. 旋转动画连接向导

使用旋转动画连接向导的步骤为：首先在画面上绘制旋转动画的图素，如椭圆。选中该图素，选择菜单命令“编辑\旋转向导”，或在该椭圆上右击，在弹出的快捷菜单上选择“动画连接向导\旋转连接向导”命令，鼠标形状变为小“十”字形。选择图素旋转时的围绕中心，在画面上相应位置单击鼠标左键。随后鼠标形状变为逆时针方向的旋转箭头，表示现在定义的是图素逆时针旋转的起始位置和旋转角度。移动鼠标，环绕选定的中心，则一个图素形状的虚线框会随鼠标的移动而转动。确定逆时针旋转的起始位置后，单击鼠标左键，鼠标形状变为顺时针方向的旋转箭头，表示现在定义的是图素顺时针旋转的起始位置和旋转角度，方法同逆时针定义。选定好顺时针的位置后，单击鼠标弹出旋转动画连接对话框，如图 1-59 所示。

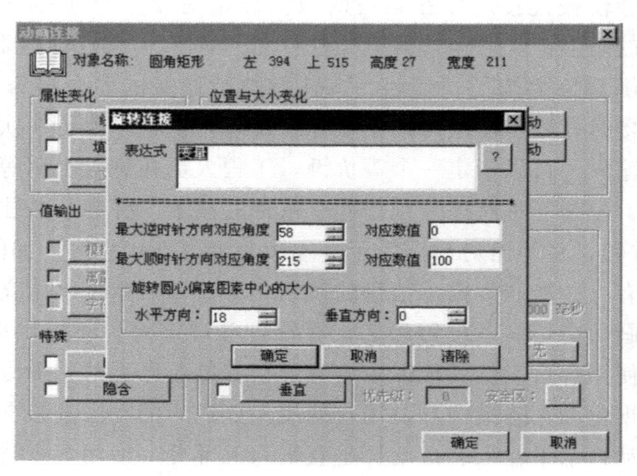


图 1-59　旋转连接对话框

旋转连接动画向导很有力地解决了用户在定义旋转图素时很难找到旋转中心的问题。

## 六、思考与练习

1. 试利用旋转动画连接向导及系统自带的秒变量设计圆盘秒表。如图 1-60 所示。
2. 在秒表设计完成的基础上，试设计带有时针、分针的圆盘时钟，如图 1-61 所示。

图 1-60　练习 1

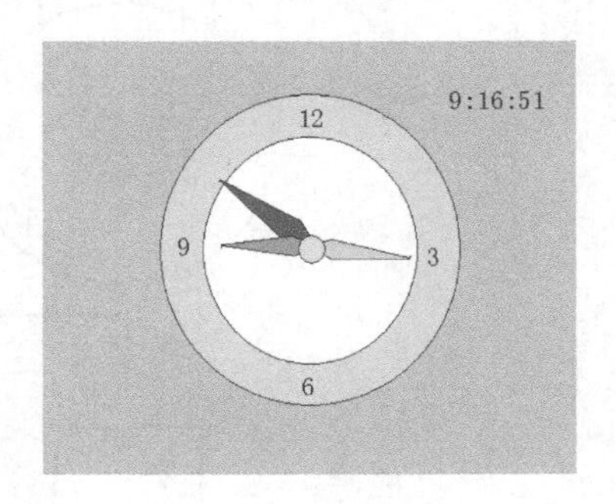


图 1-61　练习 2

# 任务 3　电动机△-Y形降压启动监控设计

## 一、任务描述

使用组态软件设计电动机△-Y形降压启动控制线路的组态工程。设计要求：按下启动按钮，电动机电源和星形接法运行，5s 后，电动机转为三角形接法运行，按下停止按钮，电动机停转。监控画面如图 1-62 所示。通过此任务来进一步掌握动画效果的运用，同时，掌握脚本语言的语法及其在监控系统中运用。

## 二、任务资讯

组态王中命令语言是一种在语法上类似 C 语言的程序，可以利用这些程序来增强应用程序的灵活性，处理一些算法和操作等。

命令语言都是靠事件触发执行的，如定时、数据的变化、键盘键的按下、鼠标的单击等。根据事件和功能的不同，包括应用程序命令语言、热键命令语言、事件命令语言、数据改变命令语言、自定义函数命令语言、动画连接命令语言和画面命令语言等。具有完备的词法语法查错功能和丰富的运算符、数学函数、字符串函数、控件函数、SQL 函数和系统函数。各种命令语言通过“命令语言编辑器”编辑输入，变量置 0 时停止执行，置 1 时开始执行。

应用程序命令语言、热键命令语言、事件命令语言、数据改变命令语言可以称为“后台命令语言”，它们的执行不受画面打开与否的限制，只要符合条件就可以执行。

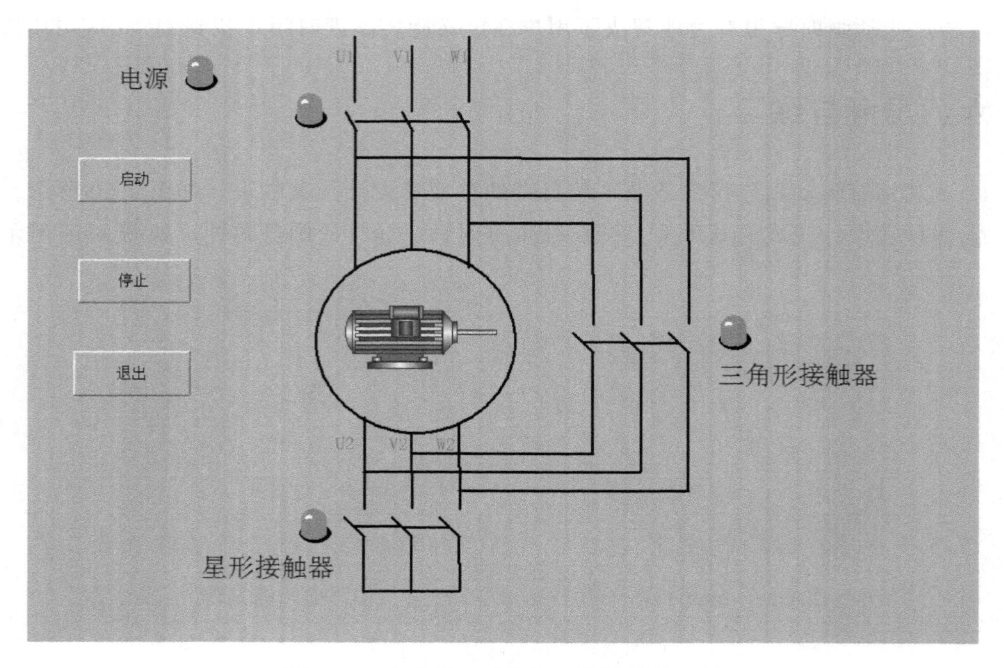


图 1-62 电动机正反转组态模拟监控工程

## (一) 命令语言的类型

### 1. 应用程序命令语言

在工程浏览器的目录显示区，选择“文件 \ 命令语言 \ 应用程序命令语言”，则在右边的内容显示区出现“请双击这儿进入＜应用程序命令语言＞对话框…”图标，如图 1-63 所示。

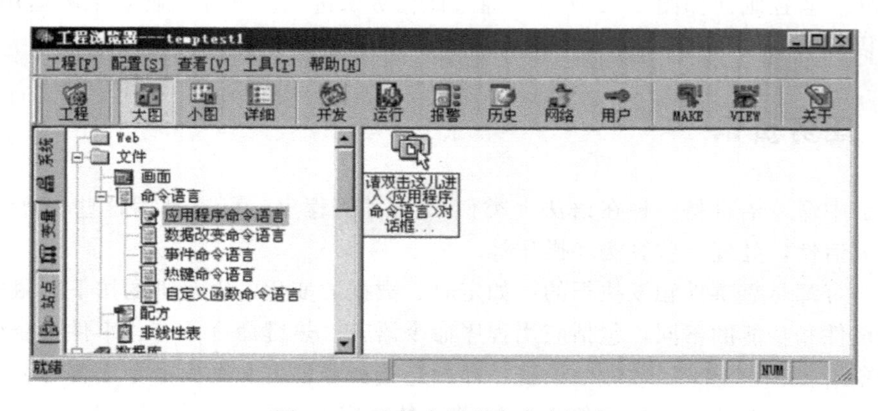


图 1-63 选择应用程序命令语言

双击图标，则弹出“应用程序命令语言”对话框，如图 1-64 所示。

在输入命令语言时，除汉字外，其他关键字，如标点符号必须以英文形式输入。

应用程序命令语言是指在组态王运行系统应用程序启动时、运行期间和程序退出时执

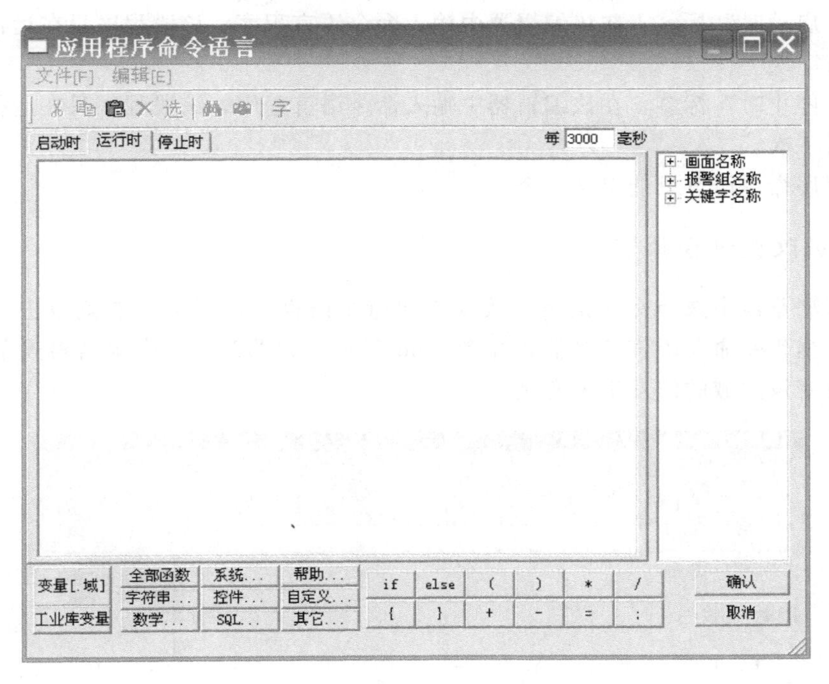


图 1-64　应用程序命令语言

行的命令语言程序。如果是在运行系统运行期间，该程序按照指定时间间隔定时执行。

如图 1-65 所示，当选择“运行时”标签时，会有输入执行周期的编辑框“每……毫秒”。

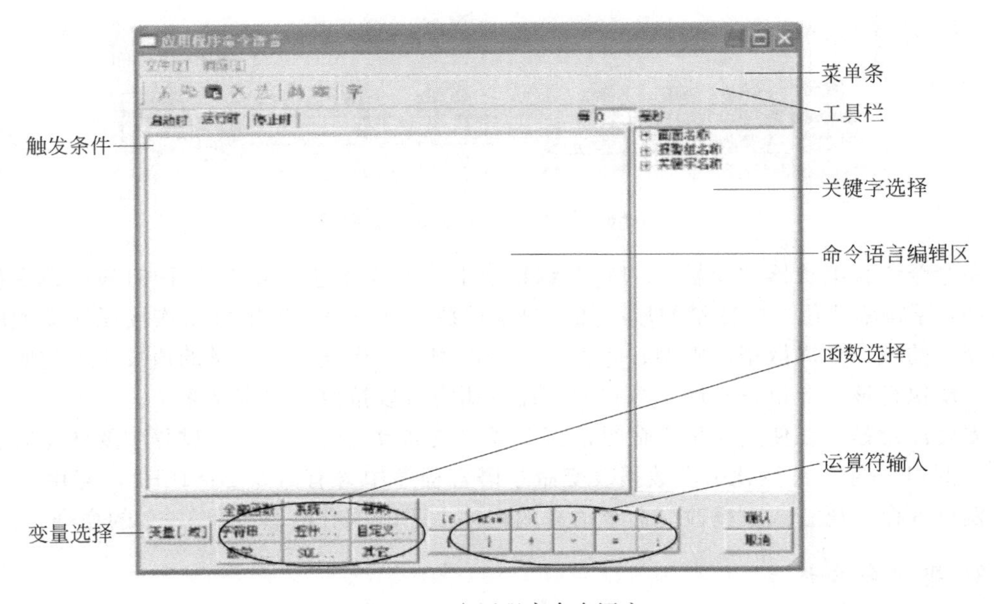


图 1-65　应用程序命令语言

输入执行周期，则组态王运行系统运行时，将按照该时间周期性地执行这段命令语言程序，无论画面打开与否。

选择“启动时”标签，在该编辑器中输入命令语言程序，该段程序只在运行系统程序启动时执行一次。

选择“停止时”标签，在该编辑器中输入命令语言程序，该段程序只在运行系统程序退出时执行一次。

应用程序命令语言只能定义一个。

## 2. 数据改变命令语言

在工程浏览器中选择命令语言—数据改变命令语言，在浏览器右侧双击“新建”图标，弹出数据改变命令语言编辑器，如图 1-66 所示。数据改变命令语言触发的条件为连接的变量或变量的域的值发生了变化。

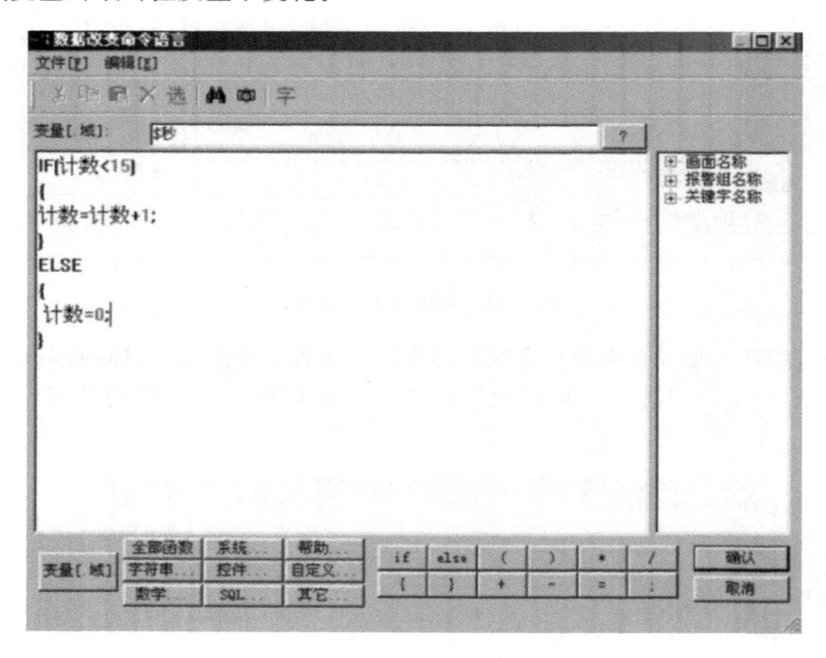


图 1-66　数据改变命令语言编辑器

在命令语言编辑器“变量［.域］”编辑框中输入或通过单击“?”按钮来选择变量名称（如：原料罐液位）或变量的域（如原料罐液位 . Alarm）。这里可以连接任何类型的变量和变量的域，如离散型、整型、实型、字符串型等。当连接的变量的值发生变化时，系统会自动执行该命令语言程序。数据改变命令语言可以按照需要定义多个。

需要注意是，在使用“事件命令语言”或“数据改变命令语言”过程中要注意防止死循环。例如，变量 A 变化引发数据改变命令语言程序中含有命令 B＝B＋1，若用 B 变化再引发事件命令语言或数据改变命令语言的程序中不能再有类似 A＝A＋1 的命令。

## 3. 事件命令语言

事件命令语言是指当规定的表达式的条件成立时执行的命令语言。如某个变量等于定值，某个表达式描述的条件成立。在工程浏览器中选择命令语言—事件命令语言，在浏览器右侧双击“新建”图标，弹出事件命令语言编辑器，如图 1-67 所示。事件命令语言有三种类型：

发生时：事件条件初始成立时执行一次。

存在时：事件存在时定时执行，在“每……毫秒”编辑框中输入执行周期，则当事件条件成立存在期间周期性执行命令语言。

消失时：事件条件由成立变为不成立时执行一次。

事件描述：指定命令语言执行的条件。

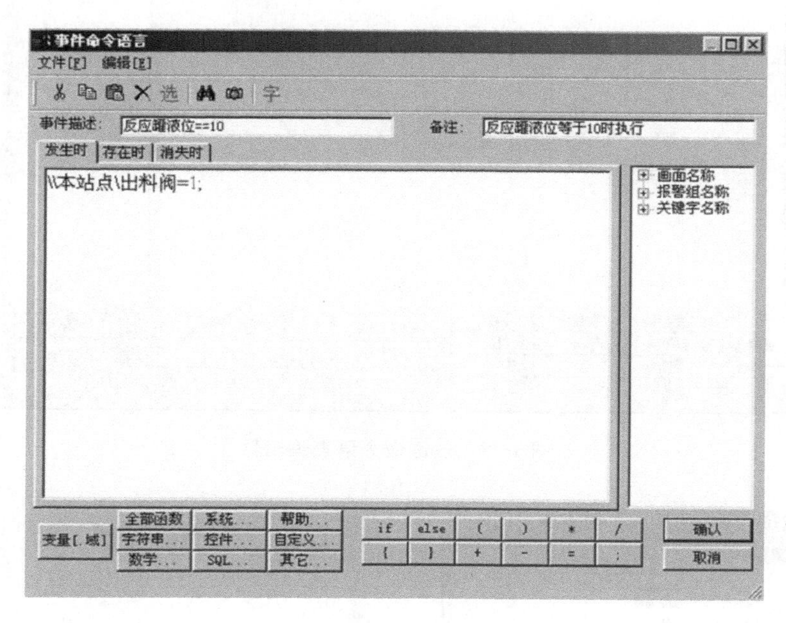


图 1-67　事件命令语言编辑器

#### 4. 热键命令语言

“热键命令语言”链接到工程人员指定的热键上，软件运行期间，工程人员随时按下键盘上相应的热键都可以启动这段命令语言程序。热键命令语言可以指定使用权限和操作安全区。

输入热键命令语言时，在工程浏览器的目录显示区，选择“文件＼命令语言＼热键命令语言”，双击右边的内容显示区出现“新建…”图标，弹出热键命令语言编辑器，如图 1-68 所示。

热键定义，当 Ctrl 和 Shift 左边的复选框被选中时，表示此键有效。

热键定义区的右边为热键按钮选择区，用鼠标单击此按钮，则弹出如图 1-69 所示的对话框。

在此对话框中选择一个键，则此键被定义为热键，还可以与 Ctrl 和 Shift 形成组合键。

热键命令语言可以定义安全管理，安全管理包括操作权限和安全区，两者可单独使用，也可合并使用，如图 1-70 所示。比如：设置操作权限为 918，只有操作权限大于或等于 918 的操作员登录后按下热键时，才会激发命令语言的执行。

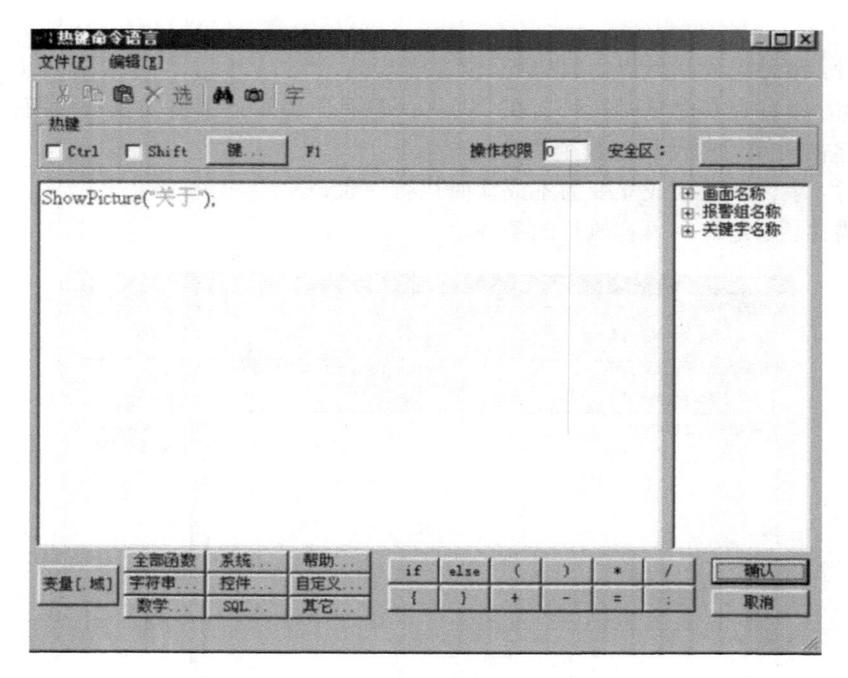


图 1-68　热键命令语言编辑器

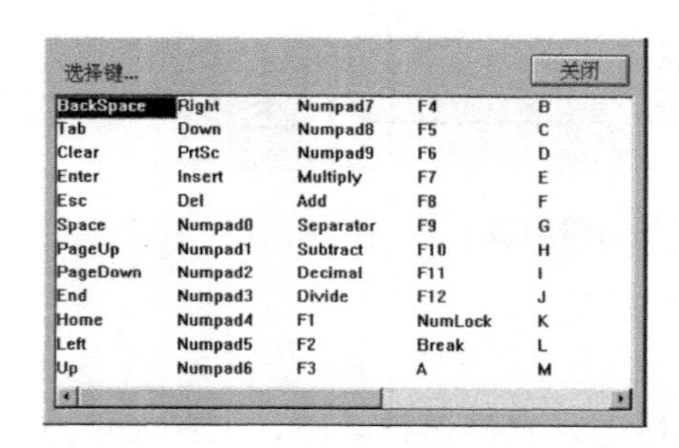


图 1-69　热键选择

图 1-70　热键的安全管理定义

### 5. 用户自定义函数

如果组态王提供的各种函数不能满足工程的特殊需要，组态王还提供用户自定义函数功能。用户可以自己定义各种类型的函数，通过这些函数能够实现工程特殊的需要。如特殊算法、模块化的公用程序等，都可通过自定义函数来实现。

自定义函数是利用类似C语言来编写的一段程序，其自身不能直接被组态王触发调用，必须通过其他命令语言来调用执行。

编辑自定义函数时，在工程浏览器的目录显示区，选择“文件\命令语言\自定义函数命令语言”，在右边的内容显示区出现“新建”图标，用左键双击此图标，将出现“自定义函数命令语言”对话框，如图1-71所示。具体的应用请参考组态王使用手册。

### 6. 画面命令语言

画面命令语言就是与画面显示与否有关系的命令语言程序。画面命令语言定义在画面

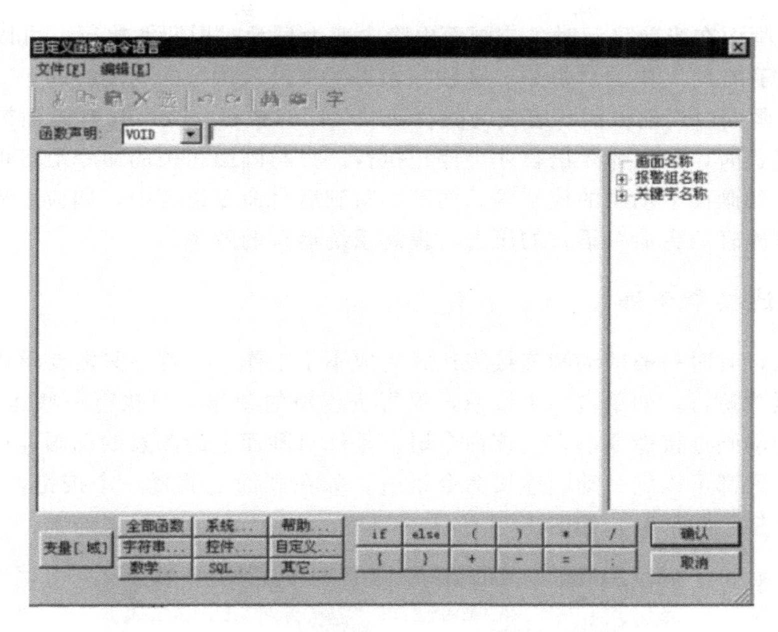


图 1-71　自定义函数命令语言编辑器

属性中。打开一个画面，选择菜单“编辑/画面属性”，或右击画面，在弹出的快捷菜单中选择“画面属性”菜单项，或按下 Ctrl 和 W 键，打开“画面属性”对话框，在对话框上单击“命令语言…”按钮，弹出画面命令语言编辑器，如图 1-72 所示。

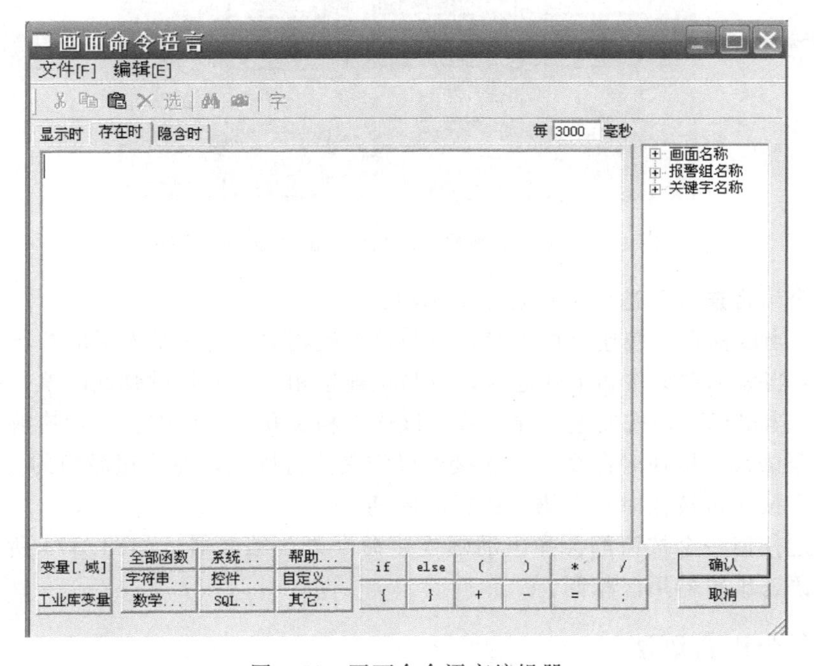


图 1-72　画面命令语言编辑器

“画面命令语言”分为三部分：显示时、存在时、隐含时。

显示时：打开或激活画面为当前画面，或画面由隐含变为显示时执行一次。

存在时：画面在当前显示时，或画面由隐含变为显示时周期性执行，可以定义指定执行周期，在“存在时”中的“每……毫秒”编辑框中输入执行的周期时间。

隐含时：画面由当前激活状态变为隐含或被关闭时执行一次。只有画面被关闭或被其他画面完全遮盖时，画面命令语言才会停止执行。只与画面相关的命令语言可以写到画面命令语言里，如画面上动画的控制等，而不必写到后台命令语言中，如应用程序命令语言等。这样可以减轻后台命令语言的压力，提高系统运行的效率。

7. 动画连接命令语言

对于图素，有时一般的动画连接表达式完成不了工作，而程序只需要单击一下画面上的按钮等图素才执行，如单击一个按钮，执行一连串的动作，或执行一些运算、操作等。这时可以使用动画连接命令语言。该命令语言是针对画面上的图素的动画连接的，组态王中的大多数图素都可以定义动画连接命令语言。如在画面上放置一个按钮，双击该按钮，弹出“动画连接”对话框，如图 1-73 所示。

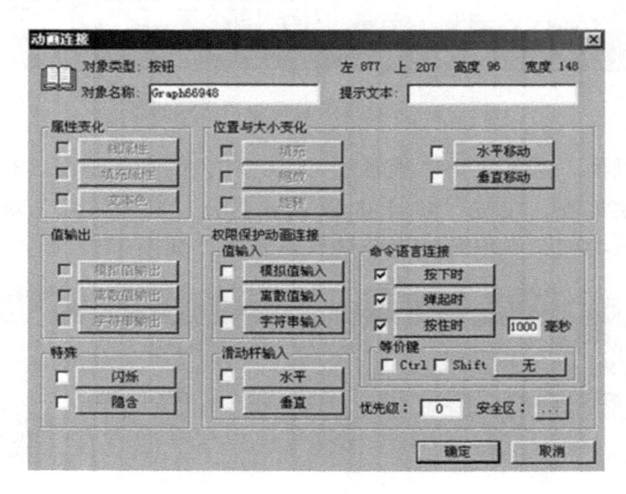


图 1-73 图素动画连接动画框中的命令语言连接

在“命令语言连接”选项中包含三个选项：

按下时：当鼠标在该按钮上按下时，或与该连接相关联的热键按下时执行一次。

弹起时：当鼠标在该按钮上弹起时，或与该连接相关联的热键弹起时执行一次。

按住时：当鼠标在该按钮上按住，或与该连接相关联的热键按住，没有弹起时周期性执行该段命令语言。按住时命令语言连接可以定义执行周期，在按钮后面的“毫秒”标签编辑框中输入按钮被按住时命令语言执行的周期。

单击上述任何一个按钮都会弹出动画连接命令语言编辑器，如图 1-74 所示。其用法与其他命令语言编辑器用法相同。

## （二）命令语言语法

命令语言程序的语法与一般 C 程序的语法没有大的区别，每一程序语句的末尾应该用“；”结束，在使用 if…else…、while（）等语句时，其程序要用“{ }”括起来。

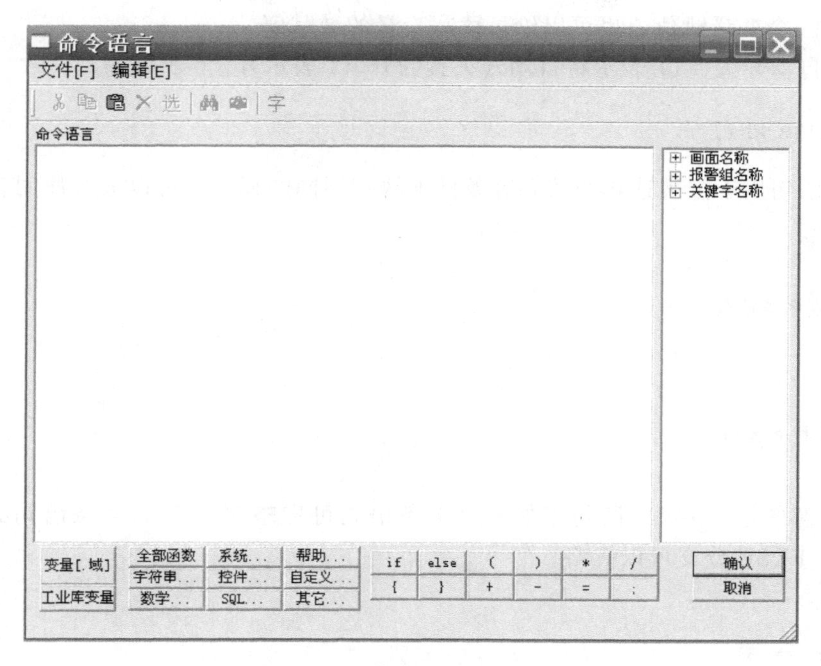


图 1-74　图素动画连接命令语言编辑器

## 1. 运算符

用运算符连接变量或常量就可以组成较简单的命令语言语句，如赋值、比较、数学运算等。命令语言中可使用的运算符以及算符优先级与连接表达式相同，运算符有以下几种。

运算符的优先级：下面列出运算符的运算次序，首先计算最高优先级的运算符，再依次计算较低优先级的运算符。同一行的运算符有相同的优先级。

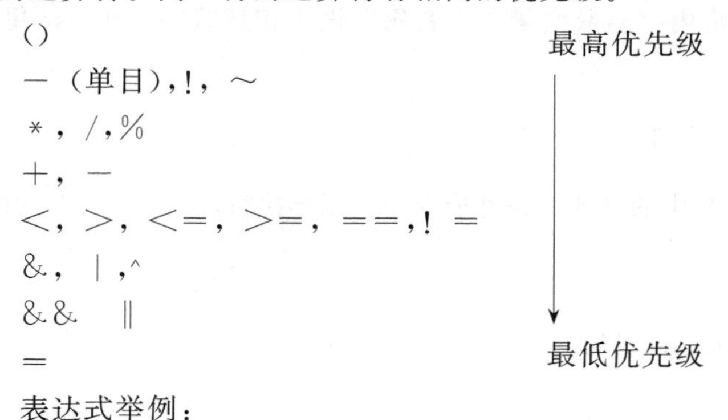


表达式举例：

复杂的表达式：开关＝＝1　液面高度＞50&&液面高度＜80

（开关 1 || 开关 2） &&（液面高度．alarm）

## 2. 赋值语句

赋值语句用得最多，语法如下：

变量(变量的可读写域) = 表达式;

可以给一个变量赋值，也可以给可读写变量的域赋值。

例如：自动开关=1；表示将自动开关置为开（1 表示开，0 表示关）。

### 3. if-else 语句

if-else 语句用于按表达式的状态有条件地执行不同的程序，可以嵌套使用。语法为：

```
if(表达式)
  {
  一条或多条语句;
  }
else
 {
 一条或多条语句;
 }
```

需要注意的是，if-else 语句里如果是单条语句可省略“｛｝”，多条语句必须在一对“｛｝”中，ELSE 分支可以省略。

例 1：

```
if (step == 3)
    颜色 = “红色”;  //上述语句表示当变量 step 与数字 3 相等时,将变量颜色置为“红色”(变
量“颜色”为内存字符串变量)
```

例 2：

```
if(出料阀 == 1)
  出料阀 = 0;      //将离散变量“出料阀”设为 0 状态
  else
  出料阀 = 1;
```

上述语句表示将内存离散变量“出料阀”设为相反状态。If-else 里是单条语句可以省略“｛｝”。

### 4. while（）语句

当 while（）括号中的表达式条件成立时，循环执行后面“｛｝”内的程序。语法如下：

```
while(表达式)
  {
  一条或多条语句(以; 结尾)
  }
```

例：

```
while (循环  = 10)
  {
    ReportSetCellvalue("实时报表",循环, 1,原料罐液位);
    循环 = 循环 + 1;
  }
```

当变量“循环”的值小于或等于 10 时，向报表第一列的 1～10 行添入变量“原料罐

液位”的值。应该注意使 whlie 表达式条件满足，然后退出循环。

## 三、任务分析

### （一）能力目标

1. 能正确使用命令语句编写脚本程序；
2. 能完成简单组态工程脚本程序设计。

### （二）知识目标

1. 掌握命令语言基本语句语法；
2. 掌握命令语言使用方法。

### （三）仪器设备

计算机、组态王软件 6.55

### （四）工程画面

电动机正反转控制组态监控画面如图 1-75 所示。

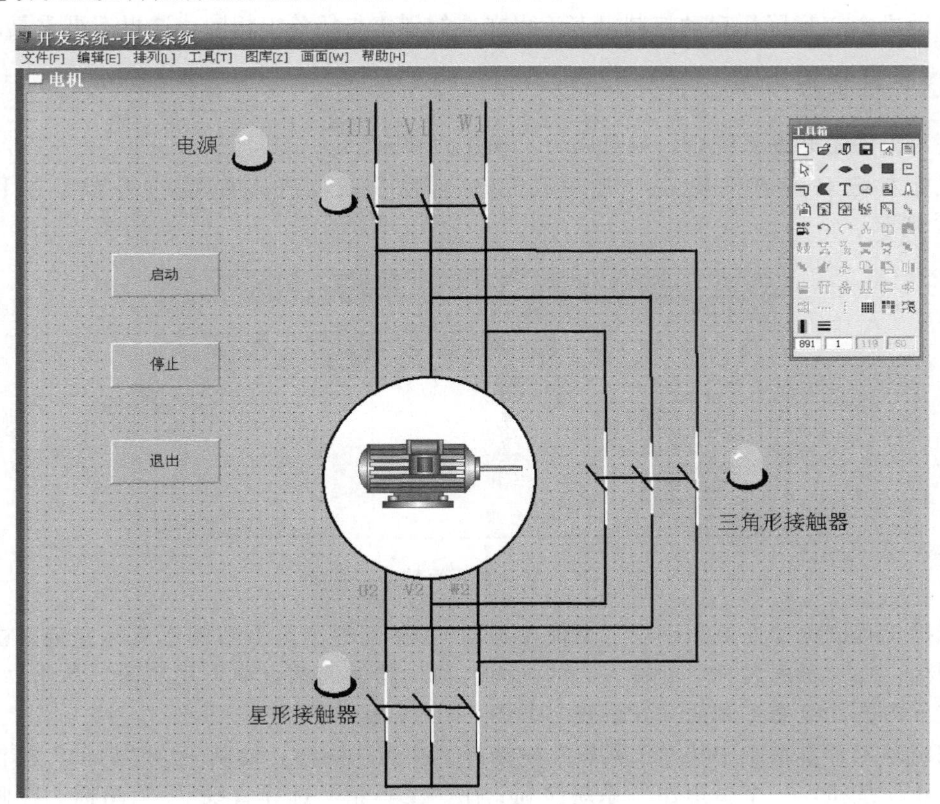


图 1-75　电动机△-Y形降压启动组态画面

要求：按下启动按钮，电源和星形接触器常开触点闭合，电动机运行，三角形接触器常开触点断开，5s后，星形接触器常开触点断开，三角形接触器常开触点闭合。按下停止按钮，触点全部断开，电动机停止运行。

### （五）变量定义

电动机△-Y形降压启动控制组态监控系统变量定义如图1-76所示。

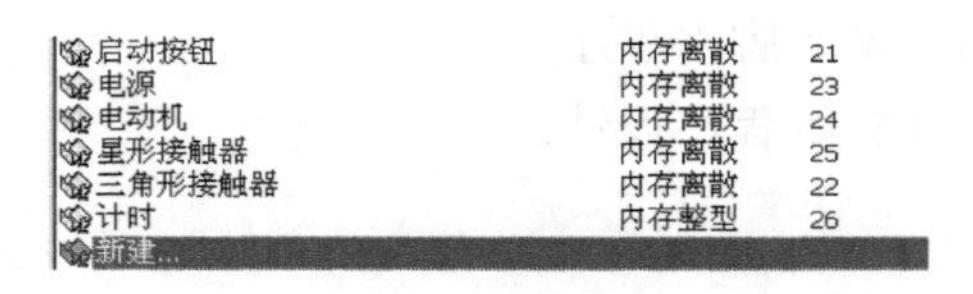


图1-76 电动机△-Y形降压启动变量定义

## 四、任务实施

### （一）设计电动机△-Y形降压启动监控系统工程

#### 1. 创建新工程

电动机△-Y形降压启动控制组态工程文件的创建与任务1相同，这里不再重复。

#### 2. 创建组态画面

进入组态王开发系统后，就可以为工程建立画面。

鼠标左键双击电动机△-Y形降压启动监控系统，进入新建的组态王工程，如图1-77所示。

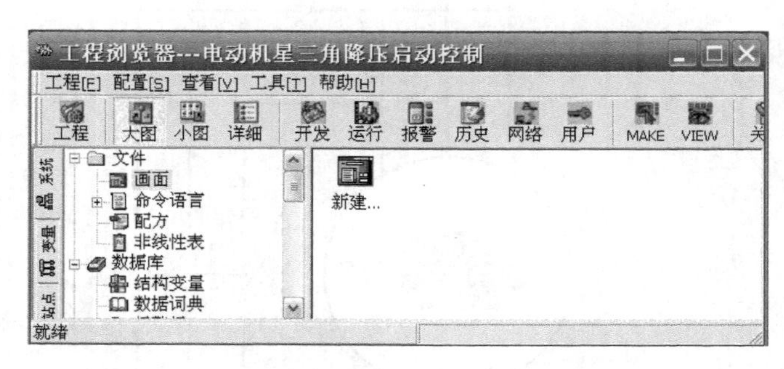


图1-77 电动机正反转监控系统

选择工程浏览器左侧大纲项“文件\画面”，在工程浏览器右侧用鼠标左键双击“新建”图标，在“画面名称”处输入新的画面名称，其他属性目前不用更改。单击“确定”按钮进入内嵌的组态王画面开发系统，如图1-78所示。

在组态王开发系统中从“工具箱”中选择“按钮”图标，绘制一个“启动”按钮，一个“停止”按钮，一个“退出”系统按钮；在“工具箱”选择直线“/”图标，在画面上绘制星形、三角形连接线路。单击菜单图库中“打开图库”图标，左侧选中“指示灯”，

图 1-78　组态王开发系统

选某种类型，添加到画面上，分别指示电源，星形接法、三角形接法。左侧选中“马达”，右侧选取电动机图形，放到画面上，右击选中“按钮”选择“字符串替换”，即可改变按钮文本，如图 1-79 所示。

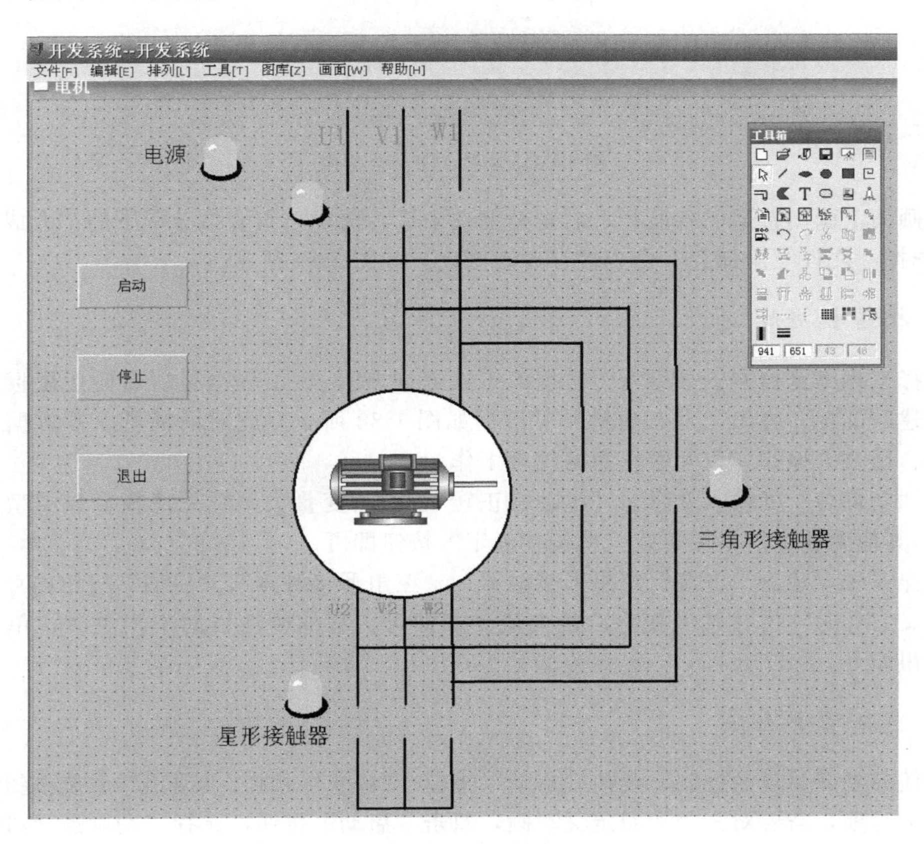


图 1-79　画面绘制

在上面画面上绘制出线路常开主触点图形，首先，画出常开触点各段线，右击全部选中后，选中“组合拆分”下的“合成组合图素”，如图 1-80 所示。

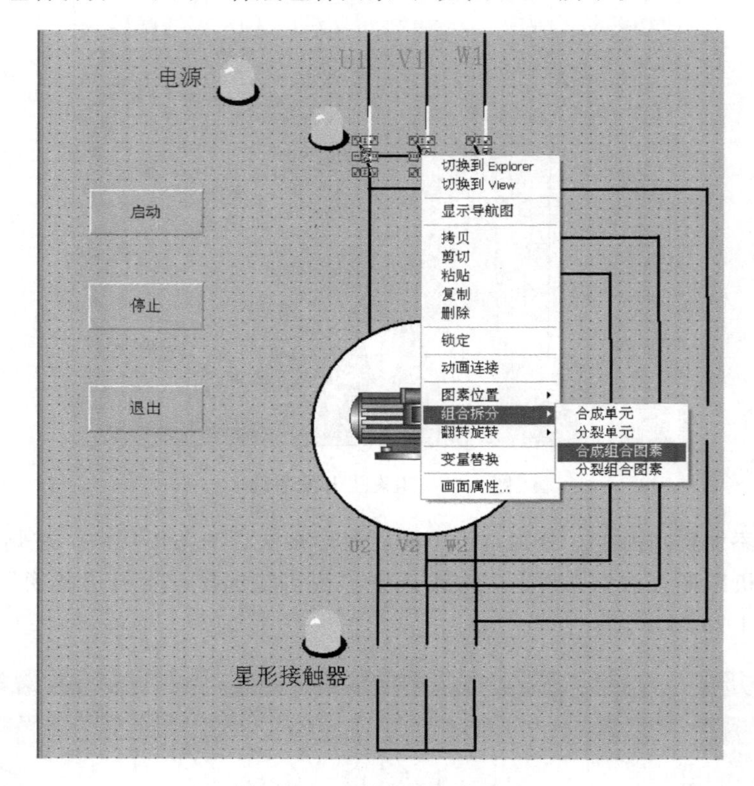


图 1-80　主触点图素合成图

在画面上画出接通的各段线，右击全部选中后，选中“组合拆分”下的“合成组合图素”，选择“文件 \ 全部存”命令保存现有画面，如图 1-81 所示。

### 3. 构造数据库

选择工程浏览器左侧大纲项“数据库 \ 数据词典”，在工程浏览器右侧用鼠标左键双击“新建”图标，弹出“定义变量”对话框如图 1-82 所示。此对话框可以对数据变量完成定义、修改等操作，以及数据库的管理工作。

在“变量名”处输入变量名“电动机正转”，在“变量类型”处选择变量类型“内存离散”，其他属性目前不用更改，单击“确定”按钮即可。

同样方法，建立“电源”、“星形接触器”、“三角形接触器”、“启动”按钮内存离散变量。定义“计时”内存整型变量，最大值 100 即可。其他属性目前不用更改，单击“确定”按钮即可。

### 4. 建立动画连接

本任务是开关量的控制，要使“启动”按钮、“停止”按钮、“退出”系统按钮在运行时为触敏对象，需要对三个按钮定义动画，双击“启动”按钮，选择“动画连接/按下时”菜单命令，弹出“命令语言”对话框如图 1-83 所示。

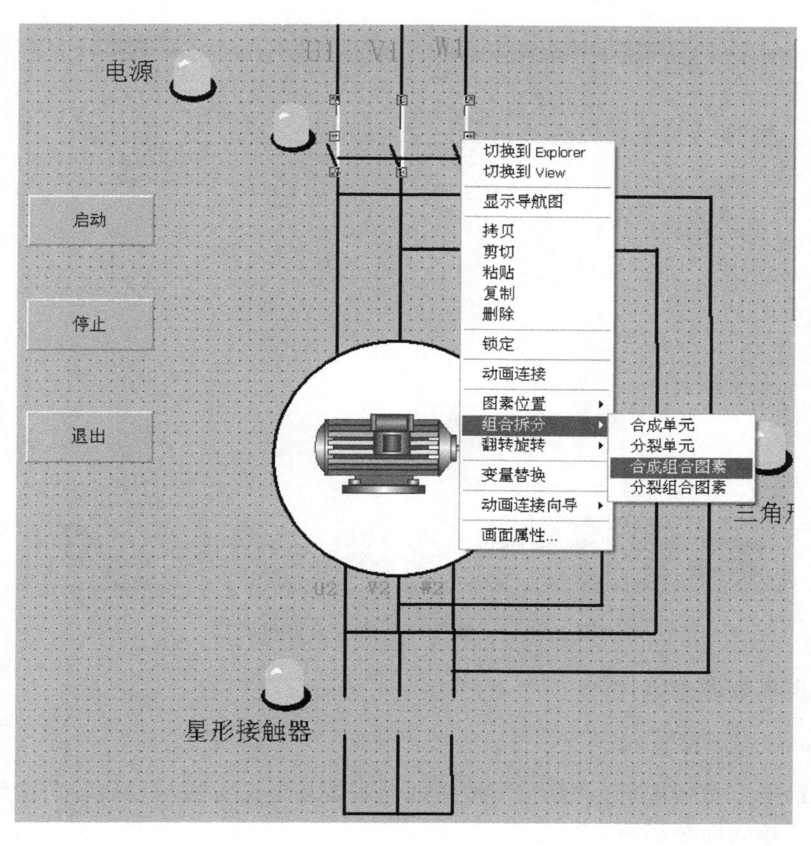


图 1-81　接通线段合成图

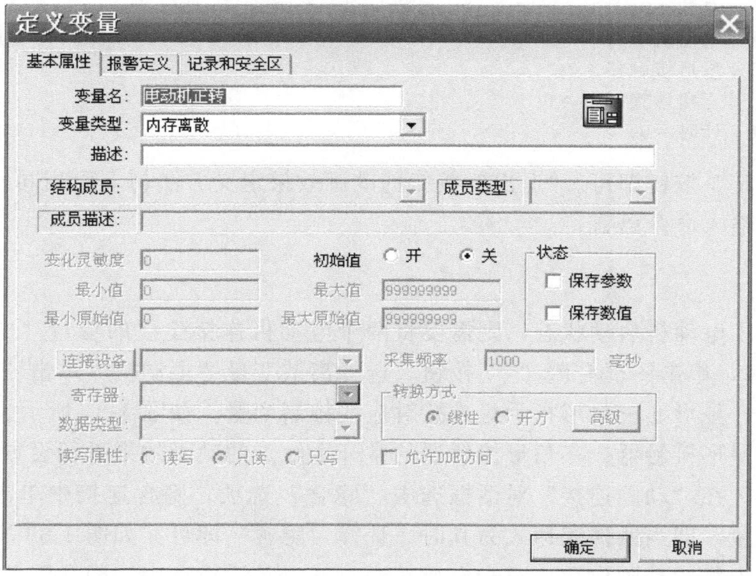

定义变量

基本属性 | 报警定义 | 记录和安全区

变量名: 电动机正转

变量类型: 内存离散

描述:

结构成员: 　成员类型:

成员描述:

变化灵敏度 0　初始值 ○ 开 ◉ 关　状态

最小值 0　最大值 999999999　☐ 保存参数

最小原始值 0　最大原始值 999999999　☐ 保存数值

连接设备　采集频率 1000 毫秒

寄存器　转换方式

数据类型　◉ 线性 ○ 开方 高级

读写属性: ○ 读写 ◉ 只读 ○ 只写　☐ 允许DDE访问

确定　取消

图 1-82　创建内存变量

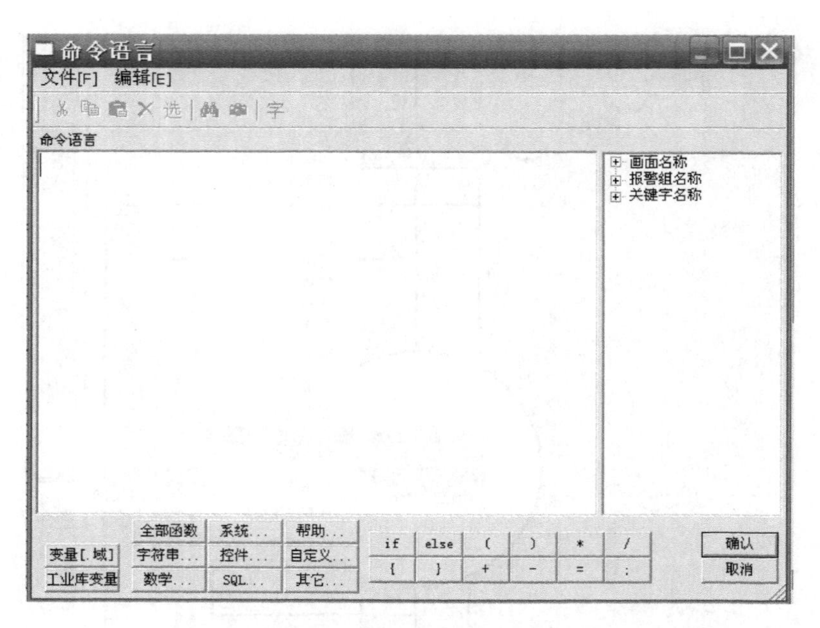


图 1-83 “按下时”命令语言对话框

在编辑框输入命令语言：

```
\\本站点\启动按钮 = 1;
```

单击“确定”按钮即可。“停止”按钮的动画效果定义方法与“启动”按钮相同。

在编辑框输入命令语言：

```
\\本站点\启动按钮 = 0;
\\本站点\电源 = 0;
\\本站点\电动机 = 0;
\\本站点\星形接触器 = 0;
\\本站点\三角形接触器 = 0;
\\本站点\计时 = 0;
```

单击“确定”按钮即可。“退出”按钮的动画效果定义方法与上面相同。

在编辑框输入命令语言：

```
Exit( 0 );
```

为了表现出电动机启动状态，则需要将两个电动机连接建立的变量“电动机”，双击“电动机”图标，单击图框右侧“?”按钮，选择离散变量“电动机”单击“确定”按钮即可。并将电源、星形、三角形指示灯连接对应的控制变量，如图 1-84 所示。

对电源、星形接触器、三角形接触器的常开主触点的动画效果进行设置，双击电源常开主触点图形，在“动画连接”对话框选中“隐含”选项，隐含连接中单击“?”按钮选择“电源”变量，即当条件表达式为真时，选择“隐含”即可，如图 1-85 所示。

电源接通连线的动画设置，双击电源接通直线，对话框选中“隐含”选项，隐含连接中单击“?”按钮选择“电源”变量，即当条件表达式为真时，选择“显示”，即可，如图 1-86 所示。

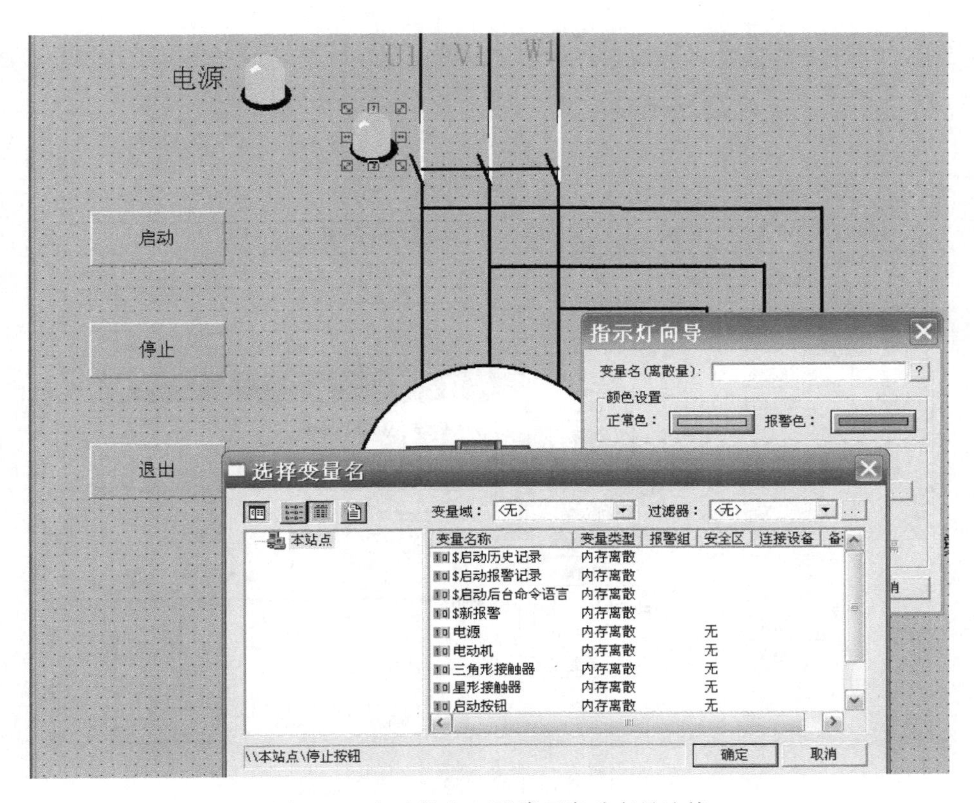


图 1-84　电动机△-Y形降压启动变量连接

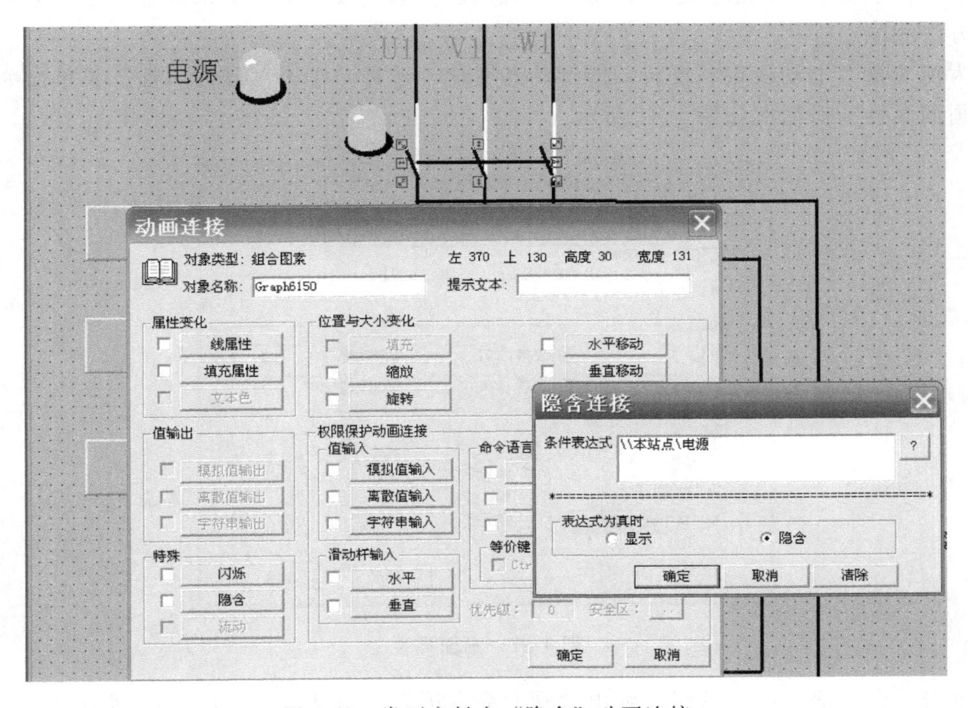


图 1-85　常开主触点“隐含”动画连接

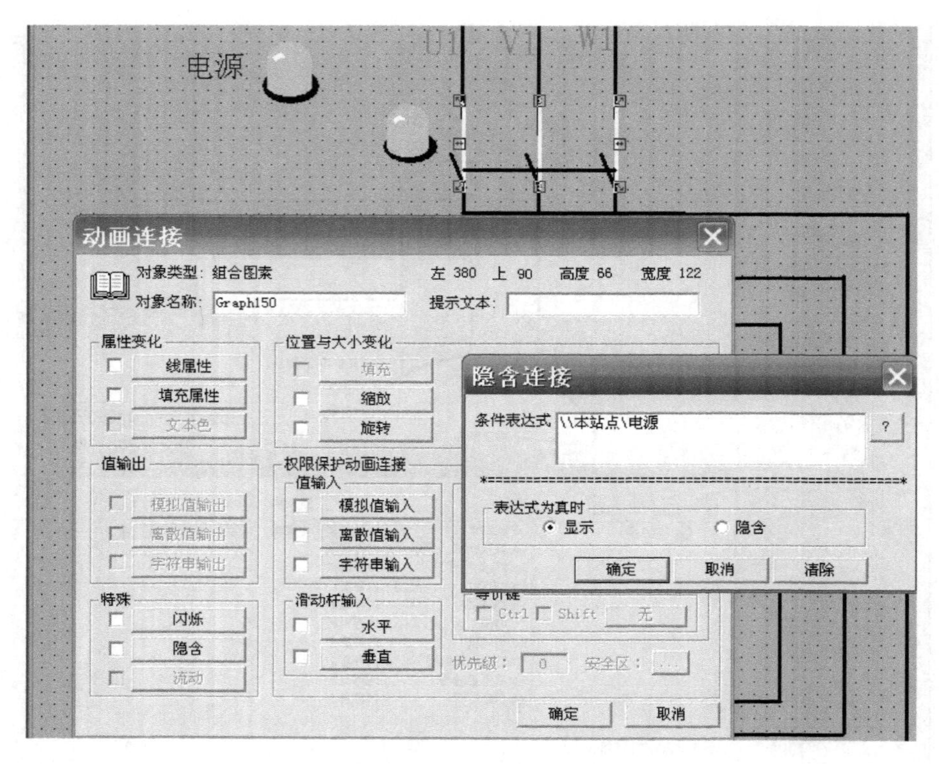


图 1-86　接通连线“隐含”动画连接

星形接触器、三角形接触器的常开主触点、接通连线的动画效果设置方法与电源触点设置方法相同。

为使变量“电动机正、反转”能够动态变化，选择“编辑\画面属性”菜单命令，弹出“画面属性”对话框如图 1-87 所示。

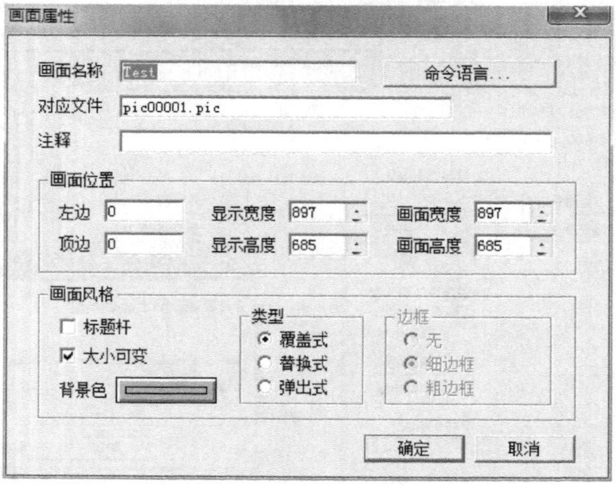

画面属性
画面名称 Test　命令语言...
对应文件 pic00001.pic
注释
画面位置
左边 0　显示宽度 897　画面宽度 897
顶边 0　显示高度 685　画面高度 685
画面风格
标题杆
大小可变
背景色
类型
覆盖式
替换式
弹出式
边框
无
细边框
粗边框
确定　取消

图 1-87　画面属性

单击“命令语言…”按钮，弹出“画面命令语言”对话框，如图 1-88 所示。

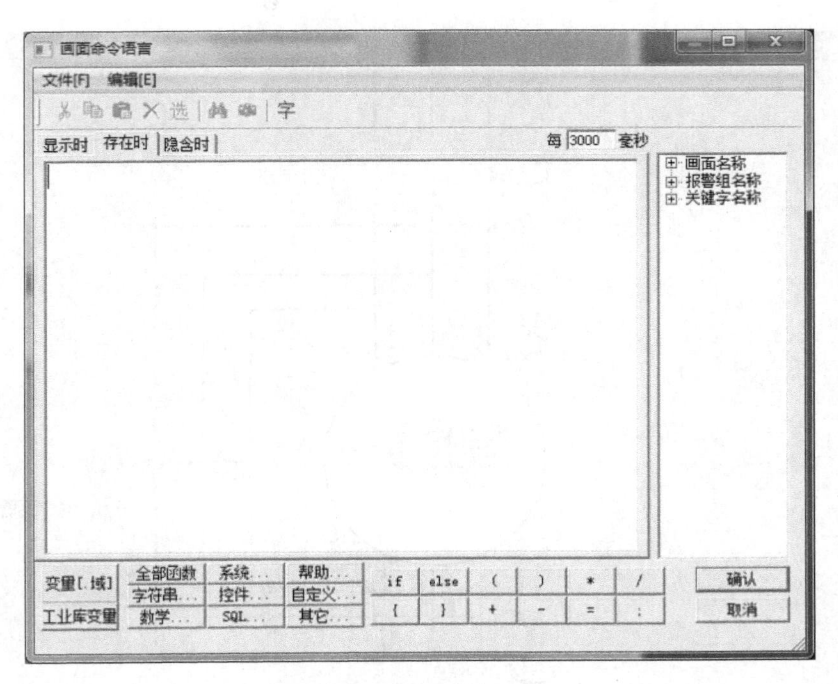


图 1-88　画面命令语言

在编辑框输入命令语言：

```
if(\\本站点\启动按钮 == 1)
{
\\本站点\电源 = 1;
\\本站点\电动机 = 1;
\\本站点\星形接触器 = 1;
\\本站点\三角形接触器 = 0;
\\本站点\计时 = \\本站点\计时 + 1;
}
if(\\本站点\计时 == 11)
{
\\本站点\星形接触器 = 0;
\\本站点\三角形接触器 = 1;
\\本站点\启动按钮 = 0;
}
```

可将“每 3000 毫秒”改为“每 500 毫秒”，此为画面执行命令语言的执行周期。依次单击“确认”及“确定”按钮回到开发系统。选择“文件\全部存”菜单命令。

5. 运行和调试

电动机正反转监控工程已经初步建立起来，进入到运行和调试阶段。在组态王开发系统中选择“文件\切换到 View”菜单命令，进入组态王运行系统。在运行系统中选择“画面\打开”命令，从“打开画面”窗口选择“Test”画面。显示出组态王运行系统画面，即可看到矩形框和文本在动态变化，如图 1-89 所示。

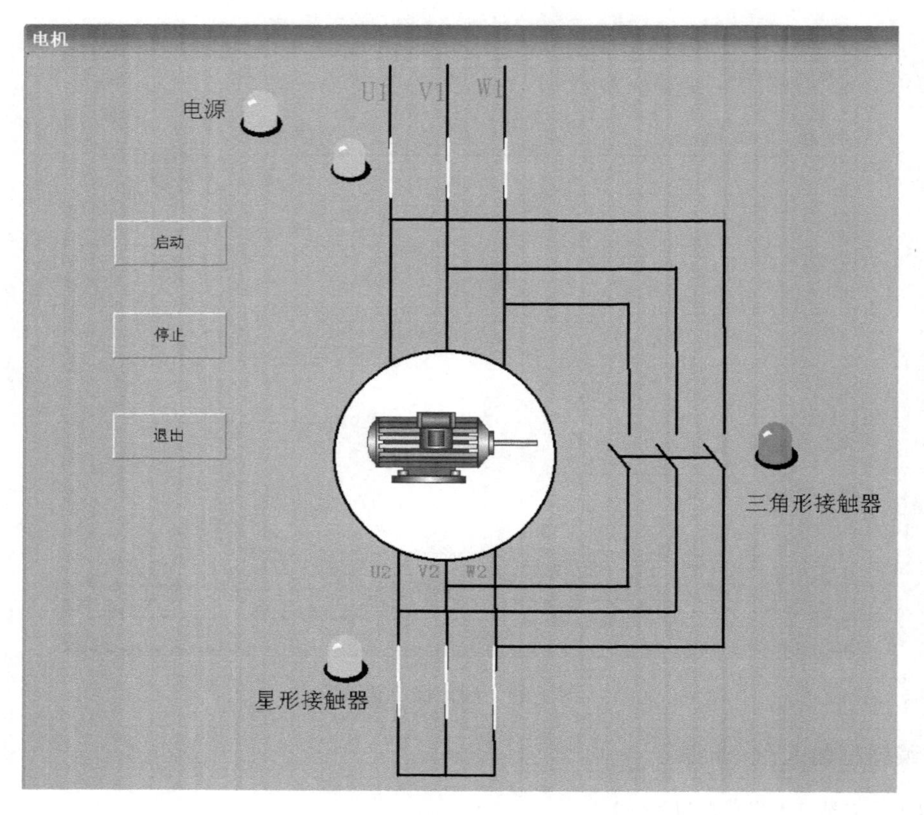


图 1-89　运行系统画面

## 五、知识拓展

### 1. 命令语言程序的注释方法

命令语言程序添加注释，有利于程序的可读性，也方便程序的维护和修改。组态王的所有命令语言中都支持注释。注释的方法分为单行注释和多行注释两种。注释可以在程序的任何地方进行。

单行注释在注释语句的开头加注释符“//”。

多行注释是在注释语句前加“/ *”，在注释语句后加“ * /”。多行注释也可以用于单行注释。

### 2. 实例——命令语言应用控制

（1）实现画面切换功能

利用系统提供的“菜单”工具和 ShowPicture（）函数能够实现在主画面中切换到其他任一画面的功能。具体操作如下：

① 选择工具箱中的“菜单”工具，将鼠标放到监控画面的任一位置并按住鼠标左键画一个按钮大小的菜单对象，双击“菜单定义”对话框，对话框设置如图 1-90 所示。

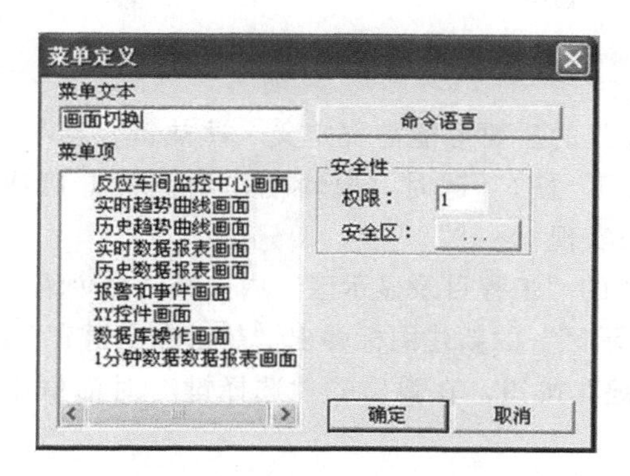


图 1-90　菜单定义对话框

② 菜单项输入完毕后单击“命令语言”按钮，弹出“命令语言”编辑框，在编辑中输入如下命令语言，菜单命令语言对话框如图 1-91 所示。

③ 单击“确认”按钮关闭对话框，当系统进入运行状态时单击菜单中的每一项，进入响应画面中。

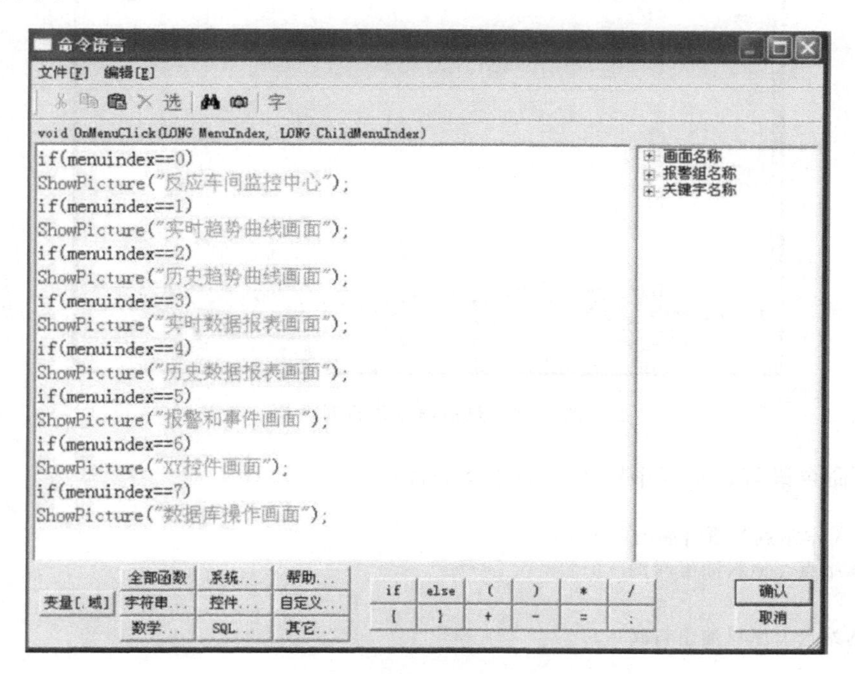


图 1-91　菜单命令语言对话框

(2) 如何退出系统

如何退出组态王运行系统，返回到 Windows，可以通过 Exit () 函数来实现。

① 选择工具箱中的“按钮”工具，在画面上画一个按钮，选中按钮并右击，在弹出的下拉菜单中执行“字符串替换”命令，设置按钮文本为系统退出。

② 双击按钮，弹出“动画连接”对话框，在此对话框中选择“弹起时”选项弹出“命令语言”编辑框，在编辑框中输入命令语言：Exit (0);

③ 单击“确认”按钮关闭对话框，当系统进入运行状态时候单击此按钮系统将退出

组态王运行环境。

（3）定义热键

在工业现场，为了操作的需要可能需要定义一些热键，当某键被按下时系统执行响应的控制命令。例如，当按下“F1”键时，原料油出料阀被开启或关闭，这可以使用命令语言——热键命令语言来实现。

① 在工程浏览器左侧的“工程目录显示区”内选择“命令语言”下的“热键命令语言”选项，双击“目录内容显示区”的新建图标弹出“热键命令语言”编辑，如图 1-92 所示。

② 对话框中单击“键”按钮，在弹出的“选择键”对话框中选择“F1”键后关闭对话框。

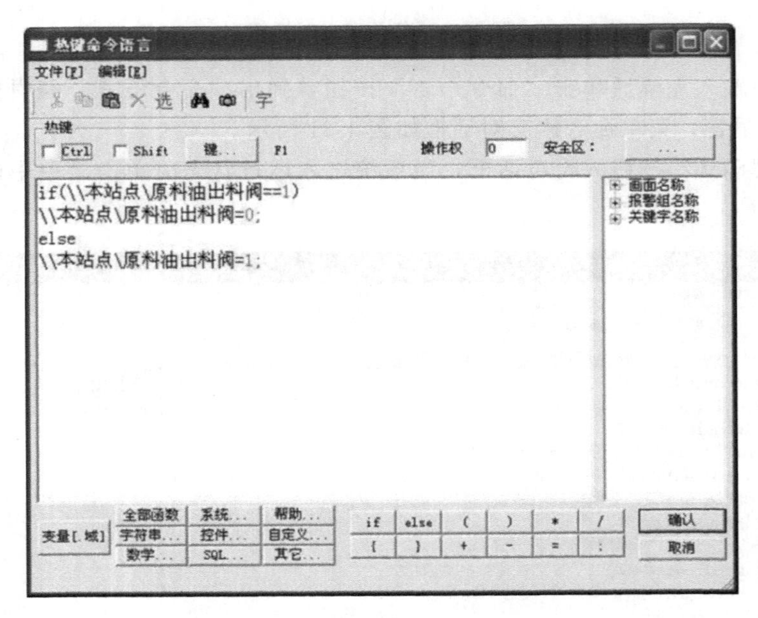


图 1-92　热键命令语言对话框

③ 在命令语言编辑区中输入如下命令语言：

```
if (\ \ 本站点 \ 原料油出料阀 == 1)
\ \ 本站点 \ 原料油出料阀 = 0;
else
\ \ 本站点 \ 原料油出料阀 = 1;
```

④ 单击“确认”按钮关闭对话框。当系统进入运行状态时，按下“F1”键执行上述命令语言：首先判断原料油出料阀的当前状态，如果是开启的则将其关闭，否则将其打开，从而实现了开关的切换功能。

## 六、思考与练习

1. 在任务 3 电动机△-Y形降压启动监控工程基础上，增加旋转叶片，利用旋转连接向导和相应命令语言，实现电动机星形运行时叶片慢速旋转，电动机角形运行时叶片快速旋转，如图 1-93 所示。

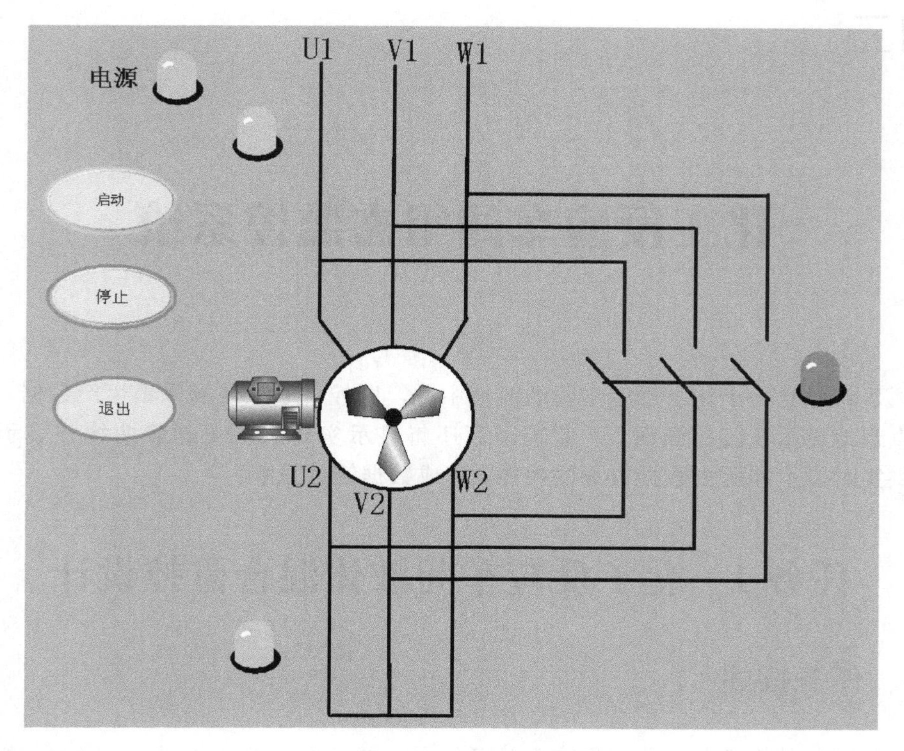


图 1-93　思考与练习 1 图

2. 试设计七盏灯构成铁塔之光的组态工程，显示方式由上到下间隔 0.5s，每次点亮一盏，再依次倒序熄灭，如图 1-94 所示。

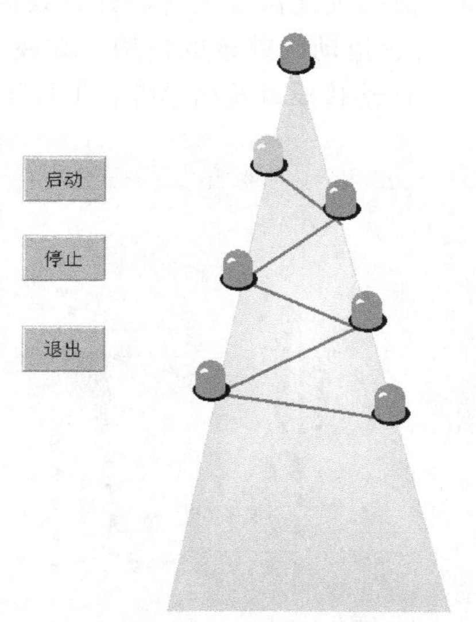


图 1-94　思考与练习 2 图

# 项目二

# 化工反应车间组态监控系统

本项目将建立一个化工反应车间的监控中心，监控中心从现场采集生产数据，并以动画形式直观地显示在监控画面上；监控画面还将显示实时和历史趋势曲线并显示报警信息，提供实时显示和历史数据查询的功能；完成数据统计报表。

## 任务1　化工反应车间液体混合监控设计

### 一、任务描述

使用组态软件模拟监控化工反应车间液体混合的工作过程，如图 2-1 所示。组态软件模拟过程：原料油罐液位，催化剂罐液位初始值状态均为 100，成品油罐液位初始值为 0，最大值为 100。当打开原料油阀门，原料油罐液位下降，成品油罐液位上升，升降数值相等；同样，催化剂灌液位下降，成品油灌液位上升，升降数值相等，管道产生流动效果。通过此任务来掌握组态画面水流管道动画效果的使用，掌握画面命令语言在工程中的运用。培养学生组态画面绘制、动画连接设置及简单综合工程设计的能力。

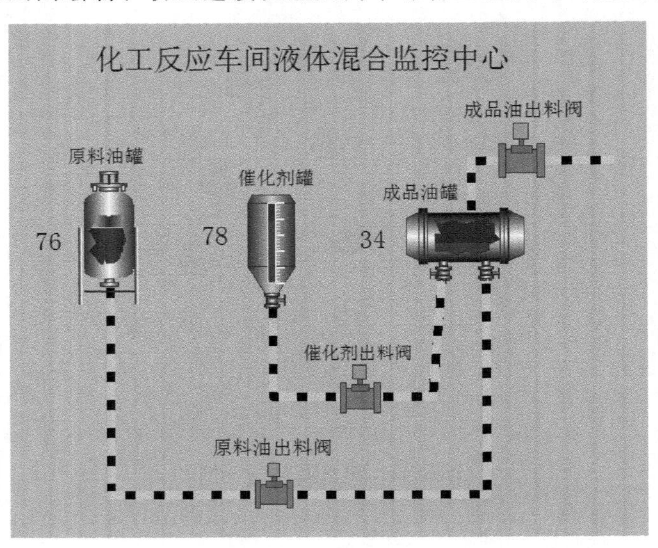


图 2-1　化工反应车间液体混合组态模拟监控工程

## 二、任务资讯

### （一）填充连接

填充连接是使被连接对象的填充物（颜色和填充类型）占整体的百分比随连接表达式的值而变化。建立一个矩形对象，以表示变量“液位”的变化。图 2-2（a）是设计状态，图 2-2（b）是在 TouchVew 中的运行状态。

填充连接的设置方法是：在“动画连接”对话框中单击“填充连接”按钮，弹出的对话框，如图 2-3 所示。

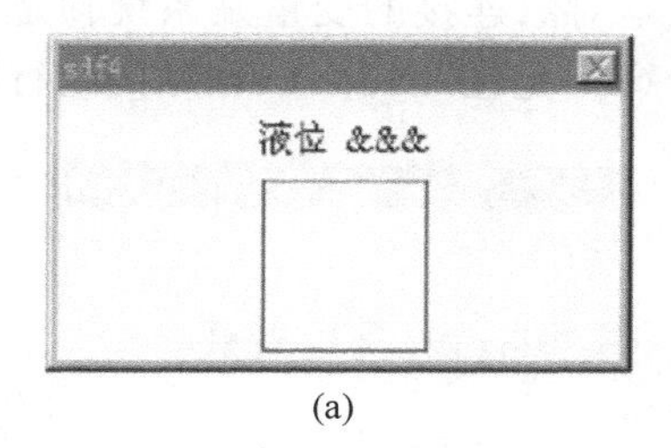


(a)

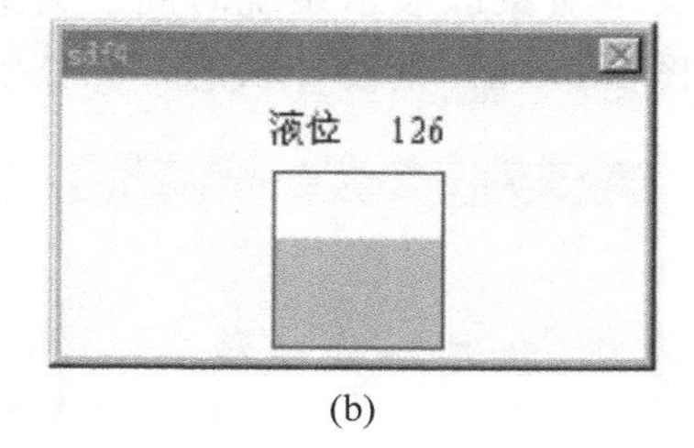


(b)

图 2-2　填充连接实例

对话框中各项设置的意义如下：

表达式：在此编辑框内输入合法的连接表达式，单击“?”按钮可以查看已有的变量名和变量域。

图 2-3　填充连接

最小填充高度：输入对象填充高度最小时所占据的被连接对象的高度（或宽度）的百分比（占据百分比）及对应的表达式的值（对应数值）。

最大填充高度：输入对象填充高度最大时所占据的被连接对象的高度（或宽度）的百分比（占据百分比）及对应的表达式的值（对应数值）。

填充方向：规定填充方向，由“填充方向”按钮和填充方向示意图两部分组成。共有 4 种填充方向，单击“填充方向”按钮，可选择其中之一，如图 2-4 所示。

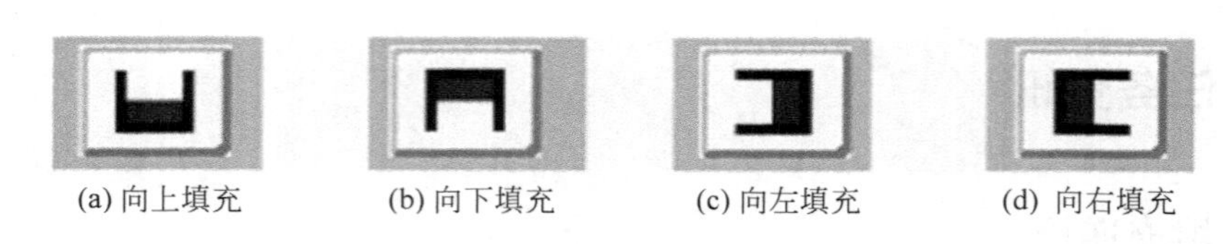

(a) 向上填充　(b) 向下填充　(c) 向左填充　(d) 向右填充

图 2-4　填充方向

## (二) 模拟值输出连接

模拟值输出连接是使文本对象的内容在程序运行时被连接表达式的值所取代，如图 2-5 所示。

例如建立文本对象以表示系统时间。为文本对象连接的变量是系统预定义变量＄时、＄分、＄秒。图 2-5（a）是设计状态，图 2-5（b）是在 TouchVew 中的运行状态。

(a)　(b)

图 2-5　模拟值输出实例

模拟值输出连接的设置方法是：在“动画连接”对话框中单击“模拟值输出”按钮，弹出“模拟值输出连接”对话框，如图 2-6 所示。

对话框中各项设置的意义如下：

表达式：在此编辑框内输入合法的连接表达式，单击右侧的“?”按钮可以查看已定义的变量名和变量域。

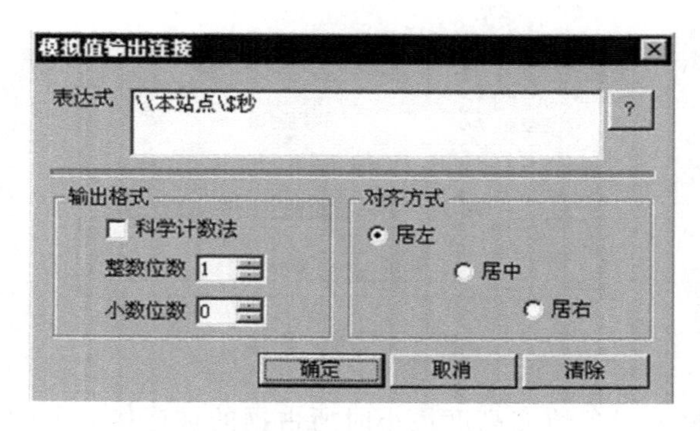


图 2-6　模拟值输出连接

整数位数：输出值的整数部分占据的位数，若实际输出时值的位数少于此处输入的值，则高位填 0。例如：规定整数位是 4 位，而实际值是 12，则显示为 0012。如果实际输出的值位数多于此值，则按照实际位数输出，实际值是 12345，则显示为 12345。若不想有前补零的情况出现，则可令整数位数为 0。

小数位数：输出值的小数部分位数。若实际输出时值的位数小于此值，则填 0 补充。例如：规定小数位是 4 位，而实际值是 0.12，则显示为 0.1200。如果实际值输出的值位数多于此值，则按照实际位数输出。

科学计数法：规定输出值是否用科学计数法显示。

对齐方式：运行时输出的模拟值字符串与当前被连接字符串在位置上按照左、中、右方式对齐。

## （三）离散值输出连接

离散值输出连接是使文本对象的内容在运行时被连接表达式的指定字符串所取代。例如：建立一个文本对象“液位状态”，使其内容在变量“液位”的值小于 180 时是“液位正常”，当变量值不小于 180 时，文本对象变为“液位过高”。图 2-7 (a) 是设计状态，图 2-7 (b)是在 TouchVew 中的运行状态。

离散值输出连接的设置方法是：在“动画连接”对话框中单击“离散值输出”按钮，弹出“离散值输出连接”对话框，如图 2-8 所示。

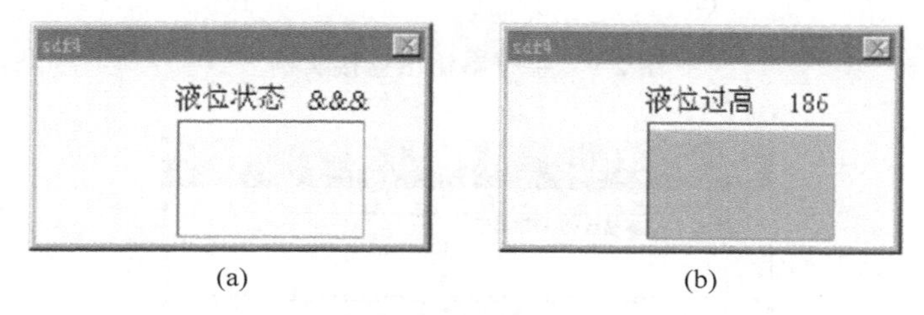


图 2-7　离散值输出连接实例

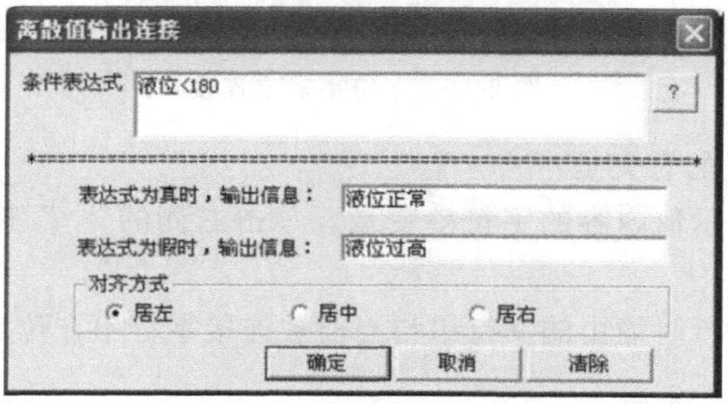

图 2-8　“离散值输出连接”对话框

对话框中各项设置的意义如下：

条件表达式：可以输入合法的连接表达式。单击右侧的“?”按钮可以查看已定义的变量名和变量域。

表达式为真时，输出信息：规定表达式为真时，被连接对象（文本）输出的内容。表达式为假时，输出信息：规定表达式为假时，被连接对象（文本）输出的内容。

对齐方式：运行时输出的离散量字符串与当前被连接字符串在位置上按照左、中、右方式对齐。

## (四) 字符串输出连接

字符串输出连接是使画面中文本对象的内容在程序运行时被数据库中的某个字符串变量的值所取代。

例如，建立文本对象“######”，使其在运行时输出历史趋势曲线窗口中曲线1、2对应的变量名。为取得此变量名，使用了定义的变量“字符串显示”。图2-9（a）是设计状态，图2-9（b）是在TouchVew中的运行状态。字符串输出连接的设置方法是：在“动画连接”对话框中单击“字符串输出”按钮，弹出“文本输出连接”对话框，如图2-10所示。

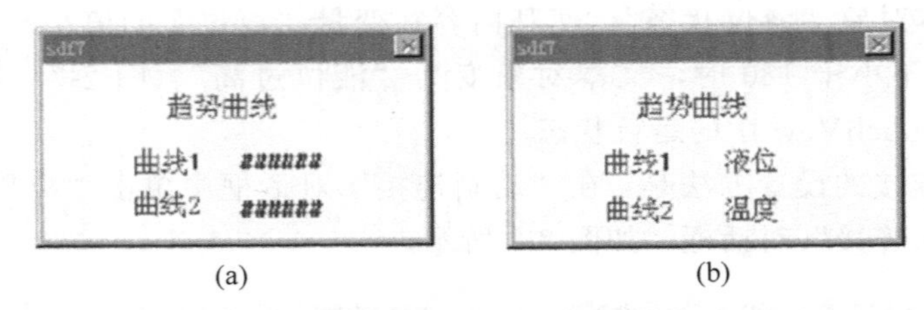

(a) (b)

图2-9 字符串输出连接实例

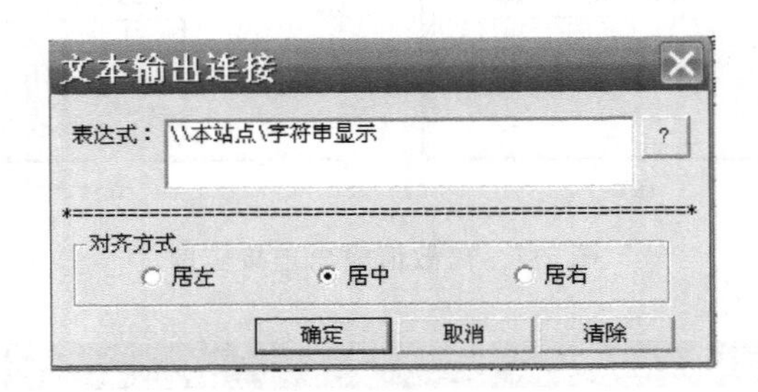


图2-10 字符串输出连接

对话框中各项设置的意义是：

表达式：输入要显示值内容的字符串变量。单击右侧的“?”按钮可以查看已定义的变量名和变量域。

对齐方式：选择运行时输出的字符串与当前被连接字符串在位置上的对齐方式。

## (五) 模拟值输入连接

模拟值输入连接是使被连接对象在运行时为触敏对象，单击此对象或按下指定热键将弹出“输入值”对话框，用户在对话框中可以输入连接变量的新值，以改变数据库中某个模拟型变量的值。

例如建立一个矩形框，设置“模拟值输入”连接以改变变量“温度”的值，如图2-11所示。在运行时单击矩形框，弹出输入对话框，如图2-12所示。用户在此对话框中可以输入变量的新值。如果在组态王工程浏览器中选中了“系统配置\设置运行系统”下的“特殊”属性页中的“使用虚拟键盘”选项，程序运行中弹出输入对话框的同时还将显示模拟键盘窗口，在模拟键盘上单击按钮的效果与键盘输入相同。

图 2-11　模拟值输入连接实例

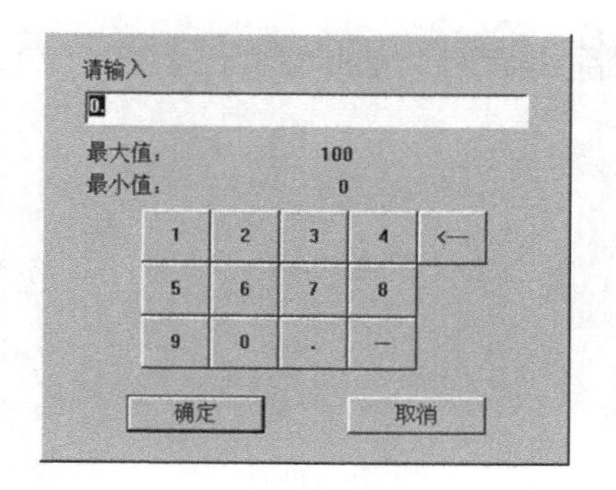


图 2-12　模拟值输入连接

模拟值输入连接的设置方法是：在“动画连接”对话框中单击“模拟值输入”按钮，弹出“模拟值输入连接”对话框，如图 2-13 所示。

对话框中各项设置的意义是：

变量名：要改变的模拟类型变量的名称。单击右侧的“?”按钮可以查看已定义的变量和变量域。

提示信息：运行时出现在弹出对话框上用于提示输入内容的字符串。

值范围：规定键入值的范围。它应该是要改变的变量在数据库中设定的最大值和最小值。

激活键：定义激活键，这些激活键可以是键盘上的单键也可以是组合键（Ctrl，Shift 和键盘单键的组合），在 TouchVew 运行画面时可以用激活键随时弹出输入对话框，以便输入修改新的模拟值。当 Ctrl 和 Shift 字符左边的选择框中出现“b”符号时，分别表示 Ctrl 键和 Shift 键有效，单击“键”按钮，则弹出对话框，如图 2-14 所示。在此对话框中用户可以选择一个键，再单击“关闭”按钮完成热键设置。

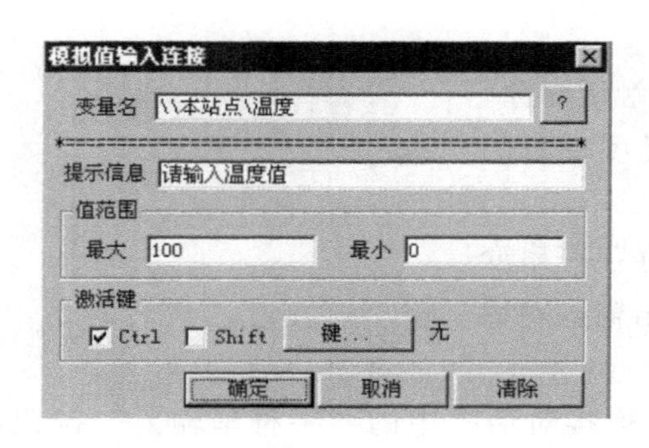


图 2-13　模拟值输入连接设置

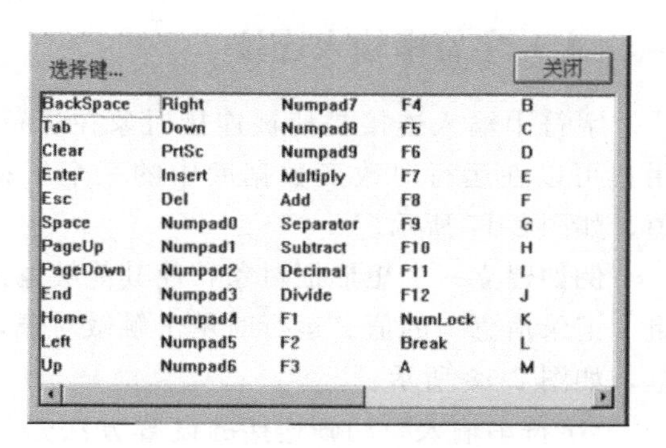


图 2-14　热键选择

### （六）离散值输入连接

离散值输入连接是使被连接对象在运行时为触敏对象，单击此对象后弹出输入值对话框，可在对话框中输入离散值，以改变数据库中某个离散类型变量的值。例如建立一个矩形框对象，与之连接的变量是离散变量“电源开关”。

图 2-15 是在组态王开发系统中的设计状态。运行时单击矩形对象，弹出所示输入对话框，如图 2-15 所示。在对话框中单击适当的按钮可以改变离散变量“电源开关”的值。

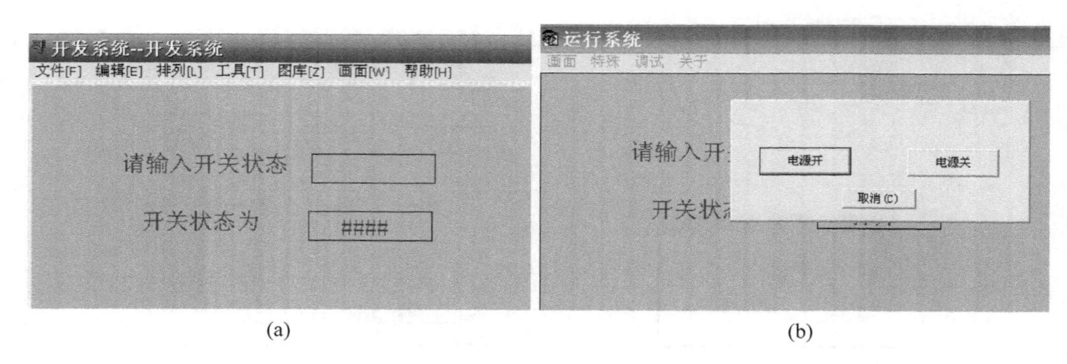


(a) (b)

图 2-15 离散值输入连接实例

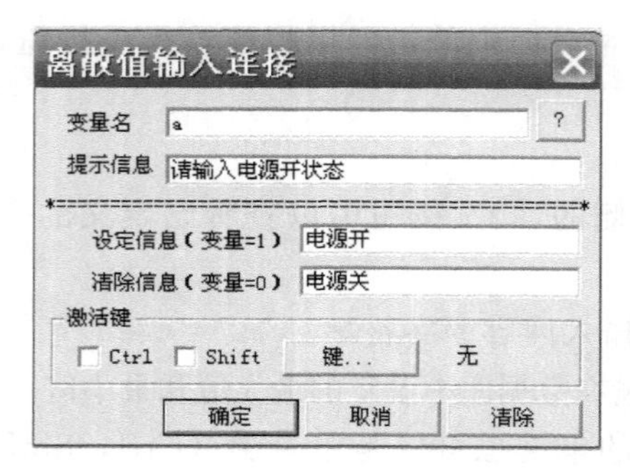


图 2-16 离散值输入连接

离散值输入连接的设置方法是：在“动画连接”对话框中单击“离散值输入”按钮，弹出“离散值输入连接”对话框，如图 2-16 所示。

对话框中各项设置的意义如下：

变量名：要改变的离散类型变量的名称。单击右侧的“?”按钮可以查看已定义的变量和变量域。

提示信息：运行时出现在弹出对话框上用于提示输入内容的字符串。

设置信息：运行时出现在弹出对话框上第一个按钮上的文本内容，此按钮用于将离散变量值设为 1。

清除信息：运行时出现在弹出对话框上第二个按钮上的文本内容，此按钮用于将离散变量值设为 0。

## （七）字符串输入连接

字符串输入连接是使被连接对象在运行时为触敏对象，用户可以在运行时改变数据库中的某个字符串类型变量的值，如图 2-17 所示。

图 2-17 字符串输入连接实例

例如建立一个矩形框对象，使其能够输入内存字符串变量“记录信息”的值。运行时单击触敏对象，弹出输入对话框，如图 2-18 所示。

“字符串输入”动画连接的设置方法是：选择连接对话框中的“字符串输入”按钮，弹出“文本输入连接”对话框，如图 2-19 所示。

图 2-18 字符串输入连接

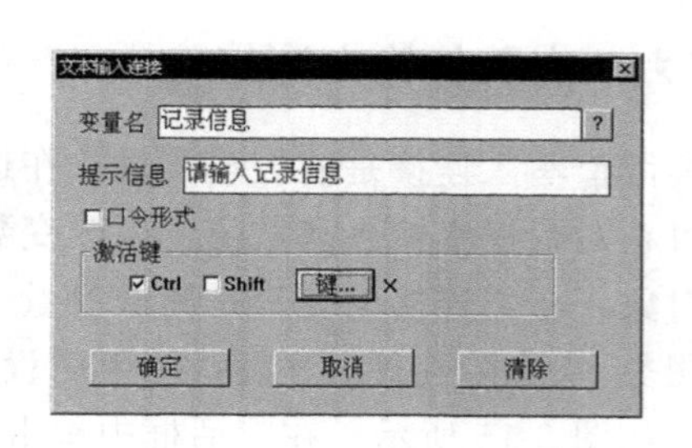


图 2-19 字符串输入连接设置

对话框中各项设置的意义是：

变量名：要改变的字符串类型变量的名称。单击“?”按钮可以查看已定义的变量和变量域。

提示信息：运行时出现在弹出对话框上用于提示输入内容的字符串。

口令形式：规定用户在向弹出对话框上的编辑框中键入字符串内容时，编辑框中的字符是否以口令形式（*******）显示。

## （八）阀门动画设置

1. 在画面添加阀门图形，单击菜单“图库/打开图库”左侧选中阀门，右边选择阀门图形，添加到画面上，双击“阀门”图形，弹出该对象的动画连接对话框如图 2-20 所示。

对话框设置如下：

变量名(离散量)：\\本站点\进水阀门
关闭时颜色：红色
打开时颜色：绿色

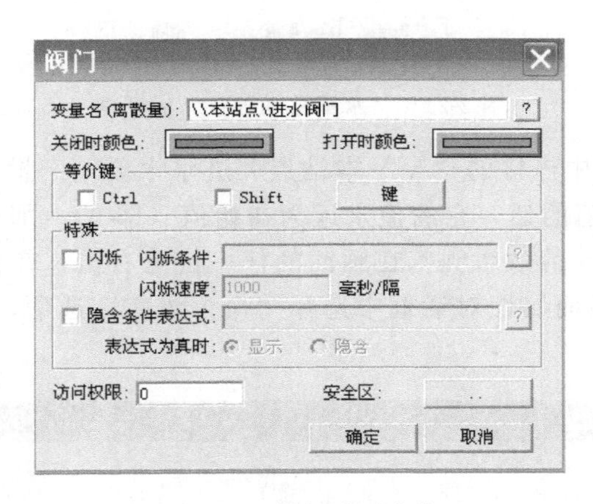


图 2-20　阀门动画连接

2. 单击“确定”按钮后原料油进料阀动画设置完毕，当系统进入运行环境时鼠标单击此阀门，其变成绿色，表示阀门已被打开，再次单击关闭阀门，从而达到了控制阀门的目的。

## （九）液体流动动画设置方法一

① 在数据词典中定义一个内存整形变量。

变量名：进水水流
变量类型：内存整型
最小值：0
最大值：100

② 选择工具箱中的“矩形”工具，在原料油管道上画一个小方块，宽度与管道相匹配，（最好与管道的颜色区分开）然后利用“编辑”菜单中的“复制”、“粘贴”命令复制多个小方块排成一行作为液体，如图 2-21 所示。

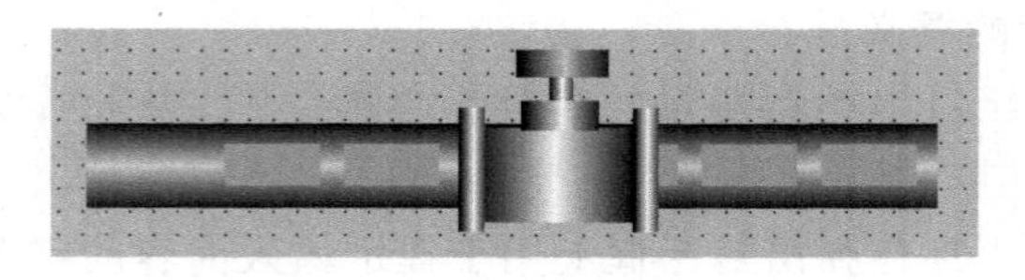

图 2-21　管道中绘制液体

③ 选择所有方块，右击，在弹出的下拉菜单中执行“组合拆分\合成组合图素”命令将其组合成一个图素，双击此图素弹出动画连接对话框，在此对话框中单击“水平移动”选项，弹出“水平移动连接”对话框，对话框设置如图 2-22 所示。

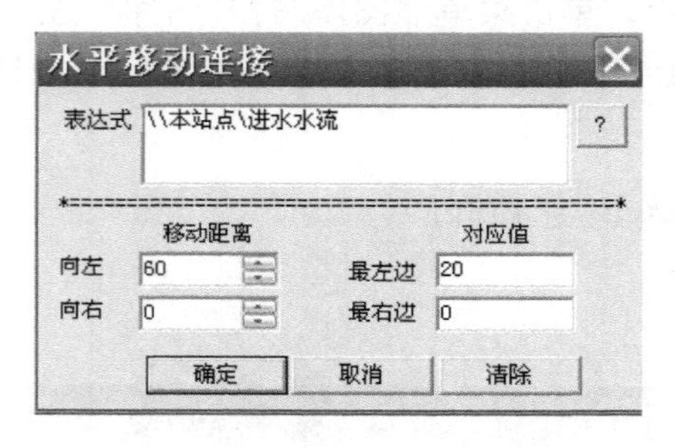


图 2-22　“水平移动连接”对话框

④ 上述“表达式”中连接的“\\本站点\进水水流”变量是一个内存变量，在运行状态下如果不改变其值的话，它的值永远为初始值（即 0）。那么如何改变其值，使变量能够实现控制液体流动的效果呢？在画面的任一位置右击，在弹出的下拉菜单中选择“画面属性”命令，在画面属性对话框中选择“命令语言”选项，弹出“画面命令语言”对话框，如图 2-23 所示。

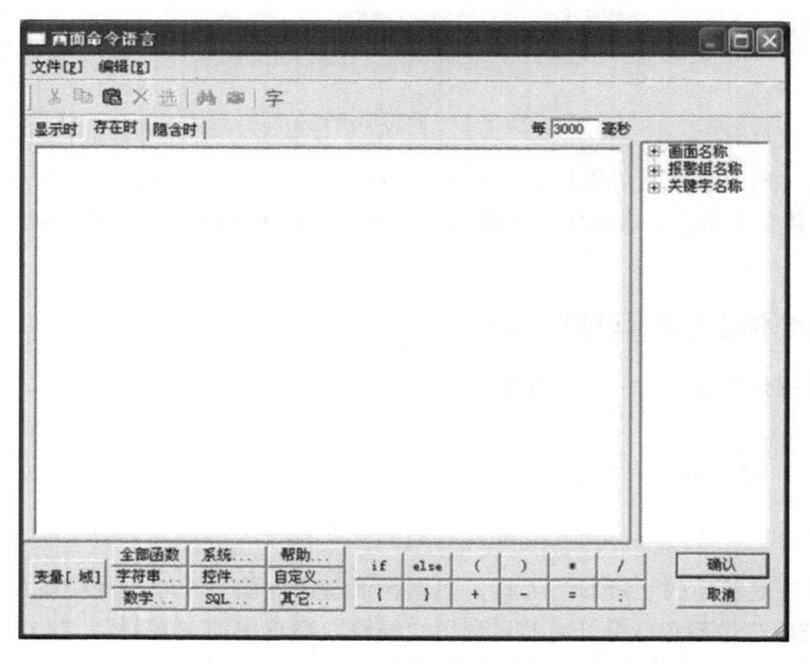


图 2-23　命令语言对话框

在对话框中输入如下命令语言：

```
if(\\本站点\进水阀门==1)
\\本站点\控制水流=\\本站点\进水水流+5;
if(\\本站点\进水水流 20)
\\本站点\进水水流=0;
```

⑤ 单击“确认”按钮关闭对话框。上述命令语言是当“监控画面”存在时每隔 55ms 执行一次，当“\\本站点\进水阀门”开启时改变“\\本站点\进水水流”变量的值，达到了控制液体流动的目的。

## （十）液体流动动画设置方法二

流动连接用于设置立体管道内液体流线的流动状态。流动状态根据“流动条件”表达式的值确定。

在“工具栏”中选择立体管道图标“ ”在画面上绘制立体管道，右击，可以改变管道宽度和流动效果，如图 2-24 所示。

鼠标双击该管道，在“动画连接”对话框中单击“流动”按钮，弹出“管道流动连接”对话框，如图 2-25 所示。

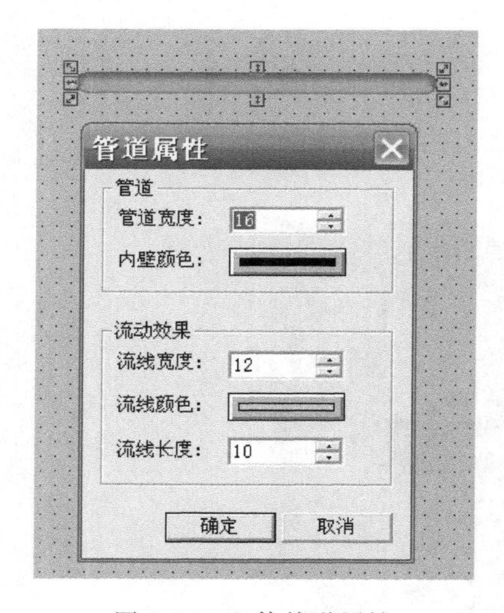


图 2-24　立体管道属性

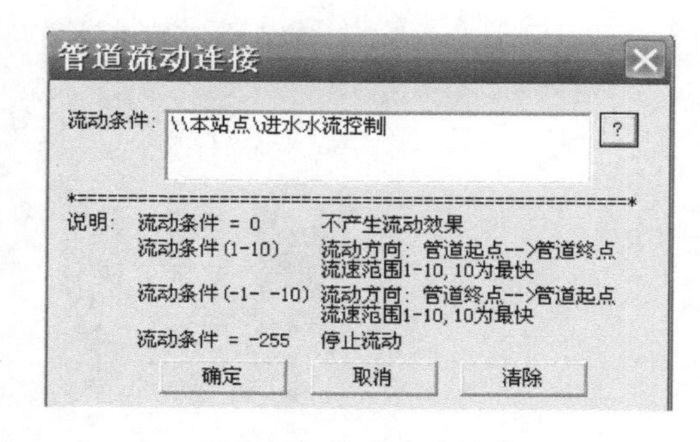


图 2-25　管道流动连接

流动条件：输入流动状态关联的组态王变量，应为整型变量。单击“?”按钮可以选择已定义的变量名。

管道流动的状态由关联的变量的值确定：

当变量值为 0 时，不产生流动效果，管道内不显示流线；

当变量值在（1，10）范围时，管道内液体流线的流动方向为管道起点至管道终点，流速为设定值，10 为流速的最大值；

当变量值为（−10，−1）时，管道内液体流线的流动方向为管道终点至管道起点，流速为设定值，−10 为流速的最大值；

当变量值为 0 时，停止流动，管道内显示静止的流线。

管道流动速度与组态王运行系统基准频率有关。当组态王运行系统的基准频率设置值较大时，管道显示流动速度慢，否则快。

## 三、任务分析

### (一) 能力目标

1. 能进行画面绘制、动画效果修改、程序运行和调试；
2. 能根据设计要求设定系统预设变量、内存变量；
3. 能正确使用阀门图素和水流动画效果制作。

### (二) 知识目标

1. 掌握填充、流动等动画连接方法的使用；
2. 掌握组态软件中离散变量和模拟变量输入输出在工程中的应用。

### (三) 仪器设备

计算机、组态王软件 6.55

### (四) 工程画面

电动机正反转控制组态监控画面如图 2-26 所示。

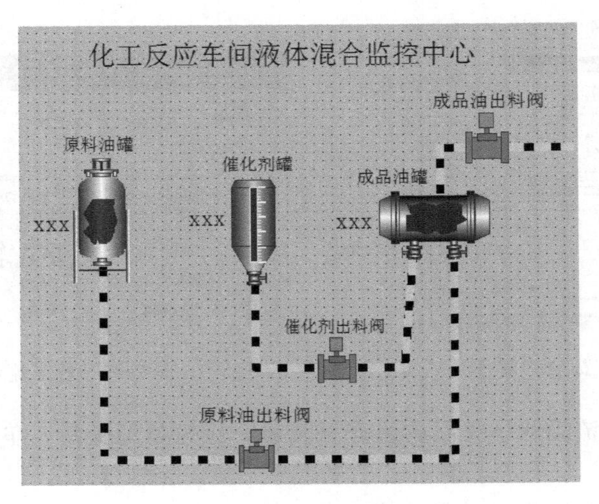


图 2-26　电动机正反转组态画面

要求：电动机正转时，其常开触点闭合，反转时常闭触点断开，同样，电动机反转时，其常开触点闭合，正转时常闭触点断开。

### (五) 变量定义

电动机正反转控制组态监控系统变量定义如图 2-27 所示。

| 原料油液位 | 内存整型 | 21 |
|---|---|---|
| 催化剂液位 | 内存整型 | 22 |
| 成品油液位 | 内存整型 | 23 |
| 原料油阀门 | 内存离散 | 24 |
| 催化剂阀门 | 内存离散 | 25 |
| 成品油阀门 | 内存离散 | 26 |
| 原料油水流控制 | 内存整型 | 27 |
| 催化剂水流控制 | 内存整型 | 28 |
| 成品油水流控制 | 内存整型 | 29 |

图 2-27　化工反应车间液体混合变量定义

## 四、任务实施

设计化工反应车间液体混合监控系统工程。

设计化工反应车间液体混合组态监控系统，要求：化工反应车间组态画面动画设置，运用脚本命令语言产生动画效果，通过此任务来掌握阀门、水流管道和脚本命令语言在组态工程中的运用。

1. 定义数据变量

将要建立的“监控中心”，需要定义原料油液位、催化剂液位、成品油液位和控制水流四个内存实数变量，原料油出料阀、催化剂出料阀、成品油出料阀三个内存离散变量。

2. 液位示值动画设置

① 在化工反应车间画面（如图 2-28 所示）上双击“原料油罐”图形，弹出该对象的动画连接对话框，对话框设置如图 2-29 所示。

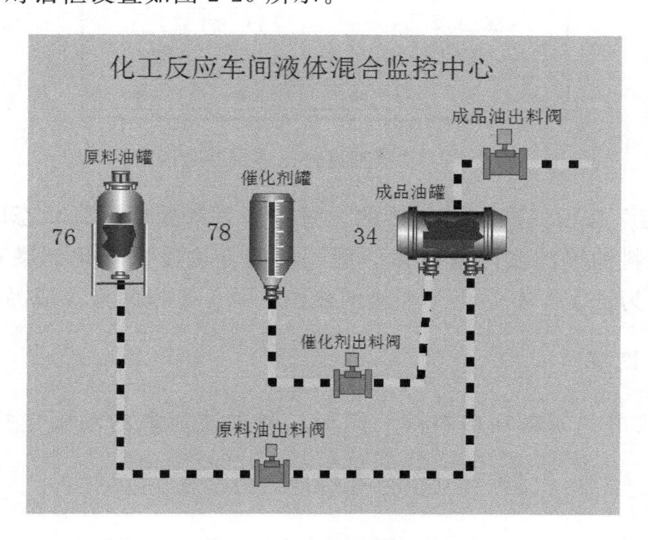


图 2-28　化工反应车间液体混合监控系统

② 单击“确定”按钮，完成原料油罐的动画连接。

用同样的方法设置催化剂罐和成品油罐的动画连接，连接变量分别为“\ \ 本站点\

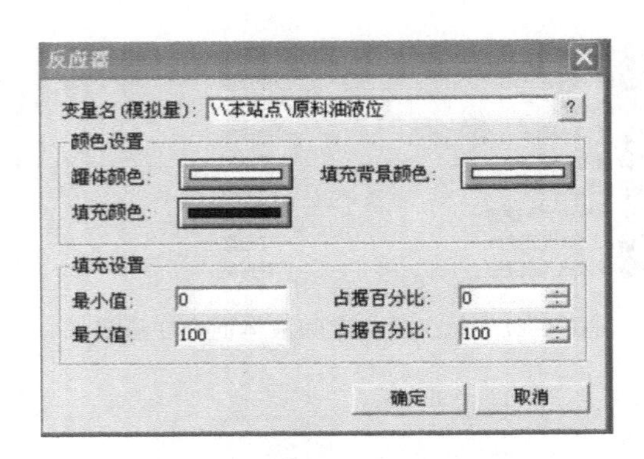


图 2-29　原料油罐动画连接对话框

催化剂液位”、“\\本站点\成品油液位”。作为一个实际可用的监控程序，操作者可能需要知道罐液面的准确高度而不仅是形象的表示，这个动画动能由“模拟值动画连接”来实现。

③ 在工具箱中选择“T”工具，在原料罐旁边输入字符串“＃＃＃＃”，这个字符串是任意的，当工程运行时，字符串的内容将被需要输出的模拟值所取代。

④ 双击文本对象“＃＃＃＃”，弹出动画连接对话框，在此对话框中选择“模拟量输出”选项，弹出“模拟量输出连接”对话框，对话框设置如图 2-30 所示。

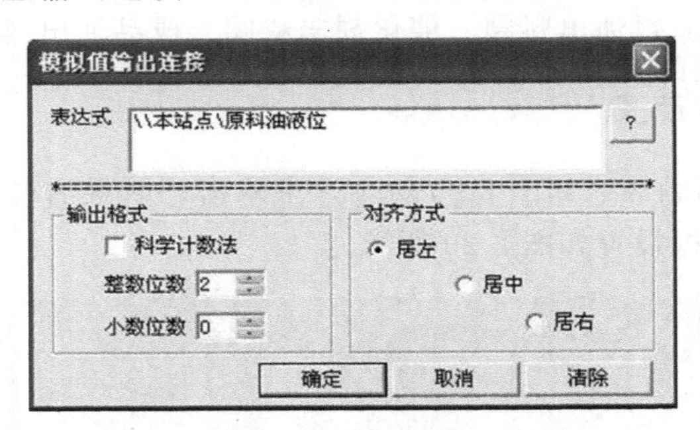


图 2-30　“模拟量输出连接”对话框

⑤ 单击“确定”按钮完成动画连接的设置。当系统处于运行状态时在文本框“＃＃＃＃”中将显示原料油罐的实际液位值。用同样的方法设置催化剂罐和成品罐的动画连接，连接变量分别为“\\本站点\催化剂液位”、“\\本站点\成品油液位”。

### 3. 阀门动画设置

① 在画面上双击“原料油出料阀”图形，弹出该对象的动画连接对话框如图 2-31 所示。

对话框设置如下：

变量名(离散量)：\\本站点\原料油出料阀
关闭时颜色：红色
打开时颜色：绿色

② 单击“确定”按钮后原料油进料阀动画设置完毕，当系统进入运行环境时鼠标单

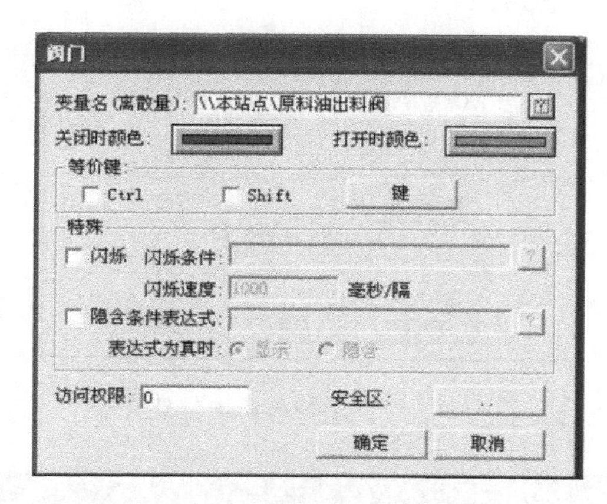


图 2-31　原料油出料阀动画连接

击此阀门，其变成绿色，表示阀门已被打开，再次单击，关闭阀门，从而达到了控制阀门的目的。

③ 用同样的方法设置催化剂出料阀和成品油出料阀的动画连接，连接变量分别为“\\本站点\催化剂出料阀”、“\\本站点\成品油出料阀”。

4. 液体流动动画设置（一）

方法一：

① 在数据词典中定义一个内存整型变量。

变量名：控制水流
变量类型：内存整型
初始值：100

② 选择工具箱中的“矩形”工具，在原料油管道上画一个小方块，宽度与管道相匹配，（最好与管道的颜色区分开）然后利用“编辑”菜单中的“复制”、“粘贴”命令复制多个小方块排成一行作为液体，如图 2-32 所示。

图 2-32　管道中绘制液体

③ 选择所有方块，右击，在弹出的下拉菜单中执行“组合拆分\合成组合图素”命令将其组合成一个图素，双击此图素弹出动画连接对话框，在此对话框中单击“水平移动”选项，弹出“水平移动连接”对话框，对话框设置如图 2-33 所示。

④ 上述“表达式”中连接的“\\本站点\控制水流”变量是一个内存变量，在运行状态下如果不改变其值的话，它的值永远为初始值（即 0），那么如何改变其值，使变量能够实现控制液体流动的效果呢？在画面的任一位置右击，在弹出的下拉菜单中选择“画面属性”命令，在画面属性对话框中选择“命令语言”选项，弹出“画面命令语言”对话框，如图 2-34 所示。

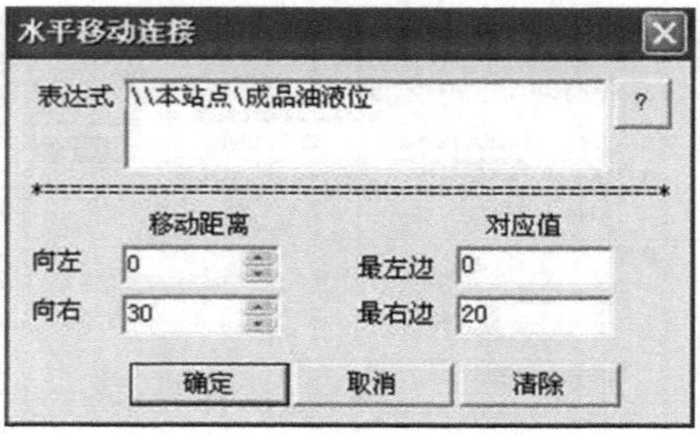

图 2-33　“水平移动连接”对话框

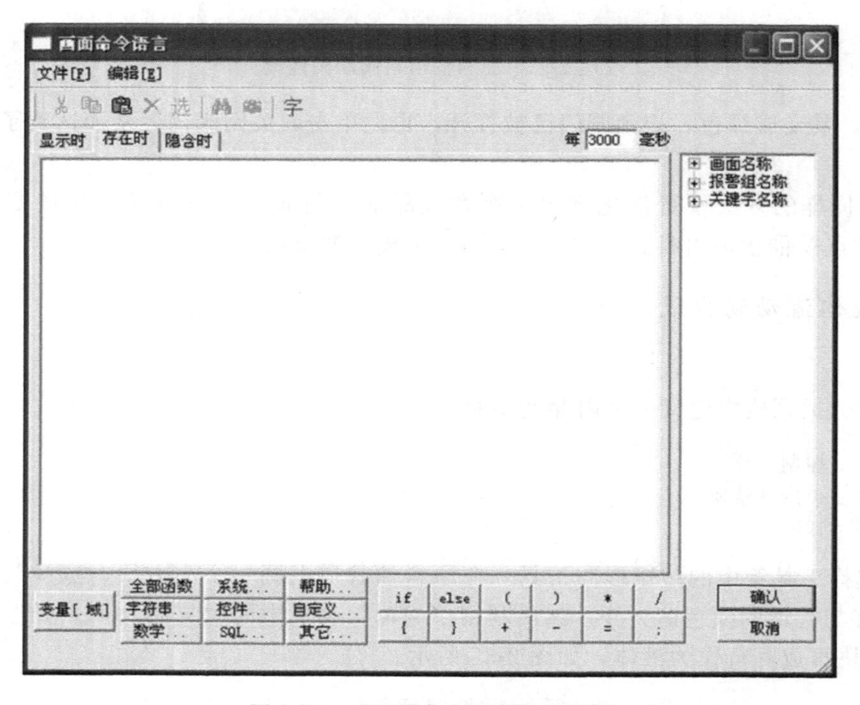


图 2-34　“画面命令语言”对话框

在对话框中输入如下命令语言：if(\\本站点\原料油出料阀 == 1)

\\本站点\控制水流 = \\本站点\控制水流 + 5;

if(\\本站点\控制水流  20)

\\本站点\控制水流 = 0;

⑤ 单击“确认”按钮关闭对话框。上述命令语言是当“监控画面”存在时每隔 55ms 执行一次，当“\\本站点\原料油出料阀”开启时改变“\\本站点\控制水流”变量的值，达到了控制液体流动的目的。

⑥ 利用同样的方法设置催化剂液罐和成品油液罐管道液体流动的画面。

方法二：

(1) 液体流动动画设置（二）

在数据词典中定义三个内存整型变量。

变量名：原料油控制水流
变量类型：内存整型
最小值 0，最大值 10
变量名：催化剂控制水流
变量类型：内存整型
最小值 0，最大值 1
变量名：成品油控制水流
变量类型：内存整型
最小值 0，最大值 10

用来控制三个水流管道的液体流动速度。

原料油液体管道水流效果设置，双击液体管道，打开“动画连接”对话框，选中“流动”选项如图 2-35 所示，单击“?”按钮，选择变量“\ \ 本站点 \ 原料油控制水流”，如图 2-36 所示。

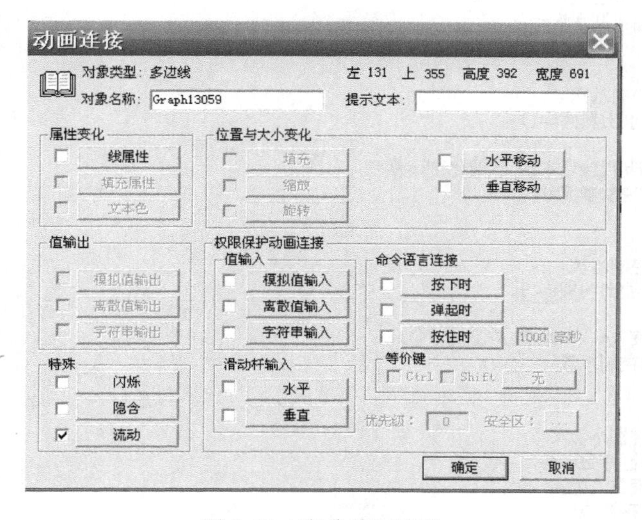


图 2-35　流动动画连接

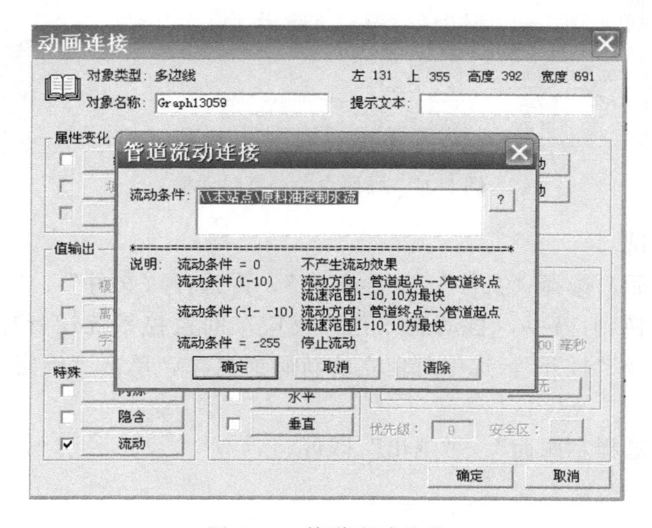


图 2-36　管道流动连接

催化剂液体管道水流效果设置、成品油液体管道水流效果设置，方法同上。双击液体管道，打开“动画连接”对话框，选中“流动”选项，单击“?”按钮，选择变量“\\本站点\催化剂控制水流”、“\\本站点\成品油控制水流”。

（2）脚本命令语言编写

在组态画面右击，选择“画面属性”对话框，选择“命令语言”，使用画面命令语言进行脚本语言程序设计，如图 2-37 所示。将时间改为 500ms。

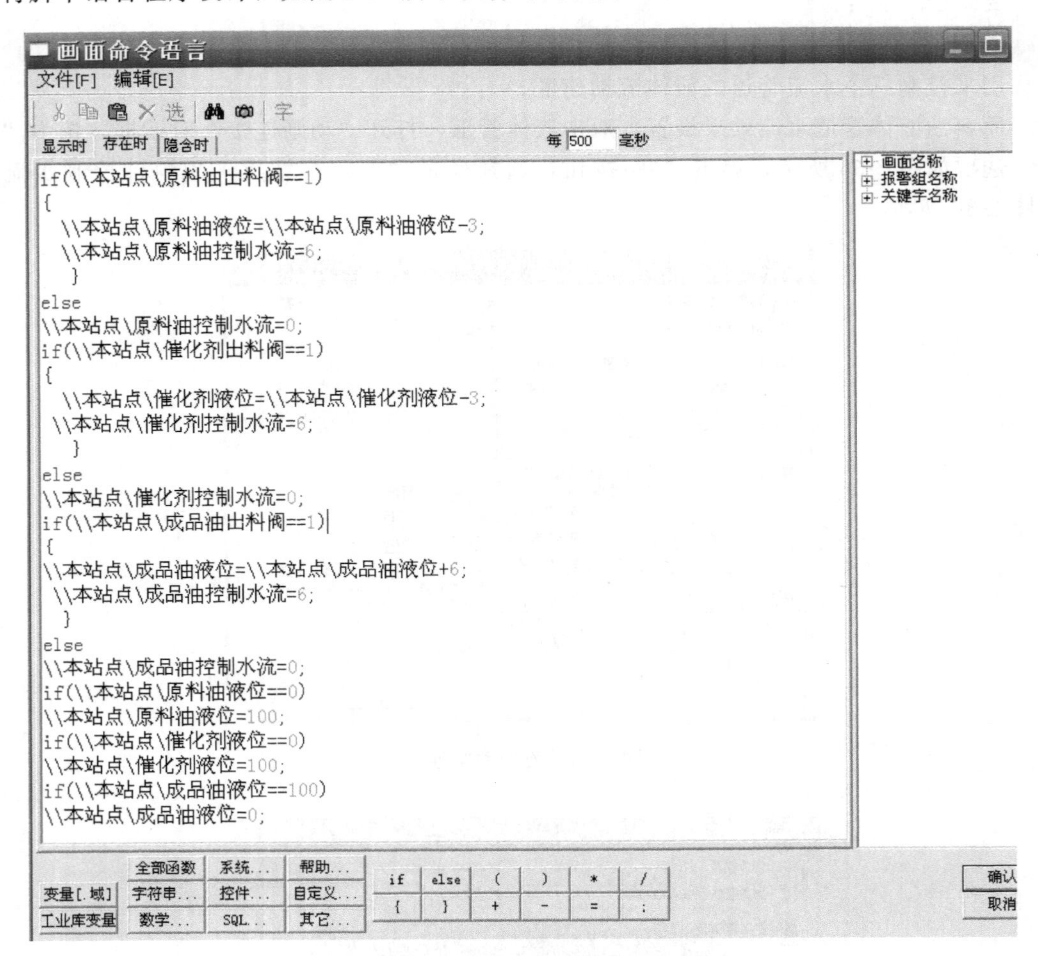


图 2-37 画面命令语言对话框

（3）运行与调试

以上组态完成后，选择“文件”/“全部存”，再选择“文件”/“切换到 View”，或者在画面右击，切换到 View，自动进入化工反应车间监控系统运行界面，如图 2-38 所示，单击“画面”→“打开”，选中所建立的新画面名称，单击“确定”按钮，即进入组态运行系统。

退出系统，则选择“画面”/“退出”即可。

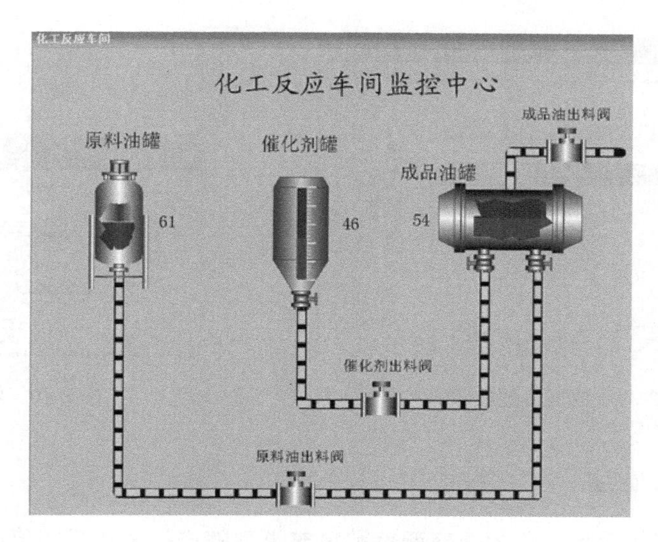


图 2-38　化工反应车间监控系统

## 五、知识拓展

### (一) 动画连接—属性变化

在“动画连接”对话框中，有一个“属性变化”对话框。

1. 线属性连接

在“动画连接”对话框中，单击“线属性”按钮，弹出连接对话框。

线属性连接是使被连接对象的边框或线的颜色和线型随连接表达式的值而改变。定义这类连接需要同时定义分段点（阈值）和对应的线属性。利用连接表达式的多样性，可以构造出许多很有用的连接。

例如可以用线颜色表示模拟变量“原料油液位”的报警状态，只需在连接表达式中输入“原料油液位”，然后把下面的两个笔属性颜色对应的值改为 0（蓝色），80（红色）即可。软件在运行时，当警报发生时原料油液位＝80，线就由蓝色变成了红色；当警报解除后，线又变为蓝色。在画面上画一圆角矩形，双击该图形对象，弹出的“线属性连接”对话框如图 2-39 所示。按上述内容填好，按确定即可。

线属性连接对话框中各项设置的意义如下：

表达式：用于输入连接表达式，单击“?”按钮可以查看已定义的变量名和变量域。

增加：增加新的分段点。单击增加弹出“输入新值”对话框，在对话框中输入新的分段点（阈值）和设置笔属性。按鼠标左键击中“笔属性—线形”按钮弹出漂浮式窗口，移动鼠标进行选择；也可以使“线属性”按钮获得输入焦点，按空格键弹出漂浮式窗口，用 TAB 键在颜色和线型间切换，用移动键选择，按空格键或回车确定选择，如图 2-40 所示。

修改：修改选中的分段点。修改对话框用法同输入新值对话框。

删除：删除选中的分段点。

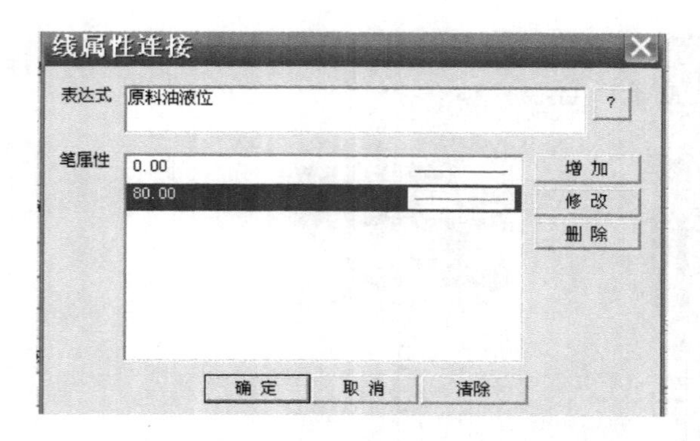


图 2-39 线属性连接

图 2-40 输入新值

## 2. 填充属性连接

填充属性连接使图形对象的填充颜色和填充类型随连接表达式的值而改变，通过定义一些分段点（包括阈值和对应填充属性），使图形对象的填充属性在一段数值内为指定值。本例为封闭图形对象定义填充属性连接，阈值为0时填充属性为白色，阈值为100时为黄色，阈值为200时为红色。画面程序运行时，当变量“温度”的值在0～100之间时，图形对象为白色；在100～200之间时为黄色，变量值大于200时，图形对象为红色，如图2-41所示。“填充属性”动画连接的设置方法为：在“动画连接”对话框中选择“填充属性”按钮。

“填充属性连接”对话框各项意义如下：

表达式：用于输入连接表达式，单击右边的“?”按钮可以查看已定义的变量名和变量域。

增加：增加新的分段点。单击“增加”按钮弹出“输入新值”对话框，如图2-42所示。在“输入新值”对话框中输入新的分段点的阈值和画刷属性，按鼠标左键击中“画刷属性—类型”按钮弹出画刷类型漂浮式窗口，移动鼠标进行选择；也可以使“填充属性”按钮获得输入焦点，按空格键弹出漂浮式窗口，用Tab键在颜色和填充类型间切换，用移动键选择，按空格键或回车结束选择。按鼠标左键单击“画刷属性—颜色”按钮弹出画刷颜色漂浮式窗口，用法与“画刷属性—类型”选择相同。

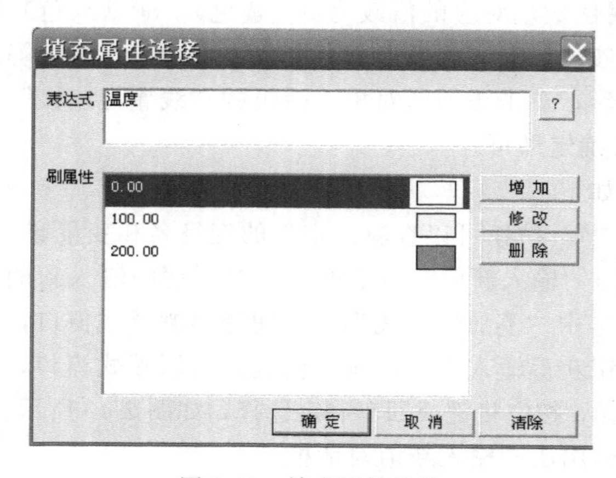


图 2-41 填充属性连接

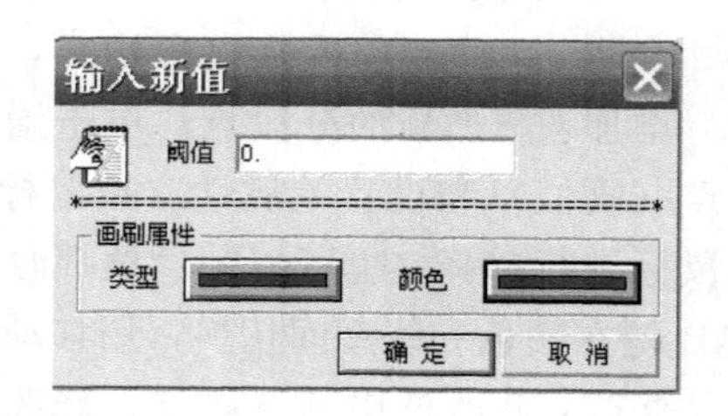


图 2-42 输入新值

修改：修改选中的分段点。修改对话框用法同输入新值对话框。

删除：删除选中的分段点。

### 3. 文本色连接

文本色连接是使文本对象的颜色随连接表达式的值而改变，通过定义一些分段点（包括颜色和对应数值），使文本颜色在特定数值段内为指定颜色。如定义某分段点，阈值是0，文本色为红色，另一分段点，阈值是100，则当“压力”的值在0～100之间时（包括0），“压力”的文本色为红色，当“压力”的值大于等于100时，“压力”的文本色为蓝色，如图2-43所示。

文本色连接的设置方法为：在“动画连接”对话框中选择“文本色”按钮。

弹出的“文本色连接”对话框中各项设置的意义如下：

表达式：用于输入连接表达式，单击右侧的“?”按钮可以查看已定义的变量名。

增加：增加新的分段点。单击增加按钮弹出“输入新值”对话框，如图2-44所示。在“输入新值”对话框中输入新的分段点的阈值和颜色，按鼠标左键击中“文本色”按钮弹出漂浮式窗口，移动鼠标进行选择；也可以使“颜色”按钮获得输入焦点，按空格键弹出漂浮式窗口，用移动键选择，按空格键或回车结束。

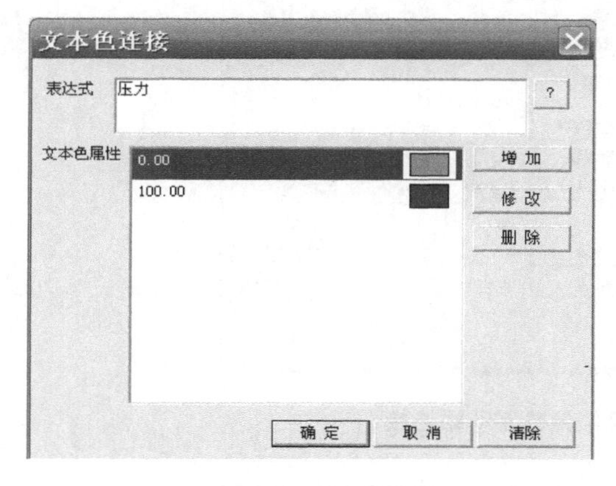

图2-43　文本色连接

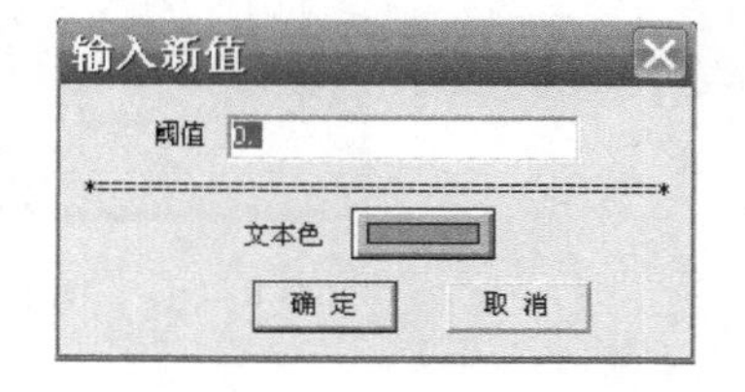


图2-44　输入新值

修改：修改选中的分段点。修改对话框用法同输入新值对话框。

删除：删除选中的分段点。

## （二）液体混合控制系统组态画面中液位传感器及旋转叶片的制作及动画设置

两种液体混合组态监控画面如图2-45所示。

在开发系统工具箱中，使用圆角矩形功能按钮绘制一矩形块，“动画连接”对话框中选择“填充属性”，在命令语言连接中选择“按下时”，设置如图2-46所示。

在填充属性窗口中，以“L1液面”为例，输入表达式“\\本站点\组态L1液面传感器”，设置如图2-47所示。

在“命令语言连接”选项中，选择“按下时”按钮，并输入命令语言“\\本站点\组态L1液面传感器=！\\本站点\组态L1液面传感器”，如图2-48所示。每按一次，变量“\\本站点\组态L1液面传感器”取反。

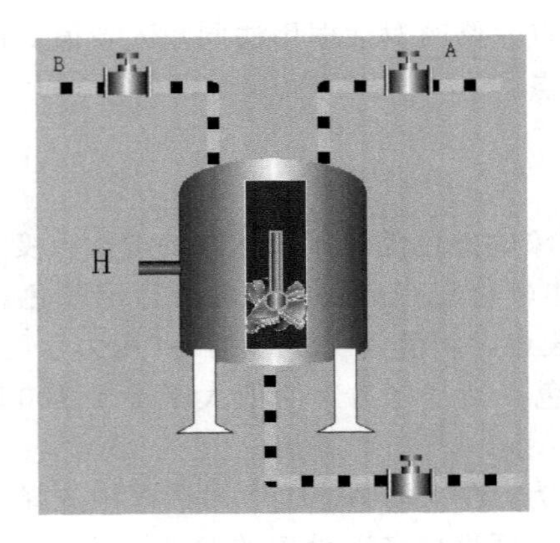


图 2-45　液位混合组态监控系统

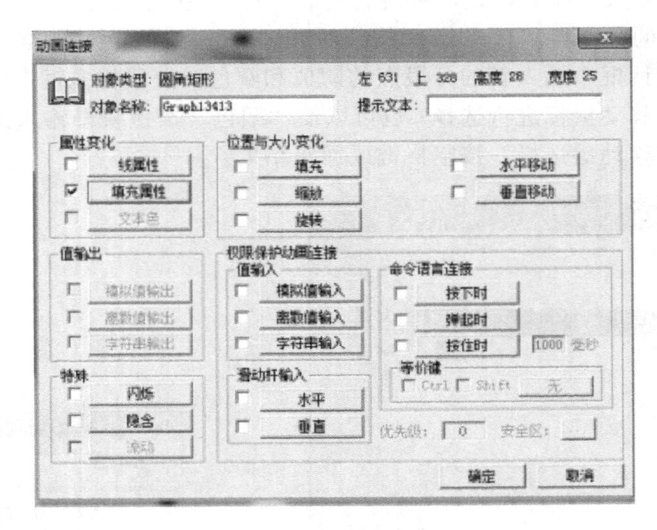


图 2-46　液位传感器动画连接

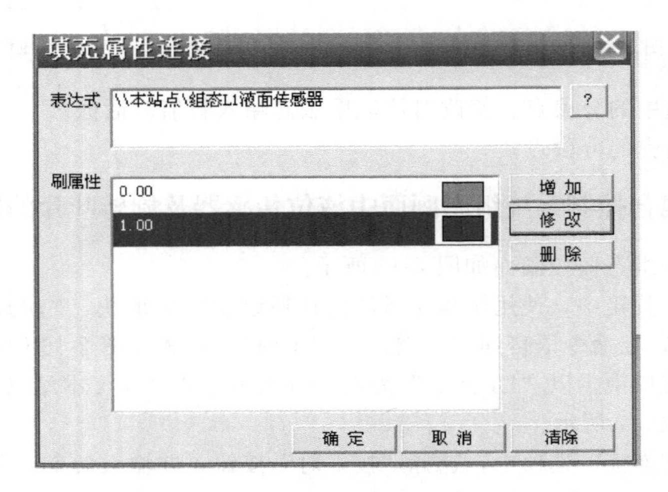


图 2-47　液位传感器填充属性连接

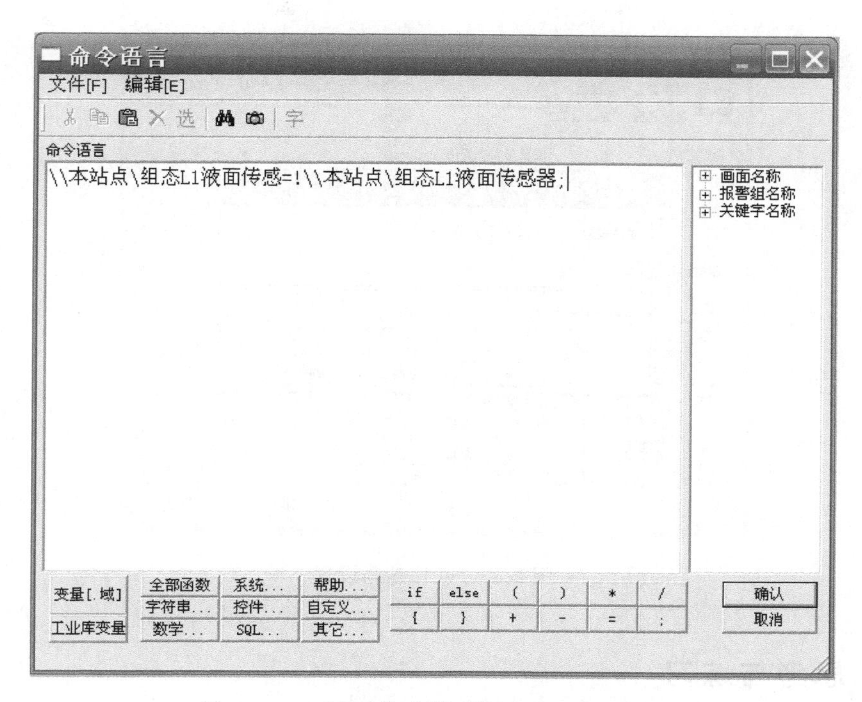


图 2-48　L1 液面传感器“按下时”命令语言

## （三）两种液体混合控制系统组态画面中，叶片旋转效果制作

自行绘制或者导入叶片图素，5～6 个，如图 2-49 所示。

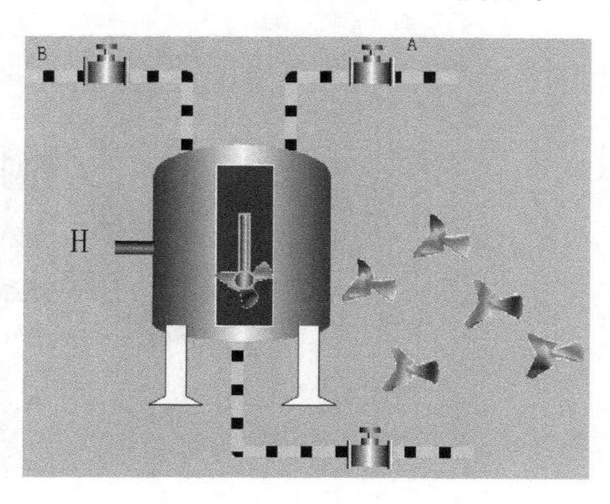


图 2-49　液体混合画面中叶片图素

利用动画连接中“隐含”的动画功能，通过脚本命令语言让每一片叶片依次显示、隐含，产生叶片旋转的效果。设置方法如图 2-50 所示。

在“画面命令语言”中：

```
if(叶片旋转状态 5)
{  叶片旋转状态 = 叶片旋转状态 + 1; }
else
{  叶片旋转状态 = 0; }
```

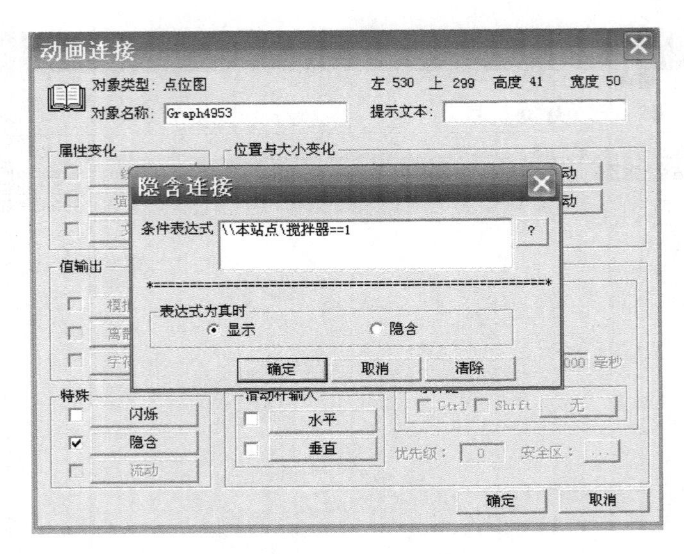


图 2-50 叶片动画设置

## 六、思考与练习

1. 利用旋转叶片设计一个搅拌器，如图 2-51 所示。

2. 利用液位传感器和旋转叶片设计一个两种液体混合的组态监控系统，如图 2-52 所示。

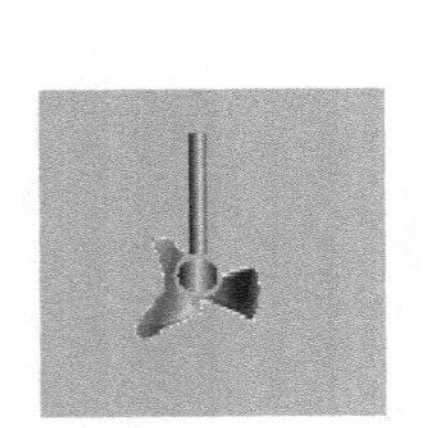

图 2-51 搅拌器

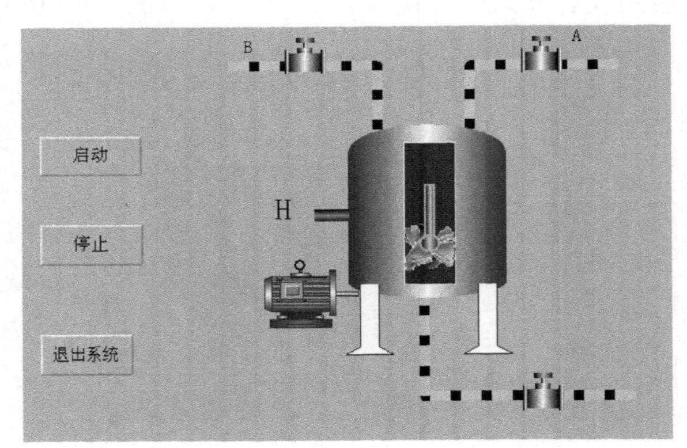


图 2-52 组态监控系统

# 任务 2 化工反应车间反应罐趋势曲线监控设计

## 一、任务描述

组态王的曲线有实时趋势曲线、历史趋势曲线、温控曲线和 X-Y 曲线。趋势分析是控制软件必不可少的功能，“组态王”对该功能提供了强有力的支持和简单的控制方法，趋势曲线分实时趋势曲线和历史趋势曲线两种。

设计化工反应车间组态监控系统原料油液位、催化剂液位和成品油液位实时和历史趋势曲线，通过此任务来掌握实时趋势曲线和历史趋势曲线在组态工程中的运用，从而提高技术人员在工程中运用趋势曲线提升监控效能的能力。实时趋势曲线监控画面如图 2-53 所示，历史趋势曲线监控画面如图 2-54 所示。

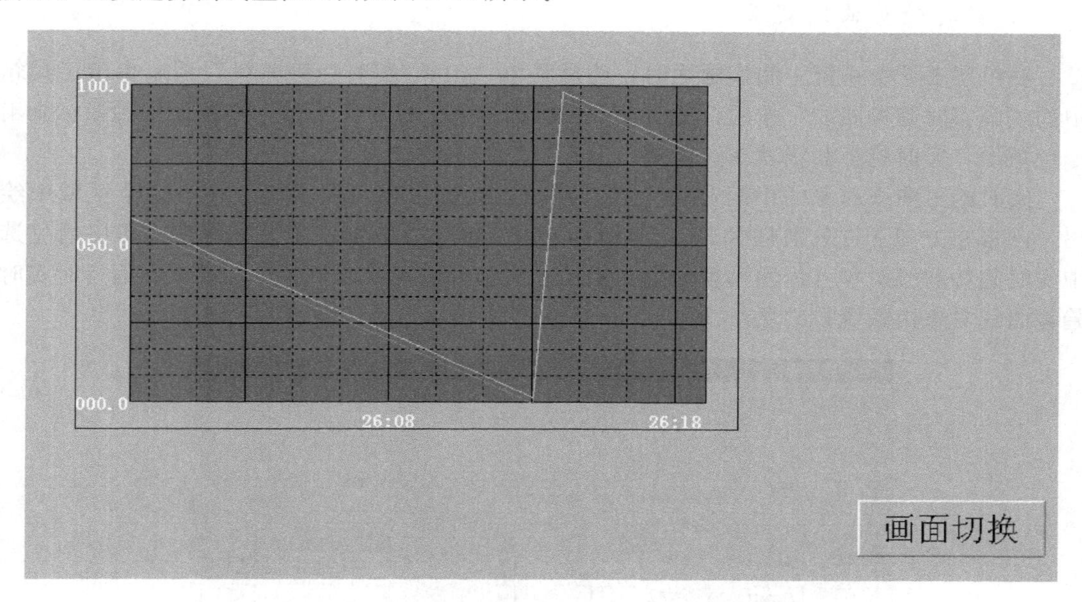


图 2-53　反应车间实时趋势曲线组态模拟监控工程

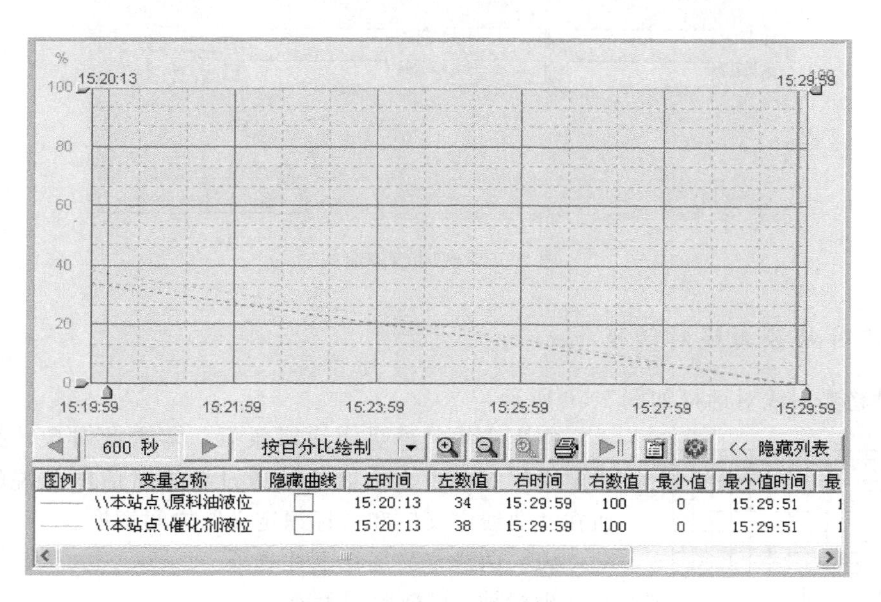


图 2-54　反应车间历史趋势曲线组态模拟监控工程

# 二、任务资讯

## (一) 实时趋势曲线

### 1. 实时趋势曲线定义

在组态王开发系统中制作画面时，选择菜单“工具/实时趋势曲线”项或单击工具箱中的“画实时趋势曲线”按钮，此时鼠标在画面中变为“十”字形，在画面中用鼠标画出一个矩形，实时趋势曲线就在这个矩形中绘出，如图 2-55 所示。

实时趋势曲线对象的中间有一个带有网格的绘图区域，表示曲线将在这个区域中绘出，网格左方和下方分别是 X 轴（时间轴）和 Y 轴（数值轴）的坐标标注。可以通过选中实时趋势曲线对象（周围出现 8 个小矩形）来移动位置或改变大小。在画面运行时实时趋势曲线对象由系统自动更新。

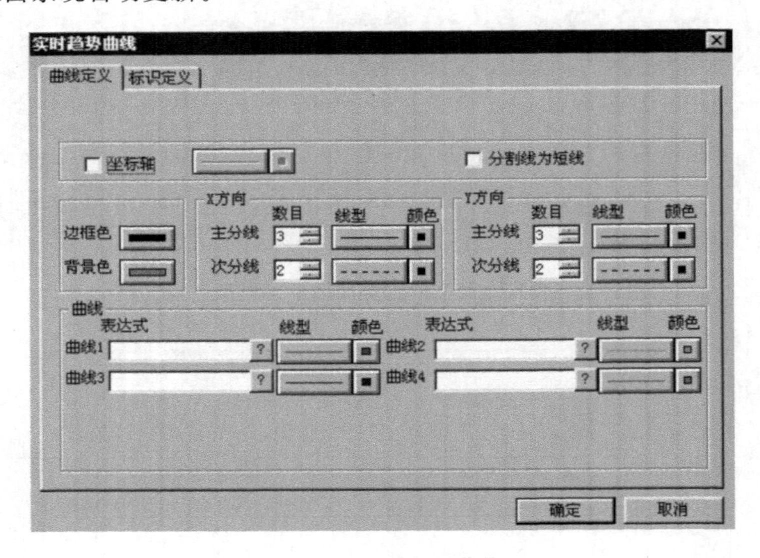


图 2-55　实时趋势曲线

### 2. 实时趋势曲线对话框

实时趋势曲线对话框如图 2-56 所示。

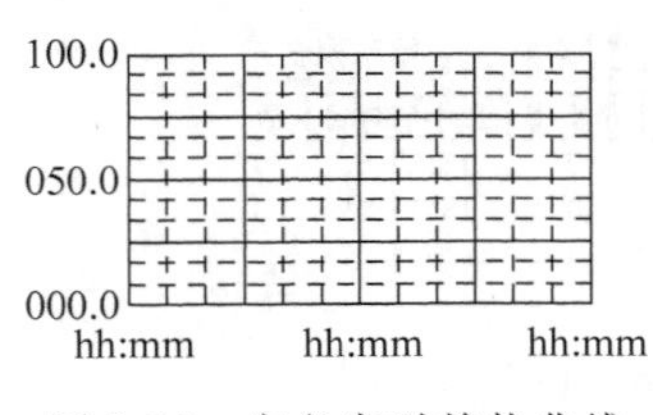


图 2-56　定义实时趋势曲线

在生成实时趋势曲线对象后，双击此对象，弹出“曲线定义”对话框，本对话框通过单击对话框上端的两个按钮在“曲线定义”和“标识定义”之间切换。

(1) 曲线定义属性卡片选项

坐标轴：目前此项无效。

分割线为短线：选择分割线的类型。选中此项后在坐标轴上只有很短的主分割线，整个图纸区域接近空白状态，没有网格，同时下面的"次分割线"选择项变灰。

边框色、背景色：分别规定绘图区域的边框和背景（底色）的颜色。按动这两个按钮的方法与坐标轴按钮类似，弹出的浮动对话框也与之大致相同，只是没有线型选项。

X方向、Y方向：X方向和Y方向的主分割线将绘图区划分成矩形网格，次分割线将再次划分主分割线划分出来的小矩形。这两种线都可改变线型和颜色。分割线的数目可以通过小方框右边"加减"按钮增加或减小，也可通过编辑区直接输入。工程人员可以根据实时趋势曲线的大小决定分割线的数目，分割线最好与标识定义（标注）相对应。

曲线：定义所绘的1～4条曲线Y坐标对应的表达式，实时趋势曲线可以实时计算表达式的值，所以它可以使用表达式。实时趋势曲线名的编辑框中可输入有效的变量名或表达式，表达式中所用变量必须是数据库中已定义的变量。单击右边的"?"按钮可列出数据库中已定义的变量或变量域供选择，每条曲线可通过右边的线型和颜色按钮来改变线型和颜色。

（2）标识定义属性卡片选项

标识定义属性卡片对话框如图2-57所示。

标识X轴—时间轴、标识Y轴—数值轴：选择是否为X轴或Y轴加标识，即在绘图区域的外面用文字标注坐标的数值。如果此项选中，左边的检查框中有"√"标记，同时下面定义相应标识的选择项也由灰变加亮。

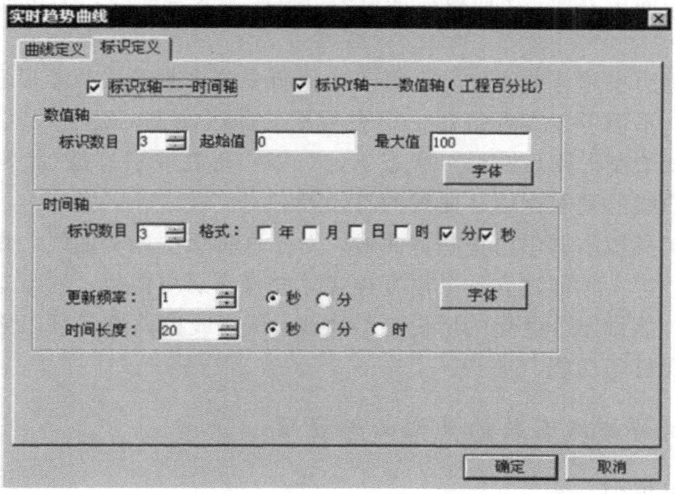

图2-57　标识定义属性卡片

数值轴（Y轴）定义区：因为一个实时趋势曲线可以同时显示4个变量的变化，而各变量的数值范围可能相差很大，为使每个变量都能表现清楚，"组态王"中规定，变量在Y轴上以百分数表示，即以变量值与变量范围（最大值与最小值之差）的比值表示。所以Y轴的范围是0（0%）～1（100%）。

标识数目：数值轴标识的数目，这些标识在数值轴上等间隔。

起始值：规定数值轴起点对应的百分比值，最小为0。

最大值：规定数值轴终点对应的百分比值，最大为100。

字体：规定数值轴标识所用的字体。可以弹出 Windows 标准的字体选择对话框，相应的操作工程人员可参阅 Windows 的操作手册。

标识数目：时间轴标识的数目，这些标识在数值轴上等间隔。在组态王开发系统中时间是以“yy：mm：dd：hh：mm：ss”的形式表示，在 TouchVew 运行系统中，显示实际的时间，在组态王开发系统画面制作程序中的外观和历史趋势曲线不同，在两边是一个标识拆成两半，与历史趋势曲线区别。

格式：时间轴标识的格式，选择显示哪些时间量。

更新频率：TouchVew 是自动重绘一次实时趋势曲线的时间间隔。与历史趋势曲线不同，它不需要指定起始值，因为其时间始终在当前时间－时间长度之间。

时间长度：时间轴所表示的时间范围。

字体：规定时间轴标识所用的字体。与数值轴的字体选择方法相同。

## (二) 历史趋势曲线

### 1. 历史趋势曲线的种类

第一种是从图库中调用已经定义好各功能按钮的历史趋势曲线，对于这种历史趋势曲线，用户只需要定义几个相关变量，适当调整曲线外观即可完成历史趋势曲线的复杂功能，这种形式使用简单方便；该曲线控件最多可以绘制 8 条曲线，但该曲线无法实现曲线打印功能。

第二种是调用历史趋势曲线控件，对于这种历史趋势曲线，功能很强大，使用比较简单。通过该控件，不但可以实现组态王历史数据的曲线绘制，还可以实现 ODBC 数据库中数据记录的曲线绘制，而且在运行状态下，可以实现在线动态增加/删除曲线、曲线图表的无级缩放、曲线的动态比较、曲线的打印等。

第三种是从工具箱中调用历史趋势曲线，对于这种历史趋势曲线，用户需要对曲线的各个操作按钮进行定义，即建立命令语言连接才能操作历史曲线，对于这种形式，用户使用时自主性较强，能做出个性化的历史趋势曲线；该曲线控件最多可以绘制 8 条曲线，该曲线无法实现曲线打印功能。

### 2. 与历史趋势曲线有关的其他必配置项

(1) 定义变量范围

由于历史趋势曲线数值轴显示的数据是以百分比来显示，因此对于要以曲线形式来显示的变量需要特别注意变量的范围。如果变量定义的范围很大，例如－999999～999999，而实际变化范围很小，例如－0.0001～0.0001，这样，曲线数据的百分比数值就会很小，在曲线图表上就会出现看不到该变量曲线的情况，关于变量范围的定义如图 2-58 所示。

(2) 对变量做历史记录

对于要以历史趋势曲线形式显示的变量，都需要对变量做记录。在组态王工程浏览器中单击“数据库”项，再选择“数据词典”项，选中要做历史记录的变量，双击该变量，则弹出“变量属性”对话框，如图 2-59 所示。

选中“记录定义”选项卡片，选择变量记录的方式。

图 2-58　定义变量范围

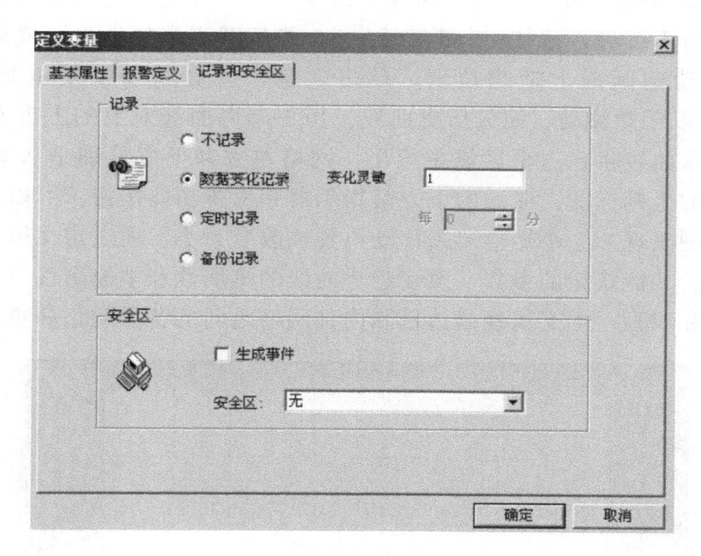


图 2-59　记录定义

（3）定义历史数据文件的存储目录

在组态王工程浏览器的菜单条上单击“配置”菜单，再从弹出的菜单命令中选择“历史数据记录”命令项，弹出“历史记录配置”对话框，如图 2-60 所示。在此对话框中输入记录历史数据文件在磁盘上的存储路径和其他属性（如数据文件记录时数，记录起始时刻，数据保存天数），也可进行分布式历史数据配置，使本机节点中的组态王能够访问远程计算机的历史数据。

（4）重启历史数据记录

在组态王运行系统的菜单条上单击“特殊”菜单项，再从弹出的菜单命令中选择“重启历史数据记录”，此选项用于重新启动历史数据记录。在没有空闲磁盘空间时，系统就自动停止历史数据记录。当发生此情况时，将显示信息框通知工程人员，工程人员将数据转移到其他地方后，空出磁盘空间，再选用此命令重启历史数据记录。

历史记录配置
运行时自动启动
数据文件记录时数 8 小时
记录起始时刻 0 点
数据保存天数 10 日
存储路径
当前工程路径
指定
确定 取消

图 2-60　历史记录配置对话框

### 3. 通用历史趋势曲线

（1）通用历史趋势曲线的定义

在组态王开发系统中制作画面时，选择菜单“图库/打开图库”项，弹出“图库管理器”，单击“图库管理器”中的“历史曲线”命令，在图库窗口内用鼠标左键双击历史曲线（如果图库窗口不可见，请按 F2 键激活它），然后图库窗口消失，鼠标在画面中变为直角形，鼠标移动到画面上适当位置，单击左键，历史曲线就复制到画面上了，如图 2-61 所示。可以任意移动、缩放历史曲线。历史趋势曲线对象的上方有一个带有网格的绘图区域，表示曲线将在这个区域中绘出，网格左方和下方分别是 X 轴（时间轴）和 Y 轴（数值轴）的坐标标注。曲线的下方是指示器和两排功能按钮。可以通过选中历史趋势曲线对象（周围出现 8 个小矩形）来移动位置或改变大小。通过定义历史趋势曲线的属性可以定义曲线、功能按钮的参数、改变趋势曲线的笔属性和填充属性等，笔属性是趋势曲线边框的颜色和线型，填充属性是边框和内部网格之间的背景颜色和填充模式。

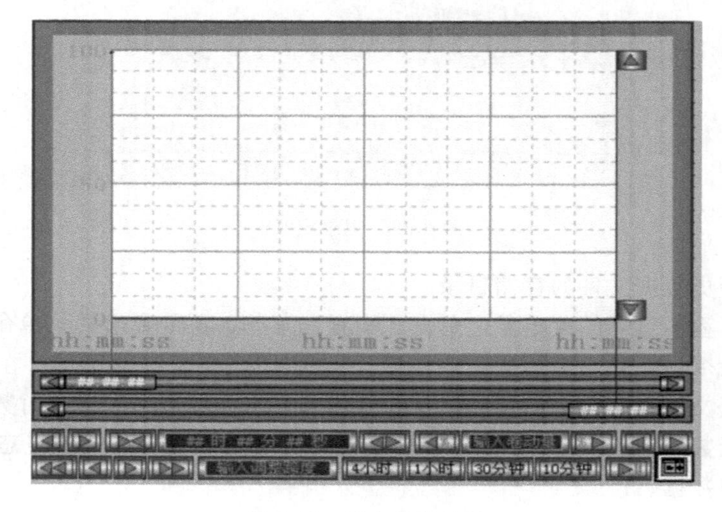


图 2-61　历史趋势曲线

（2）历史趋势曲线对话框

生成历史趋势曲线对象后，在对象上双击鼠标左键，弹出“历史趋势曲线”对话框。

历史趋势曲线对话框由三个属性卡片“曲线定义”、“坐标系”和“操作面板和安全属性”组成，如图 2-62 所示。

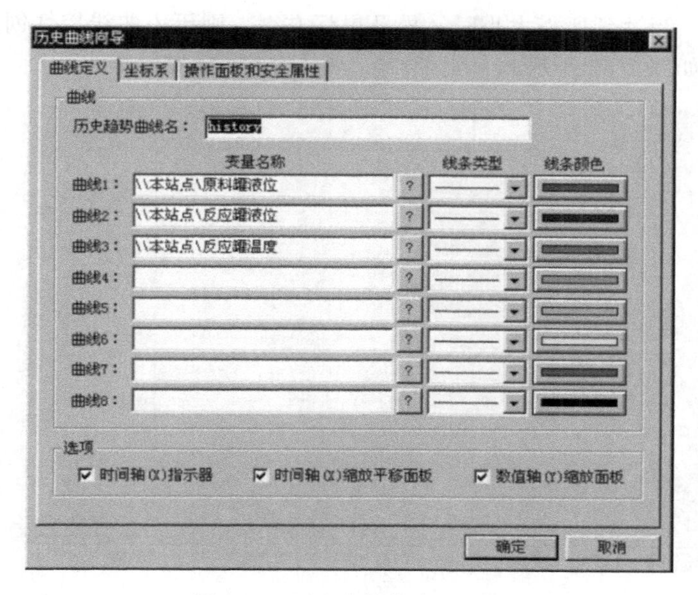


图 2-62　历史趋势曲线对话框

### 4. 历史趋势曲线控件

KVHTrend 曲线控件是组态王以 Active X 控件形式提供的绘制历史曲线和 ODBC 数据库曲线的功能性工具，该曲线具有以下特点：

① 既可以连接组态王的历史库，也可以通过 ODBC 数据源连接到其他数据库上，如 Access、SQLServer 等。

② 连接组态王历史库时，可以定义查询数据的时间间隔，如同在组态王中使用报表查询历史数据时使用查询间隔一样。

③ 完全兼容了组态王原有历史曲线的功能。最多可同时绘制 16 条曲线。

④ 可以在系统运行时动态增加、删除、隐藏曲线。还可以修改曲线属性。

⑤ 曲线图表实现无级缩放。

⑥ 数值轴可以使用工程百分比标识，也可用曲线实际范围标识，二者之间自由切换。

⑦ 曲线支持毫秒级数据。

⑧ 可直接打印图表曲线。

⑨ 通过 ODBC 数据源连接数据库时，可以自由选择数据库中记录时间的时区，根据选择的时区来绘制曲线。

⑩ 可以自由选择曲线列表框中的显示内容。

### 5. 创建历史曲线控件

在组态王开发系统中新建画面，在工具箱中单击“插入通用控件”或选择菜单“编辑”下的“插入通用控件”命令，弹出“插入控件”对话框，在列表中选择“历史趋势曲线”，单击“确定”按钮，对话框自动消失，鼠标箭头变为小“十”字形，在画面上选择控件的左上角，按下鼠标左键并拖动，画面上显示出一个虚线的矩形框，该矩形框为创建后的曲线的外框。当达到所需大小时，松开鼠标左键，则历史曲线控件创建成功，画面上显示出该曲线，如图 2-63 所示。

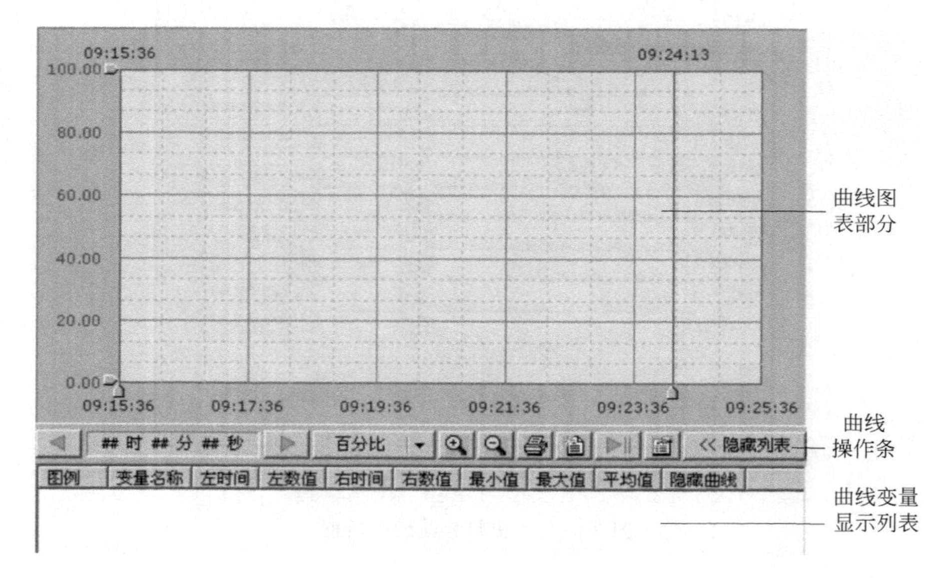


图 2-63　历史曲线控件

## 6. 设置历史曲线固有属性

历史曲线控件创建完成后，在控件上右击，在弹出的快捷菜单中选择“控件属性”命令，弹出历史曲线控件的固有属性对话框，如图 2-64 所示。

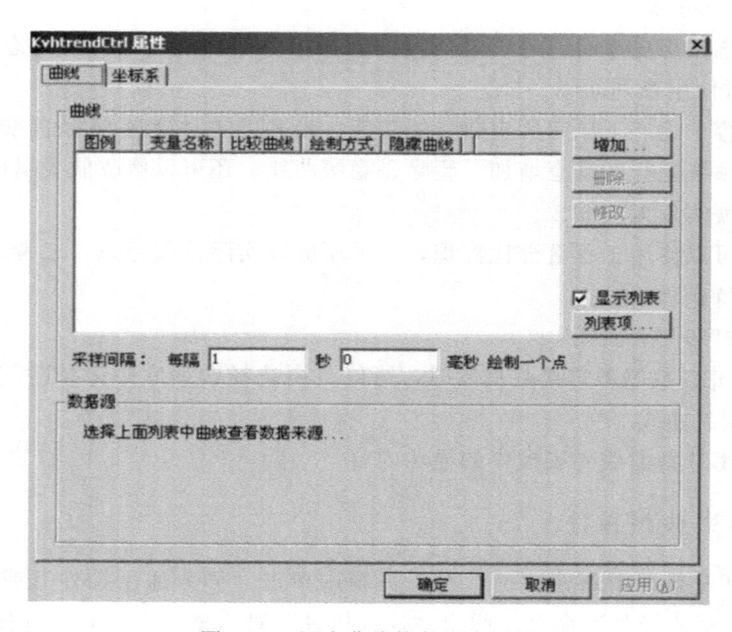


图 2-64　历史曲线控件固有属性

控件固有属性含有两个属性页：曲线、坐标系。下面详细介绍每个属性页中的含义。

（1）曲线属性页。曲线属性页中下半部分为说明定义在绘制曲线时，历史数据的来源，可以选择组态王的历史数据库或其他 ODBC 数据库为数据源。曲线属性页中上半部分“曲线”列表是定义曲线图表初始状态的曲线变量、绘制曲线的方式、是否进行曲线比较等。

显示列表：选中该项，在运行时，曲线窗口下方可以显示所有曲线的基本情况列表。在运行时也可以通过按钮控制是否要显示该列表。

增加：增加变量到曲线图表，并定义曲线绘制方式。

采集间隔：确定从数据库中读出数据点的时间间隔，可以精确到毫秒。秒和毫秒不能同时为零，即最小单位为 1 毫秒。该项的选择将影响曲线绘制的质量和系统的效率。当选择的时间单位越小时，绘制的数据点越多，曲线的逼真度越高，系统效率会有所降低；相反，如果选择的时间单位越大，绘制的数据点越少，曲线的逼真度相对降低。移动曲线时，有时会出现在同一个时间点上曲线显示不同的情况，但系统效率受影响较小。单击该按钮，弹出“增加曲线”对话框如图 2-65 所示。

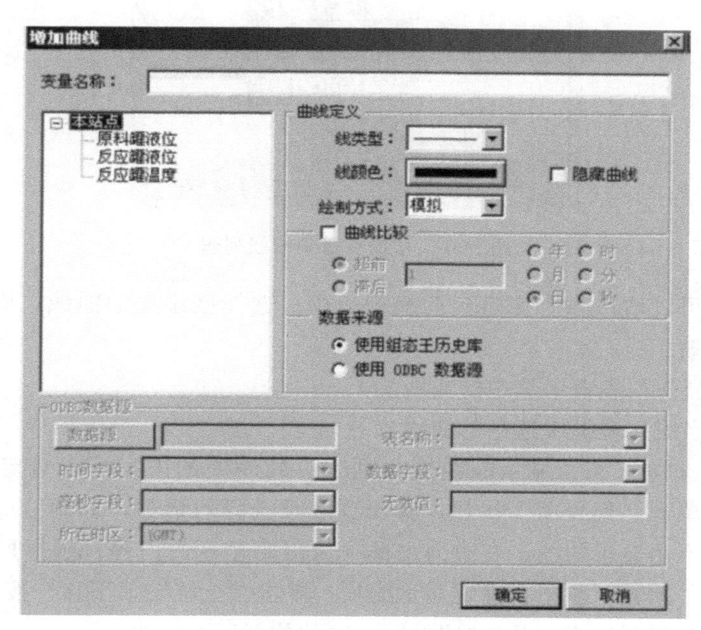


图 2-65　增加曲线

增加曲线对话框中各部分的含义如下。

变量名称：在“变量名称”文本框中输入要添加的变量的名称，或在左侧的列表框中选择，该列表框中列出了本工程中所有定义了历史记录属性的变量，如果在定义变量属性时没有定义进行历史记录，则此处不会列出该变量。单击鼠标，则选中的变量名称自动添加到“变量名称”文本框中，一次只能添加一个变量，且必须通过单击该画面的“确定”按钮来完成这一条曲线的添加。

线类型：单击“线类型”后的下拉列表框，选择当前曲线的线型。

线颜色：单击“线颜色”后的按钮，在弹出的调色板中选择当前曲线的颜色。

绘制方式：曲线的绘制方式有四种，模拟、阶梯、逻辑、棒图，可以任选一种。

隐藏曲线：控制运行时是否显示该曲线。在运行时，也可以通过曲线窗口下方的列表中的属性选择来控制显示或隐藏该曲线。

曲线比较：通过设置曲线显示的两个不同时间，使曲线绘制位置有一个时间轴上的平移，这样，一个变量名代表的两条曲线中，一个是显示与时间轴相同时间的数据，另一个作比较的曲线显示有时间差的数据（如一天前），从而达到用两条曲线来实现曲线比较的目的。

数据来源：选择曲线使用的数据来源，可同时支持组态王历史库和 ODBC 数据源。若选择 ODBC 数据源，必须先配置数据源。

选择完变量并配置完成后，单击“确定”按钮，则曲线名称添加到“曲线列表”中，如图 2-66 所示。

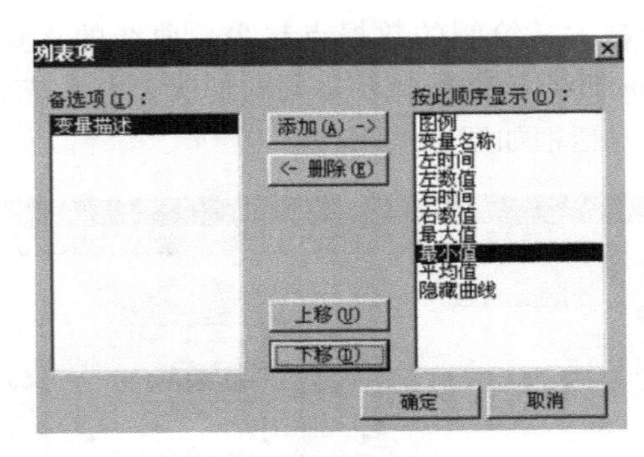


图 2-66　增加变量到曲线列表

如上所述，可以增加多个变量到曲线列表中。选择已添加的曲线，则“删除”、“修改”按钮变为有效。

删除：删除当前列表框中选中的曲线。

修改：修改当前列表框中选中的曲线。

“显示列表”选项：是否显示曲线变量列表。列表中的内容可以自定义，但“图例”一项不可删除。单击“列表项”按钮，弹出列表项选择对话框，如图 2-67 所示。左边列表框中为选出的不用显示的项，右边列表框中为需要显示的内容。选择列表框中的项目，单击“添加”或“删除”按钮，确定显示的项。单击“上移”、“下移”按钮，排列所选择的项的排列顺序。需要注意的是，“图例”一项的位置不可修改。

采样间隔：确定绘制曲线时，从数据库中读取数据的时间间隔。时间间隔最小单位为“秒”。间隔越小，绘制的曲线越逼真，但同时耗费的系统资源也越多。

数据源：显示定义曲线时使用的 ODBC 数据源的信息。

(2) 坐标系属性页。坐标系属性页如图 2-68 所示。

边框颜色和背景颜色：设置曲线图表的边框颜色和图表背景颜色。单击相应按钮，弹出浮动调色板，选择所需颜色。

绘制坐标轴选项：是否在图表上绘制坐标轴。单击“轴线类型”列表框选择坐标轴线的线型；单击“轴线颜色”按钮，选择坐标轴线的颜色。绘制出的坐标轴为带箭头的表示 X、Y 方向的直线。

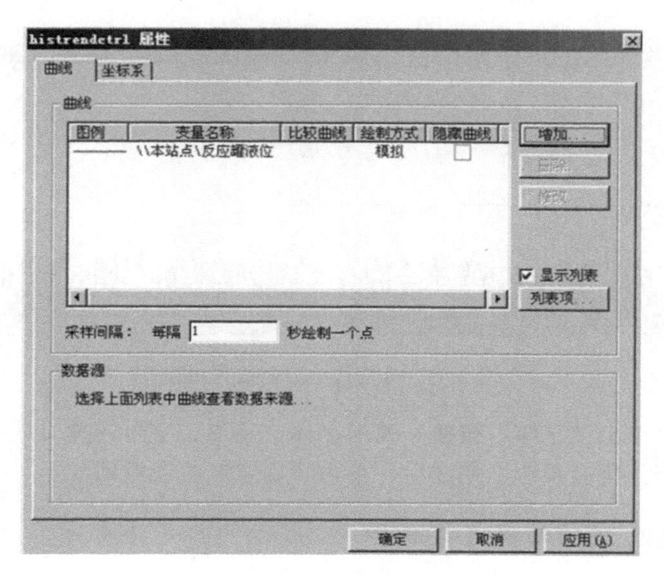


图 2-67　列表项选择对话框

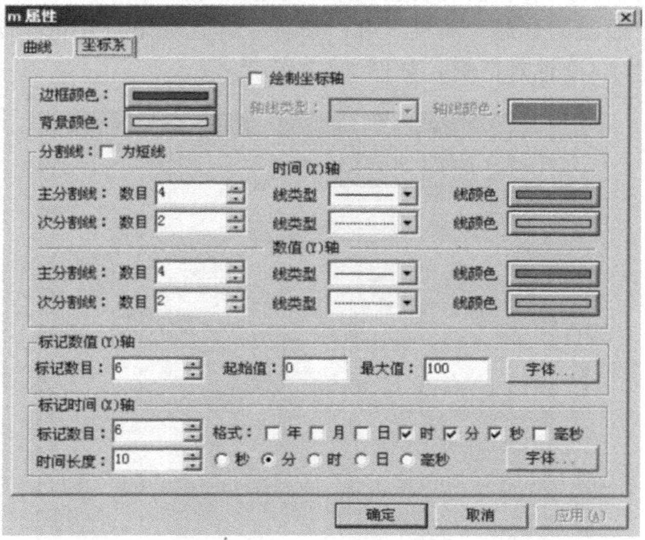

图 2-68　坐标系属性页

分割线：定义时间轴、数值轴主次分割线的数目、线的类型、线的颜色等。如果选择了分割线“为短线”，则定义的主分割线变为坐标轴上的短线，曲线图表不再是被分割线分割的网状结构，如图 2-69 所示。此时，次分割线不再起作用，其选项也变为灰色无效。

标记数值（Y）轴：“标记数目”编辑框中定义数值轴上的标记的个数，“最小值”、“最大值”编辑框定义初始显示的值的百分比范围（0%～100%）。单击“字体”按钮，弹出字体、字形、字号选择对话框，选择数值轴标记的字体及颜色等。

标记时间（X）轴：“标记数目”编辑框中定义时间轴上的标记的个数。通过选择“格式”选项，选择时间轴显示的时间格式。“时间长度”编辑框定义初始显示时图表所显示

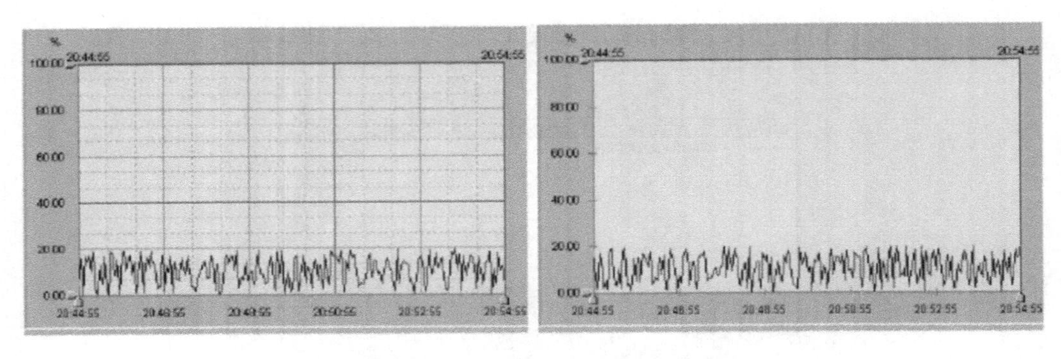

图 2-69　分割线与分割线为短线

的时间段的长度。单击“字体”按钮，弹出字体、字形、字号选择对话框，选择数值轴标记的字体及颜色等。所有项定义完成后，单击“确定”按钮返回。

### 7. 设置历史曲线的动画连接属性

以上所述为设置历史曲线的固有属性，在使用该历史曲线时必定要使用到这些属性。由于该历史曲线以控件形式出现，因此，该曲线还具有控件的属性，即可以定义“属性”和“事件”。该历史曲线的具体“属性”和“事件”详述如下。用鼠标选中并双击该控件，弹出“动画连接属性”设置对话框，如图 2-70 所示。

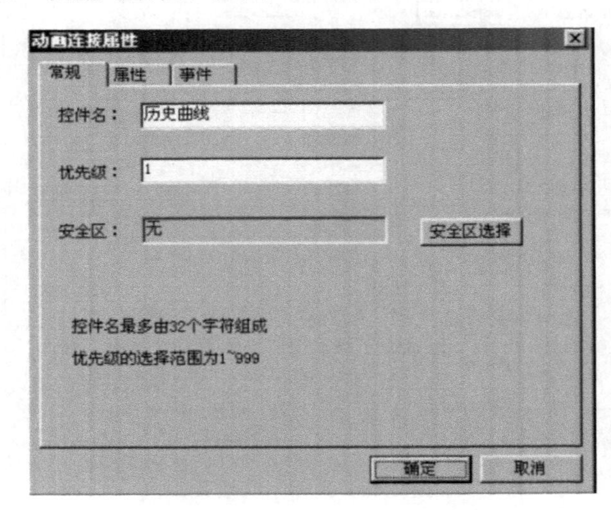


图 2-70　设置控件动画连接属性

动画连接属性共有 3 个属性页，下面一一介绍。

① 常规。常规属性页如图 2-70 所示。

控件名：定义该控件在组态王中的标识名，如“历史曲线”，该标识名在组态王当前工程中应该唯一。

优先级、安全区：定义控件的安全性。在运行时，当用户满足定义的权限时才能操作该历史曲线。

② 属性。属性页如图 2-71 所示，属性的具体含义请参考组态王使用手册。

③ 事件。事件是定义控件的事件函数属性页，如图 2-72 所示。

动画连接属性

常规　属性　事件

| 属性 | 类型 | 关联变量 |
| --- | --- | --- |
| CurveVarName | LONG | |
| CurveColor | LONG | |
| CurveLineType | LONG | |
| CurveTimeDelay | LONG | |
| CurveDrawType | LONG | |
| CurveAlmColor | LONG | |
| CurveHideCurve | LONG | |
| CurveList | BOOL | |
| CtrlBtn | BOOL | |
| BorderColor | UNKNOWN | |
| BakColor | UNKNOWN | |
| DrawXYAxis | BOOL | <->\\本站点\drawxyaxi |
| AxisLineType | LONG | |
| AxisColor | UNKNOWN | |
| ShortDivLine | BOOL | |

确定　取消

图 2-71　属性

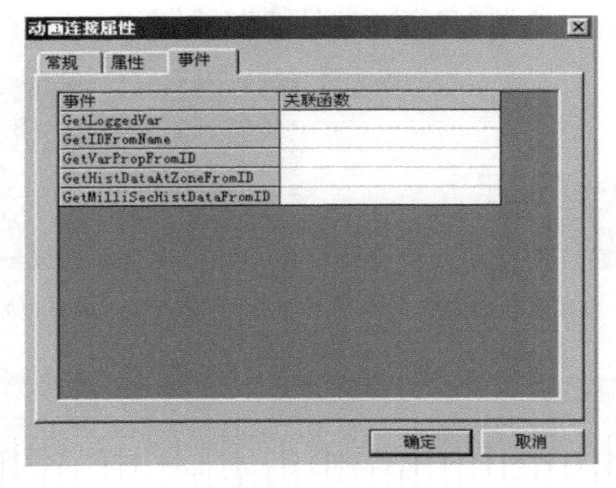


图 2-72　事件

## 8. 运行时修改历史曲线属性

历史曲线属性定义完成后，进入组态王运行系统，运行系统的历史曲线如图 2-73 所示。

① 数值轴指示器的使用。拖动数值轴（Y 轴）指示器，可以放大或缩小曲线在 Y 轴方向的长度，一般情况下，该指示器标记为当前图表中变量量程的百分比。另外，用户可以修改该标记值为当前曲线列表中某一条曲线的量程数值。修改方法为：用鼠标单击图表下方工具条中的“百分比”按钮右侧的箭头按钮，弹出如图 2-74 所示的曲线颜色列表框。该列表框中显示的为每条曲线所对应的颜色（曲线颜色对应的变量可以从图表的列表中看到），选择完曲线后，弹出如图 2-75 所示的对话框，该对话框为设置修改当前标记后数值轴显示数据的小数位数。选择完成后，数值轴标记显示的数据变为当前选定的变量的量程范围，标记字体颜色也相应变为当前选定的曲线的颜色，如图 2-76 所示。

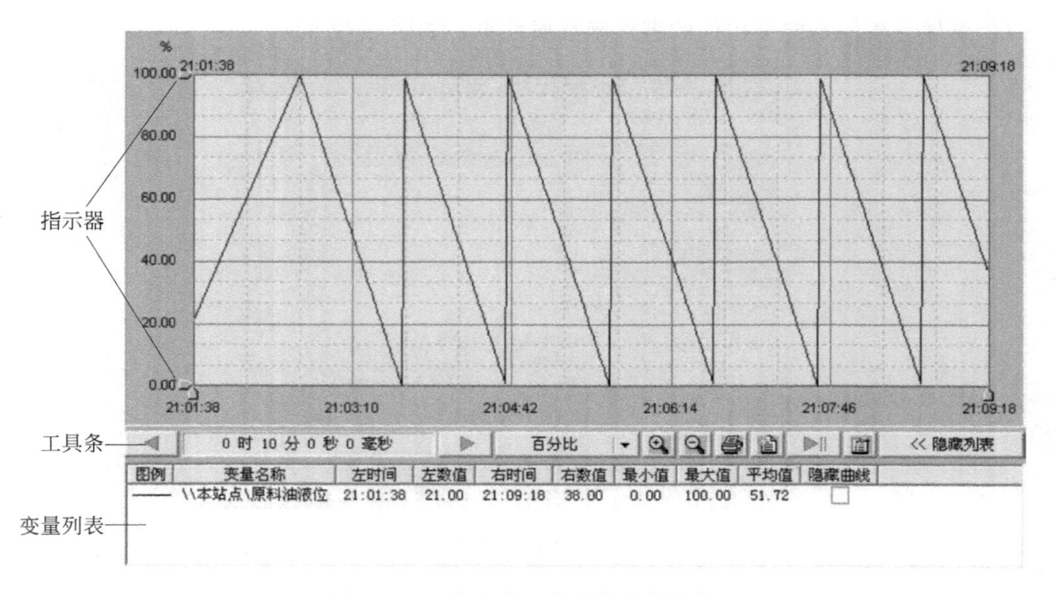


图 2-73　运行中的历史趋势曲线控件

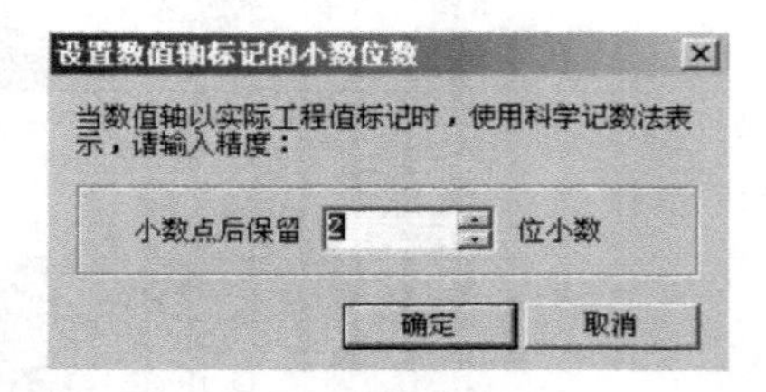


图 2-74　曲线颜色列表框　　　　图 2-75　设置数值轴标记的小数位

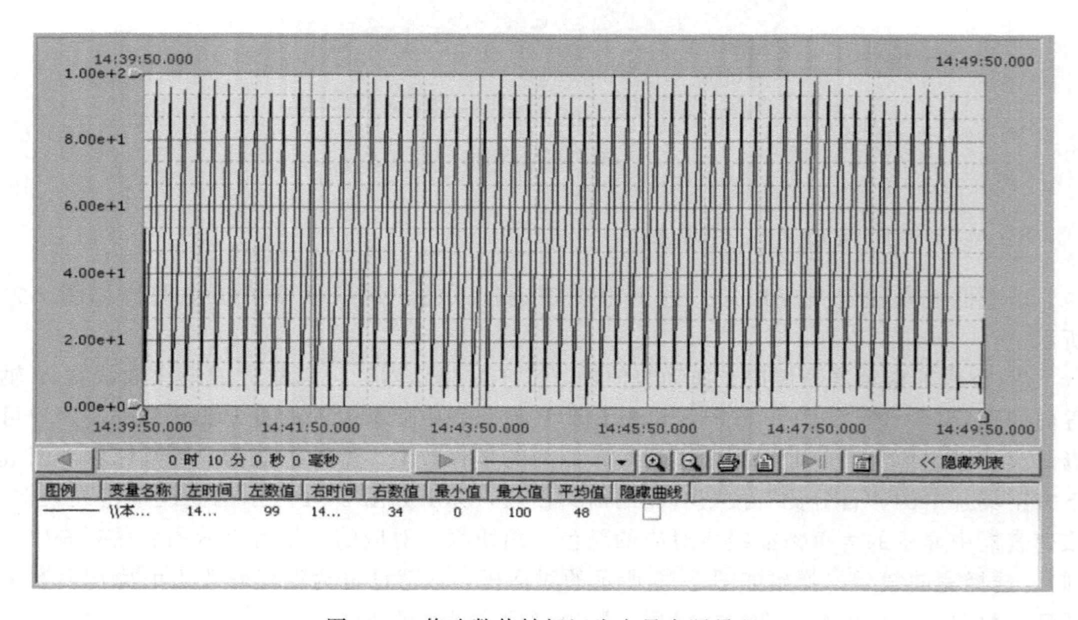


图 2-76　修改数值轴标记为变量实际量程

② 时间轴指示器的使用。时间轴指示器所获得的时间字符串显示在时间指示器的顶部，时间轴指示器可以配合函数等获得曲线某个时间点上的数据。

③ 工具条的使用。曲线图表的工具条是用来查看变量曲线详细情况的。工具条的具体作用可以通过将鼠标放到按钮上时弹出的提示文本看到，下面就不再详细介绍每个按钮的作用。

### 9. 个性化历史趋势曲线

(1) 历史趋势曲线的定义

在组态王开发系统中制作画面时，选择菜单“工具\历史趋势曲线”项或单击工具箱中的“画历史趋势曲线”按钮，鼠标在画面中变为十字形。在画面中用鼠标画出一个矩形，历史趋势曲线就在这个矩形中绘出，如图 2-77 所示。历史趋势曲线对象的中间有一个带有网格的绘图区域，表示曲线将在这个区域中绘出，网格左方和下方分别是 X 轴（时间轴）和 Y 轴（数值轴）的坐标标注。可以通过选中历史趋势曲线对象（周围出现 8 个小矩形）来移动位置或改变大小。通过调色板工具或相应的菜单命令可以改变趋势曲线的笔属性和填充属性，笔属性是趋势曲线边框的颜色和线形，填充属性是边框和内部网格之间的背景颜色和填充模式。工程人员有时见不到坐标的标注数字是因为背景颜色和字体颜色正好相同，这时需要修改字体或背景颜色。

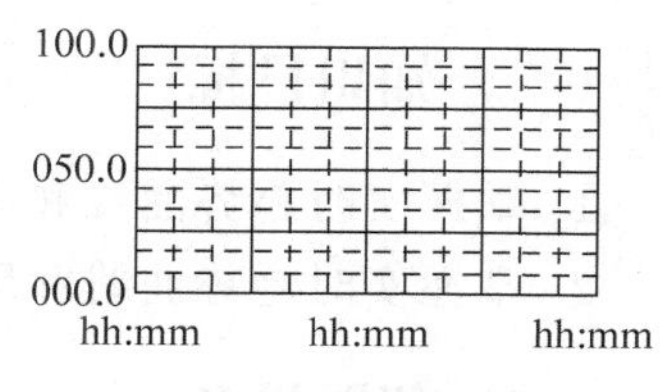


图 2-77　历史趋势曲线

(2) 历史趋势曲线对话框

生成历史趋势曲线对象的可见部分后，在对象上双击鼠标左键，弹出“历史趋势曲线”对话框。历史趋势曲线对话框由两个属性卡片“曲线定义”和“标识定义”组成，如图 2-78 所示。如果想更具体的了解个性化历史趋势曲线的用法请参考其使用手册。

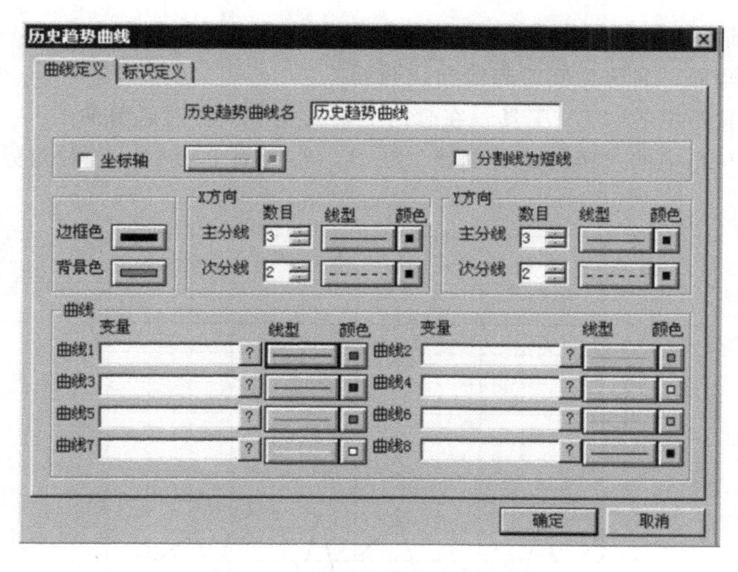


图 2-78　历史趋势曲线对话框

## 三、任务分析

### (一) 能力目标

1. 能使用工具箱或菜单绘制实时趋势曲线和历史趋势曲线；
2. 能进行实时趋势曲线和历史趋势曲线定义、标识定义；
3. 能创建化工反应车间实时趋势曲线和历史趋势曲线。

### (二) 知识目标

1. 掌握实时趋势曲线和历史趋势曲线窗口创建；
2. 掌握实时趋势曲线和历史趋势曲线定义、标识定义方法。

### (三) 仪器设备

计算机、组态王软件 6.55

## 四、任务实施

设计化工反应车间组态监控系统原料油液位、催化剂液位和成品油液位实时趋势曲线和历史趋势曲线，通过此任务来掌握实时趋势曲线和历史趋势曲线在组态工程中的运用。

化工反应车间组态监控系统的设计过程见项目二中任务 1。这里不再复述。

### (一) 创建实时趋势曲线

实时趋势曲线定义过程如下：

① 新建一画面，名称为实时趋势曲线画面。

② 选择工具箱中的“T”工具，在画面上输入文字“实时趋势曲线”。

③ 选择工具箱中的“实时趋势曲线”工具，在画面上绘制一实时趋势曲线窗口，如图 2-79 所示。

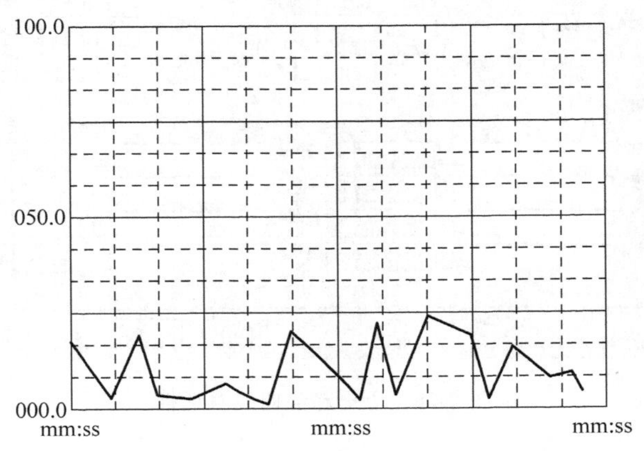


图 2-79　实时趋势曲线窗口

④ 双击“实时趋势曲线”对象，弹出“实时趋势曲线”设置窗口，如图 2-80 所示。实时曲线趋势设置窗口分为两个属性页：曲线属性页、标识定义属性页。曲线定义属性页：在此属性页中不仅可以设置曲线窗口的显示风格，还可以设置趋势曲线中所要显示的变量。单击“曲线 1”编辑框后的按钮，在弹出的“选择变量名”对话框中选择变量“\ \ 本站点 \ 原料油液位”，曲线颜色设置为：红色。

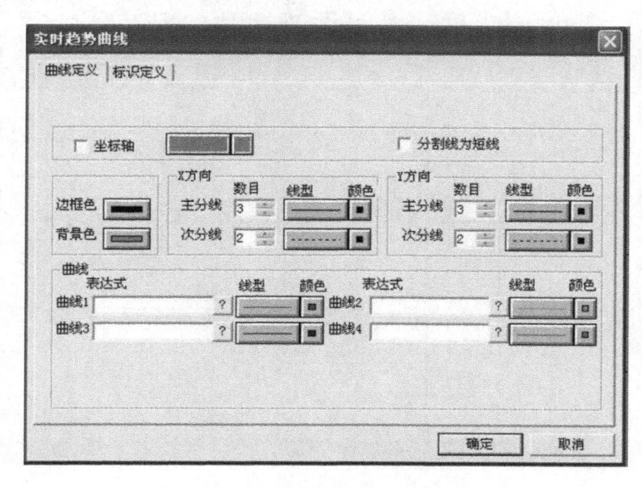


图 2-80　实时趋势曲线设置窗口

标识定义属性页：标识定义属性页，如图 2-81 所示。

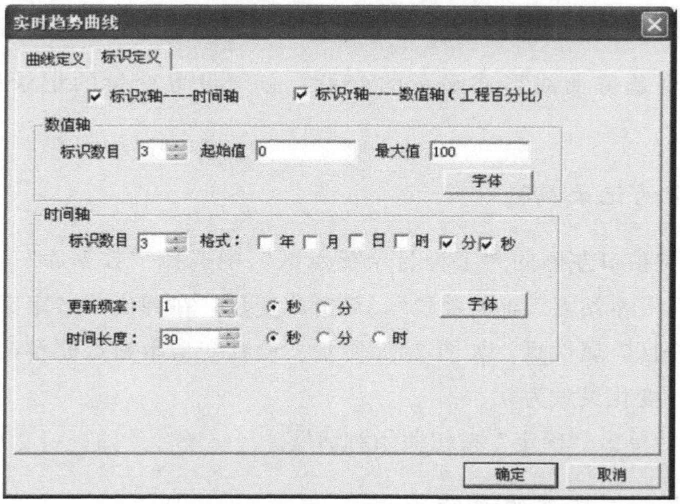

图 2-81　标识定义属性页

⑤ 设置完毕后单击“确定”按钮关闭对话框。

⑥ 单击“文件”菜单中的“全部存”命令，保存设置。

⑦ 单击“文件”菜单中的“切换到 View”命令，进入运行系统，通过运行界面“画面”菜单中的“打开”命令将“实时趋势曲线画面”打开后可看到连接变量的实时趋势曲线，如图 2-82 所示。

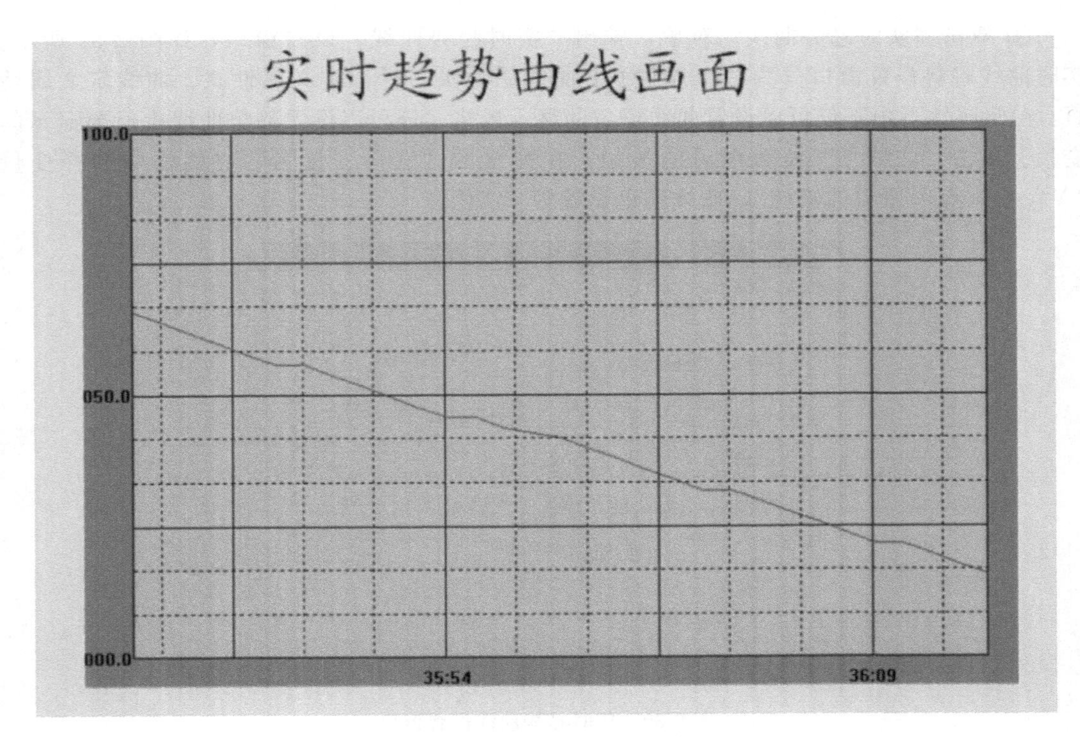


图 2-82　运行中的实时趋势曲线

## （二）历史趋势曲线创建

对于要以历史趋势曲线形式显示的变量，必须设置变量的记录属性，设置过程如下。

### 1. 设置变量的记录属性

① 在工程浏览窗口左侧的“工程目录显示区”中选择“数据库”/“数据词曲”选项，选择变量“\\本站点\油料液位”，双击此变量，在弹出的“定义变量”对话框中单击“记录和安全区”属性页，如图 2-83 所示。设置变量本站点原料油液位的记录类型为数据变化记录，变化灵敏为 0。

② 设置完毕后单击“确定”按钮关闭对话框。

### 2. 定义历史数据文件的存储目录

① 在工程浏览器窗口左侧的“工程目录显示区”中双击“系统配置”中的“历史记录”项，弹出“历史记录配置”对话框，对话框设置如图 2-84 所示。

② 设置完毕后，单击“确定”按钮关闭对话框。当系统进入运行环境时“历史记录服务器”自动启动，将变量的历史数据以文件的形式存储到当前工程路径下。每个文件中保存了变量 8 小时的历史数据，这些文件将在当前工程路径下保存 10 天。

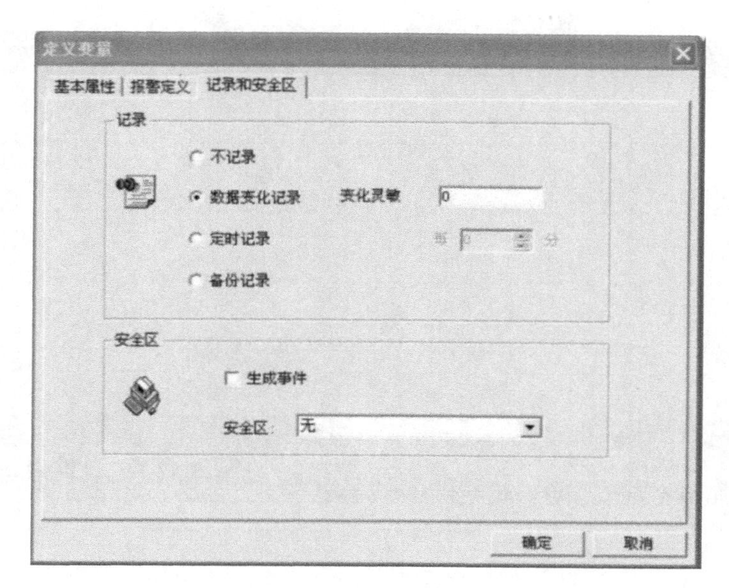


图 2-83　记录和安全区属性页

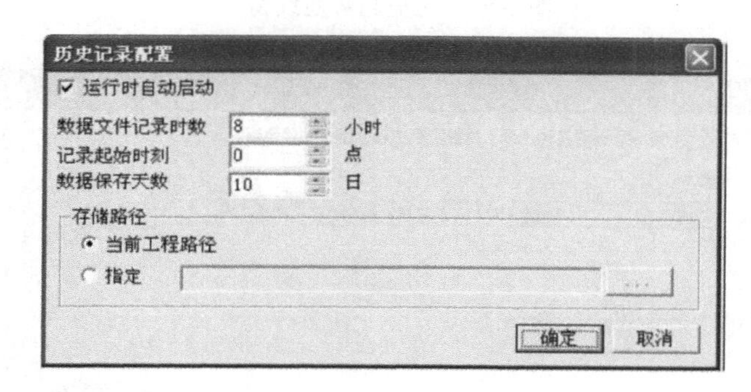


图 2-84　历史记录配置对话框

### 3. 创建历史曲线

历史趋势曲线创建过程如下：

（1）新建一画面，名称为“历史趋势曲线画面”。

（2）选择工具箱中的“T”工具，在画面上输入文字“历史趋势曲线”。

（3）选择工具箱中的插入通用控件工具，在画面中插入通用控件窗口中的“历史趋势曲线”控件，如图 2-85 所示。

选中此控件，单击鼠标下拉菜单中执行“控件属性”命令，弹出控件属性对话框，如图 2-86 所示。

历史趋势曲线属性窗口分为五个属性页：曲线属性页、标系属性页、置打印选项属性页、警区域选项属性页、游标配置选项属性页。

① 曲线属性页：在此属性页中可以利用“增加”按钮添加历史曲线变量，并设置曲线的采样间隔（即在历史曲线窗口中绘制一个点的时间间隔）。单击此属性页中的“增加”按钮弹出“增加曲线”对话框，设置如图 2-87 所示。

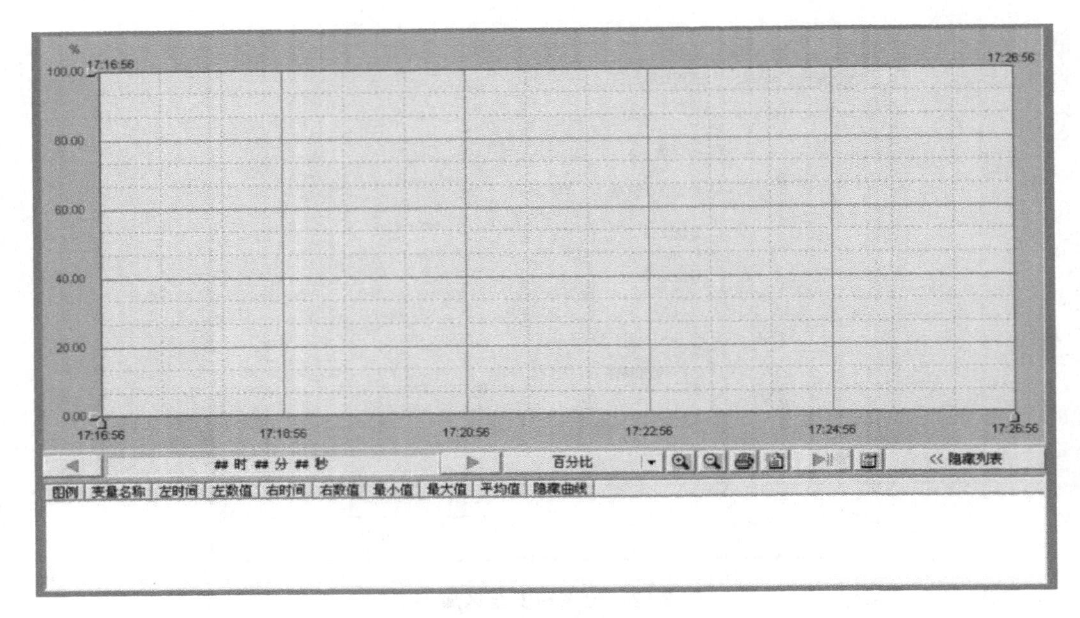


图 2-85　历史趋势曲线窗口

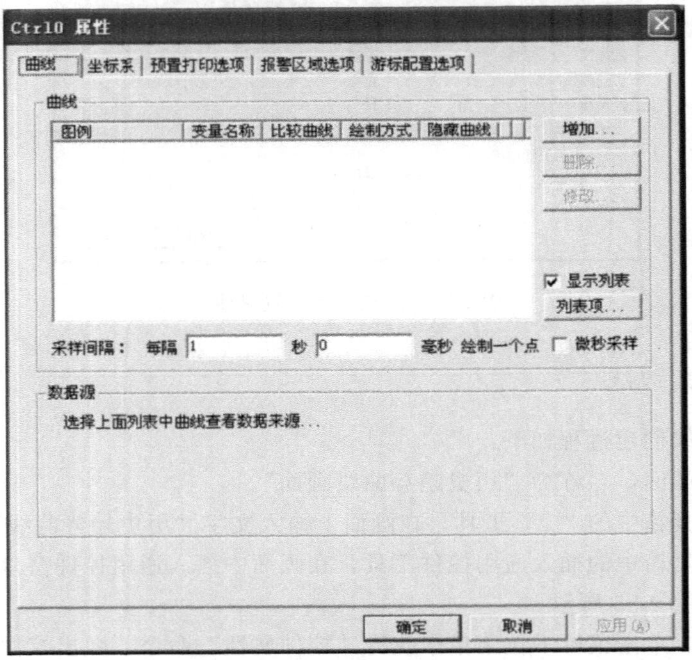

图 2-86　历史趋势曲线控件属性对话框

② 坐标系属性页：历史曲线控件中的“坐标系属性页”对话框，如图 2-88 所示。在此属性页中可以设置历史曲线的显示风格，如历史曲线控件背景颜色、坐标轴的显示风格、数据轴、时间轴的显示格式等。在“数据轴”中如果“按百分比显示”被选中后历史曲线变量将按照百分比的格式显示，否则按照实际历史曲线变量。

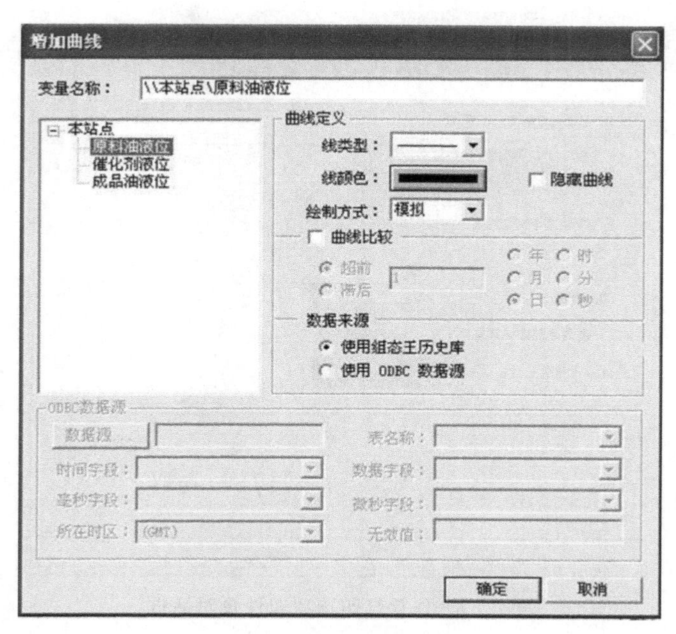


图 2-87　增加历史曲线对话框

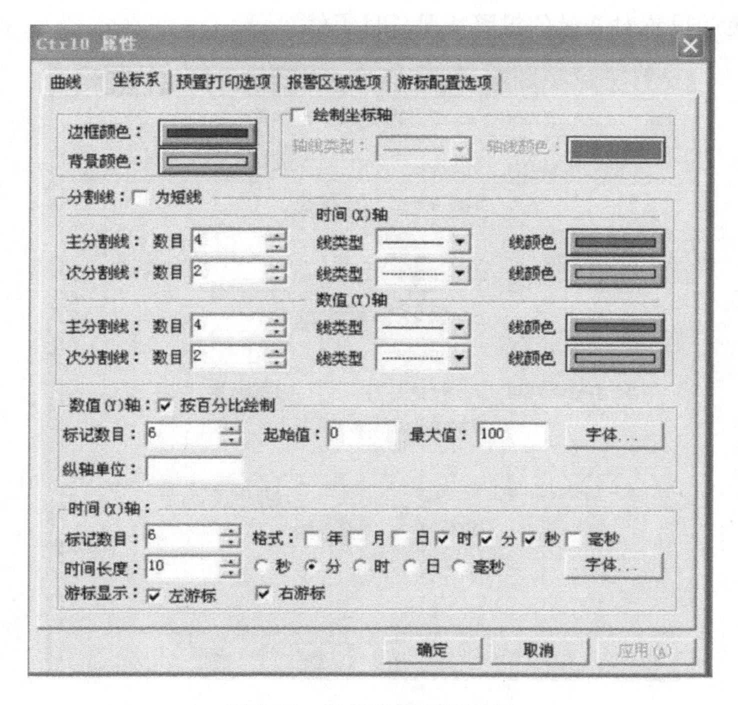


图 2-88　坐标系属性页对话

③ 预置打印选项属性页：历史曲线控件中的预置打印选项对话框，如图 2-89 所示。在此属性页还可以设置历史曲线控件的打印格式及打印的背景颜色。

④ 报警区域选项属性页：历史曲线控件中的“报警区域选项属性页”对话框，如图 2-90 所示。在此属性页中可以设置历史曲线窗口中报警区域显示的颜色，包括高高限

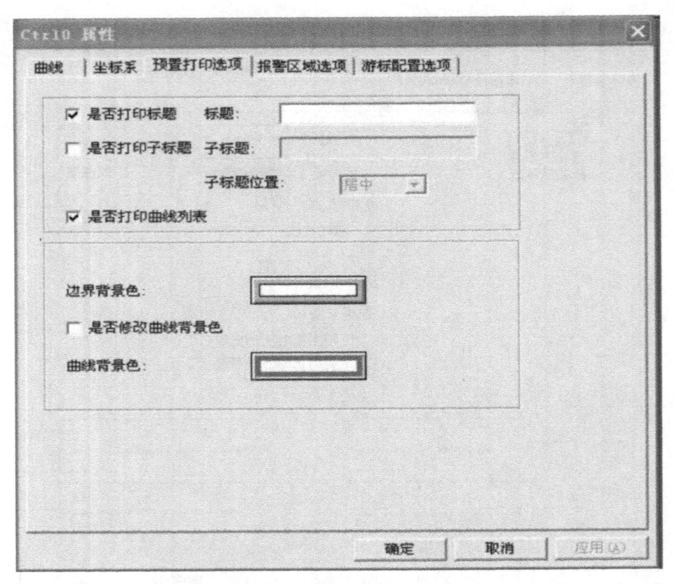


图 2-89　预置打印选项属性页对话框

报警区的颜色、高限报警区的颜色、低限报警区的颜色和低低限报警区的颜色显示范围。通过报警区颜色的设置对变量的报警情况一目了然。

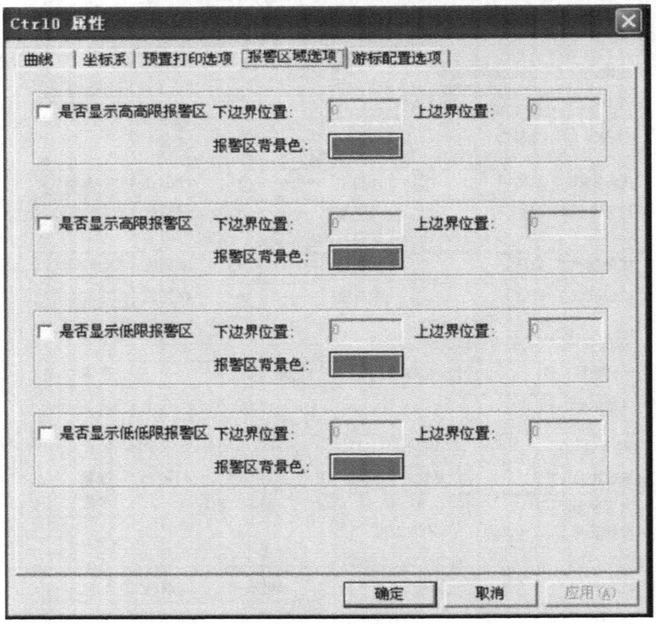

图 2-90　报警区域选项属性页对话框

⑤ 游标配置选项属性页：历史曲线控件中的游标配置选项属性页对话框，如图 2-91 所示。

上述属性可由用户根据实际情况进行设置。

（4）单击“确定”按钮完成历史阶段曲线控件编辑工作。

（5）单击“文件”菜单中的“全部存”命令，保存已做的设置。

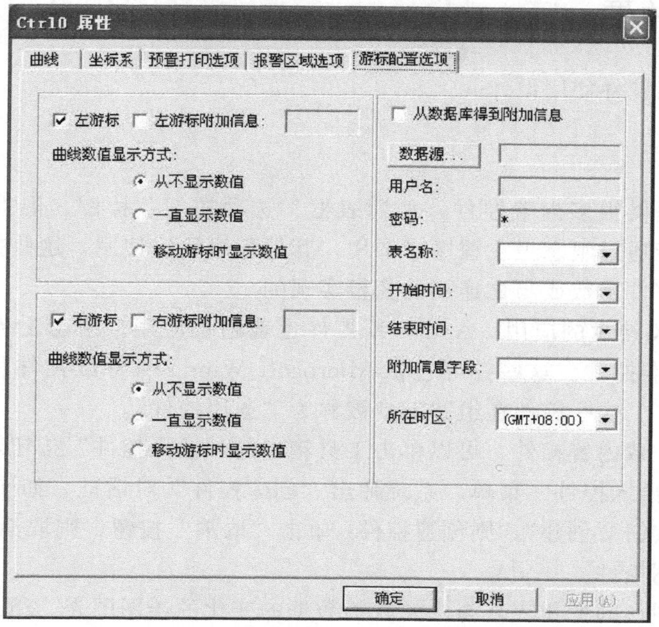

图 2-91　游标配置选项属性页对话框

（6）单击“文件”菜单中的“切换到 View”命令，进入运行系统。系统默认运行的画面可能不是刚刚编辑完成的“历史趋势曲线画面”，可以通过运行界面中“画面”菜单中的“打开”命令将其打开后方可运行，如图 2-92 所示。

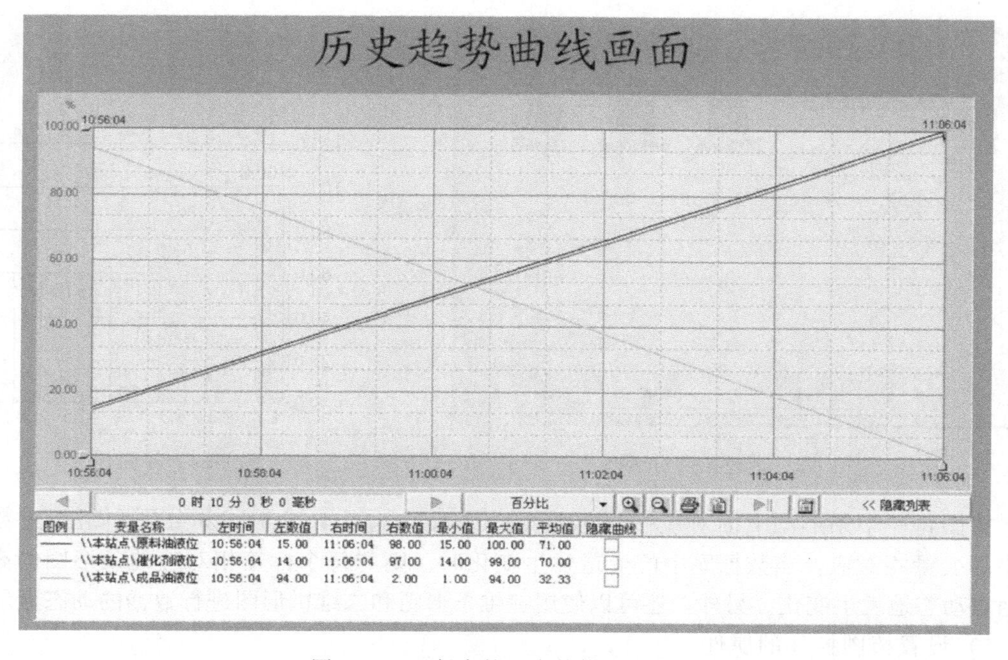


图 2-92　运行中的历史趋势曲线控件

## 五、知识拓展

化工反应车间控件使用设计。

### 1. 控件种类

组态王本身提供很多内置控件，如列表框、选项按钮、棒图、温控曲线、视频控件等，这些控件只能通过组态王主程序来调用，其他程序无法使用，这些控件的使用主要是通过组态王相应控件函数或与之连接的变量实现的。

随着 Active X 技术的应用，Active X 控件也普遍被使用。组态王支持符合其数据类型的 Active X 标准控件。这些控件包括 Microsoft Windows 标准控件和任何用户制作的标准 ActiveX 控件。这些控件在组态王中被称为“通用控件”。

在组态王中加载内置控件，可以单击工具箱中的“插入控件”按钮，或选择画面开发系统中的“编辑/插入控件”菜单。系统弹出“创建控件”对话框，如图 2-93 所示。选择控件图标，单击按钮“创建”，则创建控件；单击“取消”按钮，则取消创建。

（1）立体棒图控件

棒图是指用图形的变化表现与之关联的数据的变化的绘图图表。组态王中的棒图图形可以是二维条形图、三维条形图或饼形图。

1）创建棒图控件到画面

如图 2-93 所示，在“创建控件”对话框中选择“趋势曲线”，在右侧的内容中选择“立体棒图”图标，单击对话框上的“创建”按钮，或直接双击“立体棒图”图标，关闭对话框。此时鼠标变成小“十”字形，在画面上拖动鼠标就可创建控件，如图 2-94 所示。

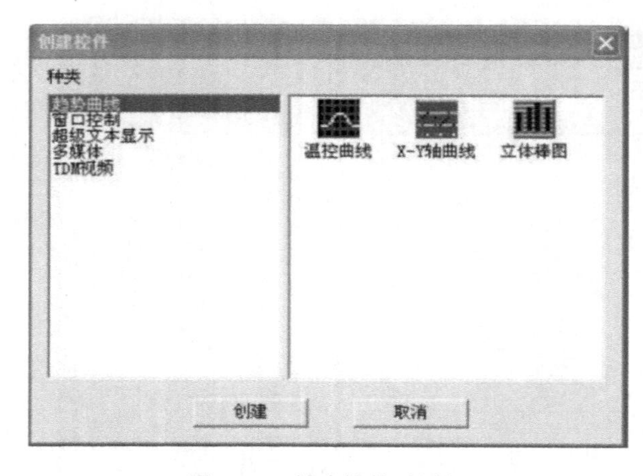


图 2-93 创建控件对话框

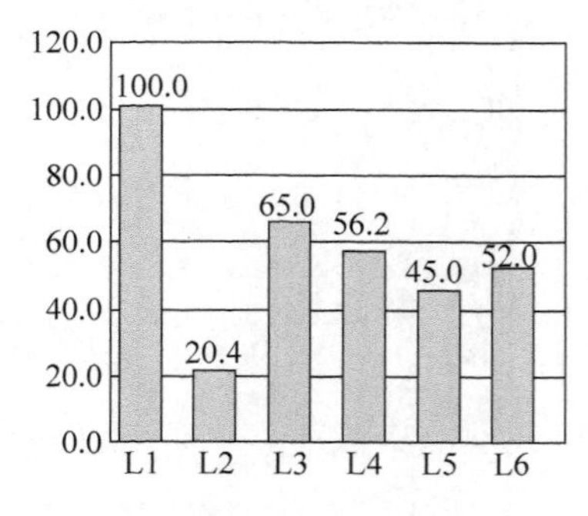


图 2-94 棒图控件

棒图每一个条形图下面对应一个标签 L1、L2、L3、L4、L5、L6 分别和组态王数据库中的变量相对应，当数据库中的变量发生变化时，则与每个标签相对应的条形图的高度也随之动态地发生变化。另外，还可以使用三维条形图和二维饼形图进行数据的动态显示。

2）设置棒图控件的属性

用鼠标双击棒图控件，则弹出棒图控件属性页对话框，如图 2-95 所示。

3）如何使用棒图控件

设置完棒图控件的属性后，就可以准备使用该控件了。棒图控件与变量关联，以及棒图的刷新都是使用组态王提供的棒图函数来完成的。

例如：要在画面上棒图显示变量“原料罐温度”和“反应罐温度”的值的变化。则要先在画面上创建棒图控件，定义控件的属性，如图 2-96 所示。

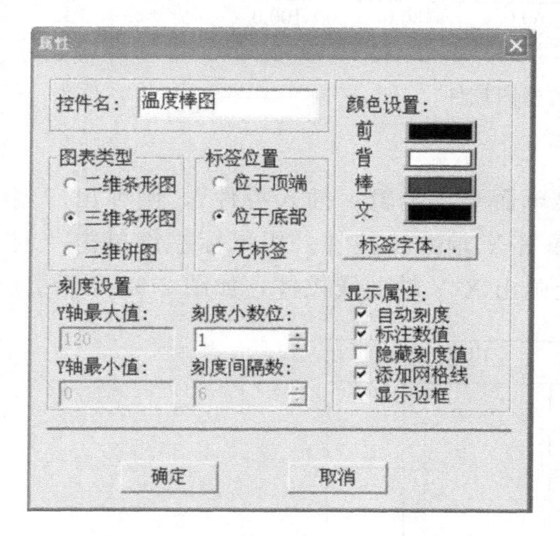


图 2-95　棒图控件属性设置

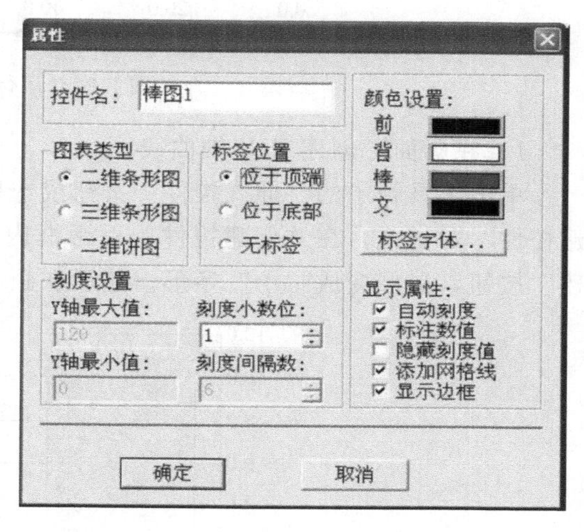


图 2-96　定义棒图属性

在棒图控件上添加两个棒图，一个棒图与变量“原料罐温度”关联，标签为“原料罐”；第二个棒图与变量“反应罐温度”关联，标签为“反应罐”。

在画面上右击，在弹出的快捷菜单中选择“画面属性”，在弹出的画面属性对话框中选择“命令语言”按钮，单击“显示时”标签，在命令语言编辑器中，添加如下程序：

```
chartAdd ( "温度棒图", \ \本站点\原料罐温度, "原料罐" );
chartAdd ( "温度棒图", \ \本站点\反应罐温度, "反应罐" );
```

单击画面命令语言编辑器的“存在时”标签，定义执行周期为 1000ms。在命令语言编辑器中输入如下程序：

```
chartSetValue ( "温度棒图", 1, \ \本站点\原料罐温度);
chartSetValue ( "温度棒图", 2, \ \本站点\反应罐温度);
```

关闭命令语言编辑器，保存画面，则运行时打开该画面，如图 2-97 所示。每个 1000ms 系统会用相关变量的值刷新一次控件，而且控件的数值轴标记随绘制的棒图中最大的一个棒图值的变化而变化（这就是自动刻度）。

当画面中的棒图不再需要时，可以使用 chartClear（" ControlName"）函数清除当前的棒图，然后再用 chartAdd（" ControlName"，Value，" label"）函数重新添加。也可用 chartSetBarColor（" ControlName"，barIndex，colorIndex）指定条形图的颜色。函数的具体参数及用法请参见《组态王函数手册》。

（2）X-Y 轴曲线控件

X-Y 轴曲线可用于显示两个变量之间的数据关系，如电流—转速曲线等形式的曲线。

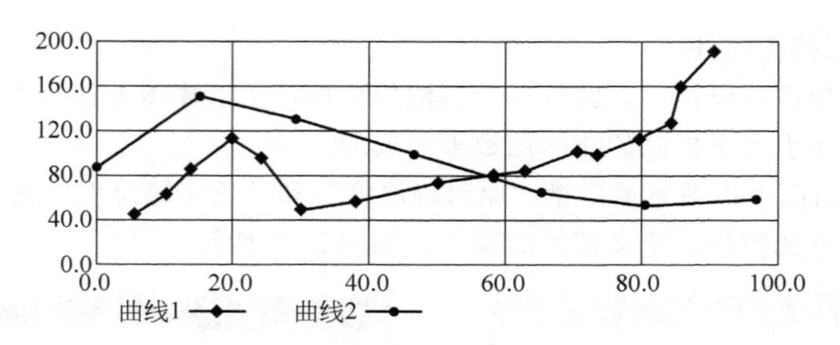


图 2-97　运行时的棒图控件

1）在画面上创建 X-Y 轴曲线

单击工具箱中的“插入控件”按钮或选择菜单命令“编辑 \ 插入控件”，则弹出“创建控件”对话框，在“创建控件”对话框内选择 X-Y 轴曲线控件。用鼠标左键单击“创建”按钮，鼠标变成“十”字形。然后在画面上画出 X-Y 轴曲线控件，如图 2-98 所示。

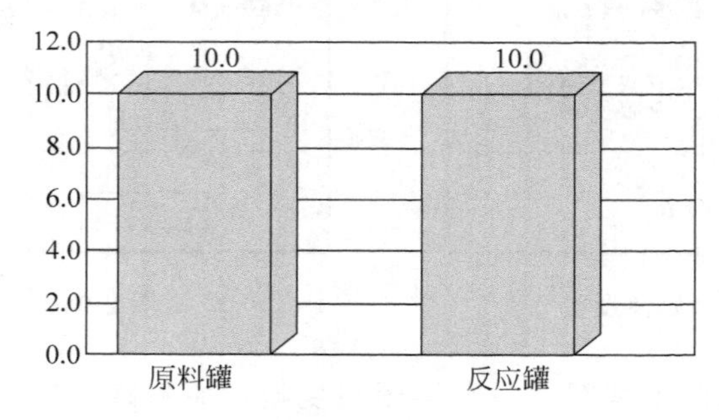


图 2-98　X-Y 轴曲线

在此控件中 X 轴和 Y 轴变量由工程人员任意设定，因此，X-Y 轴曲线能用曲线方式反映任意两个变量之间的函数关系。

2）X-Y 轴曲线属性设置

用鼠标双击 X-Y 轴曲线控件，则弹出 X-Y 轴曲线设置对话框，用户可根据需要进行设置，如图 2-99 所示。

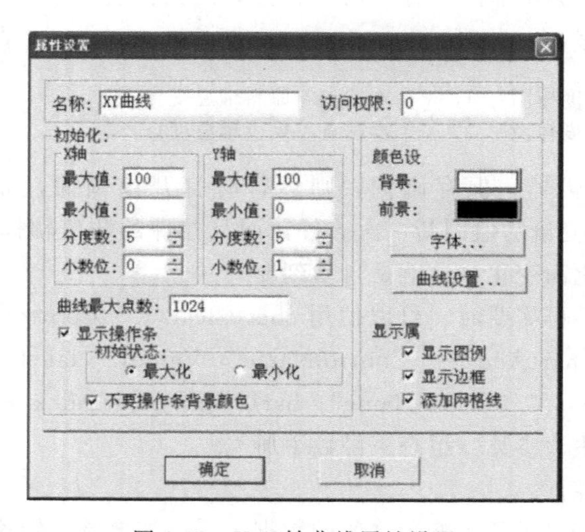


图 2-99　X-Y 轴曲线属性设置

也可以利用函数 XyAddNewPoint 在指定的 X-Y 轴曲线控件中增加一个数据点。如果需要在画面中一直绘制采集的数据，可以在“命令语言”的“存在时”写入如下语句：XYAddNewPoint（" XY 曲线"，水温，热水阀，1）；或者是 XYAddNewPoint（" XY 曲线"，30，20，1）。

后面这个语句表示在 XY 曲线中索引号为 1 的曲线上添加一个点，该点的坐标值为(30，20)。绘点的速度可以通过改变“存在时”的执行周期来调整，X-Y 轴曲线最多可以支持 8 条，其他在运行中控制 X-Y 轴曲线的主要功能还包括删除曲线。

（3）PID 控件

PID 控件是组态王提供的用于对过程量进行闭环控制的专用控件。通过该控件，用户可以方便地制作 PID 控制。

1）控件功能

实现 PID 控制算法：标准型。显示过程变量的精确值，显示范围－999999.99～999999.99。以百分比显示设定值（SP)、实际值（PV）和手动设定值（M)。开发状态下可设置控件的总体属性、设定/反馈范围和参数设定。运行状态下可设置 PID 参数和手动自动切换。

2）使用说明

在使用 PID 控件前，首先要注册此控件，注册方法是在 Windows 系统“开始 \ 运行”输入如下命令“regsvr32 ＜控件所在路径＞ \ KingviewPid.ocx”，按下“确定”按钮，系统会有注册信息弹出。

在画面中插入控件：在组态王画面菜单中编辑 \ 插入通用控件，或在工具箱中单击“插入通用控件”按钮，在弹出的对话框中选择“Kingview Pid Control”，单击“确定”按钮。按下鼠标左键，并拖动，在画面上绘制出表格区域，如图 2-100 所示。

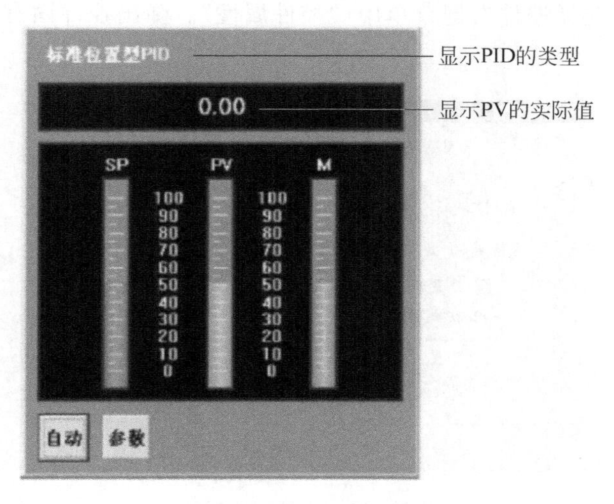


图 2-100　控件画面

设置动画连接：双击控件或选择右键菜单中动画连接，弹出“动画连接属性”对话框，如图 2-101 所示。

常规：设置控件名称、优先级和安全区。

属性：设置类型和关联对象，如图 2-102 所示。

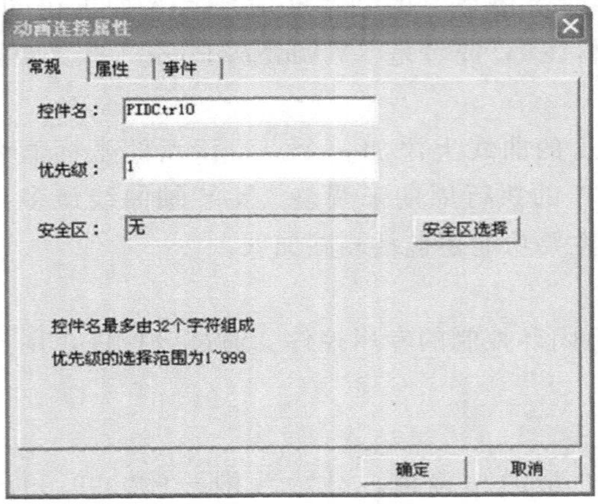

图 2-101　动画连接属性—常规

| 属性 | 类型 | 关联变量 |
|---|---|---|
| SP | FLOAT | <->\\本站点\sp |
| PV | FLOAT | <->\\本站点\pv |
| YOUT | FLOAT | <->\\本站点\du |
| Type | LONG | |
| CtrlPeriod | LONG | |
| FeedbackFilter | BOOL | |
| FilterTime | LONG | |
| CtrlLimitHigh | FLOAT | |
| CtrlLimitLow | FLOAT | |
| InputHigh | FLOAT | |
| InputLow | FLOAT | |
| OutputHigh | FLOAT | |
| OutputLow | FLOAT | |
| Kp | FLOAT | |
| Ti | LONG | |
| Td | LONG | |
| Tf | LONG | |
| ReverseEffect | BOOL | |
| IncrementOutput | BOOL | |

图 2-102　动画连接属性—属性

SP 为控制器的设定值，PV 为控制器的反馈值，YOUT 为控制器的输出值。

Type 为 PID 的类型，CtrlPeriod 为控制周期。

FeedbackFilter 为反馈加入滤波，FillterTime 为滤波时间常数。

CtrlLimitHigh 为控制量高限，CtrlLimitLow 为控制量低限。

InputHigh 为设定值 SP 的高限，InputLow 为设定值 SP 的低限。

OutputHigh 为反馈值 PV 的高限，OutputLow 为反馈值 PV 的低限。

Kp 为比例系数，Ti 为积分时间常数，Td 为微分时间常数。

ReverseEffect 是否反向作用，IncrementOutput 是否增量型输出。

设置控件属性：选择控件右键菜单中“控件属性”。弹出控件固有属性页，如图 2-103 所示。

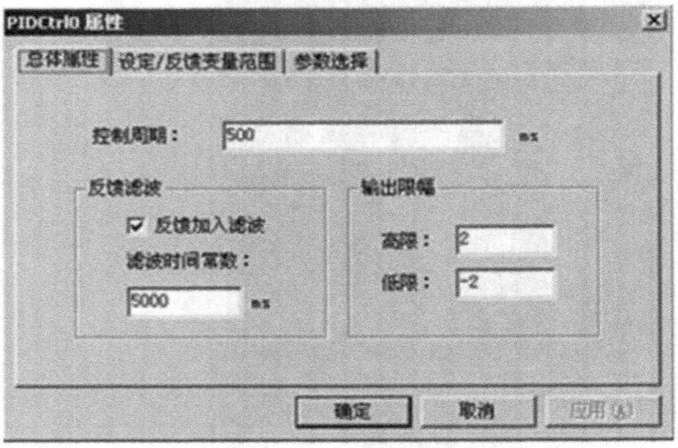

图 2-103　控件固有属性

① 总体属性。控制周期：PID 的控制周期，为大于 100 的整数。且控制周期必须大于系统的采样周期。

反馈滤波：PV 值在加入 PID 调节器之前可以加入一个低通滤波器。

输出限幅：控制器的输出限幅。

② 设定/反馈变量范围，如图 2-104 所示。

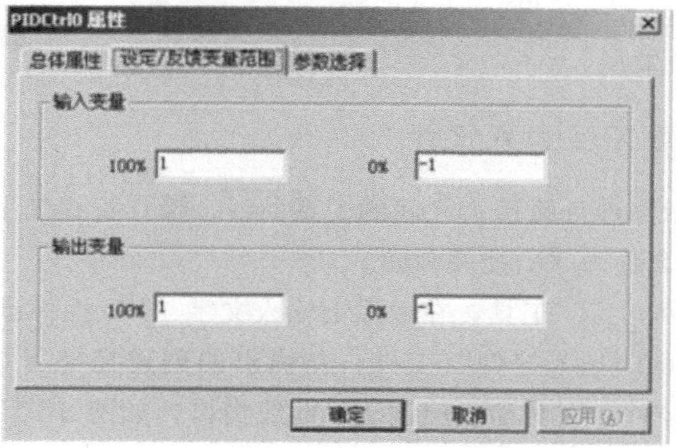

图 2-104　设定/反馈变量范围

输入变量：设定值 sp 对应的最大值（100%）和最小值（0%）的实际值。

输出变量：反馈值 pv 对应的最大值（100%）和最小值（0%）的实际值。

③ 参数选择，如图 2-105 所示。

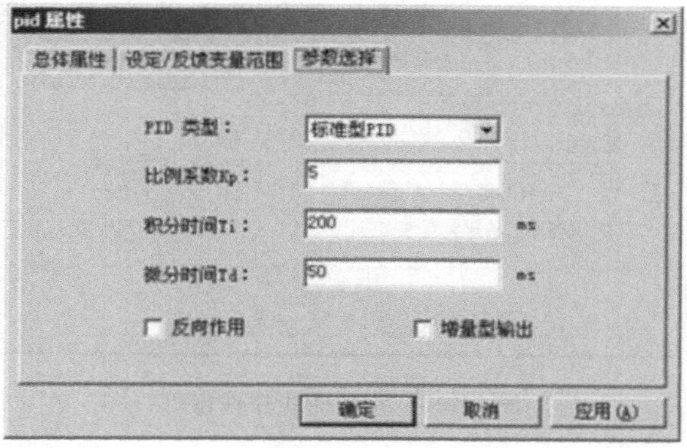

图 2-105　参数选择

PID 类型：选择使用标准型。

比例系数 Kp：设定比例系数。

积分时间 Ti：设定积分时间常数，就是积分项的输出量每增加与比例项输出量相等的值所需要的时间。

微分时间 Td：设定微分时间常数，就是对于相同的输出调节量，微分项超前于比例项响应的时间。

反向作用：输出值取反。

增量型输出：控制器输出为增量型。

④ 运行时的操作。手动/自动，自动时，控制器调节作用投入。手动时，控制器输出为手动设定值经过量程转换后的实际值。

手动值设定（上/下），每次单击手动设定值增加/减少 1%。

⑤ 运行时的参数设置。标准型 PID 参数：比例系数、积分常数、微分常数、PID 的常规参数。

反向作用：输出值取反。

### 2. 化工反应车间 X-Y 曲线设计

利用 XY 控件显示原料油罐压力之间的关系曲线，操作过程如下：

① 新建一画面，名称为 XY 控件画面。

② 选择工具箱中的“T”工具，在画面上输入文字“XY 控件画面”。

③ 单击工具箱中的“插入控件”工具，在弹出的创建控件窗口中双击“趋势曲线”类中的“X-Y 曲线”控件，在画面上绘制 XY 曲线窗口，如图 2-106 所示。

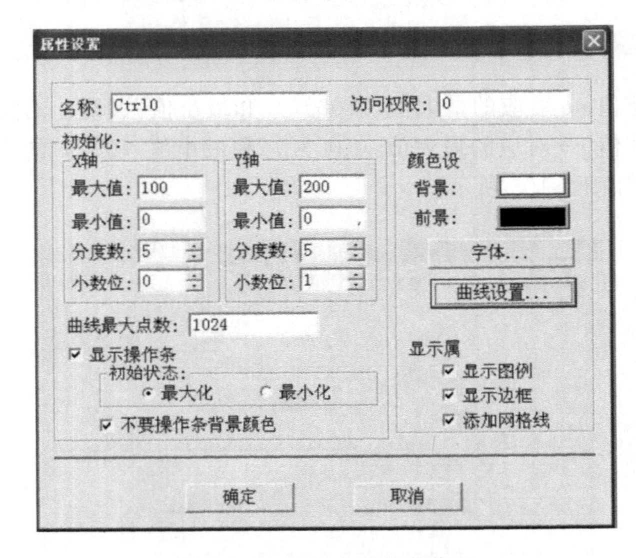


图 2-106　X-Y 曲线控件窗口

④ 选中并双击此控件属性设置对话框，如图 2-107 所示。

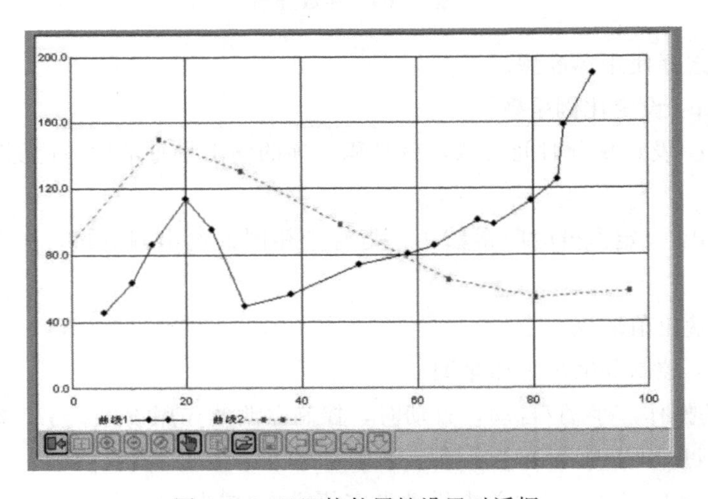


图 2-107　XY 控件属性设置对话框

在此窗口中可对控件的名称（名称设置为：Ctrl0）及控件窗口的显示风格进行设置。为使XY曲线控件实时反映变量值，需要为该控件添加命令语言。在“画面属性”命令语言只输入如下脚本语言，如图2-108所示。

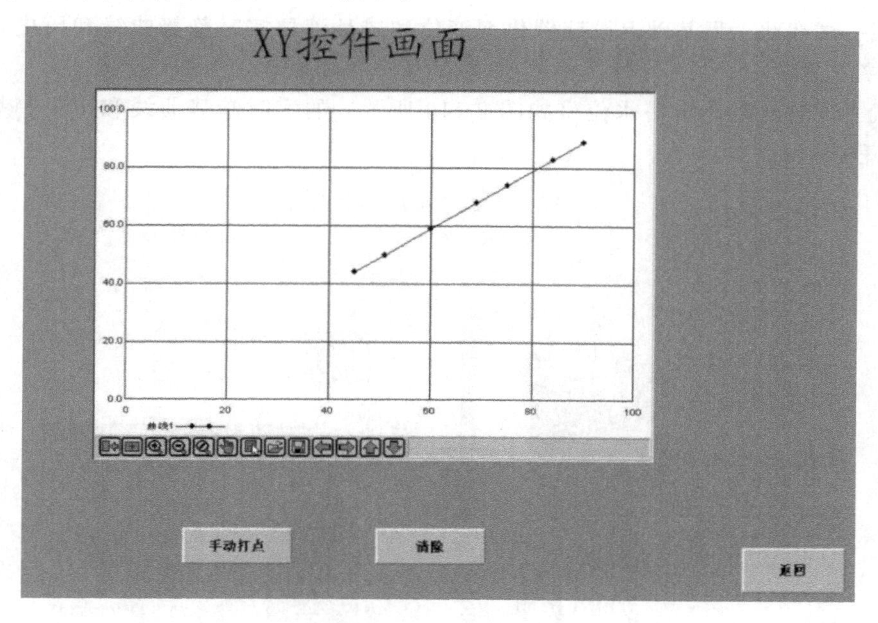


图2-108 画面属性语言

⑤ 单击“文件”菜单中的“全部存”命令，保存所做的设置。

⑥ 单击“文件”菜单中的“切换到View”命令，进入运行系统，运行此画面，如图2-109所示。

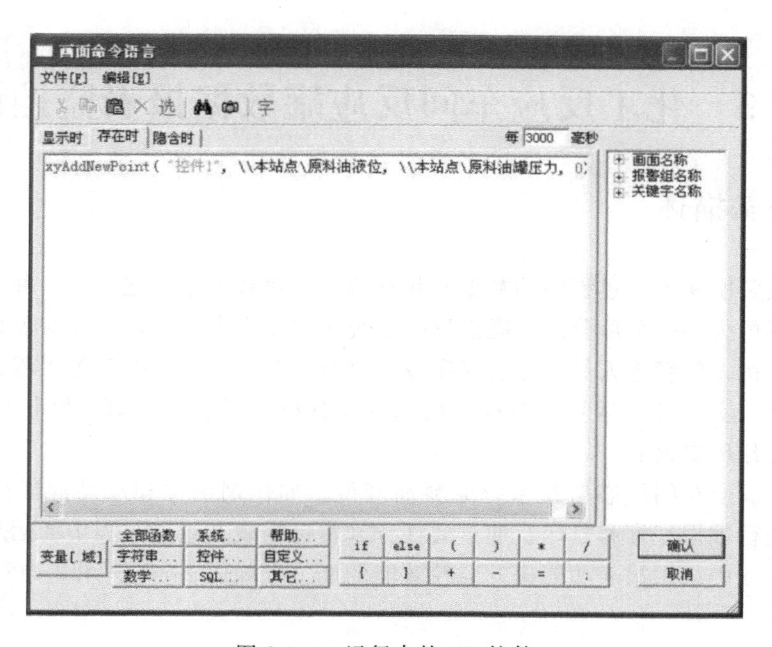


图2-109 运行中的XY控件

## 六、思考与练习

1. 试一试在此工程基础上设计催化剂液位和成品液位实时趋势曲线和历史趋势曲线的组态监控工程。

2. 试一试自己设计水塔水位（如图 2-110 所示）的实时趋势曲线和历史趋势曲线组态监控工程。

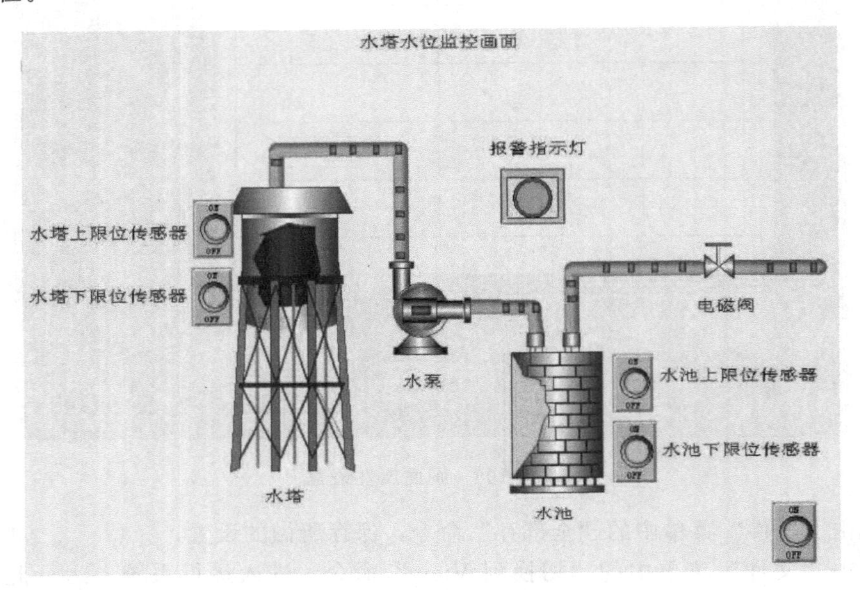


图 2-110　水塔水位监控

# 任务 3　化工反应车间反应罐数据报表监控设计

## 一、任务描述

数据报表是反映生产过程中的数据、状态等，并对数据进行记录的一种重要形式。是生产过程必不可少的一个部分。它既能反映系统实时的生产情况，也能对长期的生产过程进行统计、分析，使管理人员能够实时掌握和分析生产情况。组态王为工程人员提供了丰富的报表函数，实现各种运算、数据转换、统计分析、报表打印等。既可以作为实时报表，也可以制作历史报表。

设计化工反应车间组态监控系统原料油液位、催化剂液位和成品油液位实时报表系统，可实时进行数据查询和打印。通过此任务来掌握报表在组态工程中的运用。从而提高技术人员在工程中运用报表功能提升监控效能的能力，如图 2-111、图 2-112 所示。

实时数据报表画面

实时报表演示

| 时间： | 2007-7-27 | | 时间： | 21:23:21 |
|---|---|---|---|---|
| 原料油液位： | 60.00 | 米 | | |
| 催化剂液位： | 59.00 | 米 | | |
| 成品油液位： | 21.00 | 米 | 值班人： | 无 |

实时报表演示

| 时间： | 2006-12-7 | | 时间： | 22:36:45 |
|---|---|---|---|---|
| 原料油液位： | 84.00 | 米 | | |
| 催化剂液位： | 83.00 | 米 | | |
| 成品油液位： | 9.00 | 米 | 值班人： | 无 |

实时数据报表打印　实时数据报表存储

实时报表查询　刷新　删除　打印预览　打印

返回

图 2-111　反应车间报表组态模拟监控工程

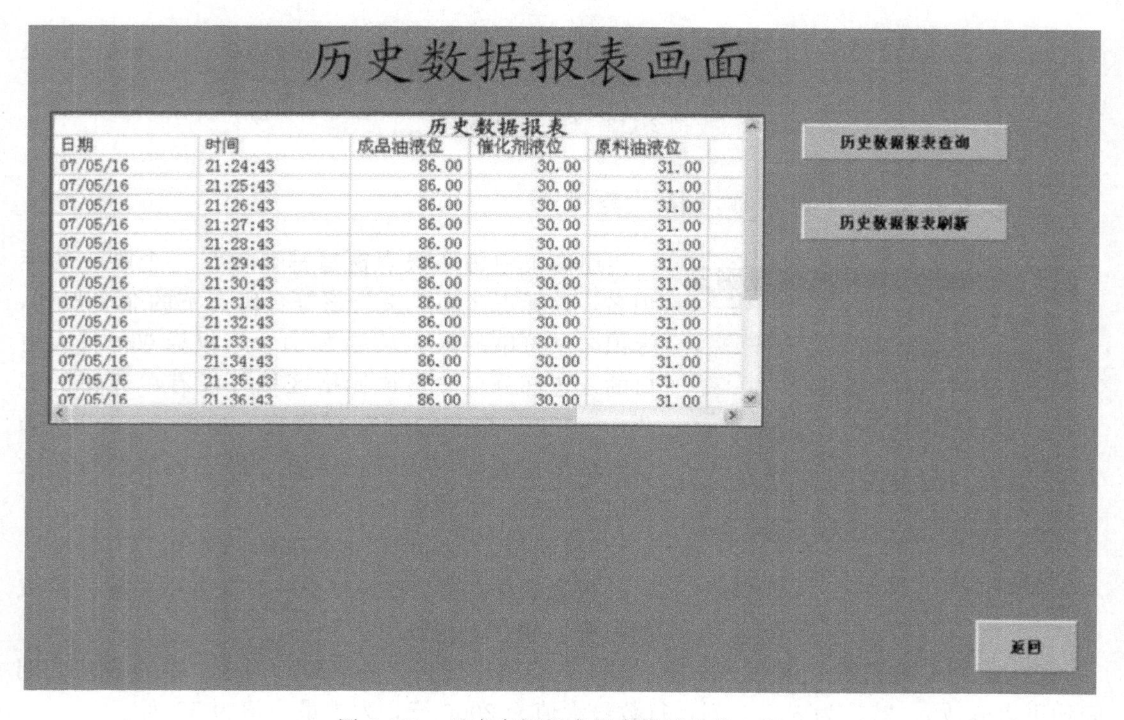

历史数据报表画面

历史数据报表

| 日期 | 时间 | 成品油液位 | 催化剂液位 | 原料油液位 |
|---|---|---|---|---|
| 07/05/16 | 21:24:43 | 86.00 | 30.00 | 31.00 |
| 07/05/16 | 21:25:43 | 86.00 | 30.00 | 31.00 |
| 07/05/16 | 21:26:43 | 86.00 | 30.00 | 31.00 |
| 07/05/16 | 21:27:43 | 86.00 | 30.00 | 31.00 |
| 07/05/16 | 21:28:43 | 86.00 | 30.00 | 31.00 |
| 07/05/16 | 21:29:43 | 86.00 | 30.00 | 31.00 |
| 07/05/16 | 21:30:43 | 86.00 | 30.00 | 31.00 |
| 07/05/16 | 21:31:43 | 86.00 | 30.00 | 31.00 |
| 07/05/16 | 21:32:43 | 86.00 | 30.00 | 31.00 |
| 07/05/16 | 21:33:43 | 86.00 | 30.00 | 31.00 |
| 07/05/16 | 21:34:43 | 86.00 | 30.00 | 31.00 |
| 07/05/16 | 21:35:43 | 86.00 | 30.00 | 31.00 |
| 07/05/16 | 21:36:43 | 86.00 | 30.00 | 31.00 |



图 2-112　反应车间报表组态模拟监控工程

## 二、任务资讯

### （一）报表创建

#### 1. 创建报表窗口

进入组态王开发系统，创建一个新的画面，在组态王工具箱按钮中，用鼠标左键单击“报表窗口”按钮，此时，鼠标箭头变为小“＋”字形，在画面上需要加入报表的位置按下鼠标左键，并拖动，画出一个矩形，松开鼠标键，报表窗口创建成功，如图 2-113 所示。鼠标箭头移动到报表区域周边，当鼠标形状变为双“＋”字形箭头时，按下左键，可以拖动表格窗口，改变其在画面上的位置。将鼠标挪到报表窗口边缘带箭头的小矩形上，这时鼠标箭头形状变为与小矩形内箭头方向相同，按下鼠标左键并拖动，可以改变报表窗口的大小。当在画面中选中报表窗口时，会自动弹出报表工具箱，不选择时，报表工具箱自动消失。

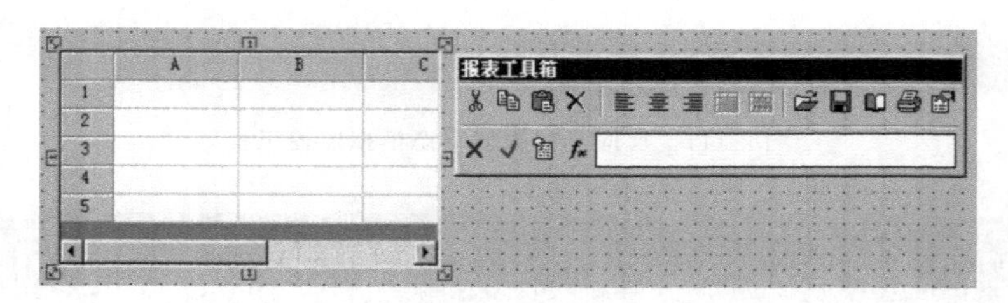


图 2-113　创建报表窗口

#### 2. 配置报表窗口的名称及格式套用

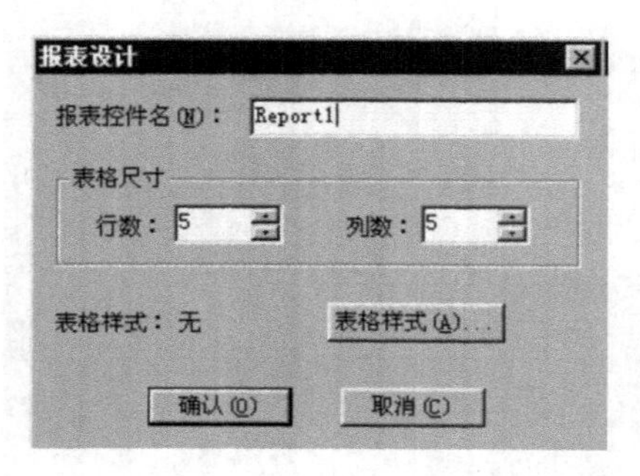


图 2-114　“报表设计”对话框

组态王中每个报表窗口都要定义一个唯一的标识名，该标识名的定义应该符合组态王的命名规则，标识名字符串的最大长度为 31。用鼠标双击报表窗口的灰色部分（表格单元格区域外没有单元格的部分），弹出“报表设计”对话框，如图 2-114 所示。该对话框主要设置报表的名称、报表表格的行列数目以及选择套用表格的样式。

“报表设计”对话框中各项的含义为：

报表名称：在“报表控件名”文本框中输入报表的名称，如“Report1”。

表格尺寸：在行数、列数文本框中输入所要制作的报表的大致行列数（在报表组态期间均可以修改）。默认为 5 行 5 列，行数最大值为 2000 行，列数最大值为 52 列。

套用报表格式：用户可以直接使用已经定义的报表模板，而不必再重新定义相同的表格格式。单击“表格样式”按钮，弹出“报表自动调用格式”对话框，如图 2-115 所示。

如果用户已经定义过报表格式的话，则可以在左侧的列表框中直接选择报表格式，而在右侧的表格中可以预览当前选中的报表的格式。套用后的格式用户可按照自己的需要进行修改。在这里，用户可以对报表的套用格式列表进行添加或删除。

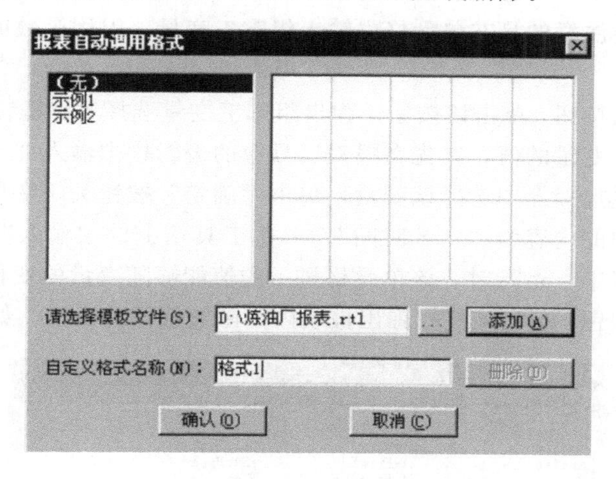


图 2-115　“报表自动套用格式”对话框

添加报表套用格式：单击“请选择模板文件”后的“…”按钮，弹出文件选择对话框，用户选择一个自制的报表模板（＊.rtl 文件），单击“打开”按钮，报表模板文件的名称及路径显示在“请选择模板文件”文本框中。在“自定义格式名称”文本框中输入当前报表模板被定义为表格格式的名称，如“格式 1”。单击“添加”按钮将其加入格式列表框中，供用户调用。

删除报表套用格式：从列表框中选择某个报表格式，单击“删除”按钮，即可删除不需要的报表格式，删除套用格式不会删除报表模板文件。

## (二) 报表组态

### 1. 认识报表工具箱与快捷菜单

报表创建完成后，呈现出的是一张空表或有套用格式的报表，还要对其进行加工报表组态。报表的组态包括设置报表格式、编辑表格中显示内容等。进行这些操作需通过“报表工具箱”中的工具或右击，弹出的快捷菜单来实现，如图 2-116 所示。

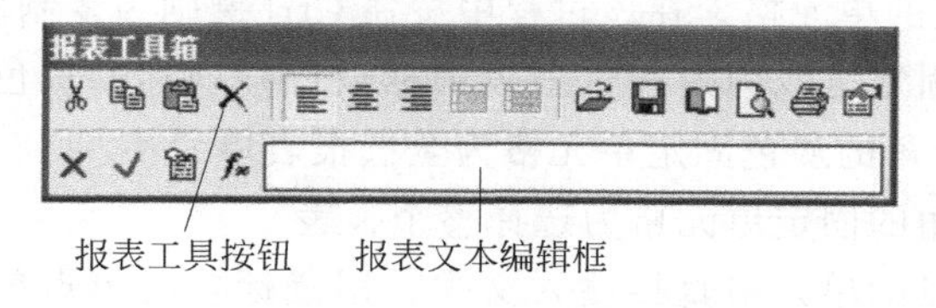


图 2-116　报表工具箱和快捷菜单

当将鼠标放在相应的工具按钮上面时，报表工具箱中的按钮的含义即可显示出来，其中大部分按钮功能与 Microsoft Excel 的工具按钮功能相同，在此不再详细说明，主要针对以下几个不同的按钮进行说明。

输入按钮：将报表工具箱中文本编辑框的内容输入到当前单元格中，当把要输入到某个单元格中的内容写到报表工具箱中的编辑框时，必须单击该按钮才能将文本输入到当前单元格中。当用户选中一个已经有内容的单元格时，单元格的内容会自动出现在报表工具箱的编辑框中。需要注意的是在单元格中输入组态王变量、引用函数或公式时必须在其前加“＝”。

插入组态王变量按钮：单击该按钮，弹出组态王变量选择对话框。例如要在报表单元格中显示“$时间”变量的值，首先在报表工具箱的编辑栏中输入“＝”号，然后选择该按钮，在弹出的变量选择器中选择该变量，单击“确定”按钮关闭变量选择对话框，这时报表工具箱编辑栏中的内容为“＝$时间”，单击工具箱上的“输入”按钮，则该表达式被输入到当前单元格中，运行时，该单元格显示的值能够随变量的变化随时自动刷新。

插入报表函数按钮：单击该按钮弹出报表内部函数选择对话框，如图 2-117 所示。

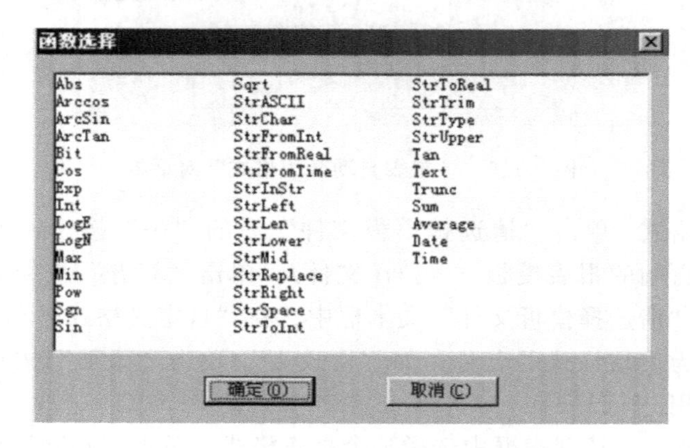


图 2-117　报表内部函数选择对话框

## 2. 报表的其他快捷编辑方法

报表的其他编辑方法有：

① 鼠标左键单击某单元格为选择焦点单元格，单元格上有黑框显示。

② 鼠标左键单击某个单元格后拖动则为选择多个单元格，区域的左上角为当前单元格。

③ 在焦点单元格上按下鼠标左键，然后拖动鼠标到目标单元格，则为把已选择的单元格的内容剪贴到指定的单元格。在该过程中按住 Ctrl 键则为复制单元格内容。

④ 鼠标左键单击固定行或固定列（报表中标识行号列标的灰色单元格）为选择整行或整列。单击报表左上角的灰色固定单元格为全选报表单元格。

⑤ 单击报表左上角的固定单元格为选择整个报表。

⑥ 允许在获得焦点的单元格直接输入文本。用鼠标左键单击单元格或双击单元格使输入光标位于该单元格内，输入字符。按下回车键或鼠标左键单击其他单元格为确认输入，按下＜Esc＞键取消本次输入。

⑦ 允许通过鼠标拖动改变行高、列宽。将鼠标移动到固定行或固定列之间的分割线上，鼠标形状变为双向黑色尖头时，按下鼠标左键，拖动，修改行高、列宽。

⑧ 单元格文本的第一个字符若为“=”，则其他的字符为组态王的表达式，该表达式允许由已定义的组态王的变量、函数、报表单元格名称等组成；否则为字符串。

3. 设置报表格式

在报表工具箱中单击“设置单元格格式”按钮或在菜单中选择“设置单元格格式”项，弹出“设置单元格格式”对话框，如图 2-118 所示。

“设置单元格格式”对话框包括数字、字体、对齐、边框、图案五个属性页。

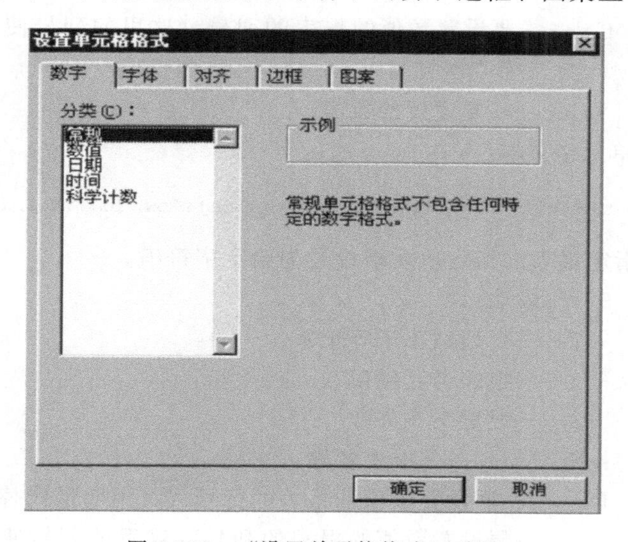


图 2-118　“设置单元格格式”对话

## (三) 报表函数

报表在运行系统中单元格中数据的计算、报表的操作等都是通过组态王提供的一整套报表函数实现的。报表函数分为报表内部函数、报表单元格操作函数、报表存取函数、报表历史数据查询函数、统计函数、报表打印函数等。

1. 报表内部函数

报表内部函数是指只能在报表单元格内使用的函数，有数学函数、字符串函数、统计函数等。其基本上都是来自于组态王的系统函数，使用方法相同，只是函数中的参数发生了变化，减少了用户的学习量，方便学习和使用。

2. 报表的单元格操作函数

运行系统中，报表单元格是不允许直接输入的，所以要使用函数来操作。单元格操作函数是指可以通过命令语言来对报表单元格的内容进行操作，或从单元格获取数据的函数，这些函数大多只能用在命令语言中。

(1) 设置单个单元格数值

```
Long nRet = ReportSetCellValue(String szRptName, long nRow, long nCol, float fValue)
```

函数功能：将指定报表的指定单元格设置为给定值。

返回值：整型　0——成功

－1——行列数小于等于零

－2——报表名称错误

－3——设置值失败

参数说明：　szRptName——报表名称

Row——要设置数值的报表的行号（可用变量代替）

Col——要设置数值的报表的列号（这里的列号使用数值，可用变量代替）

Value——要设置的数值

（2）设置单个单元格文本

```
Long nRet = ReportSetCellString(String szRptName, long nRow, long nCol, String szValue)
```

函数功能：将指定报表的指定单元格设置为给定字符串。

返回值：整型　0——成功；

－1——行列数小于等于零

－2——报表名称错误

－3——设置文本失败

参数说明：　szRptName——报表名称

Row——要设置数值的报表的行号（可用变量代替）

Col——要设置数值的报表的列号（这里的列号使用数值，可用变量代替）

Value——要设置的文本

（3）设置多个单元格数值

```
Long nRet = ReportSetCellValue2 ( String szRptName, long nStartRow, long nStartCol, long nEndRow, long nEndCol, float fValue)
```

函数功能：将指定报表的指定单元格区域设置为给定值

返回值：整型　0——成功

－1——行列数小于等于零

－2——报表名称错误

－3——设置值失败

参数说明：　szRptName——报表名称

StratRow——要设置数值的报表的开始行号（可用变量代替）

StartCol——要设置数值的报表的开始列号（这里的列号使用数值，可用变量代替）

EndRow——要设置数值的报表的结束行号（可用变量代替）

EndCol——要设置数值的报表的结束列号（这里的列号使用数值，可用变量代替）

Value——要设置的数值

（4）设置多个单元格文本

```
Long nRet = ReportSetCellString2 ( String szRptName, long nStartRow, long nStartCol, long nEndRow, long nEndCol, String szValue)
```

函数功能：将指定报表指定单元格设置为给定字符串。

返回值：整型　0——成功

　　　　　　　－1——行列数小于等于零

　　　　　　　－2——报表名称错误

　　　　　　　－3——设置文本失败

参数说明：

szRptName——报表名称

StartRow——要设置数值的报表的开始行号（可用变量代替）

StartCol——要设置数值的报表的开始列号（这里的列号使用数值，可用变量代替）

StartRow——要设置数值的报表的开始行号（可用变量代替）

StartCol——要设置数值的报表的开始列号（这里的列号使用数值，可用变量代替）

Value——要设置的文本

（5）获得单个单元格数值

```
float fValue = ReportGetCellValue(String szRptName, long nRow, long nCol)
```

函数功能：获取指定报表的指定单元格的数值。

返回值：实型

参数说明：

szRptName——报表名称

Row——要获取数据的报表的行号（可用变量代替）

Col——要获取数据的报表的列号（这里的列号使用数值，可用变量代替）

（6）获得单个单元格文本

```
String szValue = ReportGetCellString(String szRptName, long nRow, long nCol)
```

函数功能：获取指定报表的指定单元格的文本。

返回值：字符串型

参数说明：

szRptName——报表名称

Row——要获取文本的报表的行号（可用变量代替）

Col——要获取文本的报表的列号（这里的列号使用数值，可用变量代替）

（7）获取指定报表的行数

```
Long nRows = ReportGetRows(String szRptName)
```

函数功能：获取指定报表的行数

参数说明：szRptName——报表名称

（8）获取指定报表的列数

```
Long nCols = ReportGetColumns(String szRptName)
```

函数功能：获取指定报表的行数

参数说明：szRptName——报表名称

### 3. 存取报表函数

存取报表函数主要用于存储指定报表和打开查阅已存储的报表。用户可利用这些函数保存和查阅历史数据、存档报表。

（1）存储报表

```
Long nRet = ReportSaveAs(String szRptName, String szFileName)
```

函数功能：将指定报表按照所给的文件名存储到指定目录下。

参数说明：szRptName——报表名称

szFileName——存储路径和文件名称

返回值：返回存储是否成功标志　0——成功

（2）读取报表

```
Long nRet = ReportLoad(String szRptName, String szFileName)
```

函数功能：将指定路径下的报表读到当前报表中来。

参数说明：szRptName——报表名称

szFileName——报表存储路径和文件名称

返回值：返回存储是否成功标志 0——成功

### 4. 报表统计函数

（1）Average

函数功能：对指定单元格区域内的单元格进行求平均值运算，结果显示在当前单元格内。

使用格式：=Average（‘单元格区域’）

（2）Sum

函数功能：将指定单元格区域内的单元格进行求和运算，显示到当前单元格内。单元格区域内出现空字符、字符串等都不会影响求和。

使用格式：=Sum（‘单元格区域’）

### 5. 报表历史数据查询函数

报表历史数据查询函数将按照用户给定的起止时间和查询间隔，从组态王历史数据库中查询数据，并填写到指定报表上。

（1）ReportSetHistData（）

```
ReportSetHistData (String szRptName, String szTagName, Long nStartTime, Long nSepTime, String szContent);
```

函数功能：按照用户给定的参数查询历史数据

参数说明：

szRptName——要填写查询数据结果的报表名称

szTagName——所要查询的变量名称

StartTime——数据查询的开始时间，该时间是通过组态王 HTConvertTime 函数转换的以 1970 年 1 月 1 日 8：00：00 为基准的长整型数，所以用户在使用本函数查询历史数据之前，应先将查询起始时间转换为长整型数值。

SepTime——查询的数据的时间间隔，单位为秒

szContent——查询结果填充的单元格区域

需要注意的是当查询的数据行数大于报表设计的行数时，系统将自动添加行数，满足数据填充的需要。

（2）ReportSetHistData2（）

```
ReportSetHistData2(StartRow, StartCol);
```

函数参数：

StartRow——指定数据查询后，在报表中开始填充数据的起始行

StartCol——指定数据查询后，在报表中开始填充数据的起始列

这两个参数可以省略不写（应同时省略），省略时默认值都为 1。

函数功能：使用该函数，不需要任何参数，系统会自动弹出“报表历史查询”对话框，如图 2-119 所示。

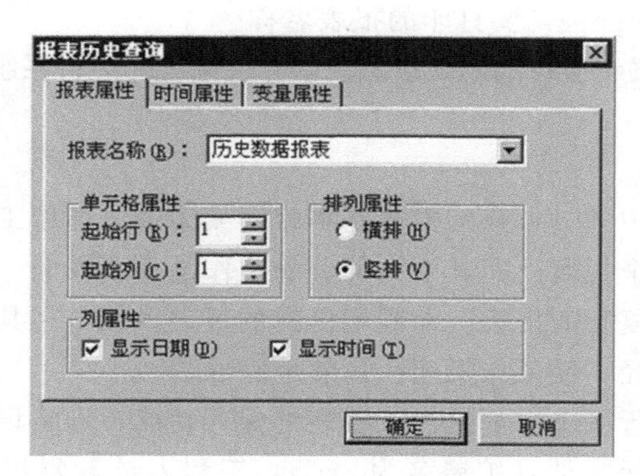


图 2-119　历史数据查询——报表属性页

## 6. 报表打印类函数

（1）报表打印函数

报表打印函数根据用户的需要有两种使用方法，一种是执行函数时自动弹出“打印属性”对话框，供用户选择确定后，再打印；另外一种是执行函数后，按照默认的设置直接输出打印，不弹出“打印属性”对话框，适用于报表的自动打印。报表打印函数原型为：

```
ReportPrint2(String szRptName)或者 ReportPrint2(String szRptName,EV _ LONG | EV _ ANALOG | EV _
DISC);
```

函数功能：将指定的报表输出到打印配置中指定的打印机上打印。

参数说明：

szRptName——要打印的报表名称

EV _ LONG | EV _ ANALOG | EV _ DISC——整型或实型或离散型的一个参数，当该参数不为 0 时，自动打印，不弹出“打印属性”对话框；如果该参数为 0，则弹出“打印属性”对话框。

（2）报表页面设置函数

开发系统中可以通过报表工具箱对报表进行页面设置，运行系统中则需要通过调用页面设置函数来对报表进行设置。页面设置函数的原型为：

```
ReportPageSetup(ReportName);
```

函数功能：设置报表页面属性，如纸张大小、打印方向、页眉页脚设置等。执行该函数后，会弹出“页面设置”对话框。

参数说明：szRptName——要打印的报表名称

（3）报表打印预览函数

运行中当页面设置好以后，可以使用打印预览查看打印后的效果。打印预览函数原型如下：

```
ReportPrintSetup(ReportName);
```

函数功能：对指定的报表进行打印预览

参数说明：szRptName——要打印的报表名称

执行打印预览时，系统会自动隐藏组态王的开发系统和运行系统窗口结束预览后恢复。

### 7. 套用报表模板

一般情况下，工程中同一行业的报表基本相同或类似。如果工程人员在每做一个工程时，都需要重新制作一个报表，而其中大部分的工作是重复性的，无疑是增大了工作量和开发周期，特别是比较复杂的报表。而利用已有的报表模板，在其基础上做一些简单的修改，将是一个很好的途径，使工作快速、高效地完成。

组态王在开发和运行系统中都提供了报表的保存功能，即将设计好的报表或保存有数据的报表保存为一个模板文件（扩展名为 .rtl），工程人员需要相似的报表时，只需先建立一个报表窗口，然后在报表工具箱中直接打开该文件，则原保存的报表便被加载到了工程里来。如果不满意，还可以直接修改或换一个报表模板文件加载。

套用报表模板时，有两种方式，第一种是使用报表工具箱上的“打开”按钮，如图 2-120 所示，系统会弹出文件选择对话框，在其中选择已有的模板文件（*.rtl），打开后，当前报表窗口便自动套用了选择的模板格式。

图 2-120　使用报表工具箱套用模板

第二种方法是使用“报表设计”中的“表格样式”，首先建立一些常用的格式，然后在使用时，直接选择表格样式即可自动套用模板。

## （四）制作实时数据报表

实时数据报表主要是来显示系统实时变量值的变化情况。除了在表格中实时显示变量的值外，报表还可以按照单元格中设置的函数、公式等实时刷新单元格中的数据。在单元格中显示变量的实时数据一般有两种方法。

### 1. 单元格中直接引用变量

在报表的单元格中直接输入“＝变量名”，既可在运行时在该单元格中显示该变量的数值，当变量的数据发生变化时，单元格中显示的数值也会被实时刷新。如图 2-121 所示，例如，在单元格“B4”中要实时显示当前的登录“用户名”，在“B4”单元格中直接输入“＝\\本站点\$用户名”，切换到运行系统后，该单元格中便会实时显示登录的用户的名称，如“系统管理员”登录，则会显示“系统管理员”。

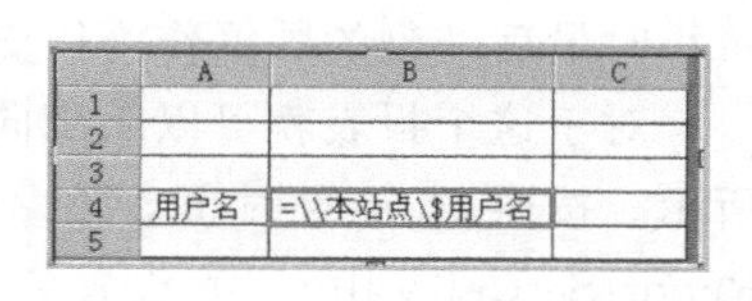


图 2-121　直接引用变量

这种方式适用于表格单元格中的显示固定变量的数据。如果单元格中要显示不同变量的数据或值的类型不固定，则最好选择单元格设置函数。

### 2. 使用单元格设置函数

如果单元格中显示的数据来自于不同的变量，或值的类型不固定时，最好使用单元格设置函数。当然，显示同一个变量的值也可以使用这种方法。单元格设置函数有：ReportSetCellValue（）、ReportSetCellString（）、ReportSetCellValue2（）、ReportSetCellString2（）。也可以在数据改变命令语言中使用 ReportSetCellString（）函数设置数据，如图 2-122 所示。这样当系统运行时，用户登录后，用户名就会被自动填充指定单元格中。

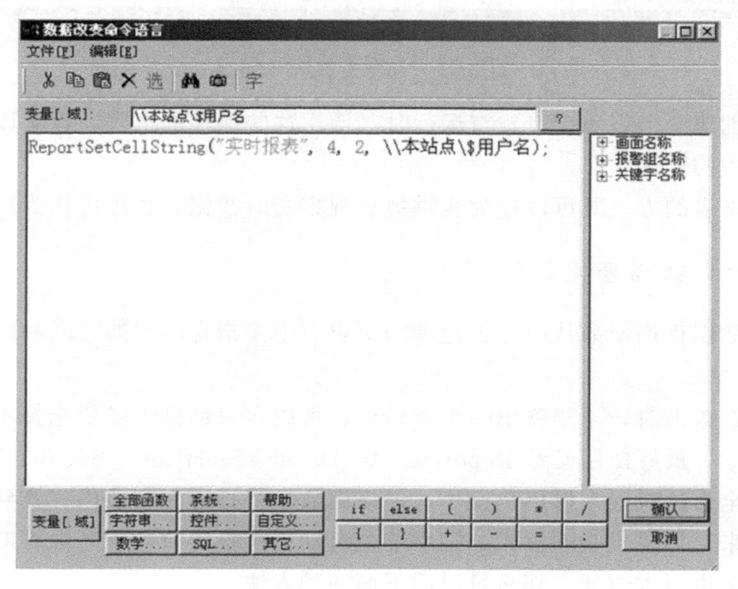


图 2-122　使用单元格设置函数

## （五）制作历史数据报表

历史报表记录了以往的生产记录数据，对用户来说是非常重要的。历史报表的制作根据所需数据的不同有不同的制作方法，这里介绍两种常用的方法。

### 1. 向报表单元格中实时添加数据

例如要设计一个锅炉功耗记录表，该报表为 8 小时生成一个（类似于班报），要记录每小时最后一刻的数据作为历史数据，而且该报表在查看时应该实时刷新。

对于这个报表就可以采用向单元格中定时刷新数据的方法实现，报表设计如图 2-123 所示。按照规定的时间，在不同的小时里，将变量的值定时用单元格设置函数如 ReportSetCellValue（）设置到不同的单元格中，这时，报表单元格中的数据会自动刷新，而带有函数的单元格也会自动计算结果，当到换班时，保存当前添有数据的报表为报表文件，清除上次填充的数据，继续填充，这样就完成了要求。这样就好比是操作员每小时在记录表上记录一次现场数据，当换班时，由下一班在新的记录表上开始记录一样。

| | A | B | C | D | E | F | G | H |
|---|---|---|---|---|---|---|---|---|
| 1 | 系统锅炉房功耗总报表 | | | | | | | |
| 2 | NO!1 | | 报表时间: | =Time($... | | | | |
| 3 | 日期 | 时间 | 1#热水锅炉 | 1#采暖锅炉 | 泵 | 总功耗 | 供电单价(元) | 总电价(元) |
| 4 | | | | | | =sum('c4:j4') | | ='k4'*'g4' |
| 5 | | | | | | =sum('c5:j5') | | ='k5'*'g5' |
| 6 | | | | | | =sum('c6:j6') | | ='k6'*'g6' |
| 7 | | | | | | =sum('c7:j7') | | ='k7'*'g7' |
| 8 | | | | | | =sum('c8:j8') | | ='k8'*'g8' |
| 9 | | | | | | =sum('c9:j9') | | ='k9'*'g9' |
| 10 | | | | | | =sum('c10:j10') | | ='k10'*'g10' |
| 11 | | | | | | =sum('c11:j11') | | ='k11'*'g11' |
| 12 | | | | | | =sum('f4:f11') | | =sum('h4:h11') |
| 13 | 制表单位: | | | | | 值班员: | | |

图 2-123　锅炉功耗报表

可以另外创建一个报表窗口，在运行时，调用这些保存的报表，查看以前的记录，实现历史数据报表的查询。

这种制作报表的方式既可以作为实时报表观察实时数据，也可以作为历史报表保存。

### 2. 使用历史数据查询函数

使用历史数据查询函数从组态王记录的历史库中按指定的起始时间和时间间隔查询指定变量的数据。

如果用户在查询时，希望弹出一个对话框，可以在对话框上随机选择不同的变量和时间段来查询数据，最好使用函数 ReportSetHistData2（StartRow，StartCol）。该函数已经提供了方便、全面的对话框供用户操作。但该函数会将指定时间段内查询到的所有数据都填充到报表中来，如果报表不够大，则系统会自动增加报表行数或列数，对于使用固定格式报表的用户来说不太方便，那么可以用下面一种方法。

如果用户想要一个定时自动查询历史数据的报表，而不是弹出对话框，或者历史报表的格式是固定的，要求将查询到的数据添加到固定的表格中，多余查询的数据不需要添加到表中，这时可以使用函数 ReportSetHistData（ReportName，TagName，StartTime，SepTime，szContent）。使用该函数时，用户需要指定查询的起始时间，查询间隔，和变量数据的填充范围。

组态王报表拥有丰富而灵活的报表函数，用户可以使用报表制作一些数据存储、求和、运算、转换等特殊用法。如将采集到的数据存储在报表的单元格中，然后将报表数据赋给曲线控件来制作一段分析曲线等，既可以节省变量，简化操作，还可重复使用。总之，报表的其他用法还有很多，有待用户按照自己的实际用途灵活使用。

## 三、任务分析

### （一）能力目标

1. 能完成实时数据报表和历史数据报表的创建；
2. 能运用实时报表和历史数据报表函数生成表格及查询；
3. 会套用报表模板。

### （二）知识目标

1. 掌握实时报表格式设置、表格编辑；
2. 掌握报表内部函数、单元格操作函数、存取函数、统计函数、打印函数的使用。

### （三）仪器设备

计算机、组态王软件 6.55

## 四、任务实施

化工反应车间组态监控系统的设计过程见项目二中任务 1。这里不再复述。

### （一）化工反应车间实时数据报表创建

1. 创建实时数据报表

① 新建一画面，名称为实时数据报表画面。

② 选择工具箱中的“T”工具，在画面上输入文字“实时数据报表”。

③ 选择工具箱中的“报表窗口”工具，在画面上绘制一实时数据报表窗口，如图 2-124 所示。

“报表工具箱”会自动显示出来，双击窗口的灰色部分，弹出“报表设计”对话框，如图 2-125 所示。

对话框设置如下。

报表控件名：Report1

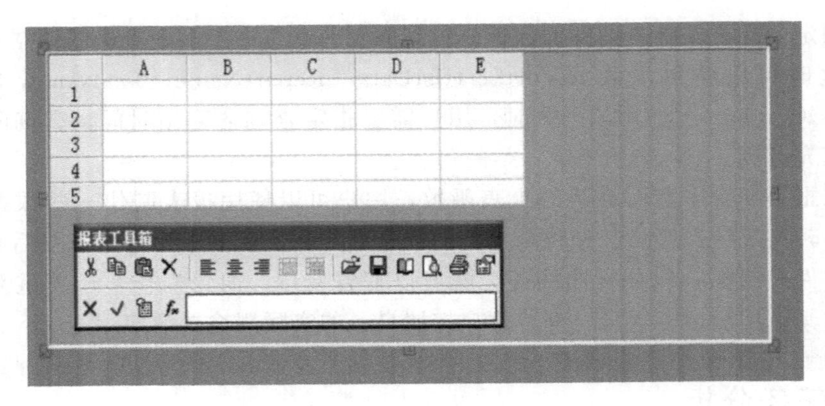


图 2-124　实时数据报表窗口

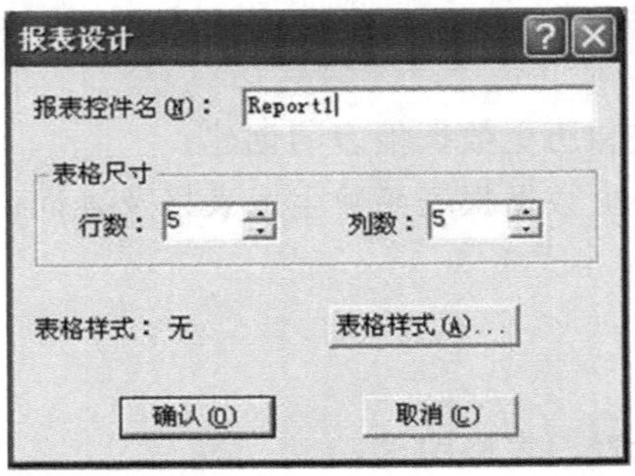

报表设计

报表控件名(N)：Report1

表格尺寸

行数：5　列数：5

表格样式：无　表格样式(A)...

确认(O)　取消(C)

图 2-125　“报表设计”对话框

行数：6

列数：10

④ 输入静态文字：选中 A1 到 J1 的单元格区域，执行“报表工具箱”中的“合并单元格”命令并在合并完成的单元格中输入：实时数据报表演示。

利用同样方法输入其他静态文字，如图 2-126 所示。

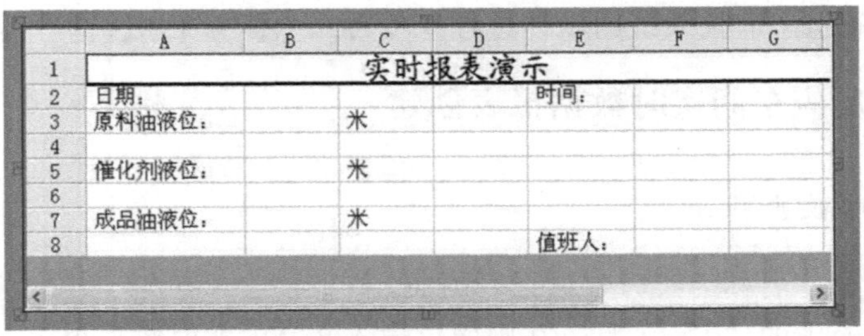

| | A | B | C | D | E | F | G |
|---|---|---|---|---|---|---|---|
| 1 | 实时报表演示 | | | | | | |
| 2 | 日期： | | | | 时间： | | |
| 3 | 原料油液位： | | 米 | | | | |
| 4 | | | | | | | |
| 5 | 催化剂液位： | | 米 | | | | |
| 6 | | | | | | | |
| 7 | 成品油液位： | | 米 | | | | |
| 8 | | | | | 值班人： | | |

图 2-126　实时数据报表窗口中的静态文字

⑤ 插入动态变量：在单元格 B2 中输入：＝\\本站点\$日期（变量的输入可以利用“报表工具箱”中的“插入变量”按钮实现）。

利用同样方法输入其他动态变量，如图 2-127 所示。

⑥ 单击“文件”菜单中的“全部存”命令，保存所做的设置。

⑦ 单击“文件”菜单中的“切换到 VIEW”命令，进入运行系统。系统默认运行的

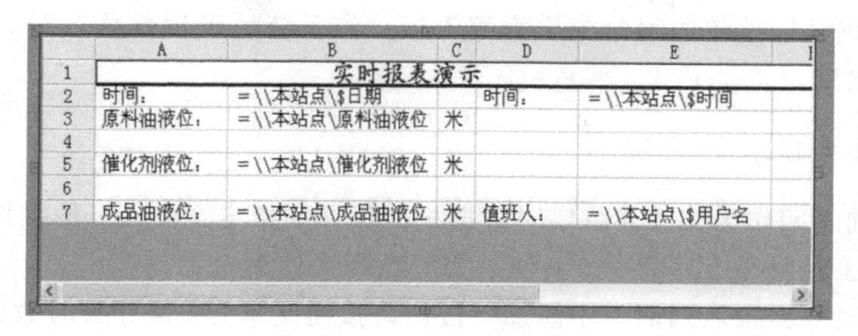


图 2-127　设置完毕的报表窗口

画面可能不是刚刚编辑完成的“实时数据报表画面”，可以通过运行界面中的“画面”菜单中的“打开”命令将其打开后方可运行，如图 2-128 所示。

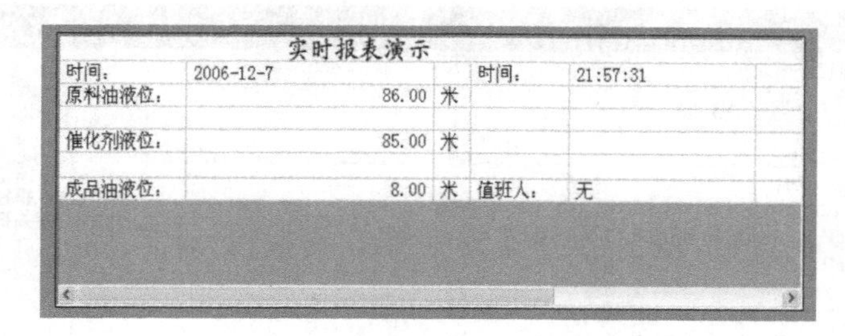


图 2-128　运行中的实时数据报表

## 2. 实时数据报表打印

① 在“实时数据报表画面”中添加一按钮，按钮文本为：实时数据报表打印。
② 在按钮的弹起事件中输入如图 2-129 所示命令语言。

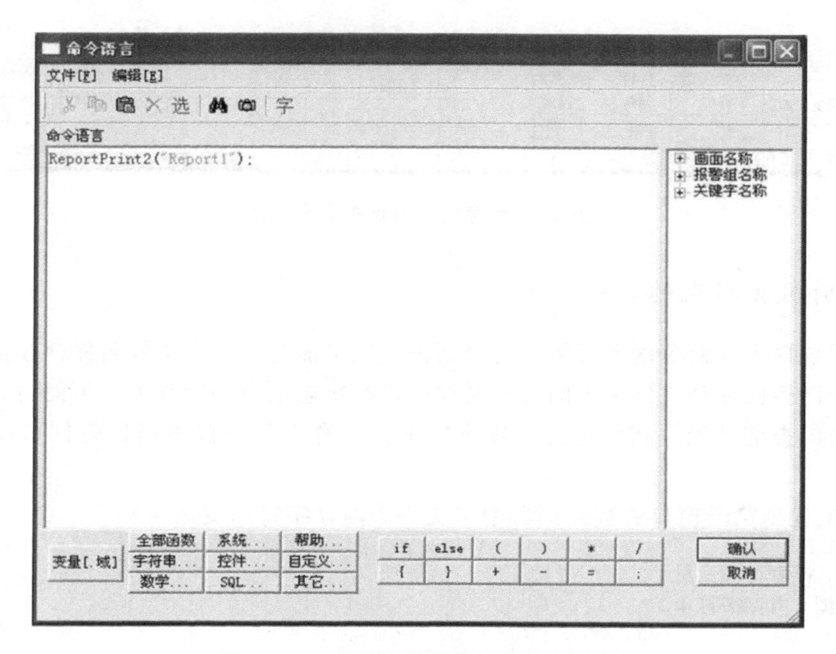


图 2-129　实时数据报表打印命令语言

③ 单击“确认”按钮关闭命令语言编辑框。当系统处于运行状态时，单击此按钮数据报表将打印出来。

## 3. 实时数据报表的存储

实现以当前时间作为文件名将实时数据报表保存到指定文件夹下的操作过程如下：

① 在当前工程路径下建立一文件夹：实时数据文件夹。

② 在“实时数据报表画面”中添加一按钮，按钮文本为：保存实时数据报表。

③ 在按钮的弹起事件中输入如图 2-130 所示命令语言。

④ 单击“确认”按钮关闭命令语言编辑框。当系统处于运行状态时，单击此按钮数据报表将以当前时间作为文件名保存实时数据报表。

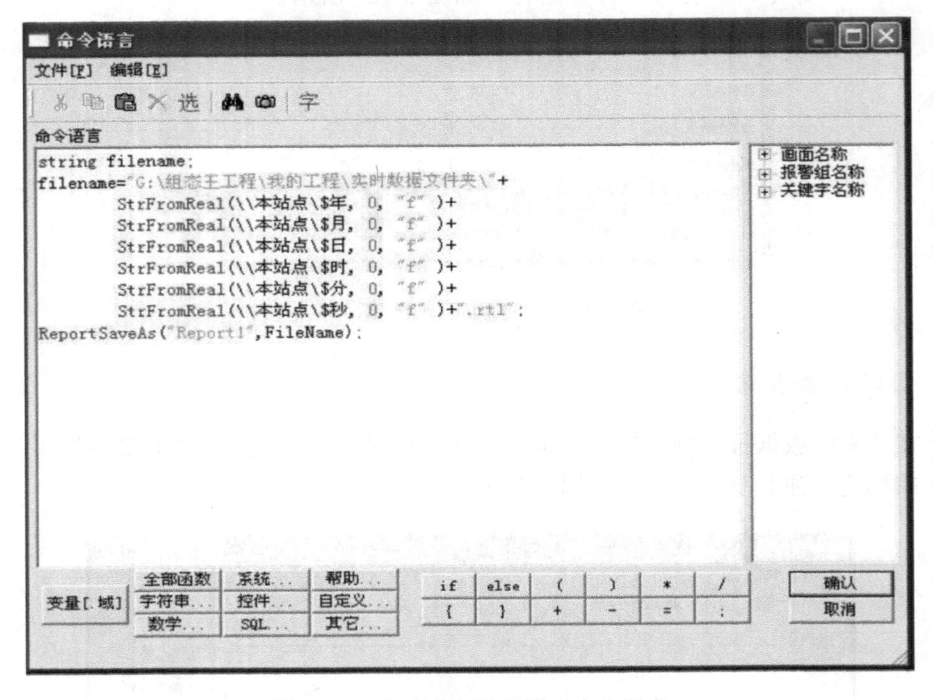


图 2-130　保存实时数据报表命令语言

## 4. 实时数据报表的查询

利用系统提供的命令语言可将实时数据报表以当前时间作为文件名保存在指定的文件夹中，对于已经保存到文件夹中的报表同样可以在组态王中进行查询，下面将介绍一下实时数据报表的查询过程，利用组态王提供的下拉组合框与一报表窗口控件可以实现上述功能。

① 在工程浏览器窗口的数据词典中定义一个内存字符串变量。

变量名：报表查询变量
变量类型：内存字符串
初始值：空

② 新建一画面，名称为：实时数据报表查询画面。

③ 选择工具箱中的“T”工具，在画面上输入文字：实时数据报表查询。

④ 选择工具箱中的“报表窗口”工具，在画面上绘制一实时数据报表窗口，控件名称为：Report2。

⑤ 选择工具箱中的“插入控件”工具，在画面上插入一“下拉式组合框”控件，控件属性设置如图 2-131 所示。

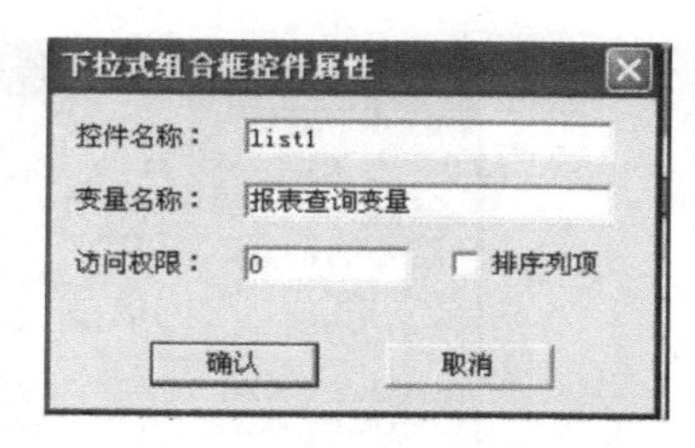


图 2-131 下拉式组合框属性对话框

⑥ 在画面中右击，在画面属性的命令语言中输入如图 2-132 所示命令语言。

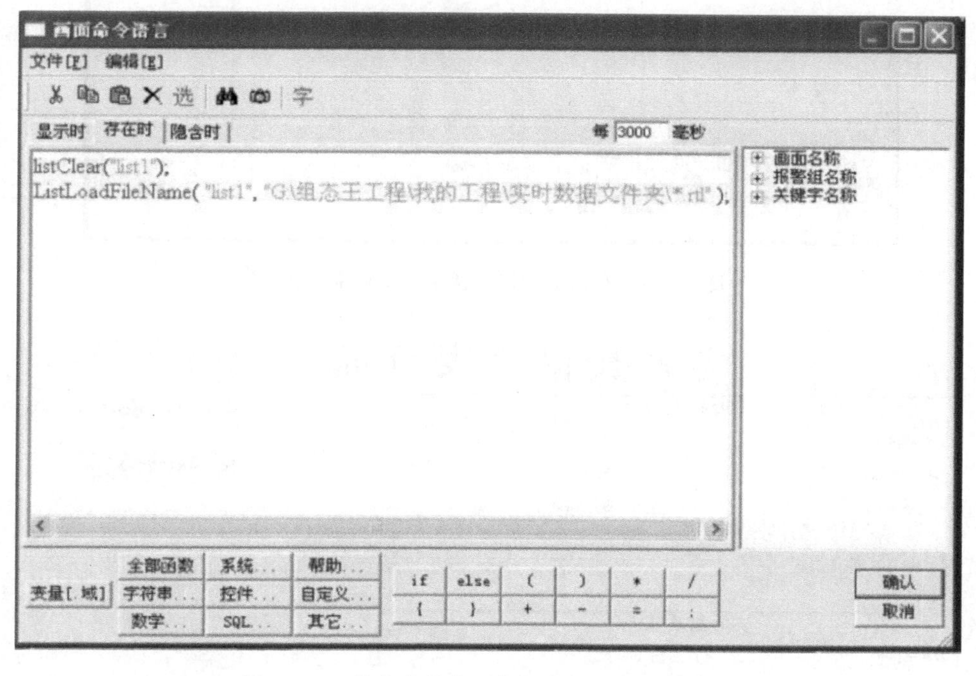


图 2-132 报表文件在下拉框中显示的命令语言

上述命令语言的作用是将已经保存到“G：\组态王工程\我的工程\实时数据文件夹”中的实时报表文件名称在下拉式组合框中显示出来。

⑦ 在画面中添加一按钮，按钮文本为：实时数据报表查询。

⑧ 在按钮的弹起事件中输入如图 2-133 所示命令语言。

上述命令语言的作用是将下拉式组合框中选中的报表文件的数据显示在 Report2 报表窗口中，其中“\\本站\报表查询”变量保存了下拉式框中选中的报表文件名。

⑨ 设置完毕后单击“文件”菜单中的“全部存”命令，保存所做的设置。

⑩ 菜单中的“切换到 View”命令，运行此画面。当单击下拉式组框控件时保存在指定路径下的报表文件全部显示出来，选择任一报表文件名，单击“实时数据报表查询”按钮后此报表文件中的数据或在窗口显示出来，如图 2-134 所示。从而达到了实时数据报表查询的目的。

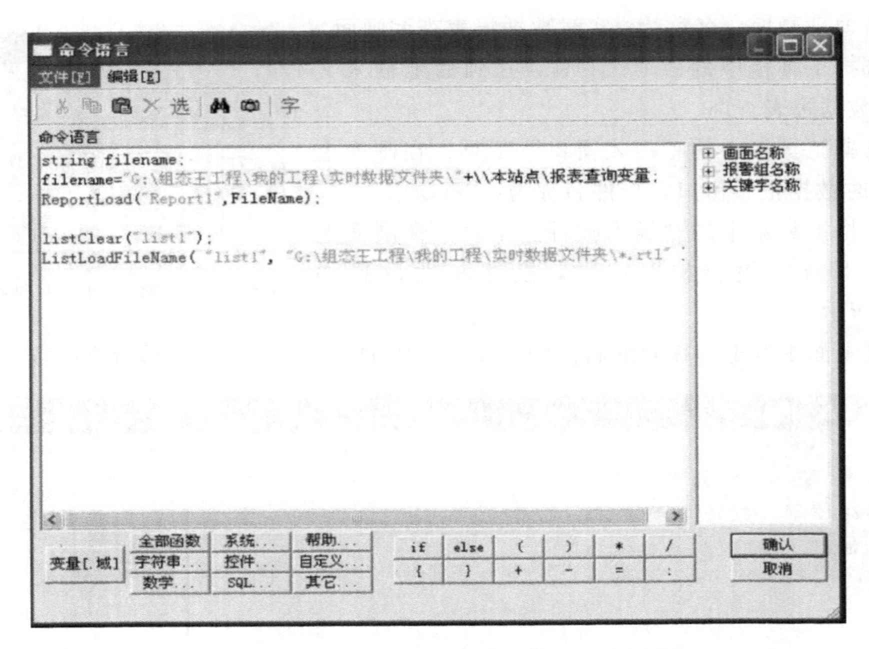


图 2-133　查询下拉框中选中的文件命令语言

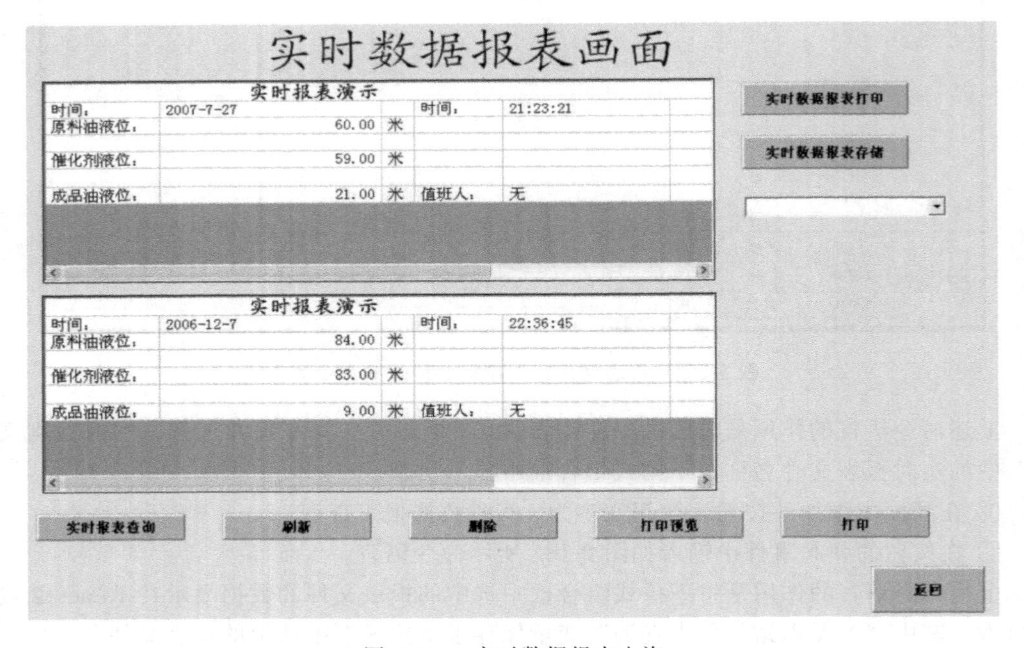


图 2-134　实时数据报表查询

## （二）化工反应车间历史数据报表创建

### 1．历史数据报表创建历

① 新建一画面，名称为：历史数据报表画面。

② 选择工具箱中的“T”工具，在画面上输入文字：历史数据报表。

③ 选择工具箱中的“报表窗口”工具，在画面上绘制一历史数据报表窗口，控件名称为：Report5，并设计表格，如图 2-135 所示。

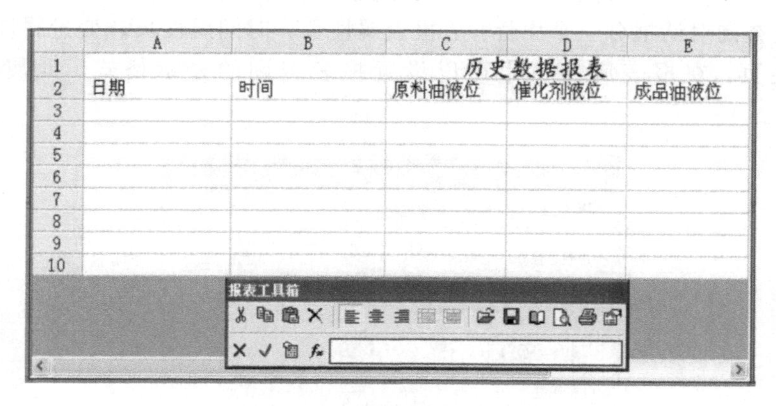


图 2-135　历史数据报表设计

## 2. 历史数据报表查询

利用组态王提供的 ReportSetHistData2 函数可实现历史报表查询功能，设置过程如下。

① 在画面中添加一按钮，按钮文本为：历史数据表查询。

② 在按钮的弹起事件中输入命令语言，如图 2-136 所示。

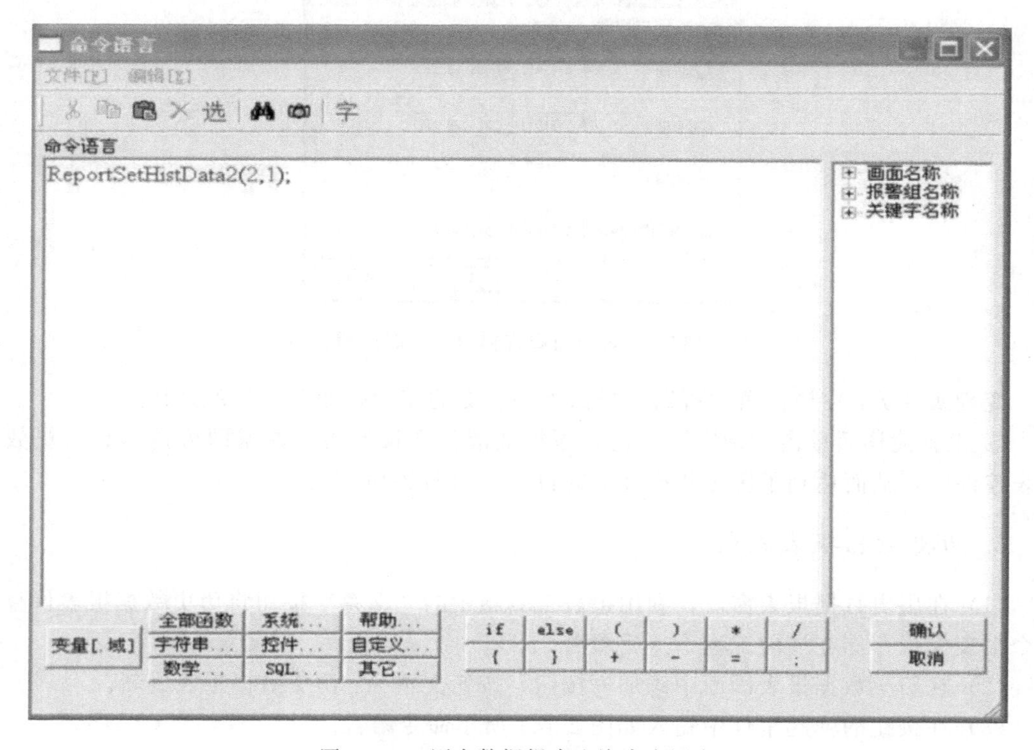


图 2-136　历史数据报表查询命令语言

③ 设置完毕后单击“文件”菜单中的“全部存”命令，保存所做的设置。

④ 单击“文件”菜单中的“切换到 View”命令，运行此画面。单击“历史数据报表查询”按钮，弹出“报表历史查询”对话框，如图 2-137 所示。

报表历史查询对话框分三个属性页：报表属性页、时间属性页、变量属性页。

报表属性页：在报表属性页中可以设置报表查询的显示格式，此属性页设置如图 2-137 所示。

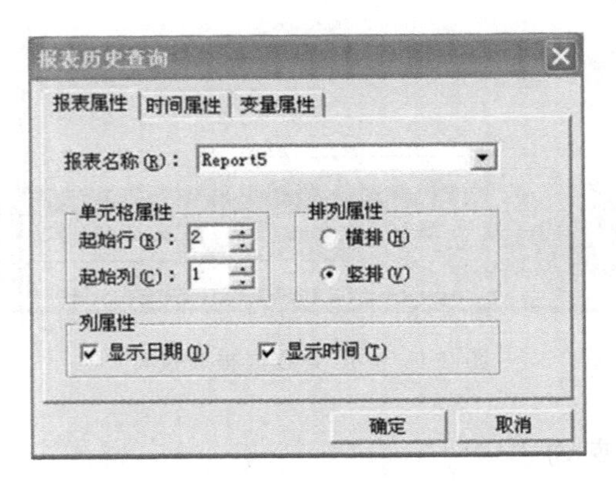


图 2-137　报表历史查询对话框

时间属性页：在时间属性页中可以设置查询的起止时间以及查询的时间间隔，如图 2-138 所示。

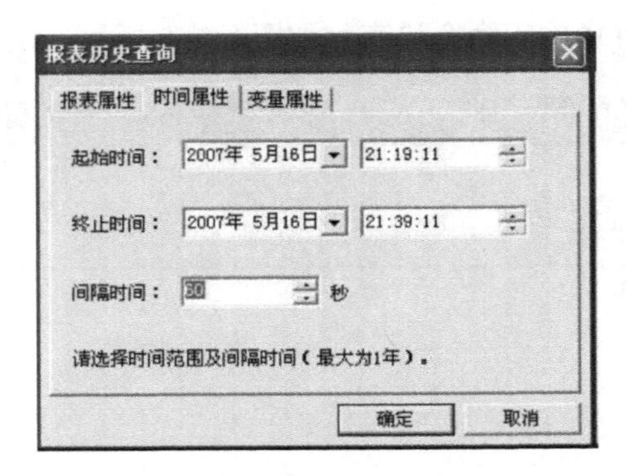


图 2-138　报表历史查询窗口中的时间属性页

变量属性页：在属性页中可以选择欲查询历史的变量，如图 2-139 所示。

⑤ 设置完毕后单击“确定”按钮，原料油液位变量的历史数据即可显示在历史数据报表控件中，从而达到了历史数据查询的目的，如图 2-140 所示。

### 3. 历史数据报表刷新

(1) 在历史数据报表窗口，利用报表工具箱中的“保存”按钮将历史数据报表保存成一个报表模板存储在当前工程下（后缀名 .rtl)。

(2) 在历史数据报表画面中添加一按钮，按钮文本为：历史数据报表刷新。

(3) 在按钮的弹起事件中输入如图 2-141 所示命令语言。

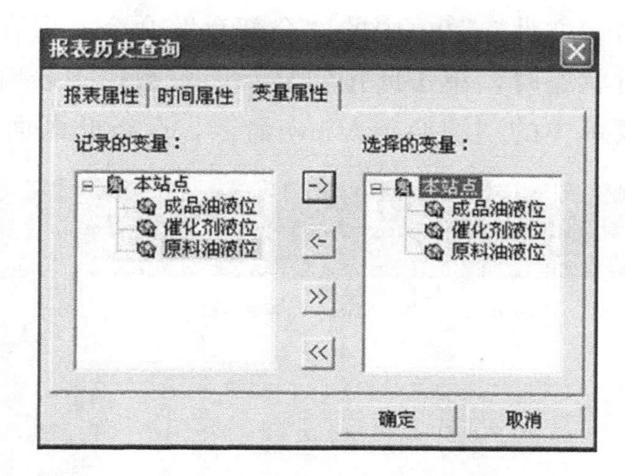


图 2-139　报表历史查询窗口中的变量属性页

历史数据报表

| 日期 | 时间 | 成品油液位 | 催化剂液位 | 原料油液位 |
|---|---|---|---|---|
| 07/05/16 | 21:19:11 | 86.00 | 30.00 | 31.00 |
| 07/05/16 | 21:20:11 | 86.00 | 30.00 | 31.00 |
| 07/05/16 | 21:21:11 | 86.00 | 30.00 | 31.00 |
| 07/05/16 | 21:22:11 | 86.00 | 30.00 | 31.00 |
| 07/05/16 | 21:23:11 | 86.00 | 30.00 | 31.00 |
| 07/05/16 | 21:24:11 | 86.00 | 30.00 | 31.00 |
| 07/05/16 | 21:25:11 | 86.00 | 30.00 | 31.00 |
| 07/05/16 | 21:26:11 | 86.00 | 30.00 | 31.00 |
| 07/05/16 | 21:27:11 | 86.00 | 30.00 | 31.00 |
| 07/05/16 | 21:28:11 | 86.00 | 30.00 | 31.00 |
| 07/05/16 | 21:29:11 | 86.00 | 30.00 | 31.00 |
| 07/05/16 | 21:30:11 | 86.00 | 30.00 | 31.00 |
| 07/05/16 | 21:31:11 | 86.00 | 30.00 | 31.00 |

图 2-140　查询历史数据

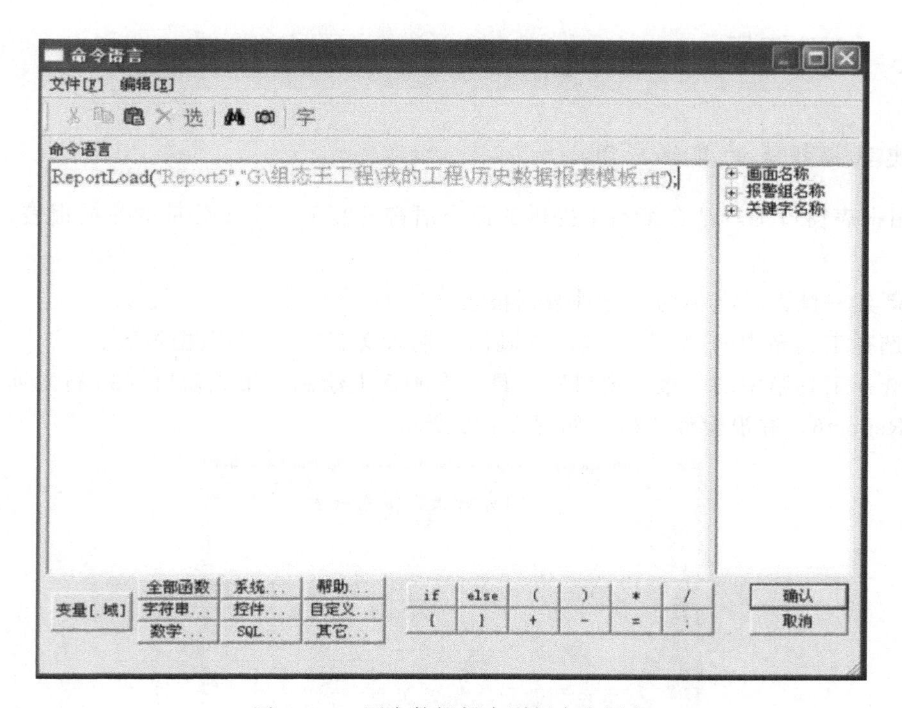


图 2-141　历史数据报表刷新命令语言

(4) 设置完毕后单击“文件”菜单中的“全部存”命令，保存所做的设置。

(5) 当系统处于运行状态时，单击此按钮显示历史数据报表窗口。

(6) 单击“文件”菜单中的“切换到 View 命令，运行此画面如图 2-142 所示。

| 日期 | 时间 | 成品油液位 | 催化剂液位 | 原料油液位 |
|---|---|---|---|---|
| 07/05/16 | 21:24:43 | 86.00 | 30.00 | 31.00 |
| 07/05/16 | 21:25:43 | 86.00 | 30.00 | 31.00 |
| 07/05/16 | 21:26:43 | 86.00 | 30.00 | 31.00 |
| 07/05/16 | 21:27:43 | 86.00 | 30.00 | 31.00 |
| 07/05/16 | 21:28:43 | 86.00 | 30.00 | 31.00 |
| 07/05/16 | 21:29:43 | 86.00 | 30.00 | 31.00 |
| 07/05/16 | 21:30:43 | 86.00 | 30.00 | 31.00 |
| 07/05/16 | 21:31:43 | 86.00 | 30.00 | 31.00 |
| 07/05/16 | 21:32:43 | 86.00 | 30.00 | 31.00 |
| 07/05/16 | 21:33:43 | 86.00 | 30.00 | 31.00 |
| 07/05/16 | 21:34:43 | 86.00 | 30.00 | 31.00 |
| 07/05/16 | 21:35:43 | 86.00 | 30.00 | 31.00 |
| 07/05/16 | 21:36:43 | 86.00 | 30.00 | 31.00 |

图 2-142 历史数据报表运行画面

## 五、知识拓展

### 历史数据报表的其他应用

利用报表窗口工具结合组态王提供的命令语言可实现一个 1 分钟的数据报表，设置过程如下。

① 新建一画面，名称为 1 分钟数据报表。

② 选择工具箱中的“T”工具，在画面上输入文字：1 分钟数据报表。

③ 选择工具箱中的“报表窗口”工具，在画面上绘制一报表窗口（63 行 5 列），控件名称为 Report6，并没设计表格，如图 2-143 所示。

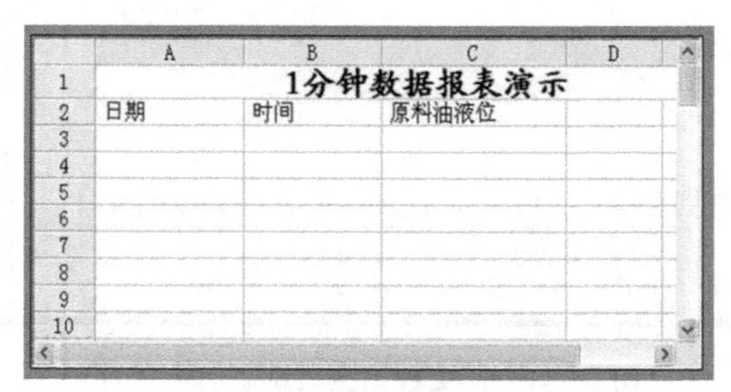


图 2-143 1 分钟数据报表设计

④ 在工程浏览器窗口左侧“工具目录显示区”中选择“命令语言”中的“数据改变命令语言”选项，在右侧“目录内容显示区”中双击“新建”图标，在弹出的编辑框中输入如图 2-144 所示脚本语言。

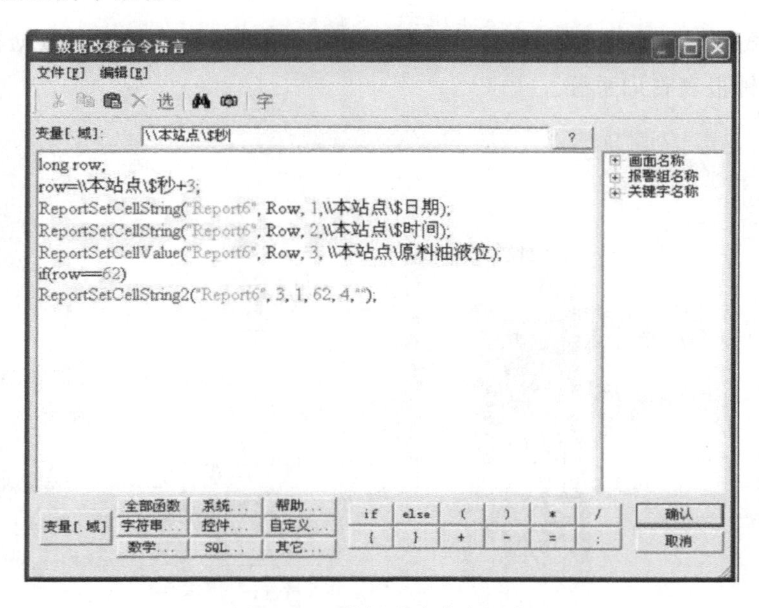


图 2-144　数据改变命令语言

上述命令语言的作用是将“\ \ 本站点 \ 原料油液位”变量每秒钟的数据自动写入报表控件中。

⑤ 设置完毕后单击“文件”菜单中的“全部存”命令，保存所做的设置。

⑥ 单击“文件”菜单中的“切换到 View 命令，运行此画面。系统自动将数据写入报表控件中，如图 2-145 所示。

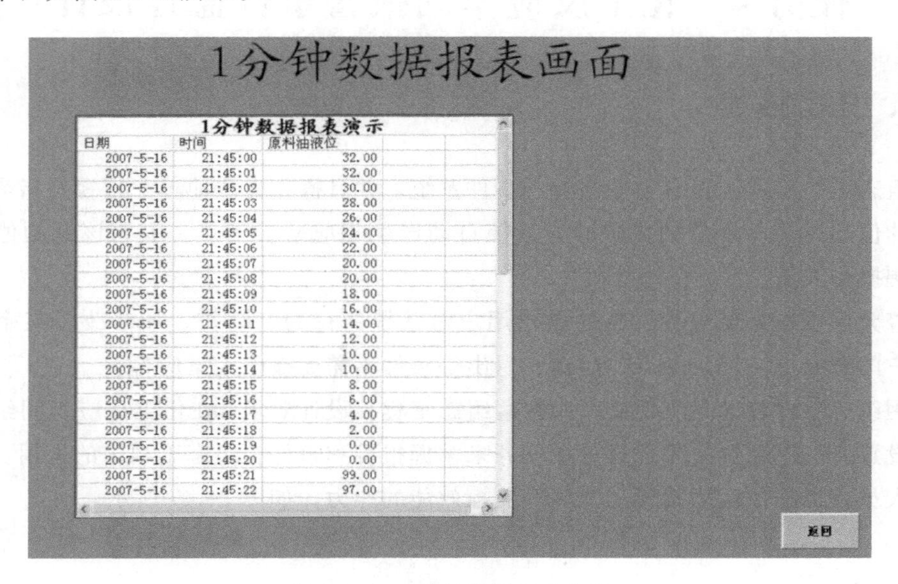


1分钟数据报表演示

| 日期 | 时间 | 原料油液位 |
|---|---|---|
| 2007-5-16 | 21:45:00 | 32.00 |
| 2007-5-16 | 21:45:01 | 32.00 |
| 2007-5-16 | 21:45:02 | 30.00 |
| 2007-5-16 | 21:45:03 | 28.00 |
| 2007-5-16 | 21:45:04 | 26.00 |
| 2007-5-16 | 21:45:05 | 24.00 |
| 2007-5-16 | 21:45:06 | 22.00 |
| 2007-5-16 | 21:45:07 | 20.00 |
| 2007-5-16 | 21:45:08 | 20.00 |
| 2007-5-16 | 21:45:09 | 18.00 |
| 2007-5-16 | 21:45:10 | 16.00 |
| 2007-5-16 | 21:45:11 | 14.00 |
| 2007-5-16 | 21:45:12 | 12.00 |
| 2007-5-16 | 21:45:13 | 10.00 |
| 2007-5-16 | 21:45:14 | 10.00 |
| 2007-5-16 | 21:45:15 | 8.00 |
| 2007-5-16 | 21:45:16 | 6.00 |
| 2007-5-16 | 21:45:17 | 4.00 |
| 2007-5-16 | 21:45:18 | 2.00 |
| 2007-5-16 | 21:45:19 | 0.00 |
| 2007-5-16 | 21:45:20 | 0.00 |
| 2007-5-16 | 21:45:21 | 99.00 |
| 2007-5-16 | 21:45:22 | 97.00 |

图 2-145　1 分钟数据报表查询

## 六、思考与练习

试一试自行设计水塔水位组态监控工程（如图 2-146 所示）的实时数据报表、历史报表系统和 1 分钟报表查询系统。

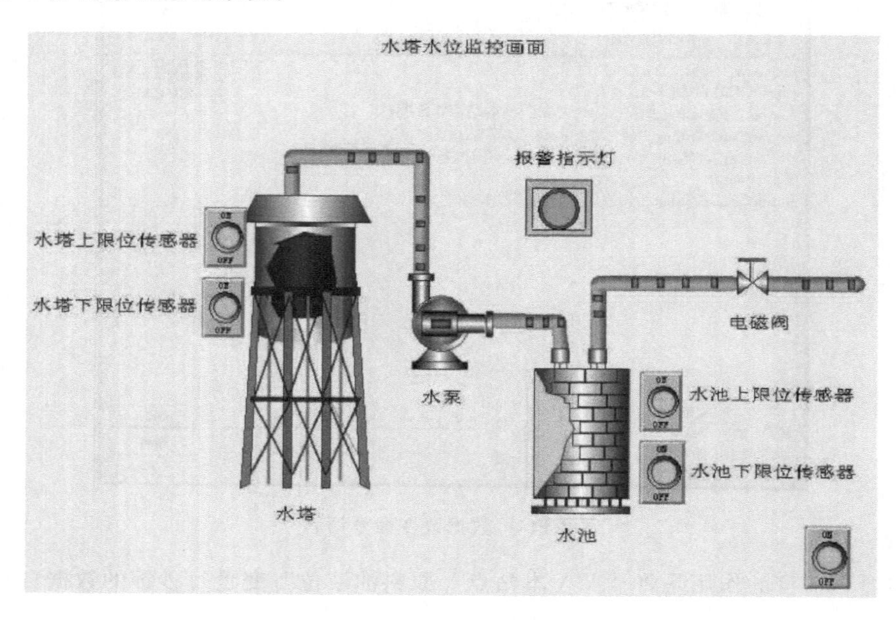


图 2-146　水塔水位监控

# 任务 4　化工反应车间报警事件监控设计

## 一、任务描述

“组态王”提供了强有力的报警和事件系统，并且操作方法简单。报警是指当系统中某些量的值超过了所规定的界限时，系统自动产生相应警告信息，表明该量的值已经超限，提醒操作人员。

报警允许操作人员应答。事件是指用户对系统的行为、动作。如修改了某个变量的值，用户的登录、注销，站点的启动、退出等事件不需要操作人员应答。

使用组态软件设计化工反应车间报警组态工程。设计要求：在化工反应车间组态监控系统中设置反应罐液位报警。通过此任务来掌握报警和事件在组态工程中的运用。从而提高技术人员在工程中运用报警功能提升监控效能的能力，如图 2-147 所示。

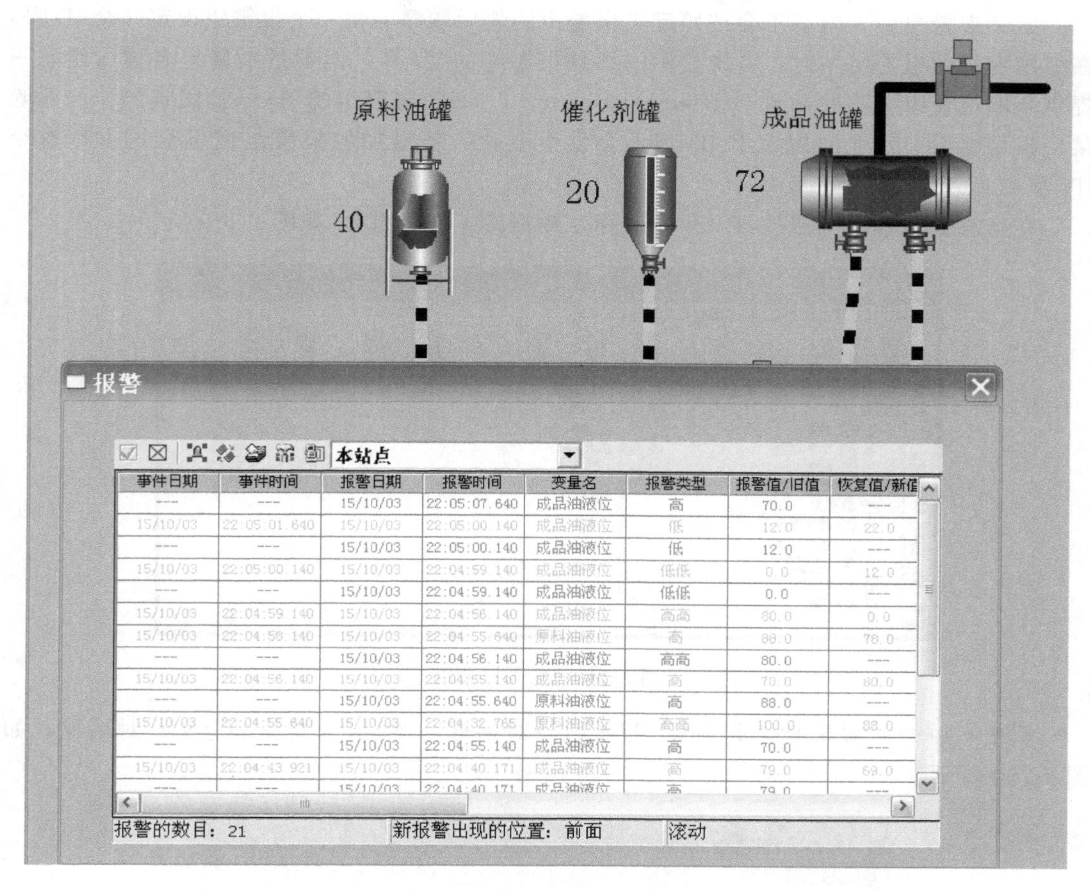


图 2-147　反应车间报警系统组态模拟监控工程

## 二、任务资讯

### （一）报警组的定义

往往在监控系统中，为了方便查看、记录和区别，要将变量产生的报警信息归到不同的组中，即使变量的报警信息属于某个规定的报警组。

报警组是按树状组织的结构，默认时只有一个根节点，默认名为 RootNode（可以改成其他名字）。可以通过报警组定义对话框为这个结构加入多个节点和子节点，如图 2-148 所示。组态王中最多可以定义 512 个节点的报警组。

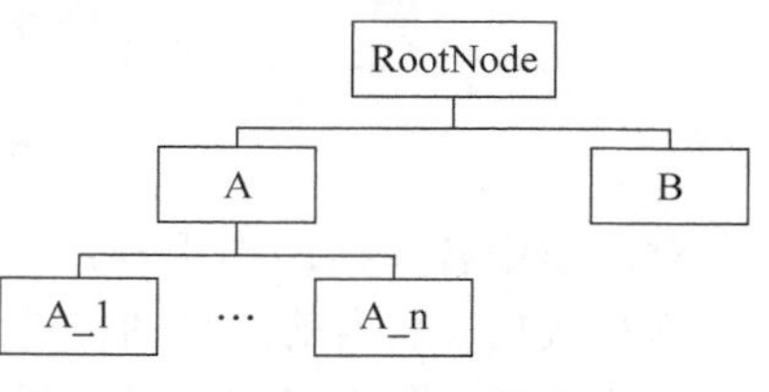


图 2-148　报警组结构

通过报警组名可以按组处理变量的报警事件，如报警窗口可以按组显示报警事件，记录报警事件也可按组进行，还可以按组对报警事件进行报警确认。

定义报警组后，组态王会按照定义报警组的先后顺序为每一个报警组设定一个 ID 号，在引用变量的报警组域时，系统显示的都是报警组的 ID 号，而不是报警组名称（组态王提供获取报警组名称的函数 GetGroupName（ ））。每个报警组的 ID 号是固定的，当删除某个报警组后，其他的报警组 ID 都不会发生变化，新增加的报警组也不会再占用这个 ID 号。

在组态王工程浏览器的目录树中选择“数据库\报警组”，如图 2-149 所示。

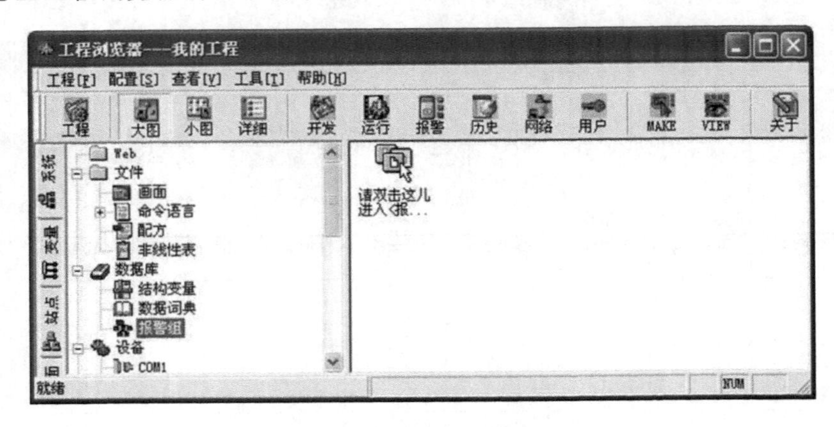


图 2-149　进入报警组

双击右侧的“请双击这儿进入＜报警组＞对话框”。弹出“报警组定义”对话框，如图 2-150 所示。

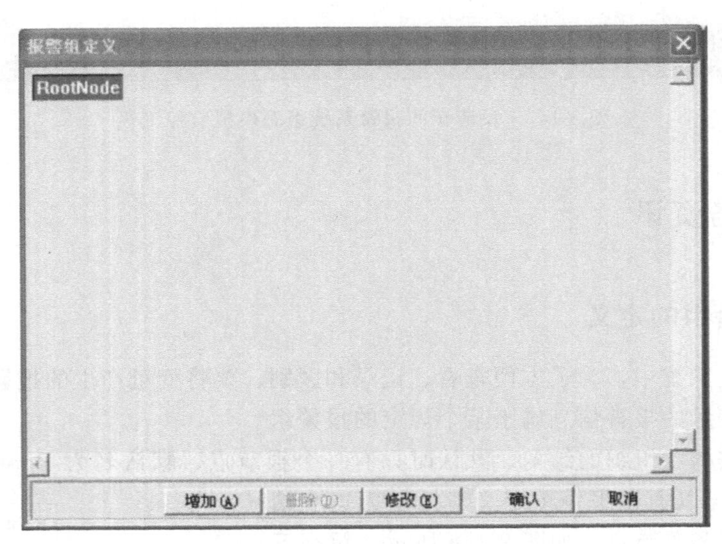


图 2-150　报警组定义对话框

对话框中各按钮的作用是：

增加按钮：在当前选择的报警组节点下增加一个报警组节点。

删除按钮：删除当前选择的报警组。

确认按钮：保存当前修改内容，关闭对话框。

取消按钮：不保存修改，关闭对话框。

选中图 2-150 中的“RootNode”报警组，单击修改按钮，弹出“修改报警组”对话框，将编辑框中的内容修改为“企业集团”，确认后，“RootNode”报警组名称变为了“企业集团”。选中“企业集团”报警组，单击增加按钮，弹出“增加报警组”对话框，在对话框中输入“反应车间”，确认后，在“企业集团”报警组下，会出现一个“反应车间”报警组节点。

同理，可在“企业集团”报警组下增加一个“炼钢车间”报警组节点。

选中“反应车间”报警组，单击增加按钮，在弹出的“增加报警组”对话框中输入“液位”，则在“反应车间”报警组下，会出现一个“液位”报警组节点。

最终报警组定义结果如图 2-151 所示。

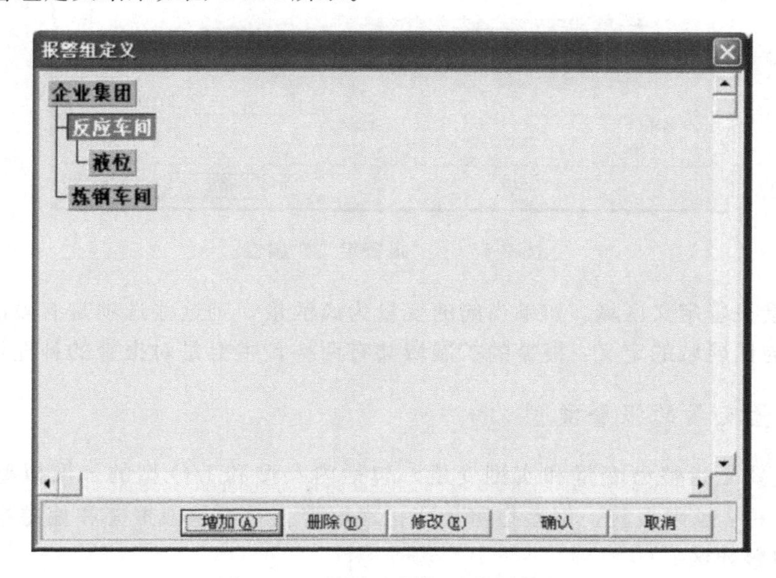


图 2-151　修改和增加后的报警组

## (二) 定义变量的报警属性

在使用报警功能前，必须先要对变量的报警属性进行定义。组态王的变量中模拟型（包括整型和实型）变量和离散型变量可以定义报警属性，下面一一介绍。

### 1. 通用报警属性功能介绍

在组态王工程浏览器“数据库/数据词典”中新建一个变量或选择一个原有变量双击它，在弹出的“定义变量”对话框上选择“报警定义”属性页，如图 2-152 所示。

报警属性页可以分为以下几个部分：

① 报警组名和优先级选项：单击“报警组名”标签后的按钮，会弹出“选择报警组”对话框，在该对话框中将列出所有已定义的报警组，选择其一，确认后，则该变量的报警信息就属于当前选中的报警组。

② 优先级主要是指报警的级别，主要有利于操作人员区别报警的紧急程度。报警优先级的范围为 1～999，1 为最高，999 最低。

③ 模拟量报警定义区域：如果当前的变量为模拟量，则这些选项是有效的。

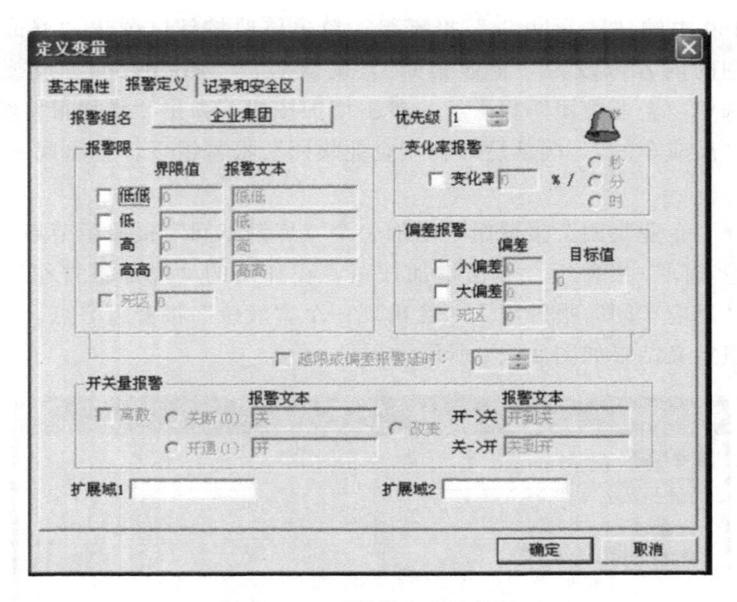


图 2-152 “报警定义”属性

④ 开关量报警定义区域：如果当前的变量为离散量，则这些选项是有效的。

⑤ 报警的扩展域的定义：报警的扩展域共有两格，主要是对报警的补充说明、解释。

## 2. 模拟量变量的报警类型

模拟量主要是指整型变量和实型变量，包括内存型和 I/O 型的。模拟型变量的报警类型主要有三种：越限报警、偏差报警和变化率报警。对于越限报警和偏差报警可以定义报警延时和报警死区。

(1) 越限报警

模拟量的值在跨越规定的高低报警限时产生的报警。越限报警的报警限共有四个：低低限、低限、高限、高高限，其原理图如图 2-153 所示。

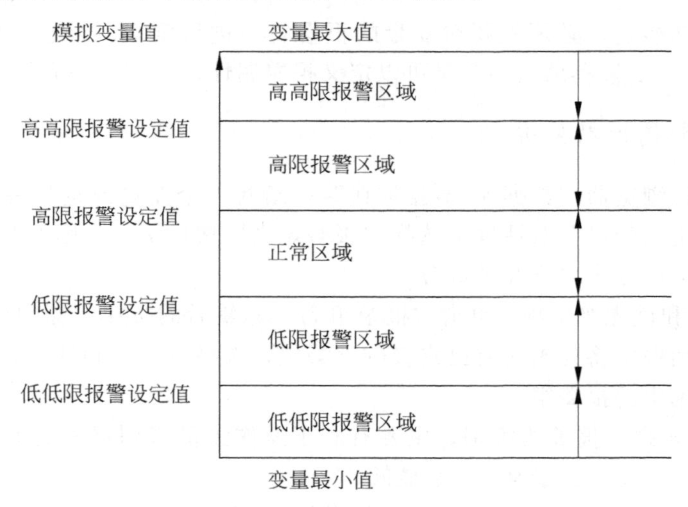


图 2-153 越限报警原理图

在变量值发生变化时，如果跨越某一个限值，立即发生越限报警，某个时刻，对于一个变量，只可能越一种限，因此只产生一种越限报警，例如：如果变量的值超过高高限，就会产生高高限报警，而不会产生高限报警。另外，如果两次越限，就得看这两次越的限是否是同一种类型，如果是，就不再产生新报警，也不表示该报警已经恢复；如果不是，则先恢复原来的报警，再产生新报警。

越限类型的报警可以定义其中一种，任意几种或全部类型。有“界限值”和“报警文本”两列。

界限值列中选择要定义的越限类型，则后面的界限值和报警文本编辑框变为有效。定义界限值时应该：最小值＜＝低低限值＜低限＜高限＜高高限＜＝最大值。在报警文本中输入关于该类型报警的说明文字，报警文本不超过 15 个字符。

（2）偏差报警

模拟量的值相对目标值上下波动超过指定的变化范围时产生的报警。偏差报警可以分为小偏差和大偏差报警两种。当波动的数值超出大小偏差范围时，分别产生大偏差报警和小偏差报警，其原理图如图 2-154 所示。

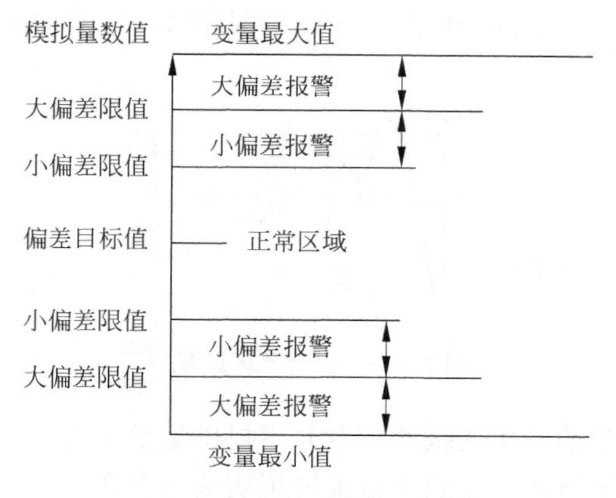


图 2-154　偏差报警原理图

偏差报警限的计算方法为：

小偏差报警限＝偏差目标值±定义的小偏差

大偏差报警限＝偏差目标值±定义的大偏差

大于或等于小偏差报警限时，产生小偏差报警

大于或等于大偏差报警限时，产生大偏差报警

小于或等于小偏差报警限时，产生小偏差报警

小于或等于大偏差报警限时，产生大偏差报警

偏差报警在使用时可以按照需要定义一种偏差报警或两种都使用。

变量变化的过程中，如果跨越某个界限值，则立刻会产生报警，而同一时刻，不会产生两种类型的偏差报警。

（3）变化率报警

变化率报警是指模拟量的值在一段时间内产生的变化速度超过了指定的数值而产生的

报警，即变量变化太快时产生的报警。系统运行过程中，每当变量发生一次变化，系统都会自动计算变量变化的速度，以确定是否产生报警。变化率报警的类型以时间为单位分为三种：%x/秒、%x/分、%x/时。变化率报警的计算公式如下：

[（变量的当前值－变量上一次变化的值）×100] / [（变量本次变化的时间－变量上一次变化的时间）×（变量的最大值－变量的最小值）×（报警类型单位对应的值）]

其中报警类型单位对应的值定义为：如果报警类型为秒，则该值为 1；如果报警类型为分，则该值为 60；如果报警类型为时，则该值为 3600。

取计算结果的整数部分的绝对值作为结果，若计算结果大于或等于报警极限值，则立即产生报警。变化率小于报警极限值时，报警恢复。

（4）报警延时和报警死区

对于越限和偏差报警，可以定义报警死区和报警延时。

报警死区的原理图如图 2-155 所示。报警死区的作用是为了防止变量值在报警限上下频繁波动时，产生许多不真实的报警，在原报警限上下增加一个报警限的阈值，使原报警限界线变为一条报警限带，当变量的值在报警限带范围内变化时，不会产生和恢复报警，而一旦超出该范围时，才产生报警信息。这样对消除波动信号的无效报警有积极的作用。

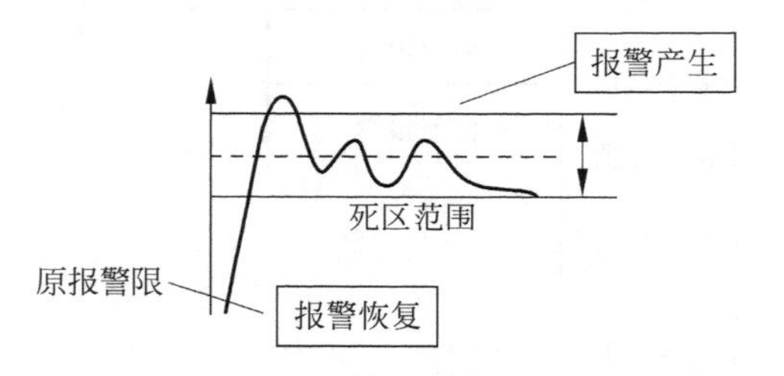


图 2-155　报警死区原理图

报警延时是对系统当前产生的报警信息并不提供显示和记录，而是进行延时，在延时时间到后，如果该报警不存在了，表明该报警可能是一个误报警，不用理会，系统自动清除；如果延时到后，该报警还存在，表明这是一个真实的报警，系统将其添加到报警缓冲区中，进行显示和记录。如果定时期间，有新的报警产生，则重新开始定时。

例：对“液位测量”变量的越限报警进行报警死区的定义，原要求为液位的高高报警值＝900，高报警值＝750，低报警值＝150，低低报警值＝50。现在对报警限增加死区，死区值为 5，其定义如图 2-156 所示。

### 3. 离散型变量的报警类型

离散量有两种状态：1 和 0。离散型变量的报警有三种状态：1 状态报警——变量的值由 0 变为 1 时产生报警；0 状态报警——变量的值由 1 变为 0 时产生报警；状态变化报警——变量的值由 0 变为 1 或由 1 变为 0 时都产生报警。

离散量的报警属性定义如图 2-157 所示。

在“开关量报警”组内选择“离散”选项，三种类型的选项变为有效。定义时，三种报警类型只能选择一种。选择完成后，在报警文本中输入不多于 15 个字符的类型说明。

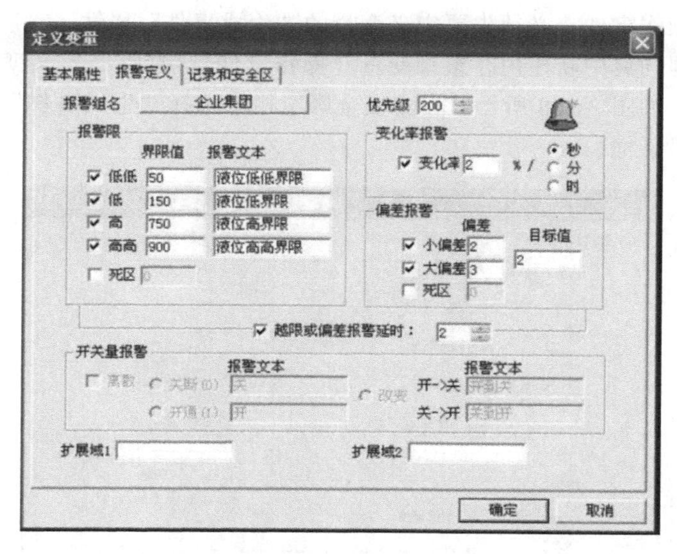


图 2-156　“液位测量”变量的“报警定义”属性

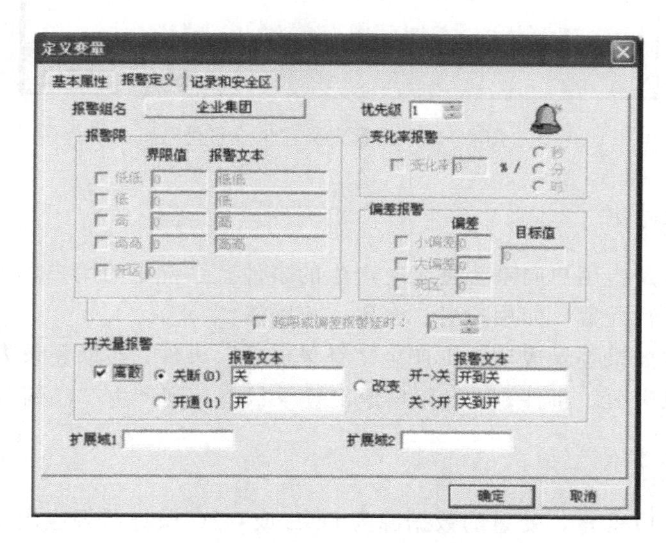


图 2-157　离散型变量的报警属性定义

## （三）事件类型及使用方法

事件是不需要用户来应答的。组态王中根据操作对象和方式等的不同，将事件分为以下几类，分别为操作事件、登录事件、工作站事件和应用程序事件四类。

### 1．操作事件

操作事件是指用户修改有“生成事件”定义的变量的值或对其域的值进行修改时，系统产生的事件。如修改重要参数的值，或报警限值、变量的优先级等。这里需要注意的是，同报警一样，字符串型变量和字符串型的域的值的修改不能生成事件。操作事件可以进行记录，使用户了解当时的值是多少，修改后的值是多少。

变量要生成操作事件，必须先要定义变量的“生成事件”属性。

在组态王数据词典中新建内存整型变量“操作事件”，选择“定义变量”的“记录和安全区”属性页，如图 2-158 所示。在“安全区”栏中选择“生成事件”选项，单击“确定”按钮，关闭对话框。

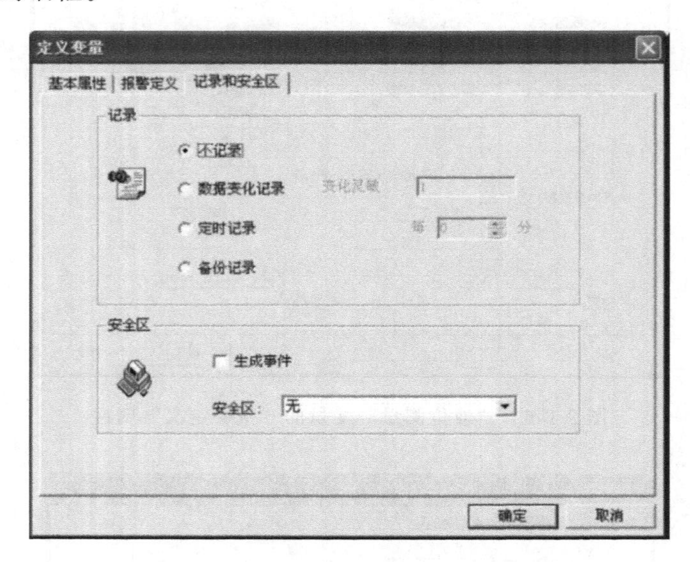


图 2-158　变量定义“生成事件”

### 2. 用户登录事件

用户登录事件是指用户向系统登录时产生的事件。系统中的用户，可以在工程浏览器——用户配置中进行配置，如用户名、密码、权限等。

用户登录时，如果登录成功，则产生“登录成功”事件；如果登录失败或取消登录过程，则产生“登录失败”事件；如果用户退出登录状态，则产生“注销”事件。

### 3. 应用程序事件

如果变量是 I/O 变量，变量的数据源为 DDE 或 OPC 服务器等应用程序，对变量定义“生成事件”属性后，当采集到的数据发生变化时，就会产生该变量的应用程序事件。

### 4. 工作站事件

所谓工作站事件就是指某个工作站站点上的组态王运行系统的启动和退出事件，包括单机和网络。组态王运行系统启动，产生工作站启动事件；运行系统退出，产生退出事件，报警窗中第一条信息为工作站启动事件。

## (四) 如何记录、显示报警

组态王中提供了多种报警记录和显示的方式，如报警窗、数据库、打印机等。系统提供将产生的报警信息首先保存在一个预定的缓冲区中，报警窗根据定义的条件，从缓冲区中获取符合条件的信息显示。

报警输出显示：报警窗口

组态王运行系统中报警的实时显示是通过报警窗口实现的。报警窗口分为两类：实时报警窗和历史报警窗。实时报警窗主要显示当前系统中存在的符合报警窗显示配置条件的实时报警信息和报警确认信息，实时报警窗不显示系统中的事件。历史报警窗显示当前系统中符合报警窗显示配置条件的所有报警和事件信息，报警窗口中最大显示的报警条数取决于报警缓冲区大小的设置。

（1）报警缓冲区大小的定义

报警缓冲区是系统在内存中开辟的用户暂时存放系统产生的报警信息的空间，其大小是可以设置的。在组态王工程浏览器中选择“系统配置/报警配置”，双击后弹出“报警配置属性页”，如图 2-159 所示。报警缓冲区大小设置值按存储的信息条数计算，值的范围为 1～10000。

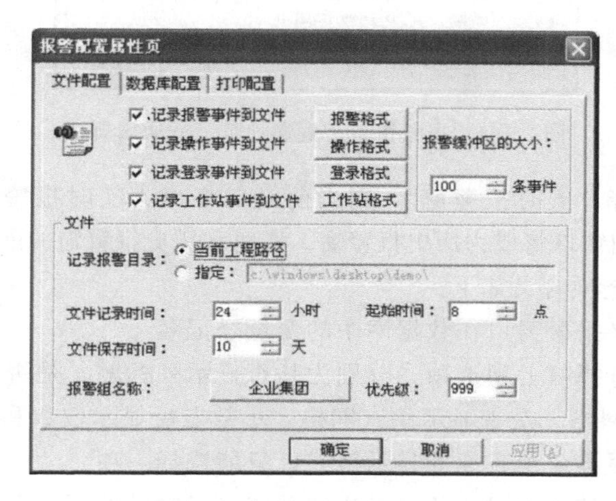


图 2-159　报警缓冲区大小设置

（2）创建报警窗口

在组态王中新建画面，在工具箱中单击报警窗口按钮，或选择菜单“工具＼报警窗口”，鼠标箭头变为单线“十”字形，在画面上适当位置按下鼠标左键并拖动，绘出一个矩形框，当矩形框大小符合报警窗口大小要求时，松开鼠标左键，报警窗口创建成功，如图 2-160 所示。

| 事件日期 | 事件时间 | 报警日期 | 报警时间 | 变量名 | 报警类型 | 报警值/旧( |
|---|---|---|---|---|---|---|

图 2-160　报警窗口

(3) 如何配置实时和历史报警窗

报警窗口创建完成后，要对其进行配置。双击报警窗口，弹出“报警窗口配置属性页”，首先显示的是通用属性页，如图 2-161 所示。

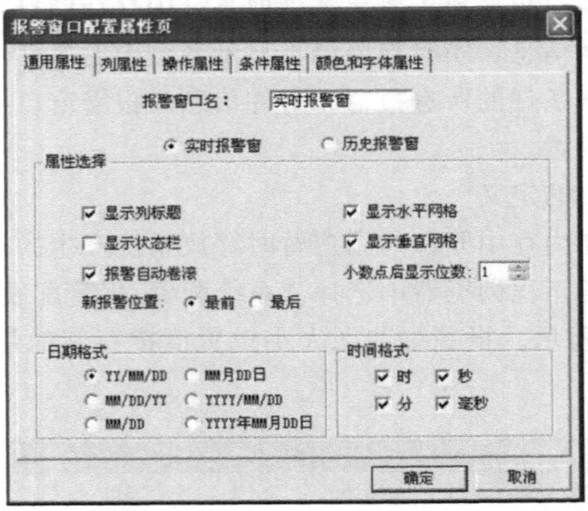

图 2-161　报警窗口配置属性页——通用属性

在该页中如果选择“实时报警窗”，则当前窗口将成为实时报警窗；否则，如果选择“历史报警窗”，则当前窗口将成为历史报警窗。实时和历史报警窗的配置选项大多数相同。

通用属性页中各选项含义如下。

报警窗口名：定义报警窗口在数据库中的变量登记名。

属性选择：属性选择有七项选项，分别为是否显示列标题、是否显示状态栏、报警自动卷、是否显示水平网格、是否显示垂直网格、小数点后显示位数和新报警出现位置。

日期格式：选择报警窗中日期的显示格式，只能选择一项。

时间格式：选择报警窗中时间的显示格式，即显示时间的哪几个部分。

列属性页配置：单击报警窗口配置属性页中的“列属性”标签，设置报警窗口的列属性，如图 2-162 所示。

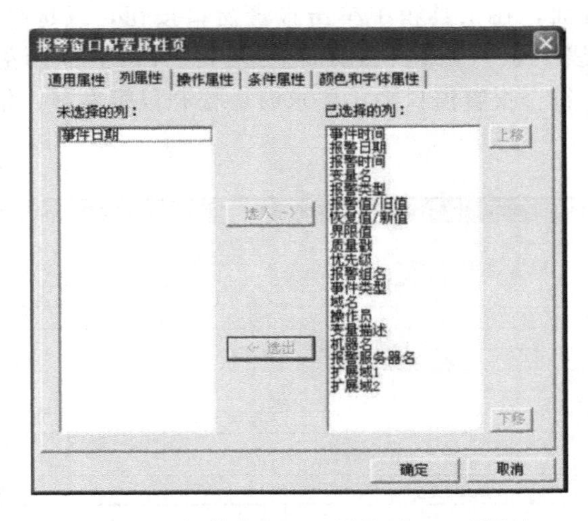


图 2-162　报警窗口配置属性页——列属性

列属性主要配置报警窗口究竟显示哪些列，以及这些列的顺序，这就是所谓的列属性。

操作属性页配置：

单击报警窗口配置属性页中的“操作属性”标签，如图 2-163 所示。用户可以根据需要设置报警窗口的操作属性。

条件属性页配置：

单击报警窗口配置属性页中的“条件属性”标签，设置报警窗口的报警信息显示的过滤条件，如图 2-164 所示。条件属性在运行期间可以在线修改。

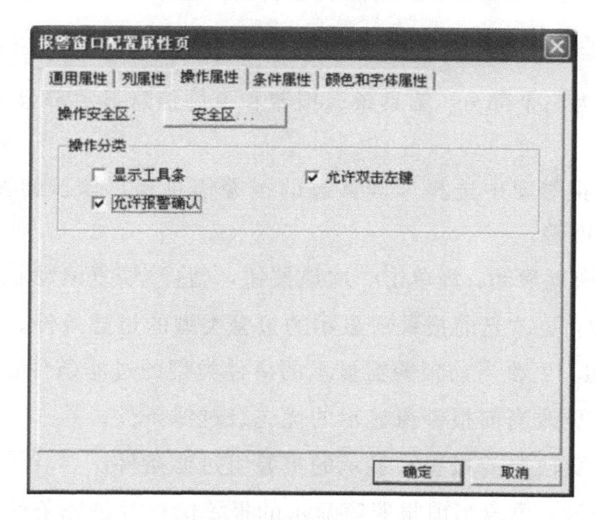


图 2-163　报警窗口配置属性页——操作属性

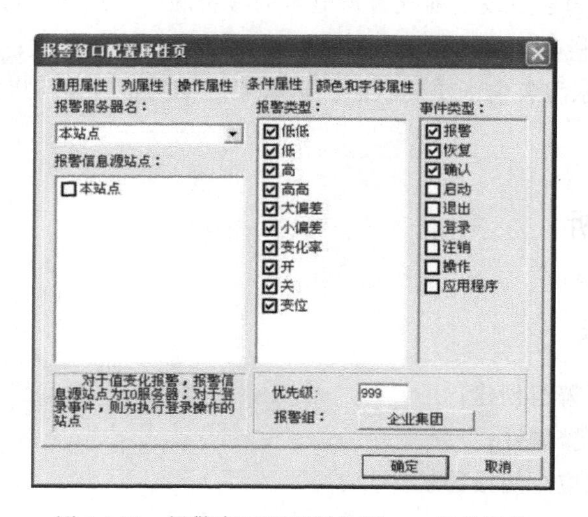


图 2-164　报警窗口配置属性页——条件属性

（4）运行系统中报警窗的操作

如果报警窗配置中选择了“显示工具条”和“显示状态栏”，则运行时的标准报警窗显示如图 2-165 所示。

| 事件日期 | 事件时间 | 报警日期 | 报警时间 | 变量名 | 报警类型 | 报警值/旧值 | 恢复 |
|---|---|---|---|---|---|---|---|

图 2-165　运行系统标准报警窗

标准报警窗共分为三个部分：工具条、报警和事件信息显示部分、状态栏。工具箱中按钮的作用为：

确认报警：在报警窗中选择未确认过的报警信息条，该按钮变为有效，单击该按钮，确认当前选择的报警。

报警窗暂停/恢复滚动：每单击一次该按钮，暂停/恢复滚动状态发生一次变化。

更改报警类型：更改当前报警窗显示的报警类型的过滤条件。

更改事件类型：更改当前报警窗显示的事件类型的过滤条件。

更改优先级：更改当前报警窗显示的优先级过滤条件。

更改报警组：更改当前报警窗显示的报警组过滤条件。

更改报警信息源：更改当前报警窗显示的报警信息源过滤条件。

本站点：更改当前报警窗显示的报警服务器过滤条件。

状态栏共分为三栏：第一栏显示当前报警窗中显示的报警条数；第二栏显示新报警出现的位置；第三栏显示报警窗的滚动状态。运行系统中的报警窗可以按需要不配置工具条和状态栏。

## 三、任务分析

### （一）能力目标

1. 能完成工程报警组创建；
2. 能设置变量报警属性；
3. 能创建化工反应车间报警事件。

### （二）知识目标

1. 掌握报警组结构定义；
2. 掌握离散、模拟变量报警属性定义；
3. 掌握报警事件的查询。

## （三）仪器设备

计算机、组态王软件 6.55

## （四）工程画面

化工反应车间报警监控画面如图 2-166 所示。

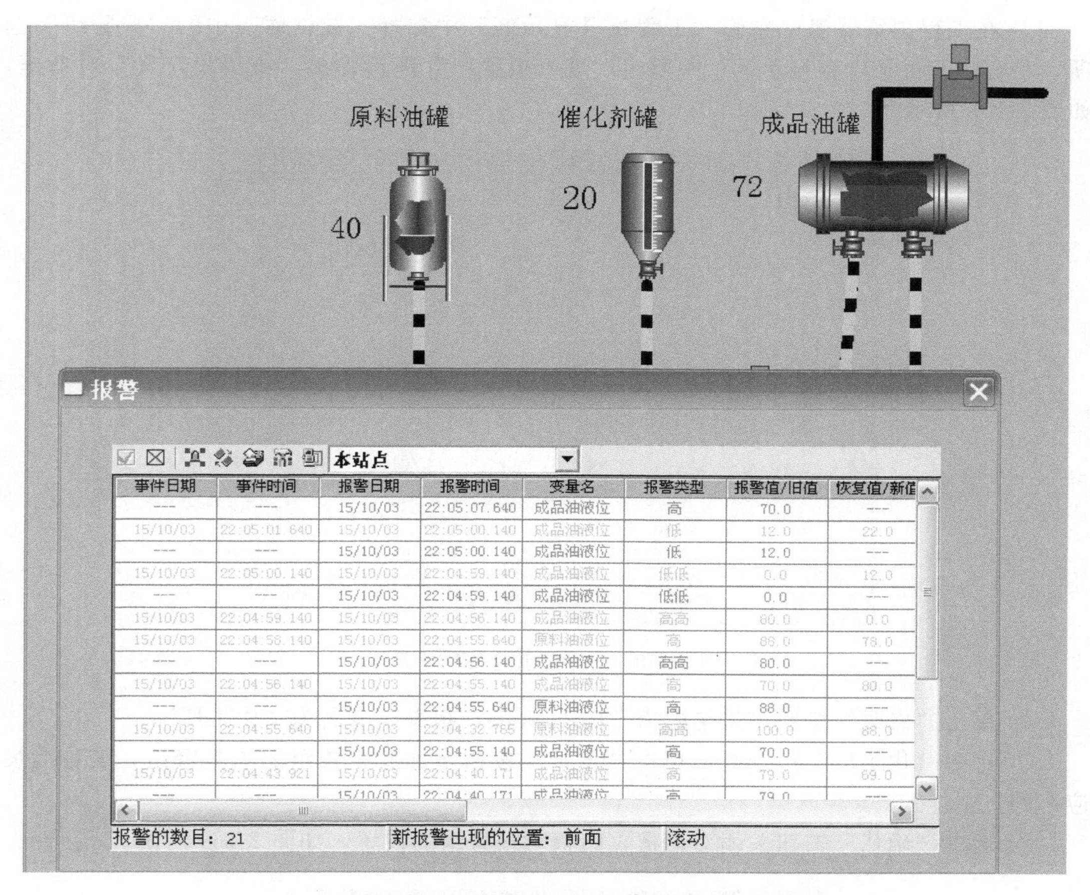


图 2-166　化工反应车间报警组态画面

## （五）变量定义

水池水位组态监控系统变量定义如图 2-167 所示。

| | | |
|---|---|---|
| 原料油出料阀 | 内存离散 | 22 |
| 催化剂出料阀 | 内存离散 | 23 |
| 成品油出料阀 | 内存离散 | 24 |
| 原料油控制水流 | 内存整型 | 25 |
| 催化剂控制水流 | 内存整型 | 26 |
| 成品油控制水流 | 内存整型 | 27 |
| 原料油液位 | 内存整型 | 28 |
| 催化剂液位 | 内存整型 | 29 |
| 成品油液位 | 内存整型 | 30 |

图 2-167　水池水位变量定义

## 四、任务实施

化工反应车间报警系统组态监控系统的设计。

1．定义报警组

① 在工程浏览器窗口左侧“工程目录显示区”中选择“数据库”中的“报警组”选项，在右侧“目录内容显示区”中双击“进入报警组”图标弹出“报警组定义”对话框，如图 2-168 所示。

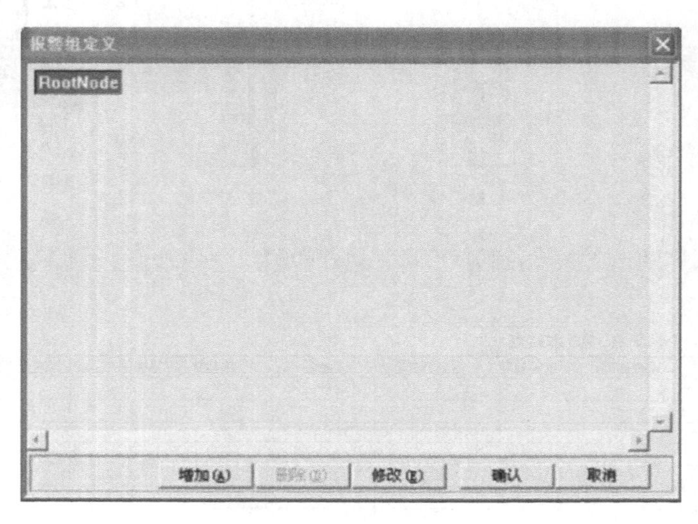


图 2-168 “报警组定义”对话框

② 单击“修改”按钮，将名称为“RootNode”报警组改名为“化工厂”。

③ 选中“化工厂”报警组，单击“增加”按钮增加此报警组的子报警组，名称为反应车间。

④ 选中“确认”按钮关闭对话框，结束对报警组的设置，如图 2-169 所示。

图 2-169 设置完毕的报警组窗口

### 2. 设置变量的报警属性

① 在数据词典中选择“原料油液位”变量，双击此变量，在弹出的“定义变量”对话框中单击“报警定义”选项卡，如图 2-170 所示。

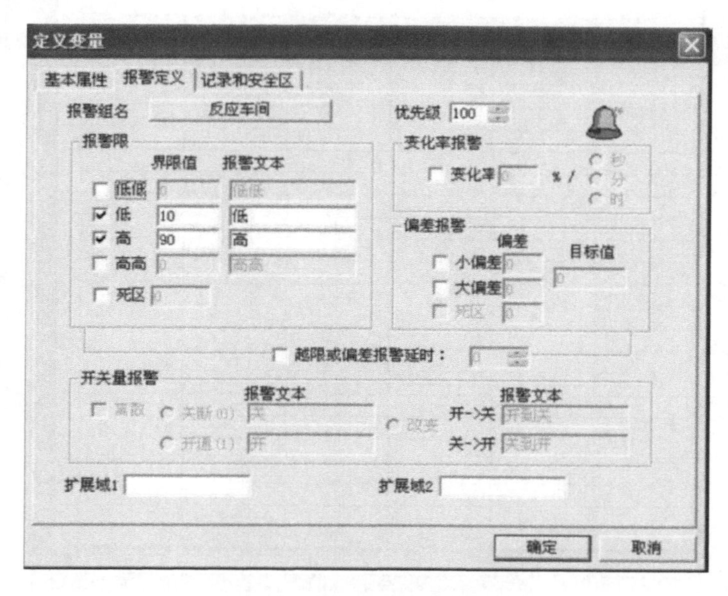


图 2-170　报警属性定义窗口

② 设置完毕后单击“确定”按钮，系统进入运行状态时，当“原料油液位”的高度低于 10 或高于 90 时系统将产生报警，报警信息将显示在“反应车间”报警组中。

### 3. 建立报警窗口

① 新建一画面，名称为报警和事件画面，类型为覆盖式。

② 选择工具箱中的“T”工具，在画面上输入文字：报警和事件画面。

③ 选择工具箱中的“报警窗口”工具，在画面中绘制一报警窗口，如图 2-171 所示。

④ 双击“报警窗口”对象，弹出“报警窗口配置属性页”，如图 2-172 所示。

报警窗口分为五个属性页：通用属性页、列属性页、操作属性页、条件属性页、颜色和字体属性页。

通用属性页：在此属性页中可以设置窗口的名称、窗口的类型（实时报警窗口或历史报警窗口）、窗口显示属性以及日期和时间显示格式等。需要注意的是报警窗口的名称必须填写，否则运行时将无法显示报警窗口。

列属性页：报警窗口中的“列属性”对话框，如图 2-173 所示。

在此属性页中可以设置报警窗口中显示的内容，包括报警日期时间显示与否、报警变量名称显示与否、报警类型显示与否等。

操作属性页：报警窗口中的“操作属性”对话框，如图 2-174 所示。

在此属性页中可以对操作者的操作权限进行设置。单击“安全区”按钮，在弹出的“选择安全区”对话框中选择报警窗口所在的安全区，只登录用户安全区包含报警窗口的

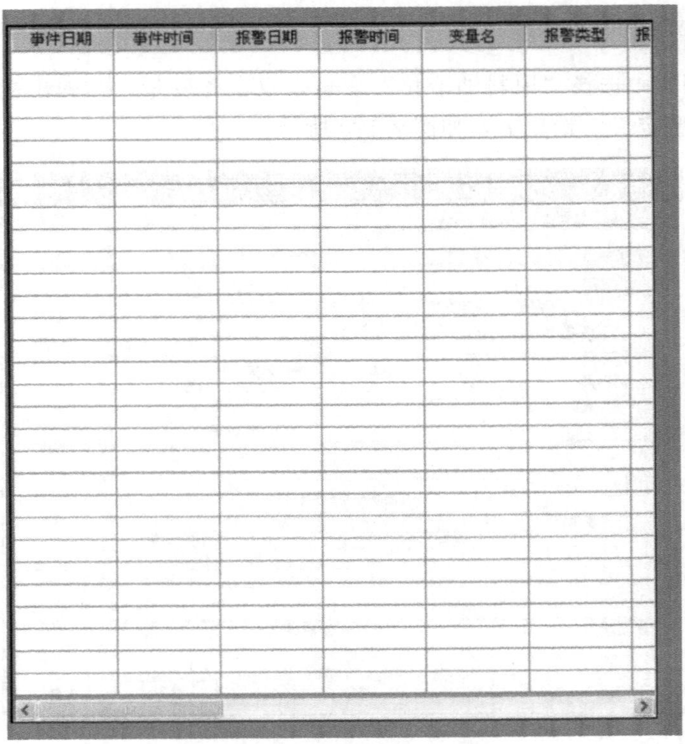

| 事件日期 | 事件时间 | 报警日期 | 报警时间 | 变量名 | 报警类型 | 报 |
|---|---|---|---|---|---|---|

图 2-171　报警窗口

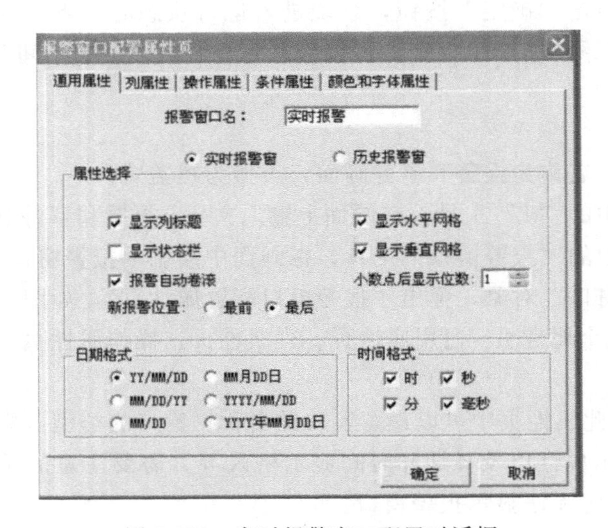


图 2-172　实时报警窗口配置对话框

操作安全区时，才可执行如下设置的操作，如：双击左键操作、工具条的操作和报警确认的操作。

条件属性页：报警窗口中的“条件属性”对话框，如图 2-175 所示。

在此属性页中你可以设置哪些类型的报警或事件发生时才在此报警窗口中显示，并设置其优先级和报警组。

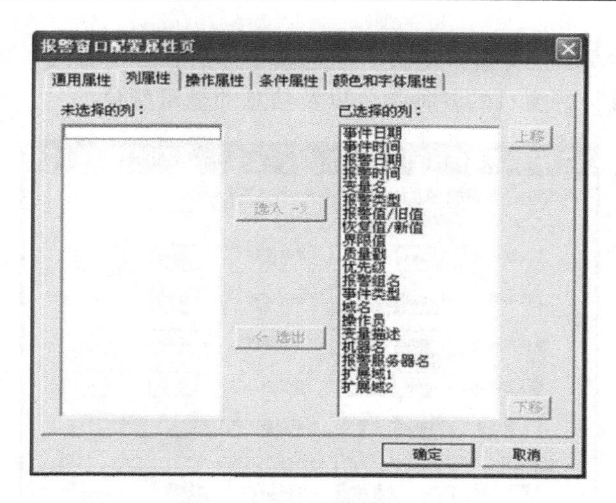


图 2-173　列属性页窗口

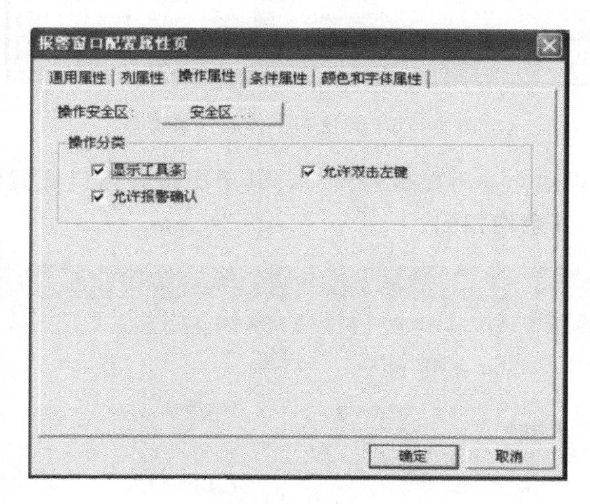


图 2-174　操作属性页窗口

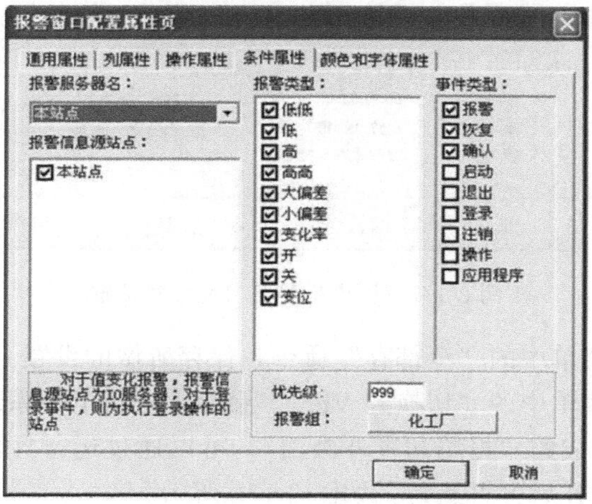

图 2-175　条件属性页窗口

颜色和字体属性页：报警窗口中的“颜色和字体属性”对话框，如图 2-176 所示。在此属性页中可以设置报警窗口的各种颜色以及信息的显示颜色。

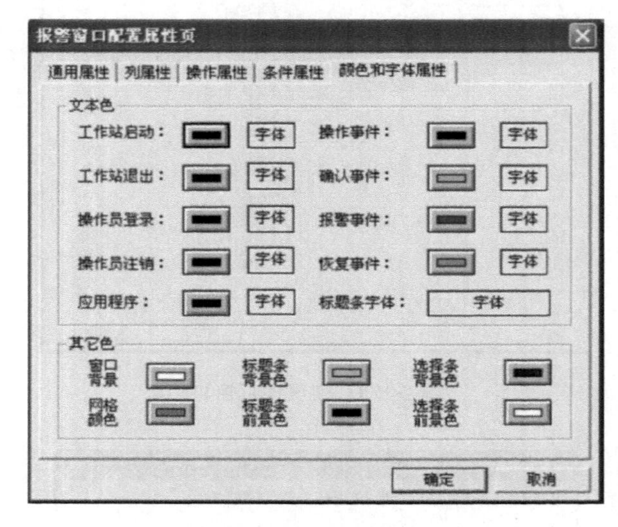


图 2-176　颜色和字体属性页窗口

⑤ 用同样的方法再建立一历史报警窗口，其历史报警窗口配置属性页的通用属性设置，如图 2-177 所示，其余均相同。

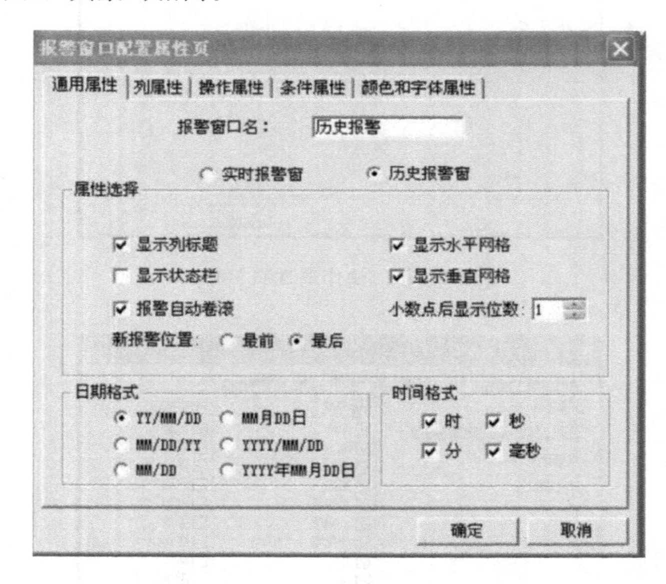


图 2-177　历史报警窗口配置对话框

⑥ 单击“文件”菜单中的“全部存”命令，保存所做的设置。

⑦ 单击“文件”菜单中的“切换到 View”命令，进入运行系统。系统默认运行的画面可能不是刚刚编辑完成的“报警和事件画面”，可以通过运行界面中的“画面”菜单中的“打开”命令将其打开后方可运行，如图 2-178 所示。

图 2-178　运行中的报警窗口

## 五、知识拓展

组态王中报警和事件的处理方法是：当报警和事件发生时，组态王把这些信息存于内存中的缓冲区中，当缓冲区达到指定数目或记录定时时间到时，系统自动将报警和事件信息进行记录。

组态王内置控件是组态王提供的、只能在组态王程序内使用的控件。控件是用来执行专门任务的，但不是一个独立的应用程序，通过控件的属性、方法等控制控件的外观和行为，接受输入并提供输出。

控件在外观上类似于组合图素，工程人员只需把它放在画面上，然后配置控件的属性，进行相应的函数连接，控件就能完成复杂的功能。

当所实现的功能由主程序完成时需要制作很复杂的命令语言，或根本无法完成时，可以采用控件。主程序只需要向控件提供输入，而剩下的复杂工作由控件去完成，主程序无须理睬其过程，只要控件提供所需要的结果输出即可。

### 1. 报警记录输出一：文件输出

系统的报警信息可以记录到文本文件中，用户可以通过这些文本文件来查看报警记录。记录的文本文件的记录时间段、记录内容、保存期限等都可定义。

（1）报警配置——文件输出配置

打开组态王工程管理器，在工具条中选择“报警配置”，或双击列表项“系统配置/报警配置”，弹出“报警配置属性页”对话框，如图 2-179 所示。

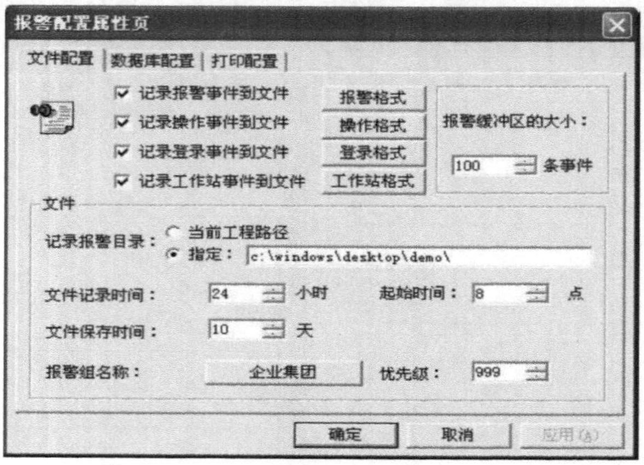

图 2-179　报警配置属性——文件配置

文件配置对话框中各部分的含义是：

记录内容选择：其中包括“记录报警事件到文件”选项、“记录操作事件到文件”选项、“记录登录事件到文件”选项、“记录工作站事件到文件”选项。

记录报警目录：定义报警文件记录的路径。

当前工程路径：记录到当前组态王工程所在的目录下。

指定：当选择该项时，其后面的编辑框变为有效，在编辑框中直接输入报警文件将要存储的路径。

文件记录时间：报警记录的文件一般有很多个，该项指定没有记录文件的记录时间长度，单位为小时，指定数值范围为 1～24。如果超过指定的记录时间，系统将生成新的记录文件。

起始时间：指报警记录文件命名时的时间（小时数），表明某个报警记录文件开始记录的时间。

报警组名称：选择要记录的报警和事件的报警组名称条件，只有符合定义的报警组及其子报警组的报警和事件才会被记录到文件。

优先级：规定要记录的报警和事件的优先级条件。只有高于规定的优先级的报警和事件才会被记录到文件中。

文件配置完成后，单击确定关闭对话框。

（2）通用报警和事件记录格式配置

在规定报警和事件信息输出时，同时可以规定输入的内容和每项内容的长度。这就是格式配置，格式配置在文件输出、数据库输入和打印输出中都相同。

报警格式：如图 2-180 所示。每个选项都有格式或字符长度设置，当选中某一项时，在对话框右侧的列表框中会显示该项的名称，在进行文件记录和实时打印时，将按照列表框中的顺序和列表项。

操作格式：如图 2-181 所示。每个选项都有格式或字符长度设置，当选中某一项时，在对话框右侧的列表框中会显示该项的名称，在进行文件记录和实时打印时，将按照列表

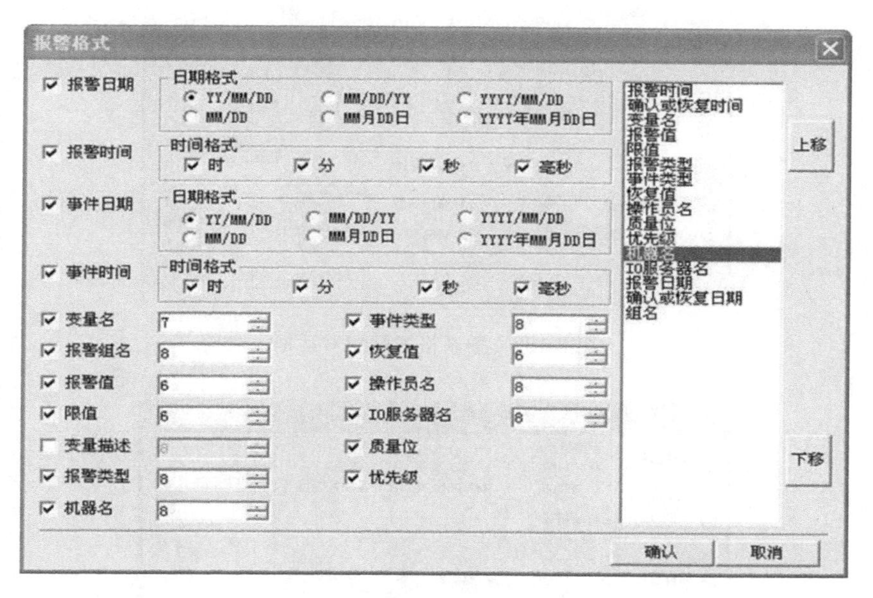


图 2-180　报警格式配置对话框

框中的顺序和列表项；在数据库记录时，只记录列表框中有的项，没有的项将不被记录。选中列表框中的某一项，单击对话框右侧的“上移”或“下移”按钮，可以移动列表项的位置。

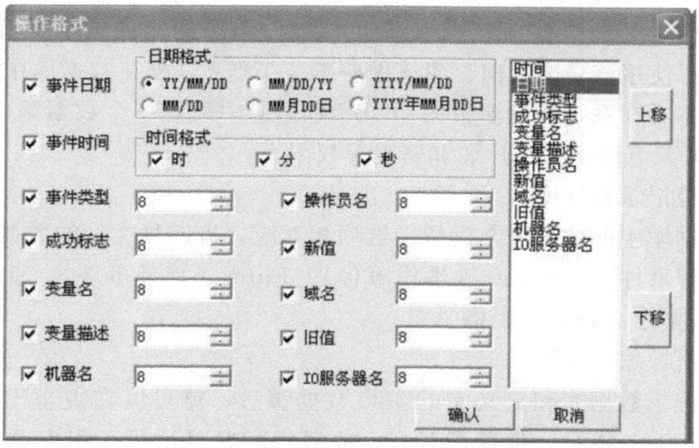

图 2-181　操作格式配置对话框

登录格式：如图 2-182 所示。每个选项都有格式或字符长度设置，当选中某一项时，在对话框右侧的列表框中显示该项的名称，在进行文件记录和实时打印时，将按照列表框中的顺序和列表项。

工作站格式：如图 2-183 所示。每个选项都有格式或字符长度设置，当选中某一项时，在对话框右侧的列表框中显示该项的名称，在进行文件记录和实时打印时，将按照列表框中的顺序和列表项。

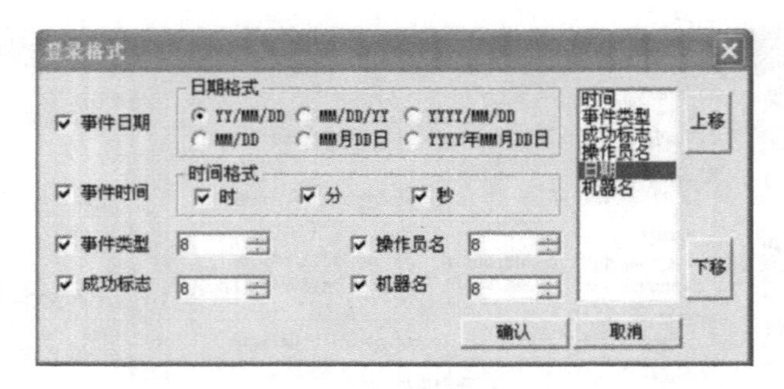


图 2-182　登录格式配置对话框

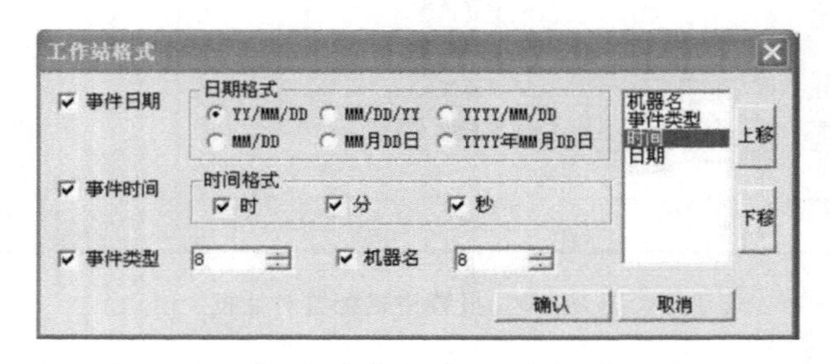


图 2-183　工作站格式配置对话框

### 2. 报警记录输出二：数据库

组态王产生的报警和事件信息可以通过 ODBC 记录到开放式数据库中，如 Access、SQLServer 等。在使用该功能之前，应该做些准备工作：首先在数据库中建立相关的数据表和数据字段，然后在系统控制面板的 ODBC 数据源中配置一个数据源（用户 DSN 或系统 DSN），该数据源可以定义用户名和密码等权限。

（1）定义报警记录数据库

报警输出数据库中的数据表与配置中选项相对应，有四种类型的数据表格，这四种表格为 Alarm（报警事件）、Operate（操作事件）、Enter（登录事件）、Station（工作站事件）。可以按照需要建立相关的表格。

（2）报警输出数据库配置

定义好报警记录数据库和定义完 ODBC 数据源后，就可以在组态王中定义数据库输出配置了，如图 2-184 所示。报警配置——数据库配置对话框，用户可以根据需要自行设置。

### 3. 报警记录输出三：实时打印输出

组态王产生的报警和事件信息可以通过计算机并口实时打印出来。首先应该对实时打印进行配置，如图 2-185 所示。为报警打印配置对话框，用户可以根据需要选择打印的内容与风格。

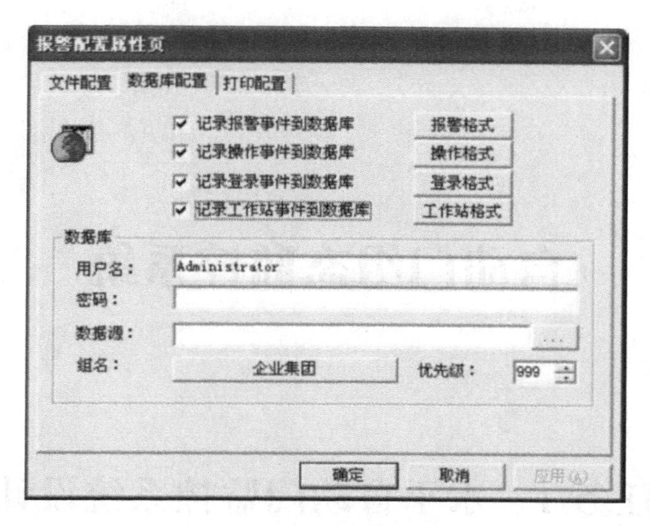


图 2-184　数据库配置

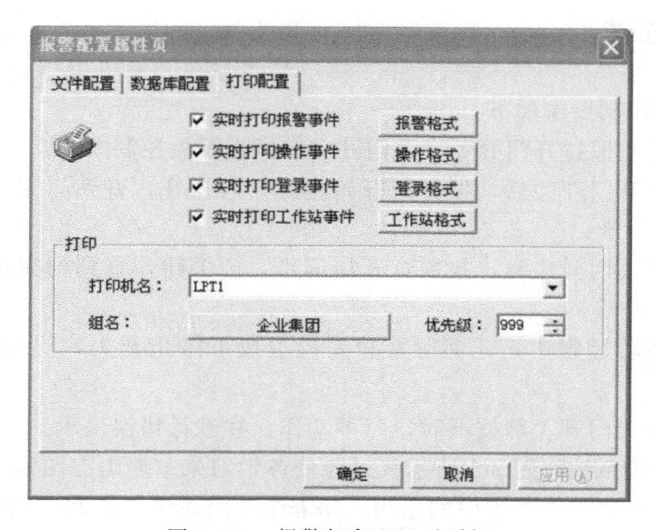


图 2-185　报警打印配置对话框

## 六、思考与练习

试一试在此工程基础上设计催化剂液位、成品油液位报警系统。

# 项目三

# 自动门组态监控系统

## 任务1　水平自动门监控系统设计

### 一、任务描述

水平自动门的控制要求如下：

① 门卫在警卫室通过开门开关、关门开关和停止开关控制大门；

② 当门卫按下开门开关后，报警灯开始闪烁，门打开，直到门完全打开时，门停止运动，报警灯停止闪烁；

③ 当门卫按下关门开关时，报警灯开始闪烁，门关闭，直到门完全关闭时，门停止运动，报警灯停止闪烁；

④ 在自动门运动过程中，任何时候只要门卫按下停止开关，门马上停在当前位置，报警灯停闪；

⑤ 开门开关和关门开关都按下时，门不动作，并进行错误提示。

水平自动门监控系统如图3-1所示。过此任务学习来掌握组态图素缩放等动画效果的使用，掌握画面命令语言在工程中的运用。培养学生组态画面绘制、动画连接设置及综合工程设计的能力。

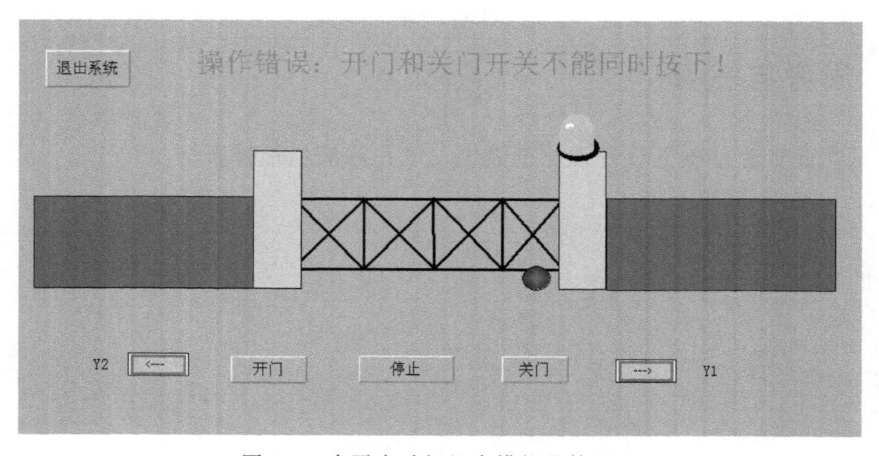


图3-1　水平自动门组态模拟监控工程

## 二、任务资讯

### （一）“缩放”动画连接

缩放连接是使被连接对象的大小随连接表达式的值而变化，例如建立一个温度计，用一矩形表示水银柱（将其设置“缩放连接”动画连接属性），以反映变量“温度”的变化。图 3-2（a）是设计状态，图 3-2（b）是在 TouchVew 中的运行状态。

(a)　　　　(b)

图 3-2　缩放连接实例

缩放连接的设置方法是：在“动画连接”对话框中单击“缩放连接”按钮，弹出“缩放连接”对话框，如图 3-3 所示。

图 3-3　缩放连接

对话框中各项设置的意义如下：

表达式：在此编辑框内输入合法的连接表达式，单击“?”按钮可以查看已定义的变量名和变量域。

最小时：输入对象最小时占据的被连接对象的百分比（占据百分比）及对应的表达式的值（对应值）。百分比为 0 时此对象不可见。

最大时：输入对象最大时占据的被连接对象的百分比（占据百分比）及对应的表达式的值（对应值）。若此百分比为 100，则当表达式值为对应值时，对象大小为制作时该对象大小。

变化方向：选择缩放变化的方向。变化方向共有五种，用“方向选择”按钮旁边的指示器来形象地表示。箭头是变化的方向，蓝点是参考点。单击“方向选择”按钮，可选择五种变化方向之一，如图 3-4 所示。

向下变化

向上变化

向中心变化

向左变化

向右变化

图 3-4　缩放变化方向

## （二）水平滑动杆输入连接

当有滑动杆输入连接的图形对象被鼠标拖动时，与之连接的变量的值将会被改变。当变量的值改变时，图形对象的位置也会发生变化。

例如建立一个用于改变变量“泵速”值的水平滑动杆，如图 3-5 所示。图 3-5（a）是设计状态，图 3-5（b）是在 TouchVew 中的运行状态。

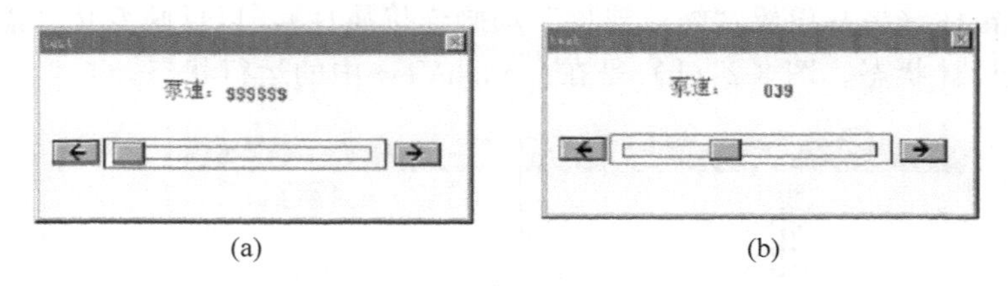


(a)　　(b)

图 3-5　水平滑动杆输入连接实例

水平滑动杆输入连接的设置方法是：在“动画连接”对话框中单击“水平滑动杆输入”按钮，弹出“水平滑动杆输入连接”对话框，如图 3-6 所示。

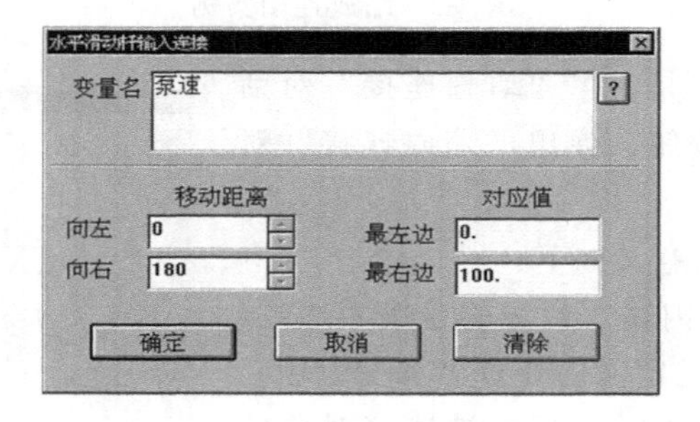


图 3-6　水平滑动杆输入连接

对话框中各项设置的意义如下。

变量名：输入与图形对象相联系的变量，单击“?”按钮可以查看已定义的变量名和变量域。

向左：图形对象从设计位置向左移动的最大距离。

向右：图形对象从设计位置向右移动的最大距离。

最左边：图形对象在最左端时变量的值。

最右边：图形对象在最右端时变量的值。

## （三）垂直滑动杆输入连接

垂直滑动杆输入连接与水平滑动杆输入连接类似，只是图形对象的移动方向不同。设置方法是：在“动画连接”对话框中单击“垂直滑动杆输入”按钮，弹出“垂直滑动杆输入连接”对话框如图 3-7 所示。

对话框中各项的意义解释如下。

变量名：与产生滑动输入的图形对象相联系的变量。单击“?”按钮查看所有已定义的变量名和变量域。

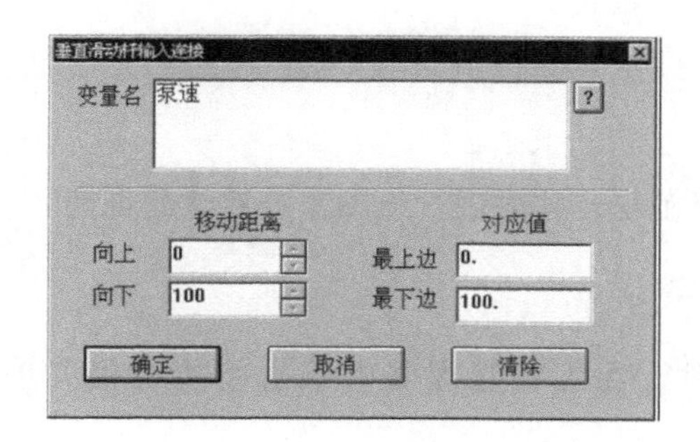


图 3-7　垂直滑动杆输入连接

向上：图形对象从设计位置向上移动的最大距离。

向下：图形对象从设计位置向下移动的最大距离。

最上边：图形对象在最上端时变量的值。

最下边：图形对象在最下端时变量的值。

## 三、任务分析

### （一）能力目标

1. 能独立创建并实现水平自动门组态工程；
2. 能利用缩放动画调试且实现水平自动门组态画面状态监控。

### （二）知识目标

1. 掌握水平自动门组态画面绘制、缩放动画连接、脚本语言编写；
2. 掌握水平自动门的组态监控工程的调试、故障排除。

### （三）仪器设备

计算机、组态王软件 6.55

### （四）工程画面

水平自动门组态监控画面如图 3-1 所示。

### （五）变量定义

水平自动门组态监控系统变量定义如图 3-8 所示。

| 变量名 | 类型 | ID |
| --- | --- | --- |
| 开门按钮 | 内存离散 | 21 |
| 关门按钮 | 内存离散 | 22 |
| 停止 | 内存离散 | 23 |
| Y1指示灯 | 内存离散 | 24 |
| Y2指示灯 | 内存离散 | 25 |
| Y3指示灯 | 内存离散 | 26 |
| 水平移动 | 内存整型 | 27 |
| 错误状态 | 内存离散 | 29 |

图 3-8　水平自动门变量定义

## 四、任务实施

设计水平自动门系统工程，首先进行组态监控系统的创建。

### 1. 建立新工程

打开组态王监控软件，在工程管理器内单击新建工程菜单，出现如图 3-9 所示对话框。

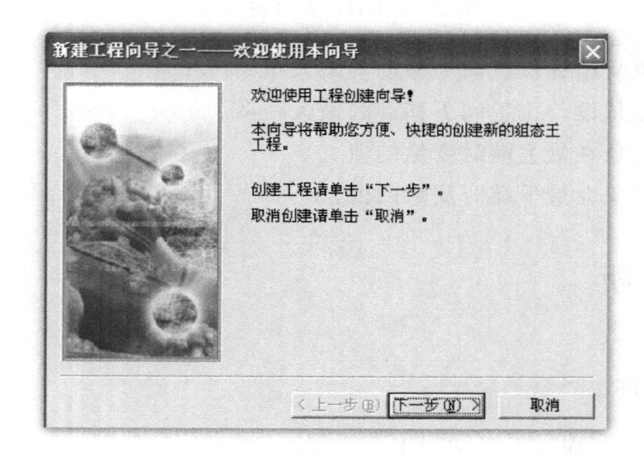


图 3-9　工程向导一

单击“下一步”按钮选择工程所在路径，如图 3-10 所示。

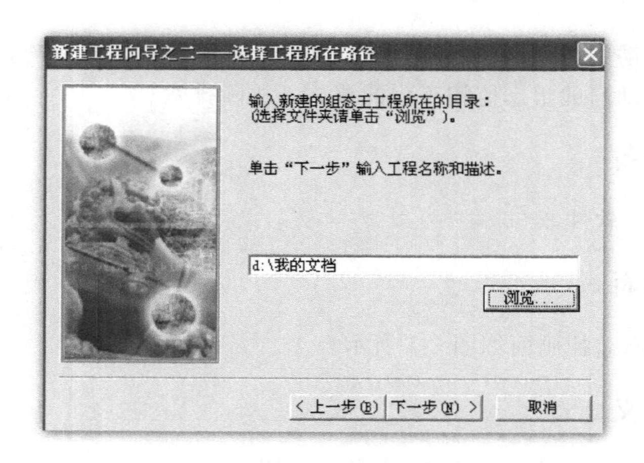


图 3-10　工程所在路径

单击“下一步”按钮对工程取名和描述，如图 3-11 所示。
单击“完成”按钮完成新项目的建立。

### 2. 新建画面

选择“文件/画面”，单击“新建”按钮出现如图 3-12 所示对话框。

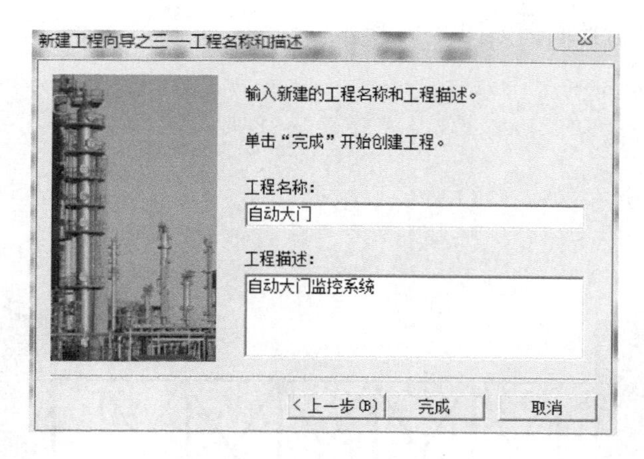


图 3-11　工程描述

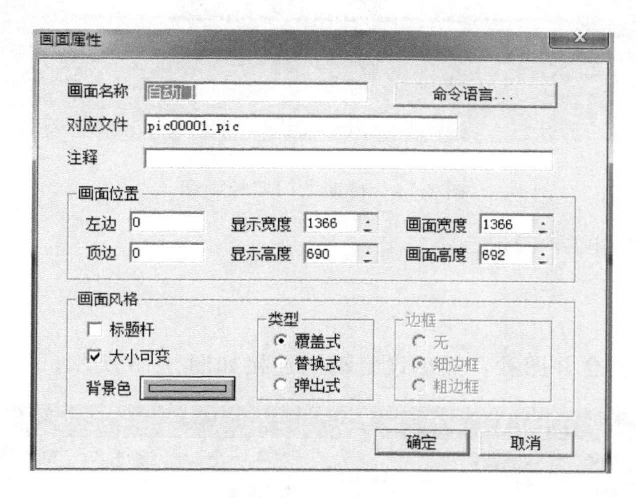


图 3-12　新建画面名称

填写画面名称及参数，单击“确定”按钮出现对话框如图 3-13 所示。

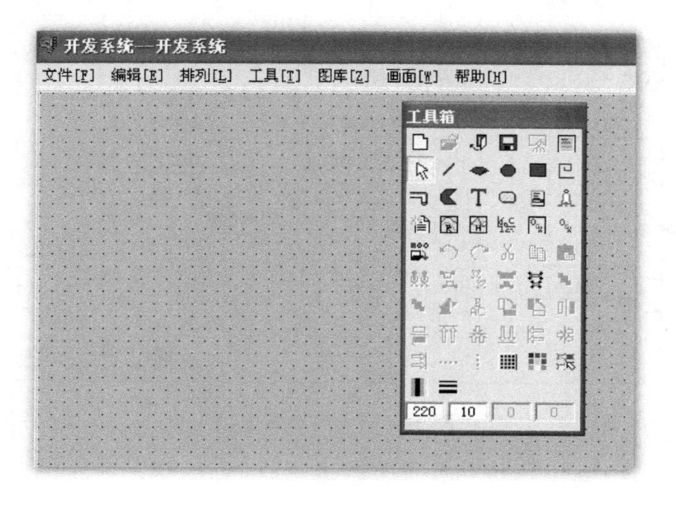


图 3-13　画面绘制区

开发系统内绘制监控画面如图 3-14 所示。

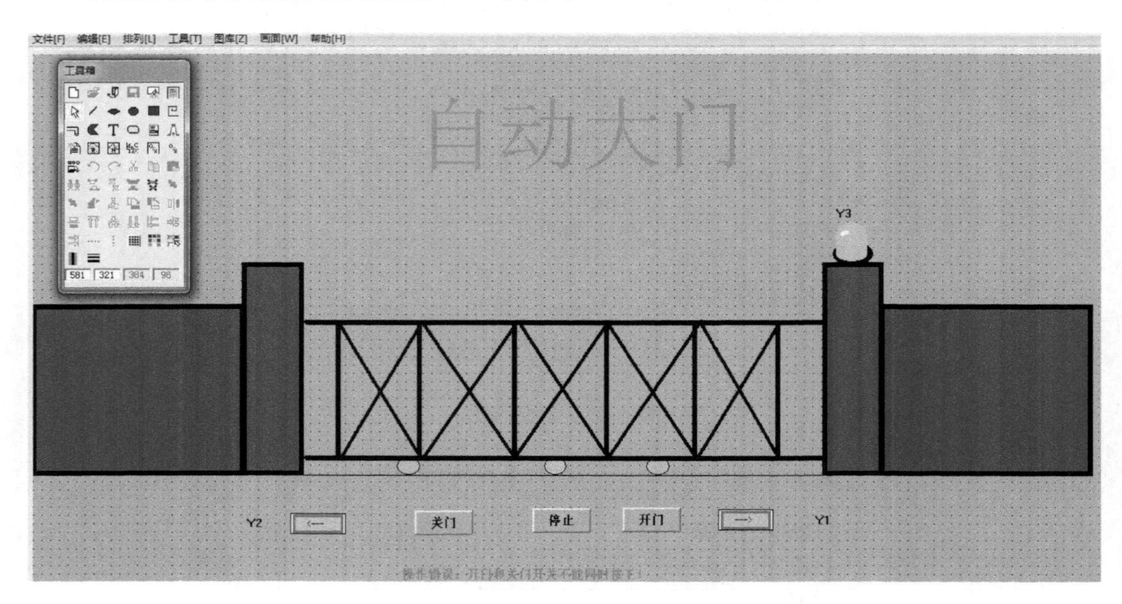


图 3-14　自动大门监控画面

I/O 变量定义如图 3-8 所示。

### 3. 动画连接

① 对大门首先要合并图素，然后设定动画连接如图 3-15 所示。

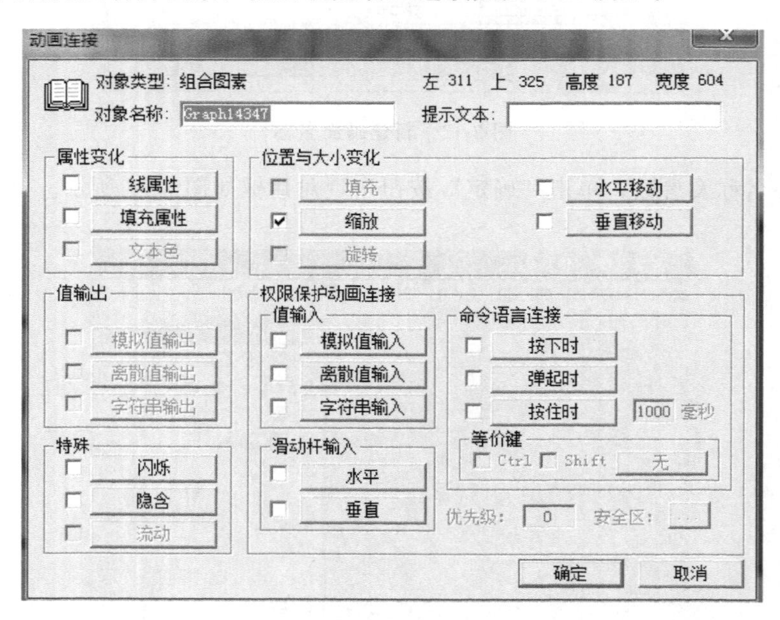


图 3-15　大门动画连接

② 对指示灯 Y1 动画连接如图 3-16 所示。

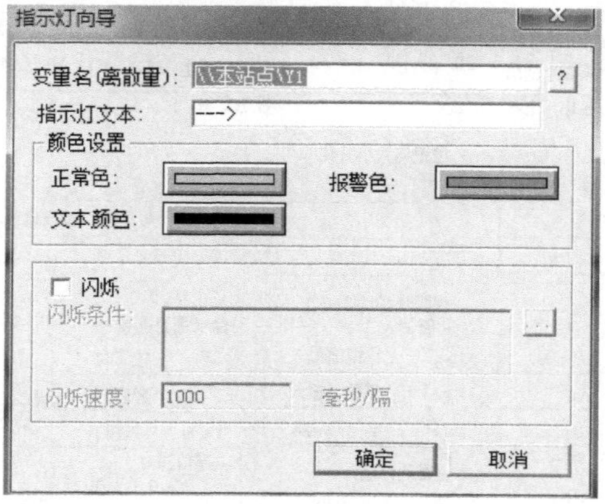

指示灯向导
变量名(离散量): \\本站点\Y1
指示灯文本: --->
颜色设置
正常色:
报警色:
文本颜色:
闪烁
闪烁条件:
闪烁速度: 1000
毫秒/隔
确定
取消

图 3-16　指示灯 Y1 动画连接

③ 对指示灯 Y2 动画连接如图 3-17 所示。

指示灯向导
变量名(离散量): \\本站点\Y2
指示灯文本: <---
颜色设置
正常色:
报警色:
文本颜色:
闪烁
闪烁条件:
闪烁速度: 1000
毫秒/隔
确定
取消

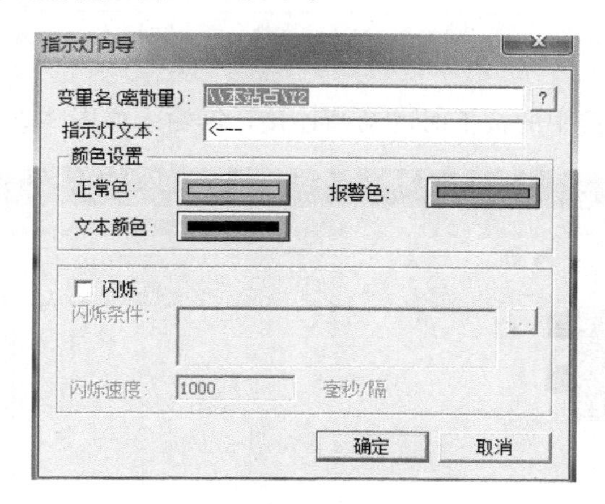

图 3-17　指示灯 Y2 动画连接

④ 对指示灯 Y3 动画连接如图 3-18 所示。

指示灯向导
变量名(离散量): \\本站点\Y3
颜色设置
正常色:
报警色:
闪烁
闪烁条件: \\本站点\Y3==1
闪烁速度: 10
毫秒/隔
确定
取消

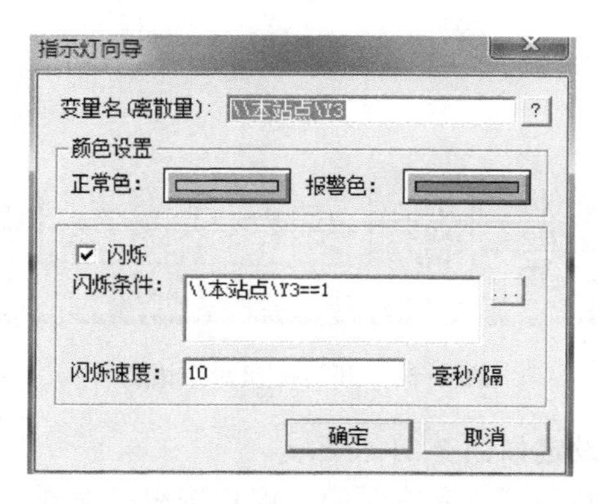

图 3-18　指示灯 Y3 选择动画连接

⑤ 对开门按钮进行动画连接如图 3-19 所示。

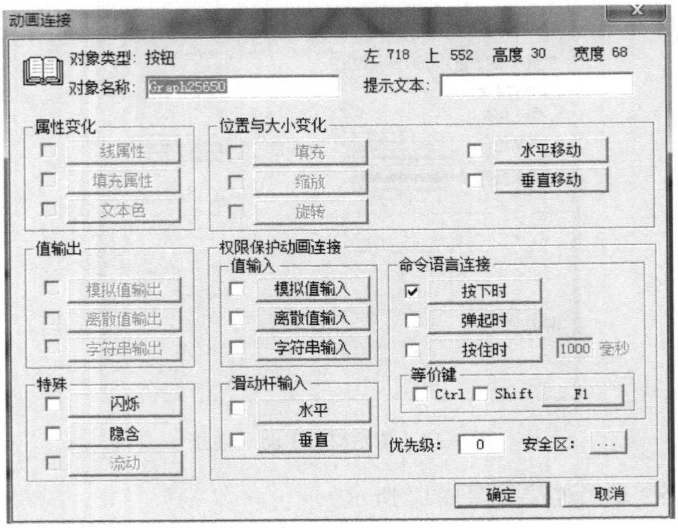

图 3-19　开门按钮选择动画连接

在选择命令语言连接中的按下时的动画连接，需输入如图 3-20 所示的命令语言。

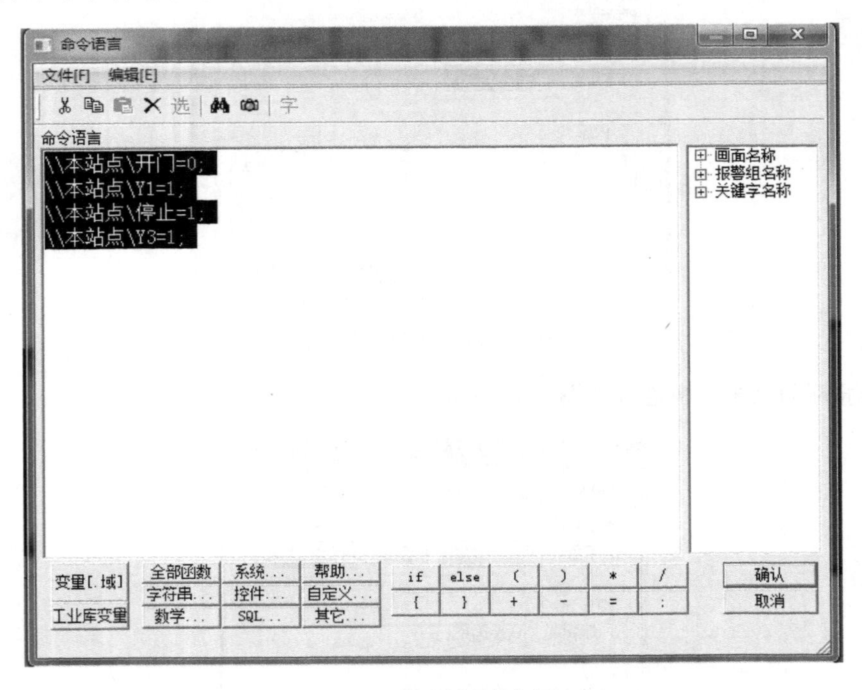


图 3-20　开门按钮命令语言

对开门按钮等价键的设定如图 3-21 所示。

根据对开门按钮的动画连接，完成关门、停止按钮的动画连接。

⑥ 操作错误文字动画连接如图 3-22 所示。

选择键.　关闭

| BackSpace | Home | Numpad1 | Multiply | F4 |
| --- | --- | --- | --- | --- |
| Tab | Left | Numpad2 | Add | F5 |
| Clear | Up | Numpad3 | Separator | F6 |
| Enter | Right | Numpad4 | Subtract | F7 |
| Esc | Down | Numpad5 | Decimal | F8 |
| Space | PrtSc | Numpad6 | Divide | F9 |
| PageUp | Insert | Numpad7 | F1 | F1 |
| PageDown | Del | Numpad8 | F2 | F1 |
| End | Numpad0 | Numpad9 | F3 | F1 |

图 3-21　等价键选择

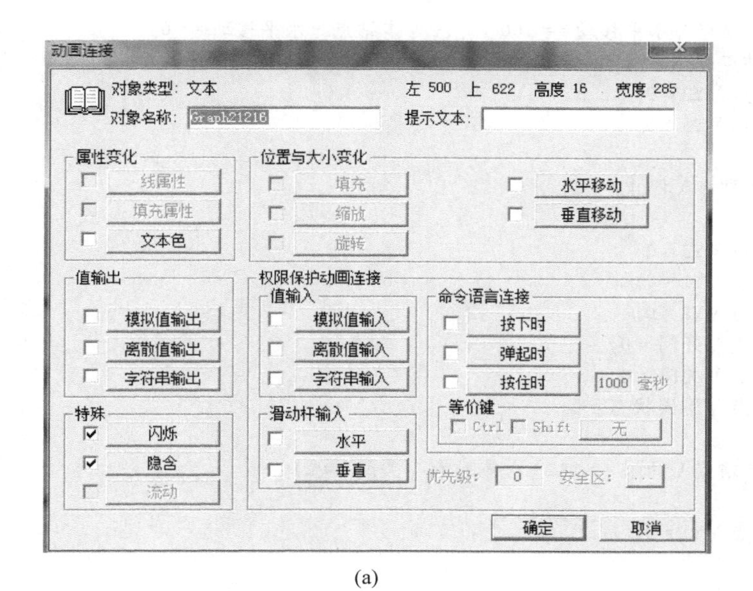


(a)

闪烁连接

闪烁条件　\\本站点\错误状态==1　?

*====================================================*

闪烁速度　20　毫秒/隔

确定　取消　清除

(b)

隐含连接

条件表达式　\\本站点\错误状态　?

*====================================================*

表达式为真时

显示　隐含

确定　取消　清除

(c)

图 3-22　操作错误文字动画连接

### 4. 命令语言

控制程序的编写要从简到难，功能逐个实现。编写一个功能，调试一个功能，调试成功后，再加入新的功能，反复进行调试修改。

参考画面命令语言如下：

```
    (监控画面存在时每隔 100 ms 执行一次)
if(\\本站点\开门==1)
{
\\本站点\Y3=!\\本站点\Y3;
\\本站点\Y2=1;
\\本站点\水平移动=\\本站点\水平移动+5;
}
if(\\本站点\关门==1)
{
\\本站点\Y3=!\\本站点\Y3;
\\本站点\Y1=1;
\\本站点\水平移动=\\本站点\水平移动-5;
}
if(\\本站点\水平移动==100||\\本站点\水平移动==0)
{\\本站点\Y3=0;
\\本站点\Y2=0;
\\本站点\Y1=0;
}
if(\\本站点\停止==1)
{
\\本站点\Y3=0;
\\本站点\Y1=0;
\\本站点\Y2=0;
\\本站点\开门=0;
\\本站点\关门=0;
\\本站点\错误状态=0;
}
if(\\本站点\开门==1&&\\本站点\关门==1)
{
\\本站点\Y1=0;
\\本站点\Y2=0;
\\本站点\Y3=0;
\\本站点\错误状态=1;
}
```

## 五、思考与练习

结合已经完成的自动门工程，试着设计当人走到门前时，关门动作会立即停止的工程。

# 任务 2　垂直自动门监控设计

## 一、任务描述

垂直自动门的控制要求如下：

① 垂直自动门开门、关门由超声波传感器和光电传感器进行控制；

② 当按下启动按钮，当有车由外到内进入超声波发射范围时，超声波传感器检测到超声回波，使控制垂直自动门电机正转，卷帘门上升开门，当到达上限位开关位置时，电机停止运行，上限位开关闭合，卷帘门停止上升；

③ 当车开到车库门下时，在车库门旁侧设有光电传感器，由连续发光光源和接收装置组成，可以检测是否有物体穿过此门，若车遮断了光束，此时卷帘门并不动作，当车进入门内，传感器再次检测到光束，启动电机反转，使卷帘门开始下降，当门移动到下限位开关时，电机停止运行，限位闭合；

④ 如果车已经进入超声波检测范围了，但是，此时车不想入库时，需要突然离开，车离开超声波检测范围后，延时 2s，卷帘门自动关门；

⑤ 当车已经进入车库，卷帘门已经关上。需要出库时，按下出库开关，卷帘门上升到顶，车开出库，当车开出过程中，离开超声波检测范围时，卷帘门自动关闭。

按下停止按钮，所有变量恢复初始状态。

垂直自动门监控设计系统如图 3-23 所示。过此任务学习来掌握组态图素水平、垂直移动等画效果的使用。培养学生组态画面绘制、水平、垂直移动动画连接设置及对垂直自动门综合工程设计的能力。

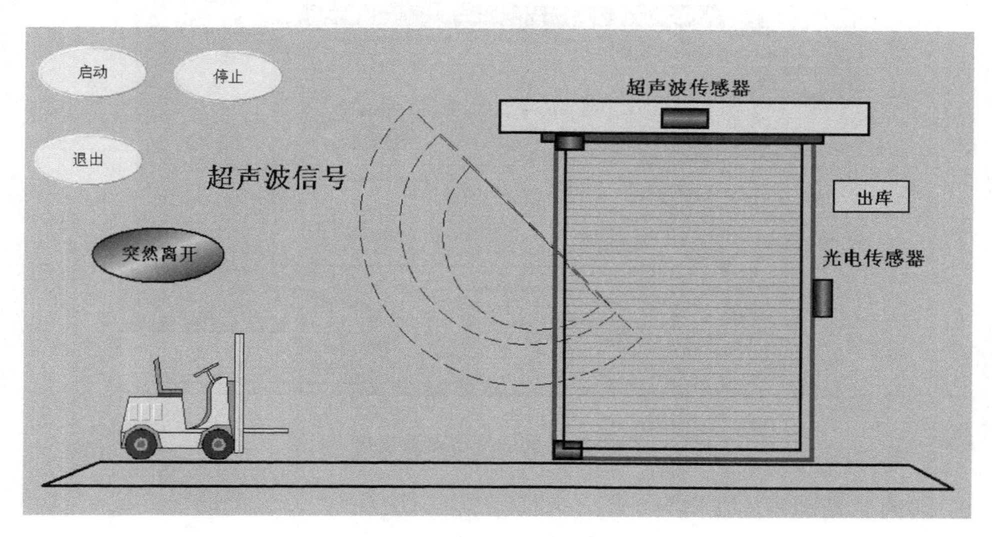


图 3-23　垂直自动门组态模拟监控工程

## 二、任务资讯

组态王提供可视化动画连接向导供用户使用。该向导的动画连接包括水平移动、垂直移动、旋转、滑动杆水平输入、滑动杆垂直输入五部分。使用可视化动画连接向导可以简单、精确地定位图素动画的中心位置、移动起止位置和移动范围等。

(1) 水平移动动画连接向导

使用水平移动动画连接向导的步骤为：

首先在画面上绘制水平移动的图素，如圆角矩形。选中该图素，选择菜单命令“编辑\水平移动向导”，或在该圆角矩形上右击，在弹出的快捷菜单上选择“动画连接向导\水平移动连接向导”命令，鼠标形状变为小“十”字形。选择图素水平移动的起始位置，单击鼠标左键，鼠标形状变为向左的箭头，表示当前定义的是运行时图素由起始位置向左移动的距离，水平移动鼠标，箭头随之移动，并画出一条水平移动轨迹线。

然后当鼠标箭头向左移动到左边界后，单击鼠标左键，鼠标形状变为向右的箭头，表示当前定义的是运行时图素由起始位置向右移动的距离，水平移动鼠标，箭头随之移动，并画出一条移动轨迹线，当到达水平移动的右边界时，单击鼠标左键，弹出水平移动动画连接对话框，如图 3-24 所示。

最后在“表达式”文本框中输入变量或单击“?”按钮选择变量，以“移动距离”的“向左”、“向右”文本框中的数据为利用向导建立动画连接产生的数据，用户可以按照需要再修改该项，单击“确定”按钮完成动画连接。

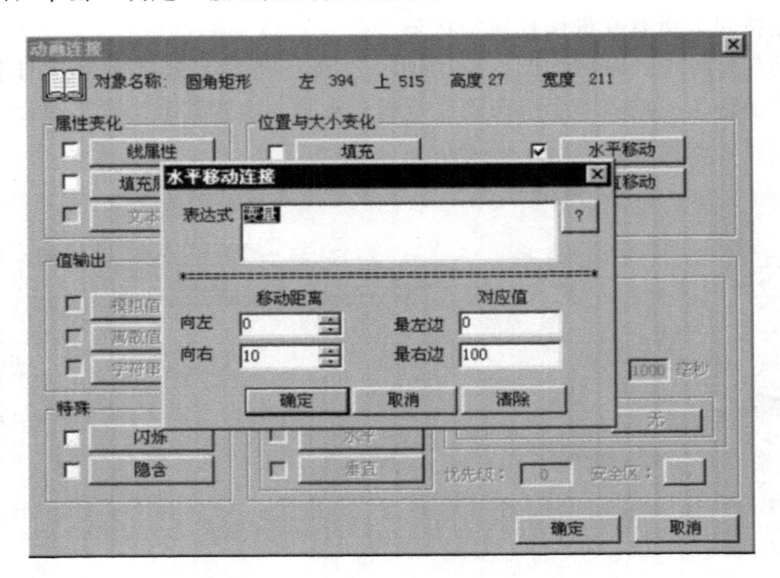


图 3-24　水平移动动画连接

（2）垂直移动动画连接向导

使用垂直移动动画连接向导的步骤为：

首先在画面上绘制垂直移动的图素，如圆角矩形。选中该图素，选择菜单命令“编辑\垂直移动向导”，或在该圆角矩形上右击，在弹出的快捷菜单上选择“动画连接向导\垂直移动连接向导”命令，鼠标形状变为小“十”字形。选择图素垂直移动的起始位置，单击鼠标左键，鼠标形状变为向上的箭头，表示当前定义的是运行时图素由起始位置向上移动的距离，垂直移动鼠标，箭头随之移动，并画出一条垂直移动轨迹线。

然后当鼠标箭头向上移动到上边界后，单击鼠标左键，鼠标形状变为向下的箭头，表示当前定义的是运行时图素由起始位置向下移动的距离，垂直移动鼠标，箭头随之移动，并画出一条垂直移动轨迹线，当到达垂直移动的下边界时，单击鼠标左键，弹出垂直移动动画连接对话框，如图 3-25 所示。

最后在“表达式”文本框中输入变量或单击“?”按钮选择变量，以“移动距离”的“向上”、“向下”文本框中的数据为利用向导建立动画连接产生的数据，用户可以按照需要再修改该项，单击“确定”按钮完成动画连接。

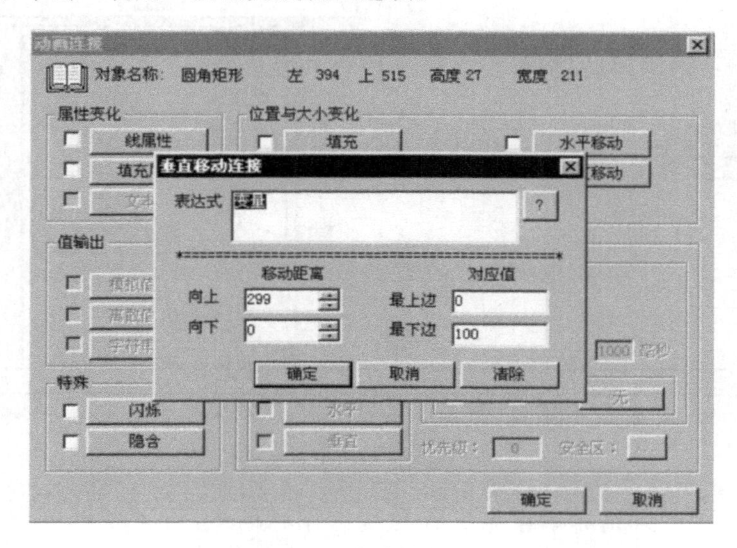


图 3-25　垂直移动动画连接

# 三、任务分析

## (一) 能力目标

1. 能独立创建并实现垂直自动门组态工程；
2. 能利用水平、垂直移动动画连接向导调试且实现垂直自动门组态画面状态监控。

## (二) 知识目标

1. 掌握垂直自动门组态画面绘制、水平、垂直移动动画连接、脚本语言编写；
2. 掌握垂直自动门的组态监控工程的调试、故障排除。

## (三) 仪器设备

计算机、组态王软件 6.55

## (四) 工程画面

垂直自动门组态监控画面如图 3-26 所示。

## (五) 变量定义

垂直自动门组态监控系统变量定义如图 3-27 所示。

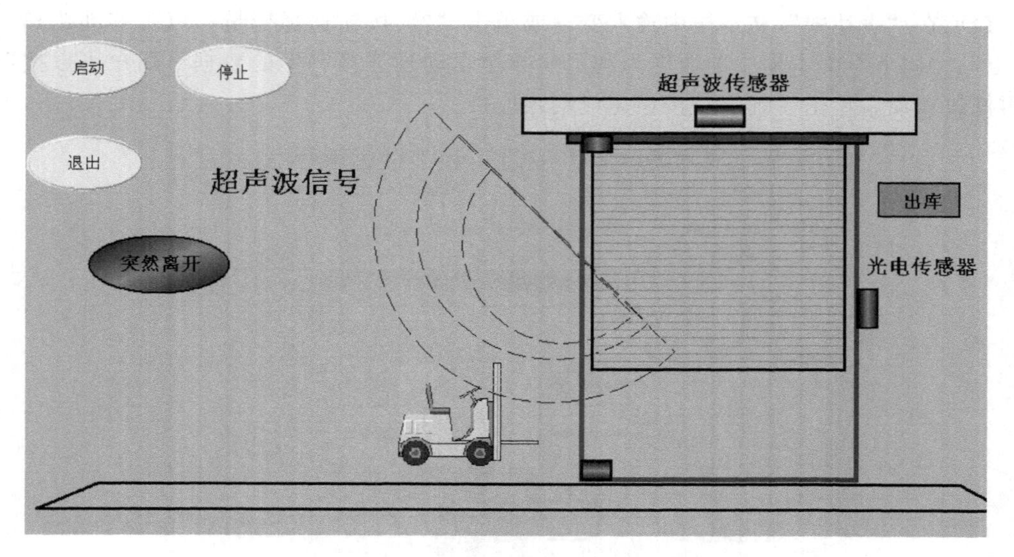


图 3-26　垂直自动门组态监控画面

| | | |
|---|---|---|
| 超声波传感器 | 内存离散 | 21 |
| 光电传感器 | 内存离散 | 22 |
| 上限位开关 | 内存离散 | 23 |
| 下限位开关 | 内存离散 | 24 |
| 垂直移动 | 内存整型 | 25 |
| 水平移动 | 内存整型 | 26 |
| 启动 | 内存离散 | 27 |
| 标志位 | 内存离散 | 28 |
| 突然离开按钮 | 内存离散 | 29 |
| 计时 | 内存整型 | 30 |
| 出库 | 内存离散 | 31 |
| 新建... | | |

图 3-27　垂直自动门变量定义

## 四、任务实施

### （一）设计垂直自动门监控系统工程

#### 1. 创建新工程

垂直自动门组态工程文件的创建与任务 1 相同，这里不再重复。

#### 2. 创建组态画面

进入组态王开发系统后，就可以为工程建立画面。

双击“新建”图标，在“画面名称”处输入新的画面名称“垂直自动门”，其他属性目前不用更改。单击“确定”按钮进入内嵌的组态王画面开发系统，如图 3-28 所示。

在组态王开发系统中从“工具箱”中选择“按钮”图标，绘制三个启动按钮，一个“启动”按钮，一个“停止”启动按钮，一个“退出”按钮；在“工具箱”选择“■”图素，利用画刷类型，在画面上绘制大门、卷帘门、超声波传感器、光电传感器，上、下限

图 3-28　组态王开发系统

位开关，“出库”按钮；在“工具箱”选择“●”绘制“突然离开”按钮；在“工具箱”选择“扇形（弧形）”绘制超声波形，如图 3-29 所示。

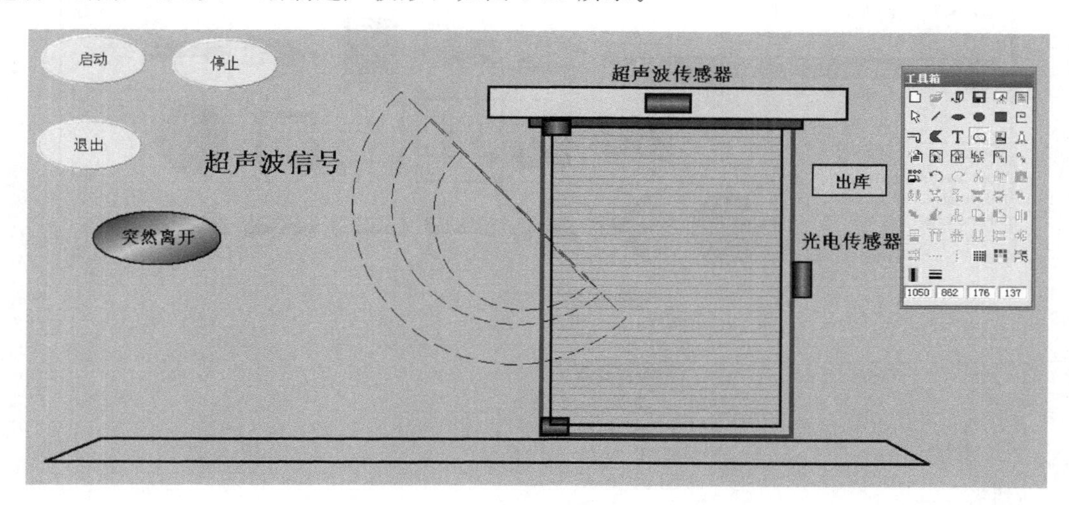


图 3-29　画面绘制

在上面画面上导入出汽车的图形，打开“工控图素小软件”，运行 SYMFAC1.EXE ，如图 3-30 所示。

右击选中图素，选中 Copy，如图 3-31 所示。

切换到组态王画面开发，使用工具箱“点位图”功能，在画面上画出点位图，如图 3-32 所示。

右击选择粘贴点位图，如图 3-33 所示。

选中粘贴好的图素，点右键选中“透明化”即可，如图 3-34 所示。

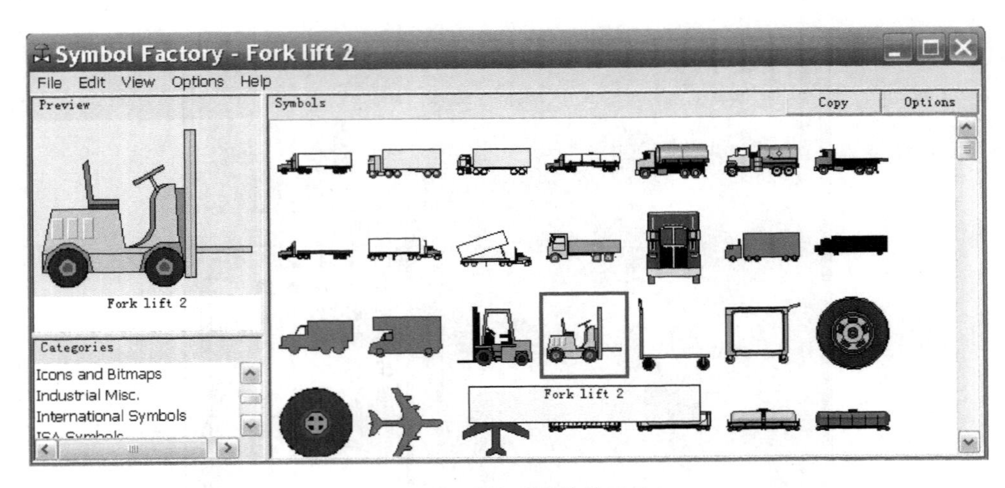


图 3-30　工控图素软件图片

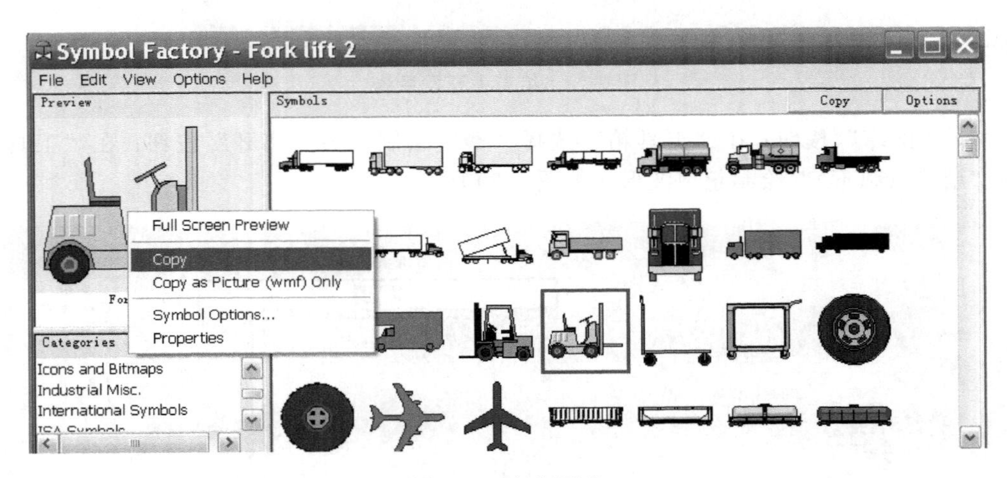


图 3-31　复制图片

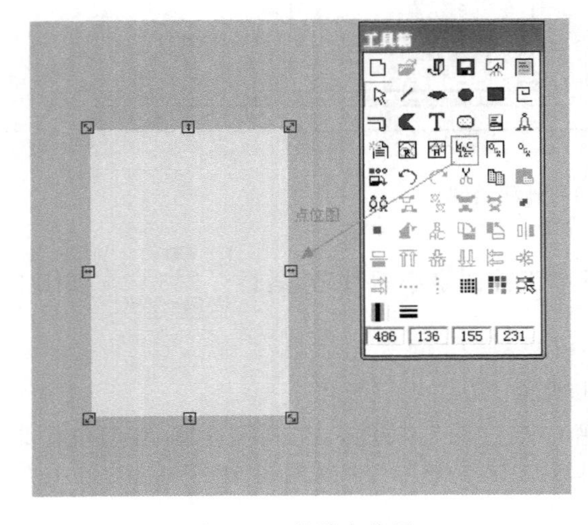


图 3-32　粘贴点位图

图 3-33　右击选择粘贴点位图

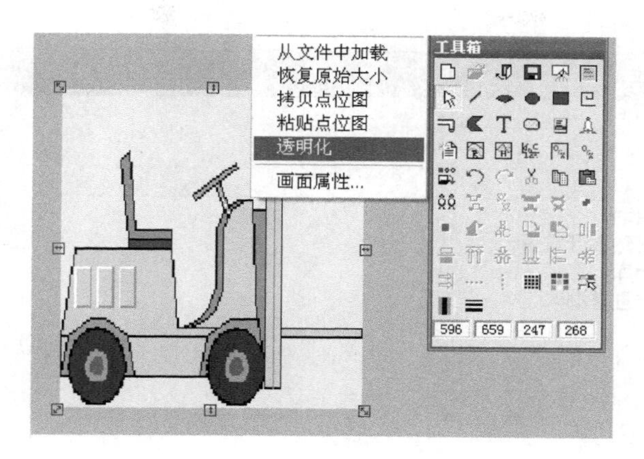


图 3-34　点位图透明化

将图中小车图素导入创建的组态画面中，具体方法见知识拓展部分。

### 3. 构造数据库

选择工程浏览器左侧大纲项“数据库\数据词典”，在工程浏览器右侧用鼠标左键双击“新建”图标，弹出“定义变量”对话框，此对话框可以对数据变量完成定义、修改等操作，以及数据库的管理工作。

例如，在“变量名”处输入变量名“超声波传感器”在“变量类型”处选择变量类型“内存离散”，其他属性目前不用更改，单击“确定”按钮即可。

同样方法，建立“光电传感器”内存离散变量，及其“启动”、“出库”、“突然离开”、“上、下限位开关”、“水平移动”、“垂直移动”等变量，如图 3-27 所示。

### 4. 建立动画连接

启、停按钮的动画设置

本任务是开关量的控制，需要对“启动”、“停止”按钮定义动画，双击“启动”按钮，选择“动画连接/按下时”菜单命令，弹出对话框如图 3-35 所示。

单击“确定”按钮即可。“停止”按钮的动画效果定义方法与“启动”按钮相同，如图 3-36 所示。

单击“确定”按钮即可。

为了表现出超声波传感器检测状态，则需要设置传感器检测到物体变成“绿色“，未检测到物体则为“红色”，如图 3-37 所示。

上限位开关、下限位开关动作时颜色的变化设置方法与超声波传感器相同。

光电传感器颜色变化设置方法同超声波传感器相同，但车进入车库后，按下光电传感器，卷帘门会自动下降。双击“光电传感器”按钮，选择“动画连接/弹起时”菜单命令，设置方法如图 3-38 所示。

“突然离开”按钮命令语言设置方法，利用工具箱绘制椭圆按钮，写上文字“突然离开”，双击椭圆按钮，在“动画连接中”设置按钮变化的颜色，方法同超声波传感器，同

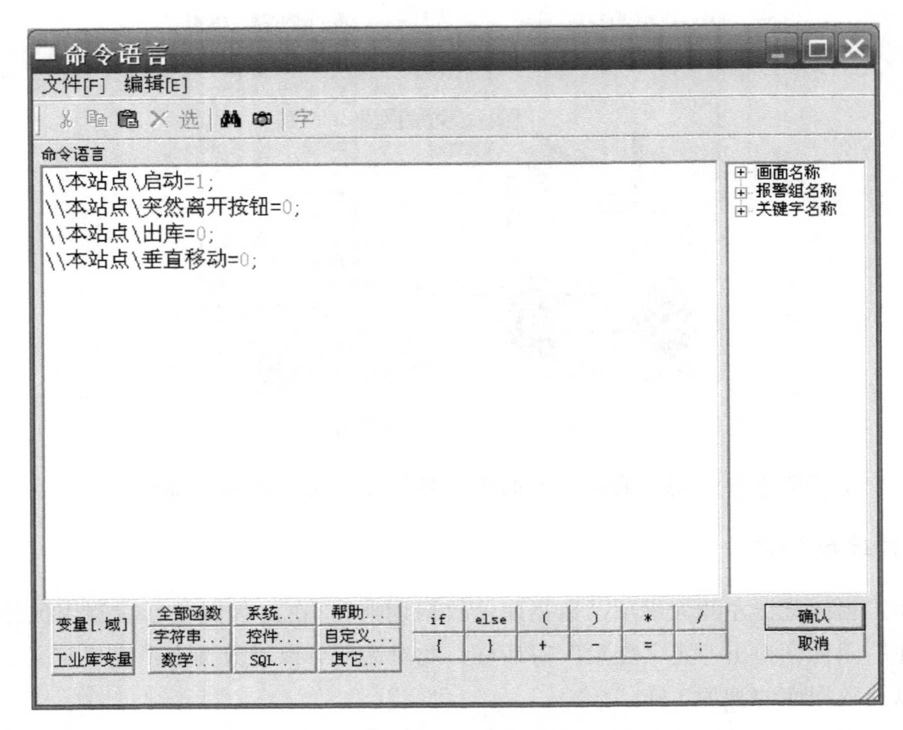


图 3-35 启动按钮“按下时”命令语言对话框

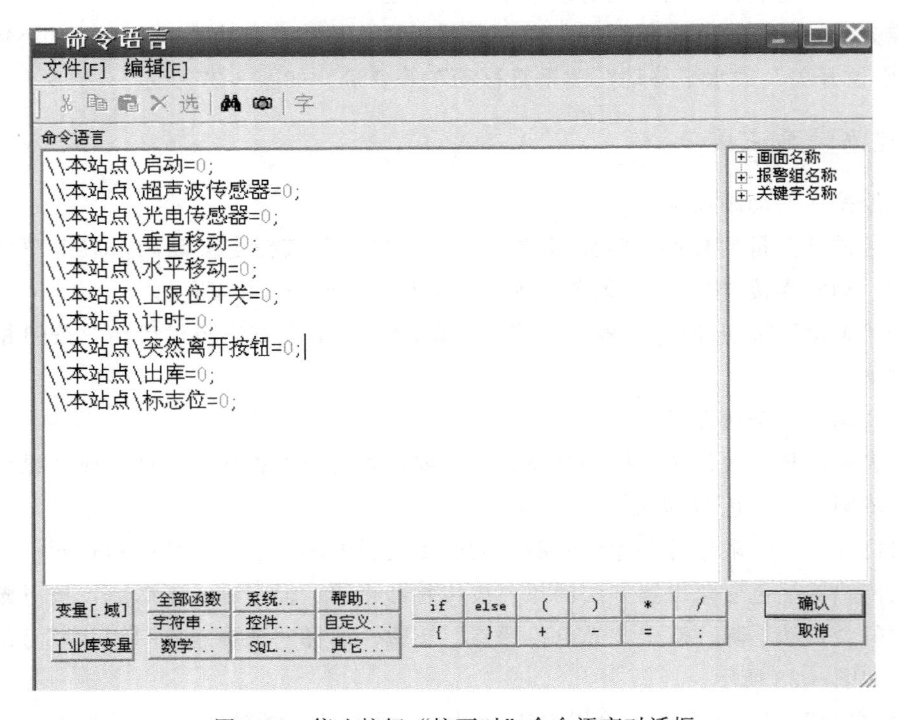


图 3-36 停止按钮“按下时”命令语言对话框

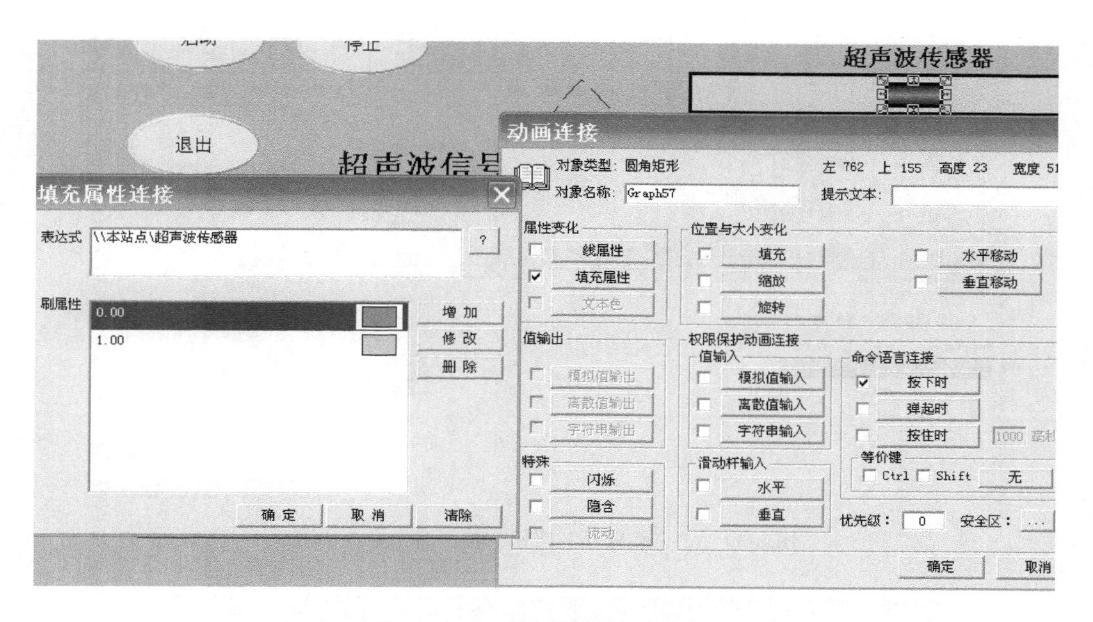


图 3-37　超声波传感器颜色变化

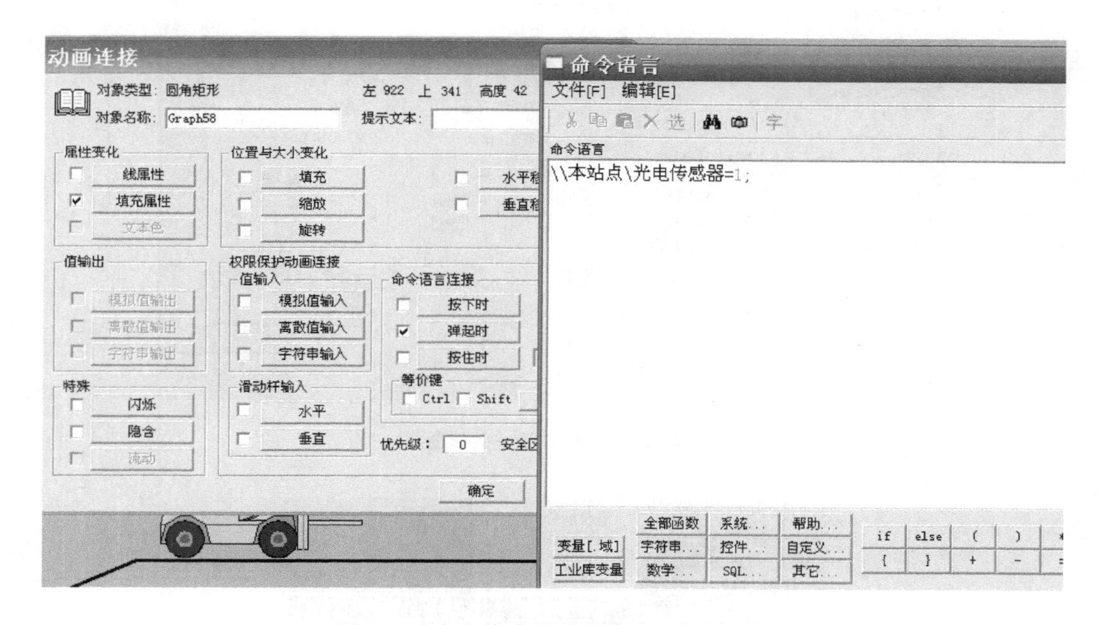


图 3-38　光电传感器“弹起时”命令语言

时，选中“命令语言连接\按下时和弹起时”写上命令语言，如图 3-39 所示。

“出库”按钮命令语言设置方法，与“突然离开”按钮相同，请大家自己完成。

卷帘门动画效果的设置，选择“动画连接\缩放”菜单命令，弹出对话框如图 3-40 所示。

小车动画效果的设置，右击选中小车图片，选择“动画连接向导\水平移动连接向导”菜单命令，弹出对话框如图 3-41、图 3-42 所示。

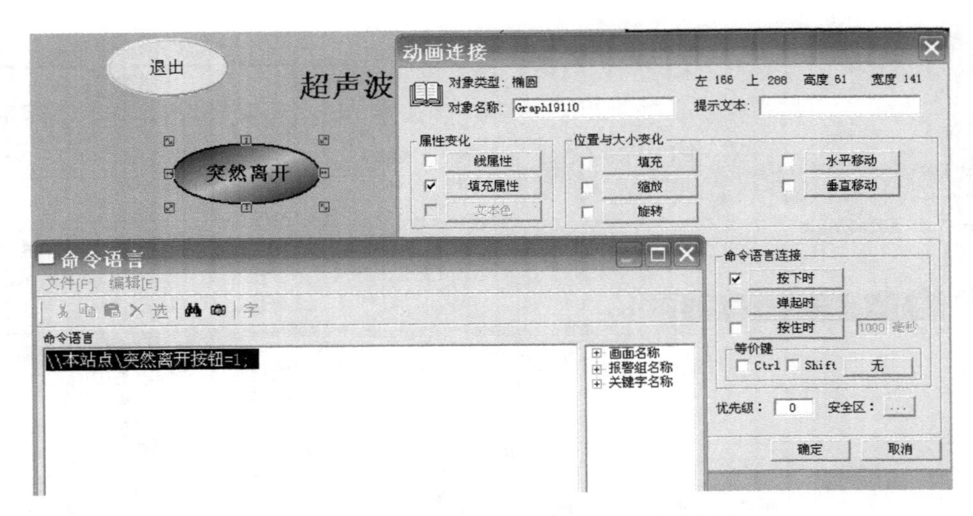


图 3-39 "突然离开"按钮"按下时"命令语言

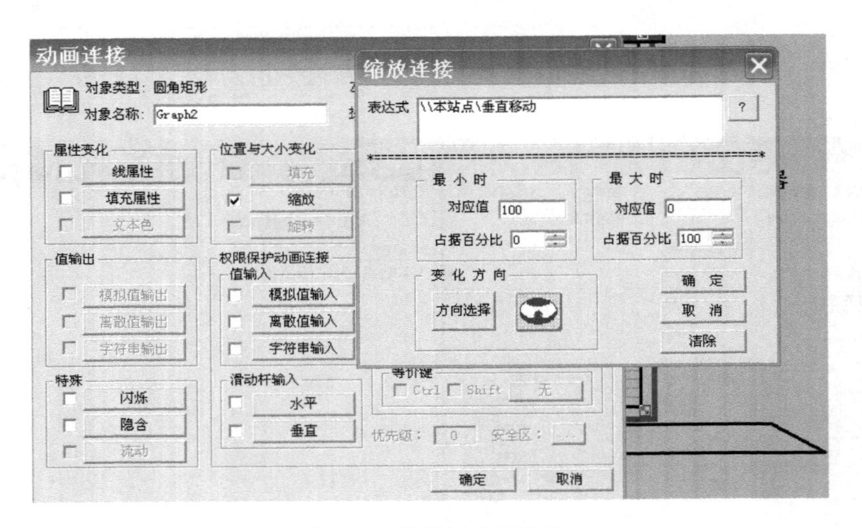


图 3-40 卷帘门动画设置

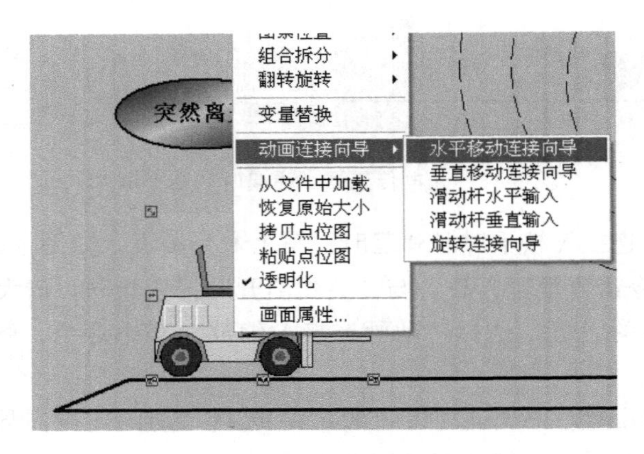


图 3-41 小车水平移动连接向导

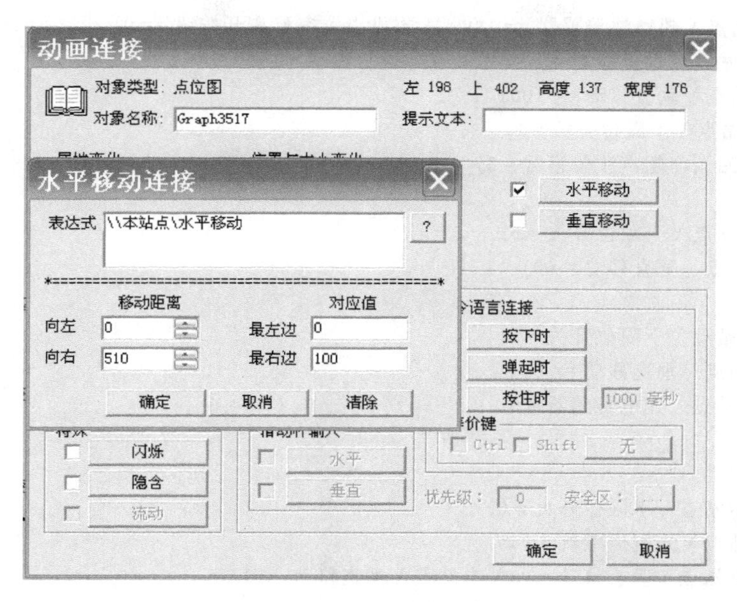


图 3-42　小车水平移动距离设置

为了增加画面的逼真效果，可增加一个小车缩放的动画效果，如图 3-43 所示。

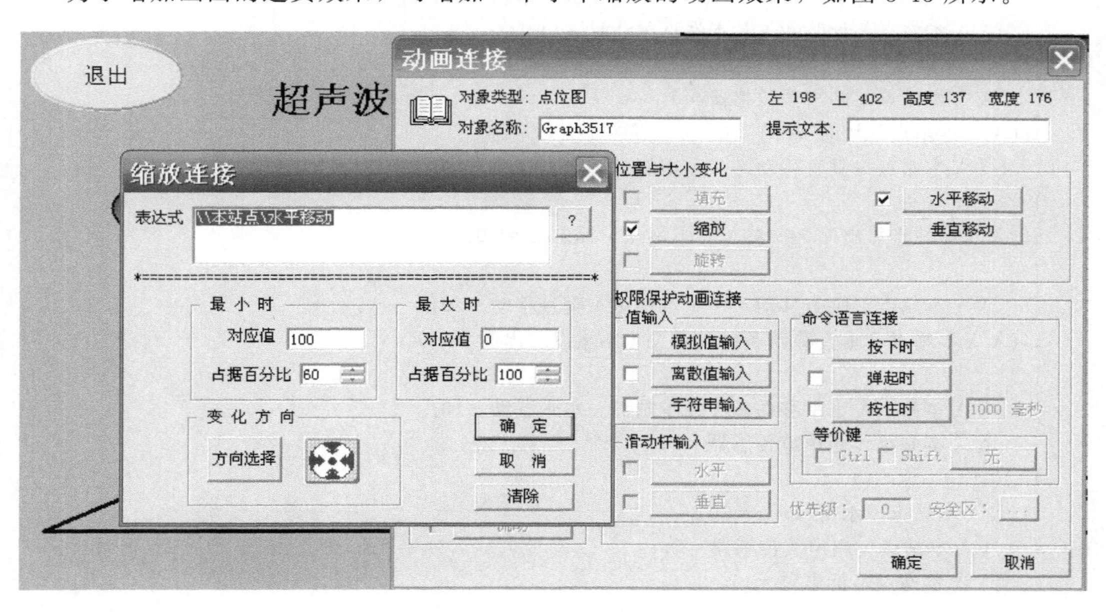


图 3-43　小车缩放动画设置

垂直自动门组态画面动画设置完成后，画面右击，选“画面属性”再选“命令语言”，在编辑框出输入命令语言：

```
if(\\本站点\启动==1&&\\本站点\突然离开按钮==0&&\\本站点\出库==0)
    \\本站点\水平移动=\\本站点\水平移动+10;
if(\\本站点\水平移动==30)
{   \\本站点\超声波传感器=1;  }
```

```
if(\\本站点\超声波传感器 == 1&&\\本站点\突然离开按钮 == 0)
    \\本站点\垂直移动 = \\本站点\垂直移动 + 10;
if(\\本站点\垂直移动 == 100)
{   \\本站点\上限位开关 = 1;
    \\本站点\超声波传感器 = 0;   }
else
    \\本站点\上限位开关 = 0;
if(\\本站点\垂直移动 == 0)
{
    \\本站点\下限位开关 = 1;
if(\\本站点\垂直移动 == 0)
    \\本站点\光电传感器 = 0;
}
else
     \\本站点\下限位开关 = 0;
if(\\本站点\光电传感器 == 1)
     \\本站点\垂直移动 = \\本站点\垂直移动 - 10;
if(\\本站点\突然离开按钮 == 1)
{
    \\本站点\水平移动 = \\本站点\水平移动 - 10;
    \\本站点\计时 = \\本站点\计时 + 1;
if(\\本站点\水平移动  = 30)
    \\本站点\超声波传感器 = 0;
if(\\本站点\计时  = 4)
    \\本站点\垂直移动 = \\本站点\垂直移动 - 10;
}
if(\\本站点\出库 == 1&&\\本站点\标志位 == 0)
{
    \\本站点\垂直移动 = \\本站点\垂直移动 + 20;
if(\\本站点\垂直移动 == 100&&\\本站点\出库 == 1)
{
    \\本站点\水平移动 = \\本站点\水平移动 - 10;
    \\本站点\超声波传感器 = 1;
}
if(\\本站点\水平移动  = 30)
{   \\本站点\超声波传感器 = 0;
    \\本站点\标志位 = 1;   }
}
if(\\本站点\标志位 == 1)
{
    \\本站点\垂直移动 = \\本站点\垂直移动 - 20;
    \\本站点\水平移动 = \\本站点\水平移动 - 10;
if(\\本站点\垂直移动 == 0)
{   \\本站点\下限位开关 = 1;
     \\本站点\出库 = 0;}
}
```

5. 运行和调试

垂直自动门监控工程已经初步建立起来，进入到运行和调试阶段。在组态王开发系统中选择“文件\切换到 View”菜单命令，进入组态王运行系统。在运行系统中选择“画面\打开”命令，从“打开画面”窗口选择“Test”画面。显示出组态王运行系统画面，如图 3-44 所示。

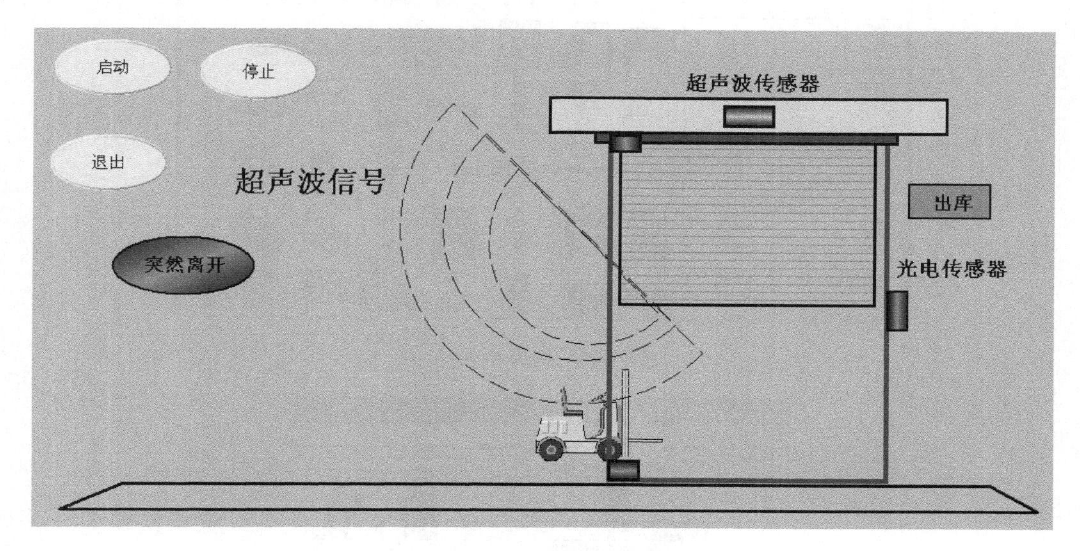


图 3-44　运行系统画面

## 五、知识拓展

图库小软件图片导入到组态王步骤。

1. 解压后运行如图 3-45 所示图标。

图 3-45　图标

2. 以 Food 中的 Turbo emulsifier 为例，如图 3-46 所示。
3. 选择右键图片 Copy，如图 3-47 所示。
4. 切换到组态王画面开发，使用点位图功能，如图 3-48 所示。
5. 右击选择粘贴点位图，如图 3-49 所示。
6. 点位图透明化，选中粘贴好的点位图，右键选择“透明化”，如图 3-50 所示。

备注：

① 图片属性里可以设置填充方式，翻转角度以及背景颜色等。

比如设置图片的背景色跟组态王里一致则可以不用再设置图片透明化，如图 3-51 所示。

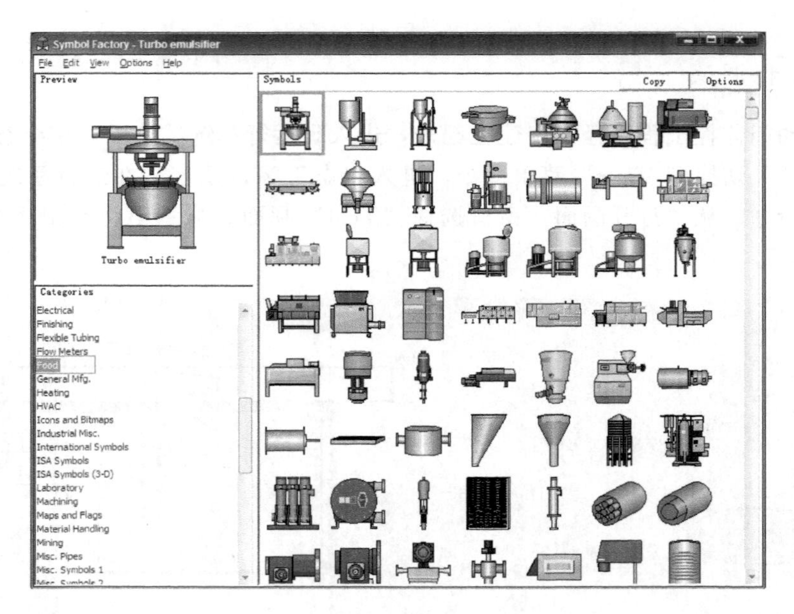


图 3-46　图库小软件

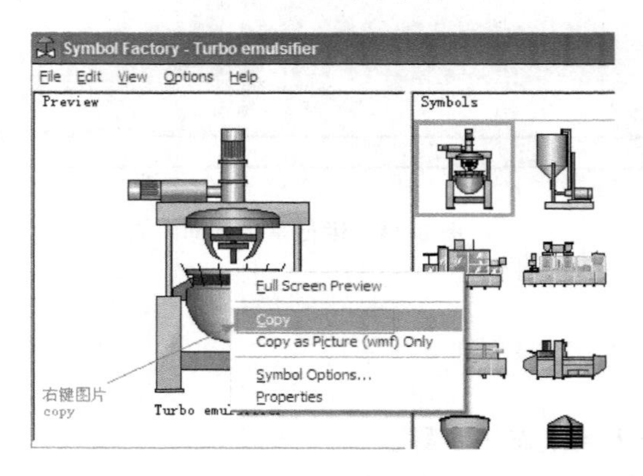


图 3-47　复制图素

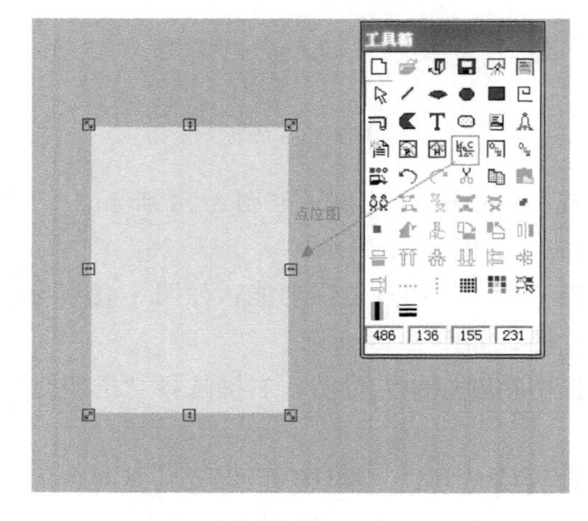


图 3-48　组态画面画点位图

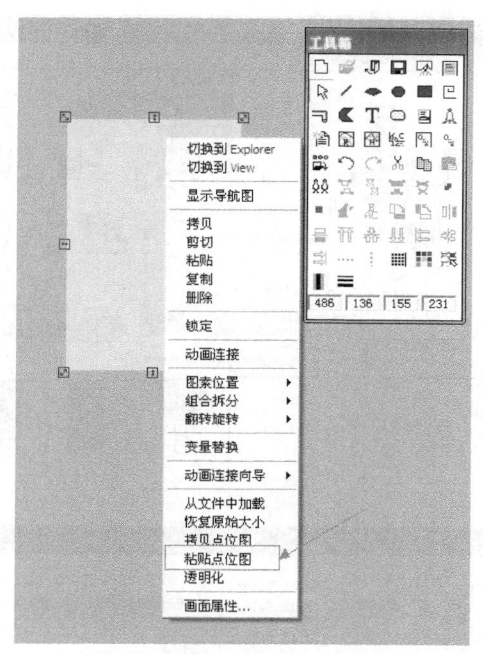


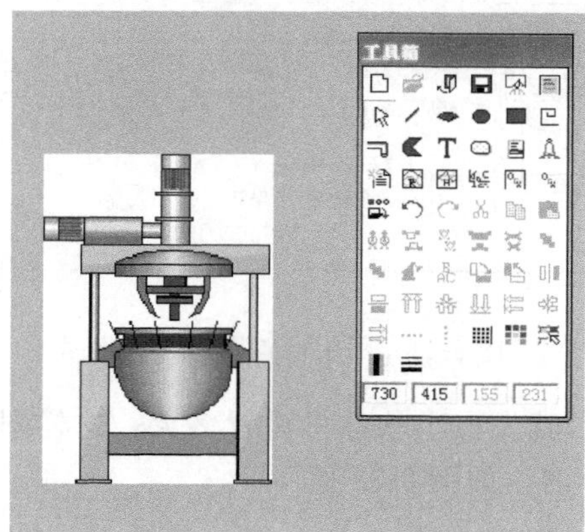


图 3-49　粘贴点位图

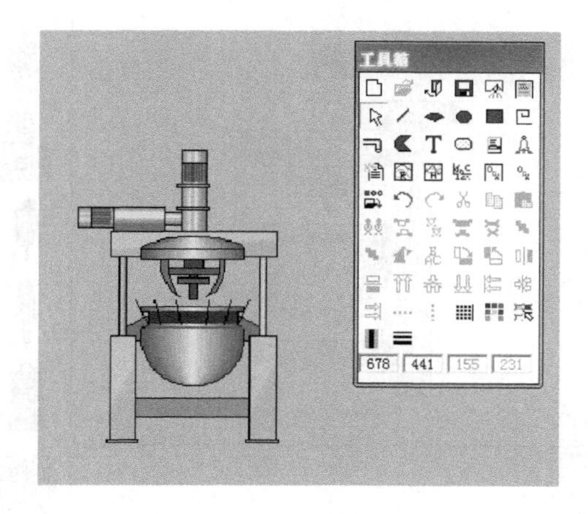


图 3-50　点位图透明化

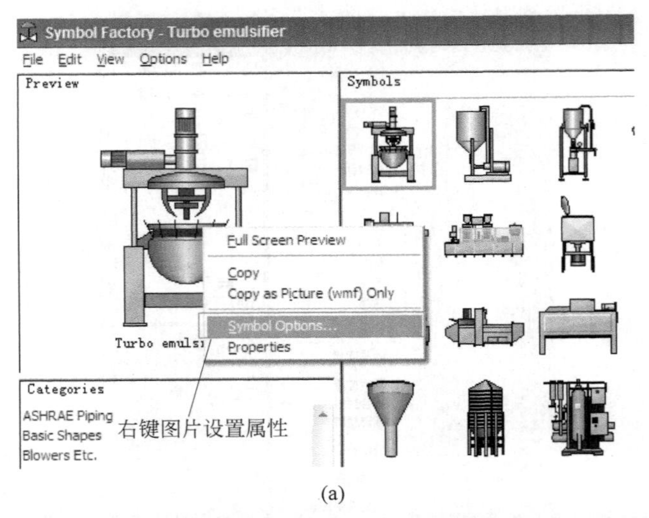


(a)

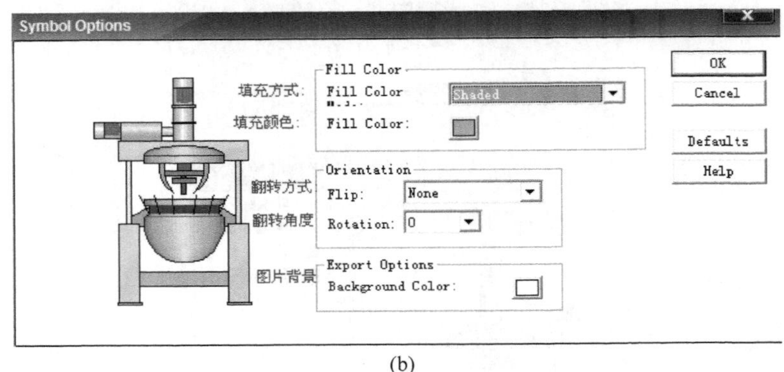


(b)

图 3-51　不用设置图片透明化

② 图片实际使用多大，就先在小软件里设置多大，这样图片就不会失真。小软件里是通过拉伸的方式改变大小的，如图 3-52 所示。

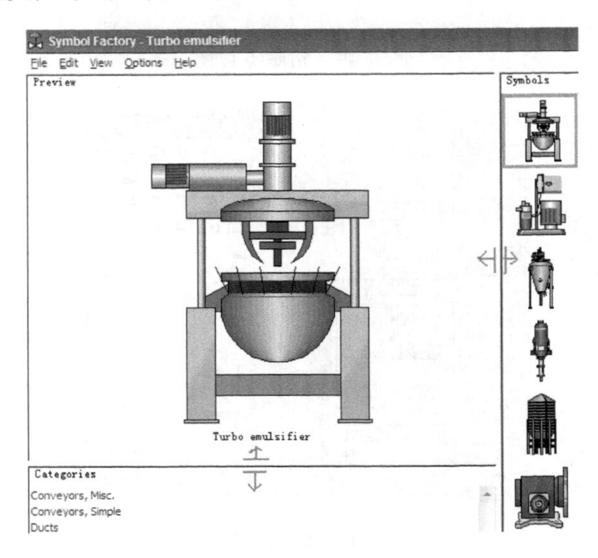


图 3-52　改变图片大小

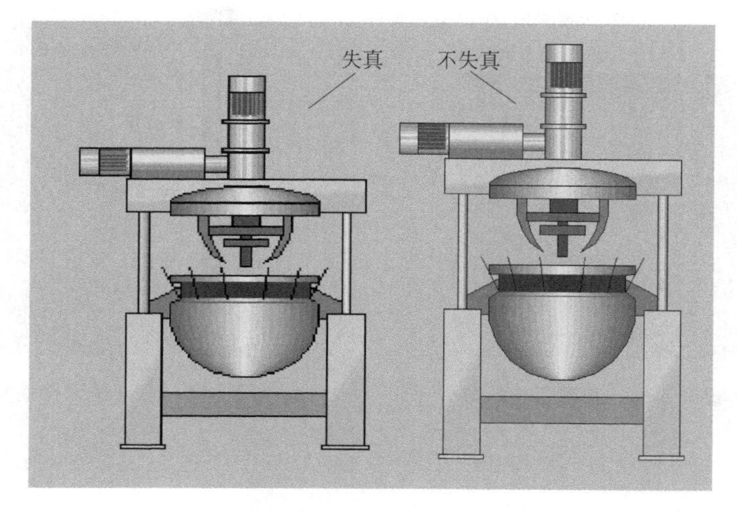


图 3-52　改变图片大小（续）

③ 也可以把外面的图片导进来，不过只支持 bmp 和 wmf 格式，如图 3-53 所示。

图 3-53　导入图片

## 六、思考与练习

1. 试设计小球三角形运行轨迹，如图 3-54 所示。

2. 试利用动画连接向导中滑动杆垂直输入设计压力杆垂直百分比变化，如图 3-55 所示。

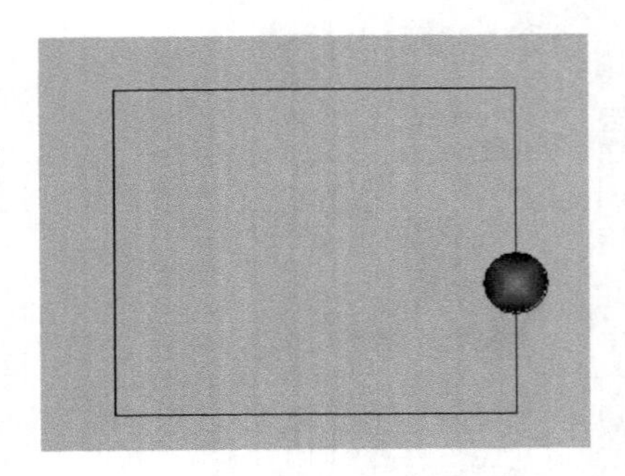

图 3-54　设计小球三角形运行轨迹

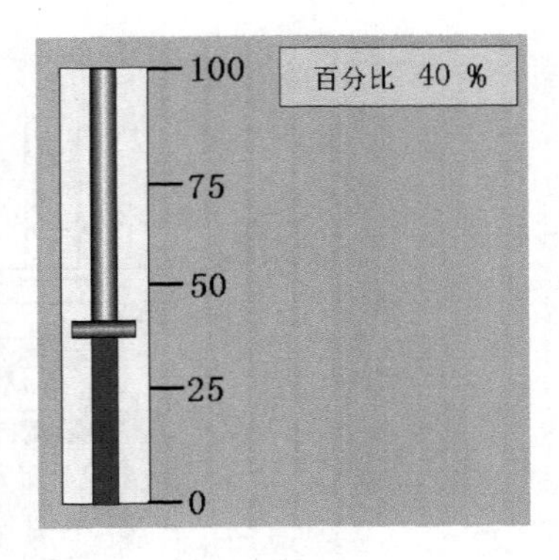


图 3-55　设计压力杆垂直百分比

# 项目四

# 楼宇组态监控系统

目前工业自动化组态软件的发展有两个方面，一方面是面向大型的平台软件发展，另一方面是向小型化方向发展，由通用组态软件演变成嵌入式组态软件，可使大量的工业控制设备或生产设备具有更多的自动化功能。嵌入式组态软件是一种用于嵌入式系统的应用软件，嵌入式系统是指可嵌入至某一设备、产品并可连接至网络的智能（即微处理器）的设备。随着计算机技术、控制技术和通信技术的发展，为了满足工业及其他相关领域特定需求，产生了带有嵌入式组态软件的人机界面产品（触摸屏）。触摸屏逐步取代键盘等输入设备，具有操作方便灵活、节省空间、直观快速等特点，特别是与 LCD 集成于一体，使系统具有良好的人机交互性，符合嵌入式系统对功能、体积、成本和功耗等方面的较高要求。广义的触摸屏包含触摸屏硬件和嵌入式组态软件两部分。前面三个项目主要介绍了通用组态软件组态王在控制领域的应用。本项目主要介绍嵌入式组态软件 MCGS 和触摸屏 TPC 在楼宇组态监控系统的应用。随着人们对居住与工作条件要求的不断提高，楼宇自动化技术在我国得到了迅猛发展，同时触摸屏在智能楼宇系统中应用越来越广泛。

## 任务 1　两台电动机顺启逆停监控设计

### 一、任务描述

项目一中利用组态王实现了对电动机的基本控制，本项目将利用嵌入式组态软件和触摸屏实现对楼宇中的两台电动机顺序启动、逆序停止的模拟监控系统设计。本任务所要监控的两台电动机顺启逆停功能如下：电动机启动过程是第一台电动机先启动，之后第二台电动机才能被允许启动，第二台电动机是不允许先被启动；电动机停止过程是第二台电动机先停止，之后第一台电动机才能允许被停止，否则第一台电动机是不允许先被停止。通过本任务学习掌握使用 MCGS 嵌入版组态软件的组态过程，达到能初步完成工程建立、组态、下载与模拟运行的能力。

## 二、任务资讯

### （一）认识 MCGS 嵌入版组态软件

MCGS 是北京昆仑通态自动化软件科技有限公司研发的一套基于 Windows 平台的，用于快速构造和生成上位机监控系统的组态软件系统，主要完成现场数据的采集与监测、前端数据的处理与控制，可运行于 Microsoft Windows 95/98/Me/NT/2000/XP 等操作系统。

MCGS 组态软件包括三个版本，分别是网络版、通用版、嵌入版。MCGS 嵌入版是专门开发用于 MCGSTPC 触摸屏的组态软件。

MCGS 嵌入版组态软件的主要功能：

① 简单灵活的可视化操作界面

采用全中文、可视化的开发界面，符合中国人的使用习惯和要求。

② 实时性强、有良好的并行处理性能

真正的 32 位系统，以线程为单位对任务进行分时并行处理。

③ 丰富、生动的多媒体画面

以图像、图符、报表、曲线等多种形式，为操作员及时提供相关信息。

④ 完善的安全机制

提供了良好的安全机制，可以为多个不同级别的用户设定不同的操作权限。

⑤ 强大的网络功能

具有强大的网络通信功能，支持串口通信、Modem 串口通信、以太网 TCP/IP 通信。

⑥ 多样化的报警功能

提供多种不同的报警方式，具有丰富的报警类型，方便用户进行报警设置。

⑦ 支持多种硬件设备

MCGS 嵌入版是一个“与设备无关”的系统，用户不必担心因外部设备的局部改动，而影响整个系统。

总之，MCGS 嵌入版组态软件具有强大的功能，并且操作简单，易学易用。同时使用 MCGS 嵌入版组态软件能够避开复杂的嵌入版计算机软、硬件问题，而将精力集中于解决工程问题本身，根据工程作业的需要和特点，组态配置出高性能、高可靠性和高度专业化的工业控制监控系统。

### （二）MCGS 嵌入版组态软件的体系结构

MCGS 嵌入式体系结构分为组态环境、模拟运行环境和运行环境三部分。

组态环境和模拟运行环境相当于一套完整的工具软件，可以在 PC 机上运行。用户可根据实际需要裁减其中内容，它帮助用户设计和构造自己的组态工程并进行功能测试。

运行环境则是一个独立的运行系统，它按照组态工程中用户指定的方式进行各种处理工作，完成用户组态设计的目标和功能。运行环境本身没有任何意义，必须与组态工程一起作为一个整体，才能构成用户应用系统。一旦组态工作完成，并且将组态好的工程通过

USB 通信或以太网下载到下位机的运行环境中，组态工程就可以离开组态环境而独立运行在下位机上。从而实现了控制系统的可靠性、实时性、确定性和安全性。

由 MCGS 嵌入版生成的用户应用系统，其结构由主控窗口、设备窗口、用户窗口、实时数据库和运行策略五个部分构成，如图 4-1 所示。

图 4-1　MCGS 组态软件的工作台

### 1. 主控窗口

主控窗口构成了应用系统的主框架，确定了工业控制中工程作业的总体轮廓，以及运行流程、特性参数和启动特性等内容，是应用系统的主框架。

### 2. 设备窗口

设备窗口是 MCGS 嵌入版系统与外部设备联系的媒介，专门用来放置不同类型和功能的设备构件，实现对外部设备的操作和控制。设备窗口通过设备构建把外部设备的数据采集进来，送入实时数据库，或把实时数据库中的数据输出到外部设备。

### 3. 用户窗口

用户窗口实现了数据和流程的“可视化”，在用户窗口中可以放置三种不同类型的图形对象：图元、图符和动画构件。通过在用户窗口内放置不同的图形对象，用户可以构造各种复杂的图形界面，用不同的方式实现数据和流程的“可视化”。

### 4. 实时数据库

实时数据库是 MCGS 嵌入版系统的核心，相当于一个数据处理中心，同时也起到公共数据交换区的作用。从外部设备采集来的实时数据送入实时数据库，系统其他部分操作的数据也来自实时数据库。

### 5. 运行策略

运行策略是对系统运行流程实现有效控制的手段，运行策略本身是系统提供的一个框架，其里面放置由策略条件构件和策略构件组成的“策略行”。通过对运行策略定义，使系统能够按照设定的顺序和条件操作任务，实现对外部设备工作的精确控制。

窗口是屏幕中的一个空间，是一个“容器”，直接提供给用户使用。在窗口内，用户可以放置不同的构件，创建图形对象并调整画面的布局，组态配置不同的参数以完成不同的功能。

在MCGS嵌入版中，每个应用系统只能有一个主控窗口和一个设备窗口，但可以有多个用户窗口和多个运行策略，实时数据库中也可以有多个数据对象。MCGS嵌入版用主控窗口、设备窗口和用户窗口来构成一个应用系统的人机交互图形界面，组态配置各种不同类型和功能的对象或构件，同时可以对实时数据进行可视化处理。

MCGS菜单详解

MCGS嵌入版组态软件菜单的具体说明见表4-1～表4-8。

**表4-1 文件菜单**

| 菜单名 | 图标 | 对应快捷键 | 功能说明 |
|---|---|---|---|
| 新建工程 | | Ctrl + N | 新建并打开一个新的工程文件 |
| 打开工程 | | Ctrl + O | 打开指定的工程文件 |
| 关闭工程 | | 无 | 关闭当前工程 |
| 保存工程/保存窗口 | | Ctrl + S | 把当前工程存盘 |
| 工程另存为 | | 无 | 把当前工程以另外的名称存盘 |
| 打印设置 | | 无 | 设置打印配置 |
| 打印预览 | | 无 | 预览要打印的内容 |
| 打印 | | Ctrl + P | 开始打印指定的内容 |
| 组态结果检查 | | F4 | 检查当前过程的组态结果是否正确 |
| 进入运行环境 | | F5 | 进入运行环境并运行当前工程 |
| 工程设置 | | 无 | 修改工程设置 |
| 生成安装盘 | | 无 | 将当前工程生成安装盘 |
| 退出系统 | | 无 | 退出MCGS嵌入版的组态环境 |

**表4-2 编辑菜单**

| 菜单名 | 图标 | 对应快捷键 | 功能说明 |
|---|---|---|---|
| 撤销 | | Ctrl + Z | 取消最后一次的操作 |
| 重复 | | Ctrl + Y | 恢复取消的操作 |
| 剪切 | | Ctrl + X | 把指定的对象删除并复制到剪贴板 |

续表

| 菜 单 名 | 图 标 | 对应快捷键 | 功 能 说 明 |
|---|---|---|---|
| 复制 | | Ctrl + C | 把指定的对象复制到剪贴板 |
| 粘贴 | | Ctrl + V | 把剪贴板内的对象粘贴到指定地方 |
| 清除 | | Del | 删除指定的对象 |
| 全选 | | Ctrl + A | 选中用户窗口内的所有对象 |
| 复制 | | Ctrl + D | 复制选定的对象 |
| 属性 | | F8，Alt + Enter | 打开指定对象的属性设置窗口 |
| 事件 | | Ctrl + Enter | 打开指定对象的事件设置窗口 |
| 插入元件 | | 无 | 在用户窗口或工作台中插入元件 |
| 保存元件 | | 无 | 保存用户窗口或工作台中对应元件 |

**表 4-3 查看菜单**

| 菜 单 名 | 图 标 | 对应快捷键 | 功 能 说 明 |
|---|---|---|---|
| 主控窗口 | | Ctrl + 1 | 切换到工作台主控窗口页 |
| 设备窗口 | | Ctrl + 2 | 切换到工作台设备窗口页 |
| 用户窗口 | | Ctrl + 3 | 切换到工作台用户窗口页 |
| 实时数据库 | | Ctrl + 4 | 切换到工作台实时数据库窗口页 |
| 运行策略 | | Ctrl + 5 | 切换到工作台运行策略窗口页 |
| 数据对象 | | 无 | 打开数据对象浏览窗口 |
| 对象使用浏览 | 无 | Ctrl+W | 打开对象使用浏览窗口 |
| 大图标 | | 无 | 以大图标的形式显示对象 |
| 小图标 | | 无 | 以小图标的形式显示对象 |
| 列表显示 | | 无 | 以列表的形式显示对象 |
| 详细资料 | | 无 | 以详细资料的形式显示对象 |
| 按名字排列 | | 无 | 按名称顺序排列对象 |
| 按类型排列 | | 无 | 按类型顺序排列对象 |
| 工具条 | | Ctrl + T | 显示或关闭工具条 |

续表

| 菜单名 | 图标 | 对应快捷键 | 功能说明 |
|---|---|---|---|
| 状态条 | | 无 | 显示或关闭状态条 |
| 全屏显示 | | 无 | 屏幕全屏显示 |
| 视图缩放 | 100% | 无 | 根据一定的比例缩放视图 |
| 绘图工具箱 | | 无 | 打开或关闭绘图工具箱 |
| 绘图编辑条 | | 无 | 打开或关闭绘图编辑条 |

**表 4-4　插入菜单**

| 菜单名 | 图标 | 对应快捷键 | 功能说明 |
|---|---|---|---|
| 主控窗口 | | 无 | 适用于多机网络版本 |
| 设备窗口 | | 无 | 适用于多机网络版本 |
| 用户窗口 | | 无 | 插入一个新的用户窗口 |
| 数据对象 | | 无 | 插入一个新的数据对象 |
| 运行策略 | | 无 | 插入一个新的运行策略 |
| 菜单项 | | 无 | 插入一个菜单项 |
| 分隔线 | | 无 | 插入一个分隔线 |
| 下拉菜单 | | 无 | 插入一个下拉菜单 |
| 策略行 | | Ctrl + I | 插入一个新的策略行 |

**表 4-5　排列菜单**

| 菜单名 | 图标 | 对应快捷键 | 功能说明 |
|---|---|---|---|
| 构成图符 | | Ctrl + F2 | 多个图元或图符构成新的图符 |
| 分解图符 | | Ctrl + F3 | 把图符分解成单个的图元 |
| 合成单元 | | 无 | 多个单元合成一个新的单元 |
| 分解单元 | | 无 | 把一个合成单元分解成多个单元 |
| 最前面 | | 无 | 把指定的图形对象移到最前面 |
| 最后面 | | 无 | 把指定的图形对象移到最后面 |
| 前一层 | | 无 | 把指定的图形对象前移一层 |

续表

| 菜单名 | 图标 | 对应快捷键 | 功能说明 |
| --- | --- | --- | --- |
| 后一层 | | 无 | 把指定的图形对象后移一层 |
| 左对齐 | | Ctrl ＋左箭头 | 多个图形对象和当前对象左边对齐 |
| 右对齐 | | Ctrl ＋右箭头 | 多个图形对象和当前对象右边对齐 |
| 上对齐 | | Ctrl ＋上箭头 | 多个图形对象和当前对象上边对齐 |
| 下对齐 | | Ctrl ＋下箭头 | 多个图形对象和当前对象下边对齐 |
| 纵向等间距 | | Alt ＋上箭头 | 多个图形对象纵向等间距分布 |
| 横向等间距 | | Alt ＋右箭头 | 多个图形对象横向等间距分布 |
| 图元等高宽 | | 无 | 多个图形对象和当前对象高宽相等 |
| 图元等高 | | 无 | 多个图形对象和当前对象高度相等 |
| 图元等宽 | | 无 | 多个图形对象和当前对象宽度相等 |
| 中心对中 | | 无 | 多个图形对象和当前对象中心对齐 |
| 纵向对中 | | 无 | 多个图形对象和当前对象纵向对中 |
| 横向对中 | | 无 | 多个图形对象和当前对象横向对中 |
| 左旋 90 度 | | 无 | 当前对象左旋 90 度 |
| 右旋 90 度 | | 无 | 当前对象右旋 90 度 |
| 左右镜像 | | 无 | 当前对象左右镜像 |
| 上下镜像 | | 无 | 当前对象上下镜像 |
| 锁定 | | Ctrl ＋ F7 | 锁定指定的图形对象 |
| 固化 | | Ctrl ＋ F6 | 固化指定的图形对象 |
| 激活 | | Ctrl ＋ F5 | 激活所有固化的图形对象 |
| 多重复制 | | 无 | 同时复制一个选定的对象 |

**表 4-6 表格菜单**

| 菜 单 名 | 图 标 | 对应快捷键 | 功 能 说 明 |
|---|---|---|---|
| 连接 | | F9 | 建立表格表元和数据对象的连接 |
| 增加一行 | | 无 | 在表格中增加一行 |
| 删除一行 | | 无 | 在表格中删除一行 |
| 增加一列 | | 无 | 在表格中增加一列 |
| 删除一列 | | 无 | 在表格中删除一列 |
| 拷到下行 | | 无 | 当前表格表元的内容复制到下一行 |
| 拷到下列 | | 无 | 当前表格表元的内容复制到下一列 |
| 索引拷行 | | 无 | 当前表格表元的内容索引复制到下一行 |
| 索引拷列 | | 无 | 当前表格表元的内容索引复制到下一列 |
| 行等高 | | 无 | 多行表格的高度相等 |
| 列等宽 | | 无 | 多列表格的宽度相等 |
| 合并表元 | | 无 | 把表格的多个表元合并成一个表元 |
| 分解表元 | | 无 | 把复合表元分解还原成单个的表元 |
| 表元连接 | | 无 | 设置表格单元的连接属性 |
| 设置横线 | | 无 | 设置表格单元底边的横线 |
| 设置竖线 | | 无 | 设置表格单元右边的竖线 |
| 设置边线 | | 无 | 设置整个表格的边线 |
| 显示横线 | | 无 | 显示表格单元底边的横线 |
| 消隐横线 | | 无 | 消隐表格单元底边的横线 |
| 显示竖线 | | 无 | 显示表格单元右边的竖线 |
| 消隐竖线 | | 无 | 消隐表格单元右边的竖线 |

**表 4-7 工具菜单**

| 菜 单 名 | 图 标 | 对应快捷键 | 功 能 说 明 |
|---|---|---|---|
| 工程文件压缩 | | 无 | 压缩工程文件，去掉无用信息 |
| 使用计数检查 | | 无 | 更新数据对象的使用计数 |
| 数据对象名替换 | | 无 | 改变指定数据对象的名称 |
| 优化画面速度 | | Alt+P | 进行通信测试及工程下载 |
| 下载配置 | | Alt+R | 进行通信测试及工程下载 |
| 用户权限管理 | | 无 | 用户权限管理工具 |

续表

| 菜　单　名 | 图　　标 | 对应快捷键 | 功 能 说 明 |
|---|---|---|---|
| 工程密码设置 | | 无 | 打开工程时需要输入密码 |
| 对象元件库管理 | | 无 | 对象元件库管理工具 |
| 配方组态设计 | | 无 | 打开配方组态窗口 |

**表 4-8　窗口菜单**

| 菜　单　名 | 图　　标 | 对应快捷键 | 功 能 说 明 |
|---|---|---|---|
| 层叠 | 无 | 无 | 以层叠方式放置所有窗口 |
| 水平平铺 | 无 | 无 | 以水平平铺方式放置所有窗口 |
| 垂直平铺 | 无 | 无 | 以垂直平铺方式放置所有窗口 |

## （三）认识 TPC7062 触摸屏

北京昆仑通态自动化软件科技有限公司推出的嵌入式组态软件包包括组态环境和运行环境两大部分。嵌入式组态软件的组态环境和模拟运行环境相当于一套完整的工具软件，可以在电脑上运行。嵌入式组态软件的运行环境是一个独立的运行系统，它按照组态工程中用户指定的方式进行各种处理，完成用户组态设计的目标和功能。组态环境中完成的组态工程与运行环境一起作为一个整体，才能构成完整的用户应用系统。组态工作完成后，将组态好的工程下载到嵌入式一体化触摸屏（如 TPC7062K）的运行环境中，组态工程就可以离开组态环境而独立运行。TPC 是北京昆仑通态自动化软件科技有限公司自主生产的嵌入式一体化触摸屏系列型号。

### 1. TPC7062K 的外观

TPC7062K 屏幕为 7 英寸，其正视图、背视图分别如图 4-2、图 4-3 所示。

图 4-2　正视图

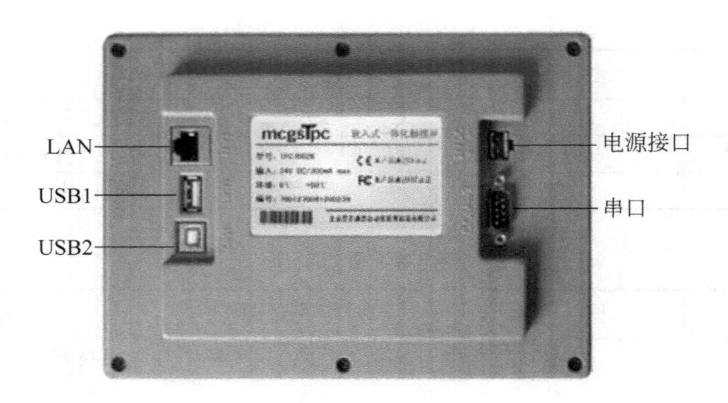


图 4-3　背视图

## 2. TPC7062K 外部接口

TPC7062K 外部接口如图 4-3 所示，接口说明如表 4-9 所示。

**表 4-9　接口说明**

| 接口名称 | 说　明 |
| --- | --- |
| LAN（RJ45） | 以太网接口 |
| 串口（DB9） | 1×RS232　1×RS485 |
| USB1 | 主口，可用于 U 盘、键盘 |
| USB2 | 从口，可用于下载工程 |
| 电源接口 | 24V DC　±20% |

## （四）使用 MCGS 的组态内容

使用 MCGS 嵌入版完成一个实际的应用系统，首先必须在 MCGS 嵌入版的组态环境下进行系统的组态生成工作，然后将系统放在 MCGS 嵌入版的运行环境下运行。

在 MCGS 嵌入版组态环境下构造一个用户应用系统的过程，一般包括九个步骤。

### 1. 工程整体规划

在实际工程项目中，使用 MCGS 嵌入版构造应用系统之前，应进行工程的整体规划，保证项目的顺利实施。对工程设计人员来说，首先要了解整个工程的系统构成和工艺流程，清楚监控对象的特征，明确主要的监控要求和技术要求等问题。在此基础上，拟定组建工程的总体规划和设想，主要包括系统应实现哪些功能，控制流程如何实现，需要什么样的用户窗口界面，实现何种动画效果以及如何在实时数据库中定义数据变量等环节，同时还要分析工程中设备的采集及输出通道与实时数据库中定义的变量的对应关系，分清哪些变量是要求与设备连接的，哪些变量是软件内部用来传递数据及用于实现动画显示等问题。做好工程的整体规划，在项目的组态过程中能够尽量避免一些无谓的劳动，快速有效地完成工程项目。

### 2. 工程建立

MCGS嵌入版中用“工程”来表示组态生成的应用系统，创建一个新工程就是创建一个新的用户应用系统，打开工程就是打开一个已经存在的应用系统。工程文件的命名规则和Windows系统相同，MCGS嵌入版自动给工程文件名加上后缀“.MCE”。每个工程都对应一个组态结果数据库文件。

### 3. 构造实时数据库

实时数据库是MCGS嵌入版系统的核心，也是应用系统的数据处理中心，系统各部分均以实时数据库为数据公用区，进行数据交换、数据处理和实现数据的可视化处理。

### 4. 组态用户窗口

MCGS嵌入版以窗口为单位来组建应用系统的图形界面，创建用户窗口后，通过放置各种类型的图形对象，定义相应的属性，为用户提供美观、生动、具有多种风格和类型的动画画面。

### 5. 组态主控窗口

主控窗口是用户应用系统的主窗口，也是应用系统的主框架，展现工程的总体外观。

### 6. 组态设备窗口

设备窗口是MCGS嵌入版系统与作为测控对象的外部设备建立联系的后台作业环境，负责驱动外部设备、控制外部设备的工作状态等工作。系统通过设备与数据之间的通道，把外部设备的运行数据采集进来，送入实时数据库，供系统其他部分调用，并且把实时数据库中的数据输出到外部设备，实现对外部设备的操作与控制。MCGS嵌入版为用户提供了多种类型的“设备构件”，作为系统与外部设备进行联系的媒介。进入设备窗口，从设备构件工具箱里选择相应的构件，配置到窗口内，建立接口与通道的连接关系，设置相关的属性，即完成了设备窗口的组态工作。运行时，应用系统自动装载设备窗口及其设备构件，并在后台独立运行。

### 7. 组态运行策略

用户可以根据需要来创建和组态运行策略，编写控制流程程序。

### 8. 组态结果检查

在组态过程中，不可避免地会出现各种错误，错误的组态会导致各种无法预料的结果，要保证组态生成的应用系统能够正确运行，必须保证组态结果准确无误。MCGS嵌入版提供了多种措施来检查组态结果的正确性，密切关注系统提示的错误信息，养成及时发现问题和解决问题的良好习惯。

9. 工程测试

新建工程在 MCGS 嵌入版组态环境中完成（或完成部分）组态配置后，应当转入 MCGS 嵌入版模拟运行环境，通过试运行，进行综合性测试检查。鼠标单击工具条中的“进入运行环境”按钮，或操作快捷键 F5，或执行“文件”菜单中的“进入运行环境”命令，即可进入下载配置窗口，下载当前正在组态的工程，在模拟环境中对于要实现的功能进行测试。

使用 MCGS 嵌入版的组态过程只是一般性的描述，其先后顺序并不是固定不变的，可根据需要灵活运用。其中，构造实时数据库、组态用户画面、组态设备窗口、组态运行策略的主要目的就是为了制作动态监控画面，这也是是组态软件的最终目的。一般的设计过程是先建立静态画面，所谓静态画面就是利用系统提供的绘图工具来画出效果图。然后对一些图形或图片进行动画设计，如颜色变化、形状大小的变化、位置的变化等。所有的动画效果都和实时数据库中的变量一一对应，实现内外结合的效果。但在动态动画制作过程中，除了一些简单的动画是由图形语言定义外，大部分较复杂的动画效果和数据之间的连接，都是通过一些程序命令来实现的，MCGS 嵌入版组态软件为用户提供了大量的系统内部命令，其语言的形式兼容于 VB、VC 语言的格式。另外 MCGS 嵌入版组态软件还为用户提供了编程用的功能构件（称之为脚本程序），这样就可以通过简单的编程语言来编写工程控制程序。

## 三、任务分析

### （一）能力目标

1. 会安装 MCGS 嵌入版组态软件；
2. 能初步完成工程建立、组态、下载与模拟运行。

### （二）知识目标

1. 了解 MCGS 嵌入版组态软件的功能和特点；
2. 掌握 MCGS 嵌入版组态软件的体系结构；
3. 熟悉 MCGS 嵌入版组态软件的常用菜单和工具箱；
4. 认识触摸屏 TPC 的功能和组成；
5. 掌握 MCGS 嵌入版组态软件的组态使用过程。

### （三）仪器设备

计算机、MCGS 嵌入版 7.7、TPC7062 触摸屏

### （四）工程画面

电动机顺启逆停控制组态监控画面如图 4-4 所示。

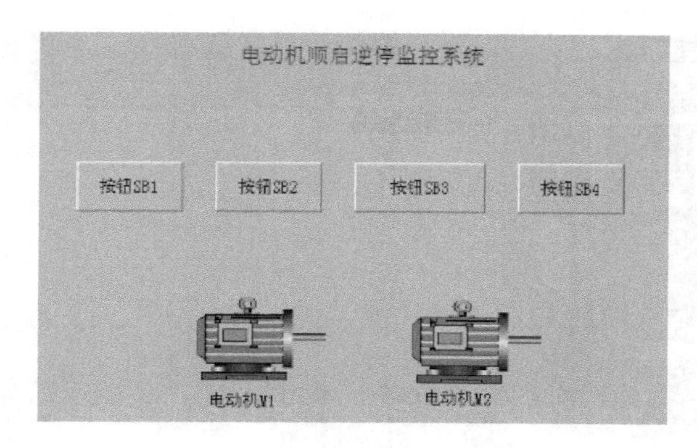


图 4-4　电动机顺启逆停监控系统

### （五）设计思路

首先需要安装 MCGS 嵌入版，利用嵌入式组态软件创建电动机顺启逆停模拟监控系统。使用工具箱画出两台电动机，电动机 M1 作为第一台电动机，电动机 M2 作为第二台电动机。设计四个按钮，分别用于启动和停止电动机 M1 和 M2。为了满足两台电动机的控制要求，可以脚本程序编程实现。参考监控画面如图 4-4 所示。需要说明的是本项目中的任务都只是利用组态软件模拟实现监控系统，故并不需要真正的电动机和按钮等硬件支持。

## 四、任务实施

### （一）MCGS 嵌入版组态软件安装

在计算机上插入 MCGS 嵌入版安装光盘，运行光盘中的 Auorun. exe 文件，出现 MCGS 安装程序窗口如图 4-5 所示。

图 4-5　MCGS 安装程序窗口

图 4-6　驱动安装程序

在安装程序窗口中单击“安装组态软件”按钮，就可以启动安装程序根据提示选择即可完成 MCGS 嵌入版主程序的安装。安装完主程序后，会出现“驱动安装询问对话框”，单击“是”按钮。进入驱动安装程序，选中“所有驱动”复选框，单击“下一步”按钮进行安装，如图 4-6 所示。

图 4-7　软件快捷方式

安装完成后，Windows 操作系统的桌面上就会出现如图 4-7 所示两个快捷方式图标，分别用于启动 MCGS 嵌入式组态环境和模拟运行环境。

## (二) 建立工程

可按如下步骤建立工程：

① 双击组态环境快捷方式，打开嵌入版组态版软件，出现如图 4-8 所示画面，画面中间窗口为工作台。工作台用来管理构成用户应用系统的五个部分，包括主控窗口、设备窗口、用户窗口、实时数据库窗口和运行策略窗口。

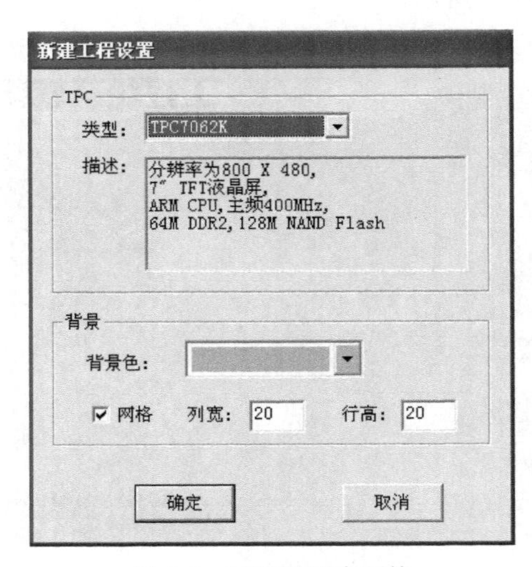


图 4-8　MCGS 组态环境

② 单击“文件”菜单，弹出下拉菜单，单击“新建工程”菜单，弹出“新建工程设置”对话框，如图 4-9 所示。可在该对话框选择 TPC 类型为“TPC7062K”，单击确认按钮。

③ 单击“文件”菜单，选择“工程另存为”命令，弹出“文件保存”窗口，在文件名一栏内输入“电动机顺启逆停监控系统”，如图 4-10 所示。单击“保存”按钮，工程建立完毕。

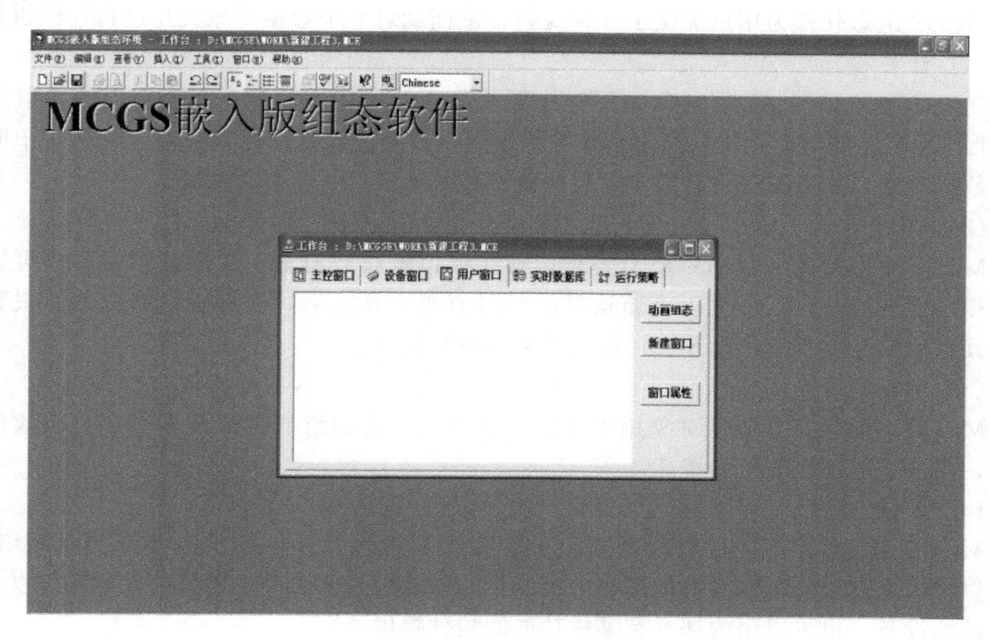


图 4-9　“新建工程设置”对话框

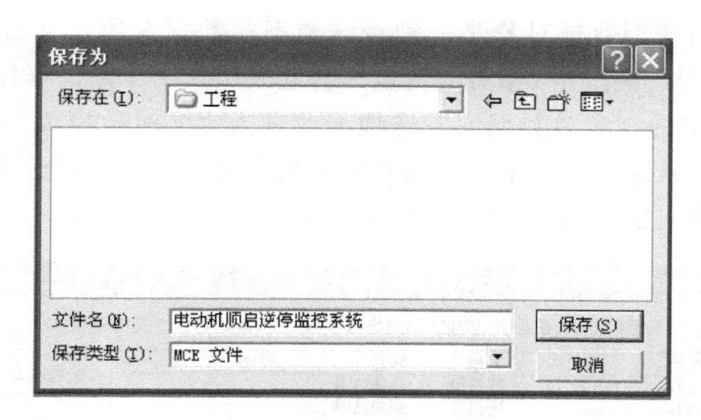


图 4-10　输入工程名

## （三）变量的定义

在 MCGS 中，变量也称为数据对象。变量的定义方法如下。

1. 变量分配

变量分配即数据对象定义前需要对系统进行分析，确定需要的变量。本系统主要用于模拟电动机的监控，并不需要采集外部信号。故本系统中，至少也有 2 个变量，如表 4-10 所示。

表 4-10　系统变量分配表

| 变　量　名 | 类　　型 | 注　　释 |
| --- | --- | --- |
| 电动机 M1 | 开关型 | 电动机 M1 运行状态，运行，1 有效 |
| 电动机 M2 | 开关型 | 电动机 M2 运行状态，运行，1 有效 |

MCGS 组态软件为用户提供了 5 种变量，下面就对 5 个数据对象类型进行详细讲解。

（1）开关

MCGS 中的开关型数据对象主要是指那些具有开关特性的数字量。它们的数值只有两种形式："1" 或 "0"，用来指定诸如按钮控制、报警信号、运行状态等。MCGS 中的开关型数据对象和在可编程控制器中用到的数字量是属于同一类型的变量。

（2）数值

MCGS 中的数值型数据对象主要是指那些模拟量或数值量。数值型数据对象可以存储模拟量的现行参数，还可以存储运算的中间值或运算结果，也可以存储有关的报警信息。其数值的整数有效位为 6 位，超出则采用科学记数法。

（3）字符

MCGS 中的字符型数据对象用来存放文字信息。它的组成特征是多个字符组成的字符串，用来描述其他变量的特征。

（4）事件

MCGS 中的事件型数据对象用来记录和标识某种事件产生或状态改变的时间信息。它可以精确地记录系统在运行的工程中所发生的事件的具体时刻。事件的发生既可以来自于外部的设备，也可以由内部具有某种功能的构件提供。

（5）组对象

MCGS 中的组对象型数据对象是一种特殊类型的数据对象，它自身并没有什么实际的意义，它的作用主要是把一些相关的变量集合起来组成一个新的群体。

2. 单击工作台中的"实时数据库"选项卡，进入"实时数据库"窗口页，如图 4-11 所示。窗口中列出了系统已有变量（数据对象）的名称，其中一部分为系统内部建立的数据对象。现在要将表 4-11 中定义的变量添加进去。

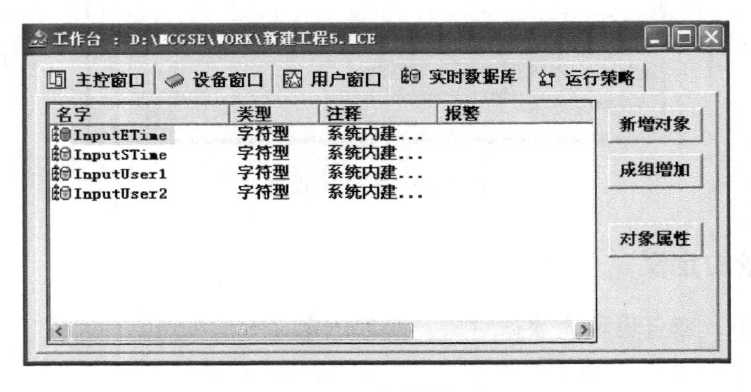


图 4-11　实时数据库

3. 单击工作台右侧"新增对象"按钮，在数据对象列表中立刻出现了一个新的数据对象。选中该数据对象，单击右侧"对象属性"按钮或直接双击该数据对象，弹出"数据对象属性设置”窗口，如图 4-12 所示。

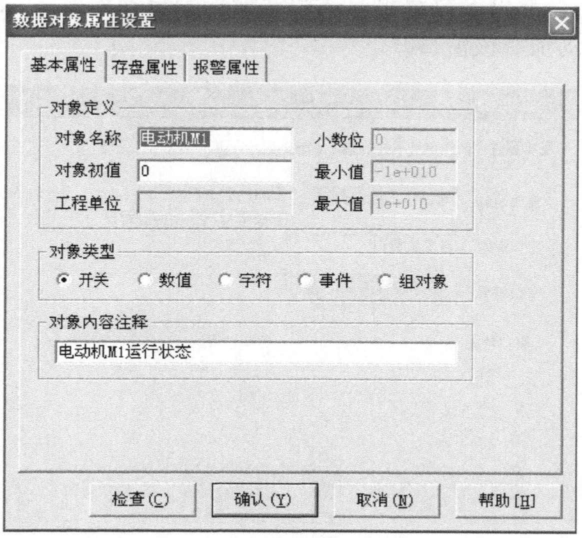

图 4-12　数据对象属性设置

将“对象名称”改为电动机 M1；“对象初值”改为 0；“对象类型”改为开关；单击“确认”按钮。重复 3～5，定义变量电动机 M2。单击工具栏“保存”按钮。

## (四) 监控画面的设计与编辑

参考的监控画面如图 4-4 所示。画面设计分画面建立、画面编辑、动画连接几个步骤。

### 1. 画面建立

单击“工作台”窗口中的“用户窗口”选项卡，进入“用户窗口”页。单击右侧“新建窗口”按钮，出现“窗口 0”图标，如图 4-13 所示。单击“窗口属性”按钮，弹出“用户窗口属性设置”窗口，如图 4-14 所示。在“基本属性”页的“窗口名称”栏内填入“电动机顺启逆停监控画面”，其他不变。单击“确认”按钮，关闭窗口。观察“工作台”

图 4-13　新建用户窗口

的“用户窗口”，“窗口 0”图标已变为“电动机顺启逆停监控画面”。选中“电动机顺启逆停监控画面”，右击，弹出下拉菜单，选中“设置为启动窗口”，如图 4-15 所示。则当 MCGS 运行时，将自动加载该窗口。

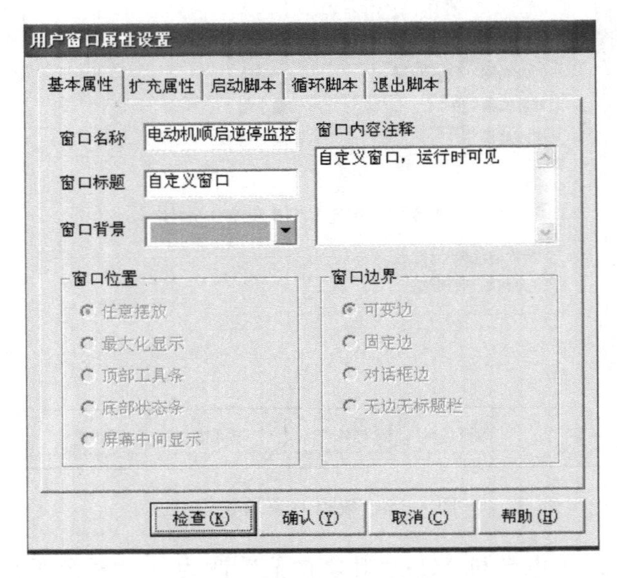


图 4-14　用户窗口属性设置

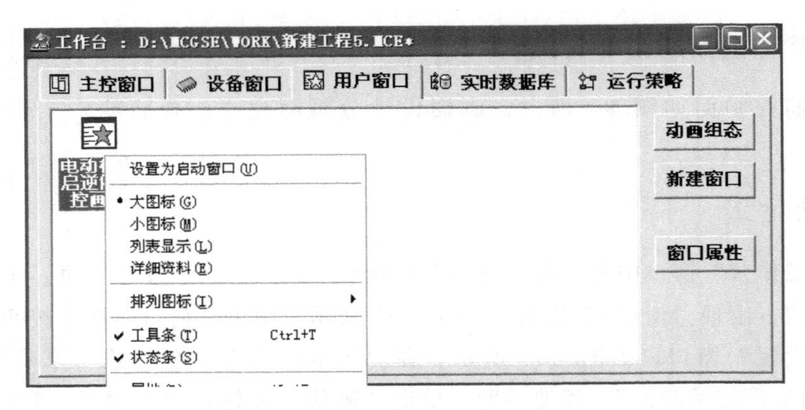


图 4-15　设置启动窗口

## 2. 画面编辑

MCGS 提供了基本绘图工具，和组态王类似，也提供了元件库。画面编辑就是利用这些工具，对它所提供这些图形对象（线、矩形、元件等）进行组态而已。对于本监控系统画面编辑的步骤如下。

① 进入画面编辑环境，在“用户窗口”中，选中“电动机顺启逆停监控画面”，单击右侧“动画组态”按钮（或双击“电动机顺启逆停监控画面”）进入动画组态窗口。在这个窗口里用户就可以编辑监控画面了。单击工具箱图标 ⚒，可弹出绘图工具箱，如图 4-16 所示。

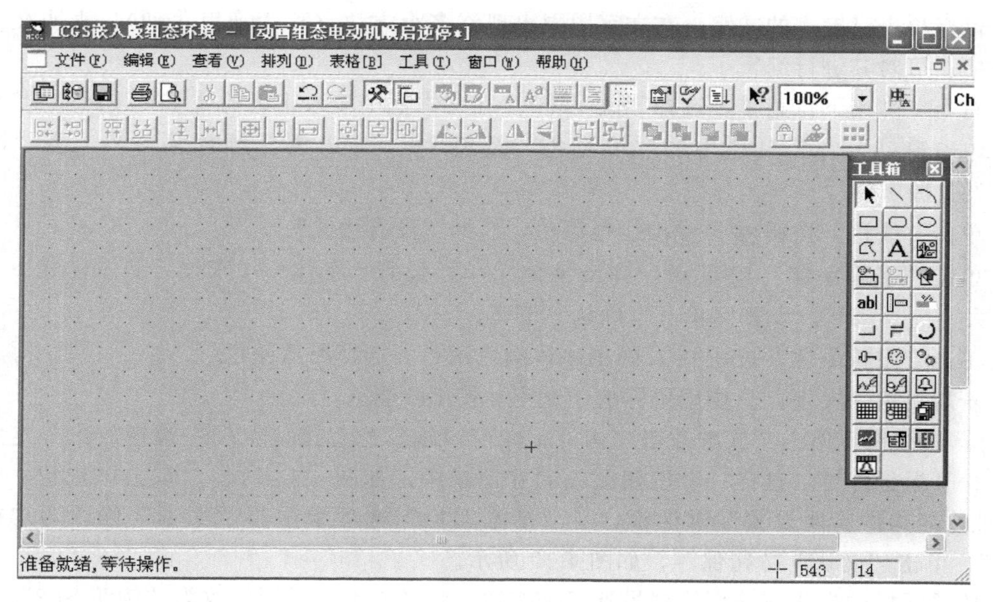


图 4-16　进入画面编辑环境

② 输入文字“电动机顺启逆停监控系统”，单击绘图工具箱中的“标签”按钮 A，移动鼠标光标，此时呈“十”字形，在窗口中部某位置按住鼠标左键并拖曳出一个一定大小的矩形（文本框），松开鼠标。在文本框光标闪烁处输入“电动机顺启逆停监控系统”，按回车键。在窗口任意空白处单击鼠标，结束文字输入，如图 4-17 所示。

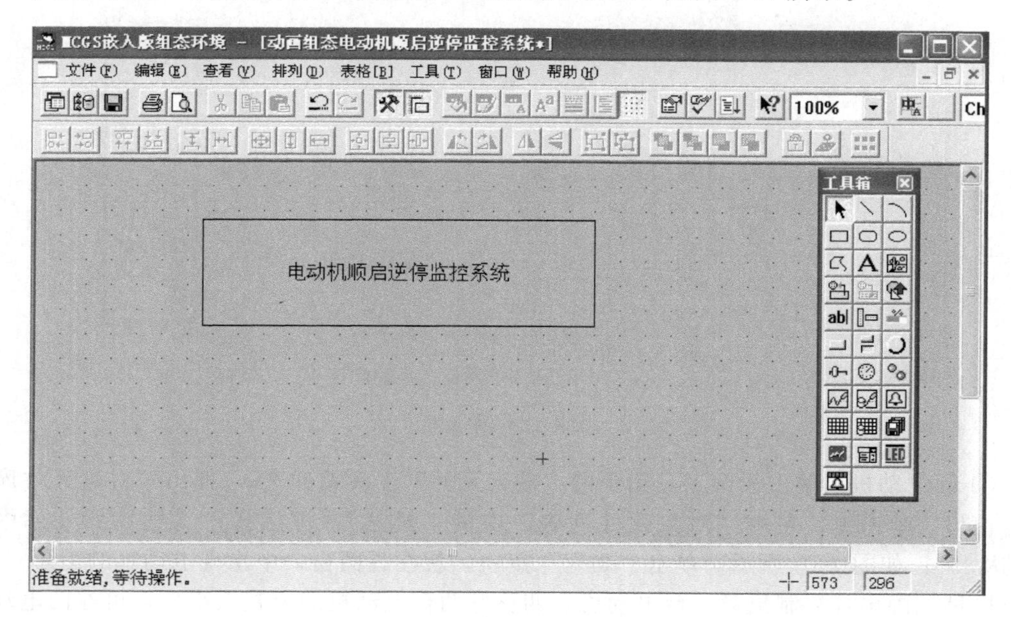


图 4-17　输入和编辑文字

如果文字输错了或输入的文字字形、字号、颜色、大小等不满意，可进行如下的操作。

鼠标单击已输入的文字，在文字周围出现许多小方块（称为拖曳手柄），表明文本框被选中，可对其进行编辑了。

右击，弹出下拉菜单，选择“改字符”。在文本框中输入正确的文字，按回车键。

单击窗口上方工具栏中的“填充色”按钮，弹出填充颜色菜单，选择“没有填充”。

单击“线色”按钮，弹出线色菜单，选择“没有边线”。

单击“字符字体”按钮，弹出字体菜单，设置：字体——宋体；字体样式——常规；大小——三号。设置完单击“确认”按钮。

单击“字符颜色”按钮，弹出字体颜色菜单，选择所需颜色。

若需要删除文字，只要用鼠标选中文字，按 Del 删除。

③ 画按钮，单击“标准按钮”构件，在窗口编辑位置按住鼠标左键拖放出一定大小后，松开鼠标左键，这样一个按钮就绘制在窗口中，如图 4-18 所示。双击该按钮，弹出“标准按钮构件属性设置”对话框，在“基本属性”选项卡中将“文本”修改为“按钮 SB1”，单击“确认”按钮保存，如图 4-19 所示。

按照同样的操作再分别绘制另外三个按钮，将“文本”分别修改为“按钮 SB2”、“按钮 SB3”、“按钮 SB4”。

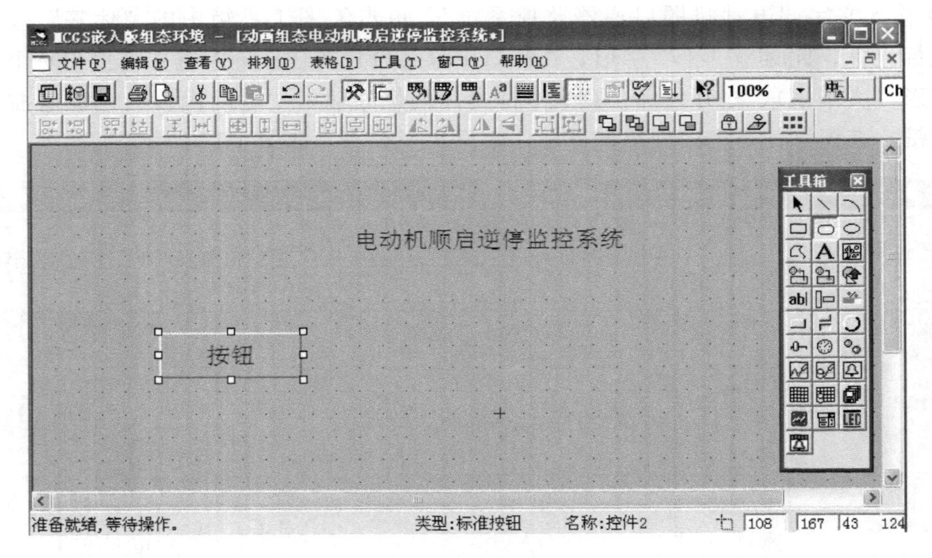


图 4-18 画按钮

④ 画电动机，单击绘图工具箱中的“插入元件”工具按钮，弹出“对象元件库管理”窗口。单击窗口左侧“对象元件列表”中的“马达”，可选择“马达”元件库中的“马达 25”，如图 4-20 所示。单击“确定”按钮，就在画面窗口中出现电动机的图形。

同理，画出或复制出第二台电动机。调整好两台电动机的位置大小后，可在两电动机下添加文字标签“电动机 M1”和“电动机 M2”。

### 3. 动画连接

画面编辑好以后，需要将画面与前面定义的数据对象即变量关联起来，以便运行时，

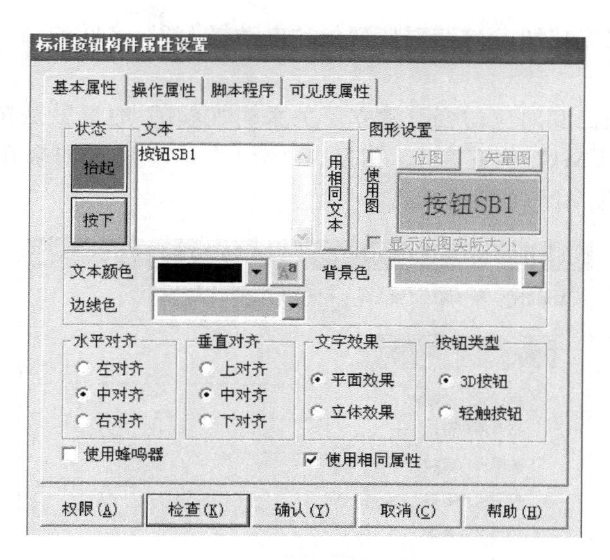


图 4-19　按钮属性设置

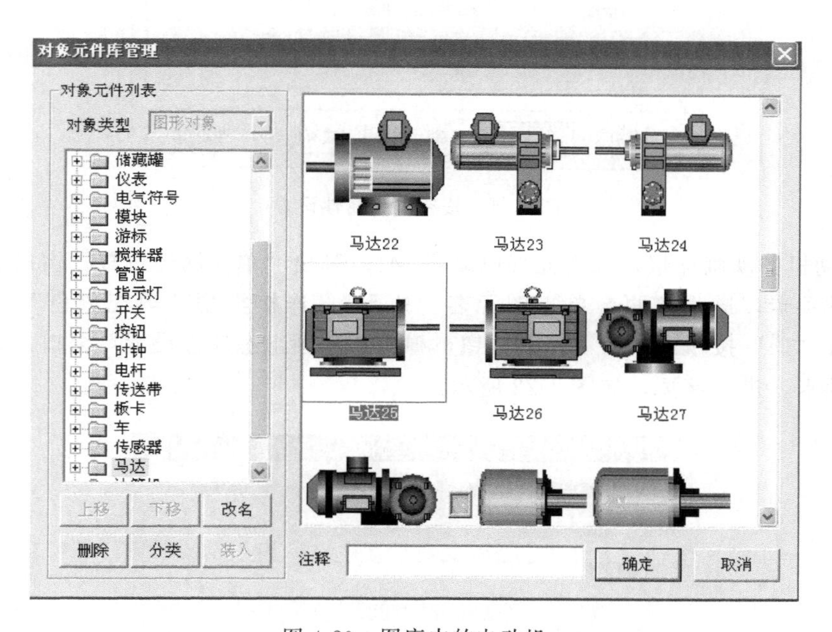


图 4-20　图库中的电动机

画面上的内容能随变量变化。例如，按下按钮 SB1 时，电动机 M1 应该显示运行状态。将画面上的对象与变量关联的过程叫动画连接。下面介绍如何对按钮和电动机进行动画连接。

① 按钮的动画连接，双击“按钮 SB1”，弹出“属性设置”窗口，单击“操作属性”选项卡，显示该页，如图 4-21 所示。选中“数据对象值操作”（单击其前面的小方框，出现对钩）。单击第 1 个下拉列表框的“▼”按钮，弹出按钮动作下拉菜单，选择“置 1”选项。单击第 2 个下拉列表框的“?”按钮，弹出当前用户定义的所有数据对象列表，双击“电动机 M1”。

用同样的方法建立按钮 SB3 与对应变量“电动机 M2”之间的动画连接，动作选“清 0”，单击保存。

现在这两个按钮已和对应的变量建立了关系。“置 1”的意思是在画面上单击“按钮 SB1”，变量“电动机 M1”值变为 1。相反，“清 0”的意思是如果在画面上单击“按钮 SB3”，变量“电动机 M2”值变为 0。

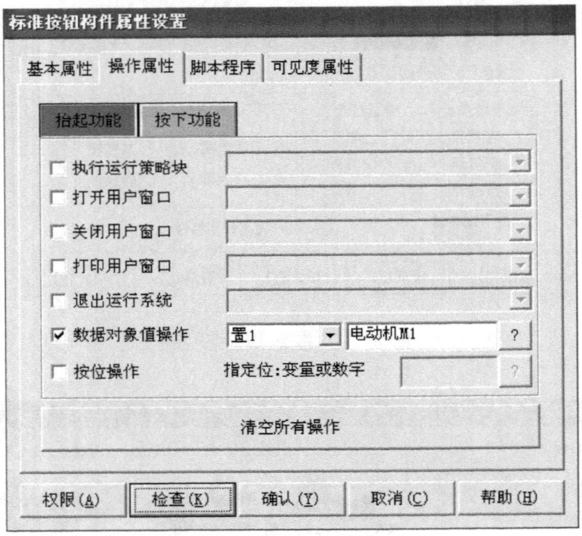

图 4-21　按钮操作属性设置

② 电动机的动画连接，双击元件电动机 M1，弹出“单元属性设置”窗口。单击“动画连接”选项卡，进入该页。单击图元名“矩形”，连接类型“填充颜色”一行，出现“?”按钮和“>”按钮。单击“>”按钮，弹出“动画组态属性设置”窗口。单击“颜色填充”选项卡，进入该页，如图 4-22 所示。

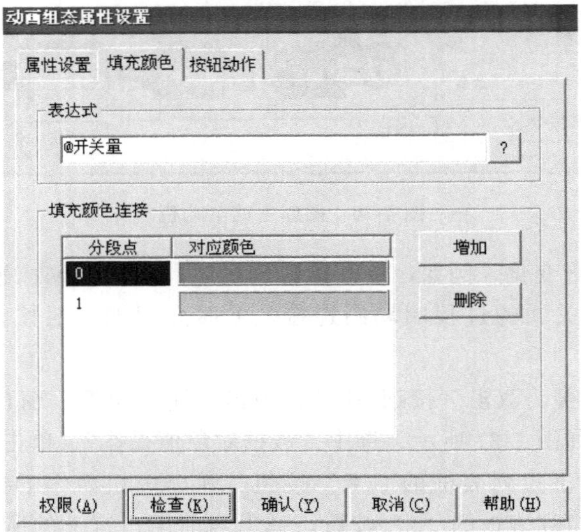

图 4-22　动画组态属性设置

在“表达式”一栏，单击“?”按钮，弹出当前用户定义的所有数据对象列表，双击变量“电动机 M1”。单击“确认”按钮，退出“动画组态属性设置”。单击“确认”按钮，退出“单元属性设置”窗口，结束电动机 M1 的动画连接。

重复②，完成元件电动机 M2 的动画连接。

从图 4-22 可以看到电动机填充颜色连接默认表达式值为 0 时，对应填充颜色为红色，表达式值为 1 时，对应填充颜色为绿色。即电动机 M1 和电动机 M2 处在运行状态时，元件电动机 M1 和电动机 M2 中的矩形图元将显示绿色。反之电动机 M1 和电动机 M2 停止时，元件电动机 M1 和电动机 M2 中的矩形图元将显示红色。

## （五）模拟监控脚本程序的编写

为了实现对两台电动机顺启逆停模拟监控，通过按钮 SB1 动画连接可以实现对电动机 M1 的启动，通过按钮 SB3 动画连接可以实现对电动机 M2 的停止。如何实现按钮 SB2 只在电动机 M1 已启动后启动电动机 M2 呢？如何实现按钮 SB4 只在电动机 M2 已停止后停止电动机 M1 呢？可以采用 MCGS 的脚本程序为按钮 SB2 和按钮 SB4 编写脚本程序实现。

用户脚本程序是用户借助于高级语言所编制的操作程序，它兼容于 VB、VC 语言。在 MCGS 组态软件中，为用户提供了各种特点的流程控制程序和操作处理程序。用户可以利用这些封装好的构件并配备相应的脚本程序，就可以使组态过程变得简单化。在 MCGS 组态软件中，对脚本程序语言的要素做了具体的规定，包括“数据类型”、“变量及常量”、“MCGS 对象”、“表达式”、“运算符”等，详细内容将在任务 2 中进行详细介绍。在本任务中，只需要按步骤操作即可。

### 1. 按钮 SB2 脚本程序

双击“按钮 SB2”，弹出“标准按钮属性设置窗口”，选择“脚本程序”选项卡，如图 4-23 所示。

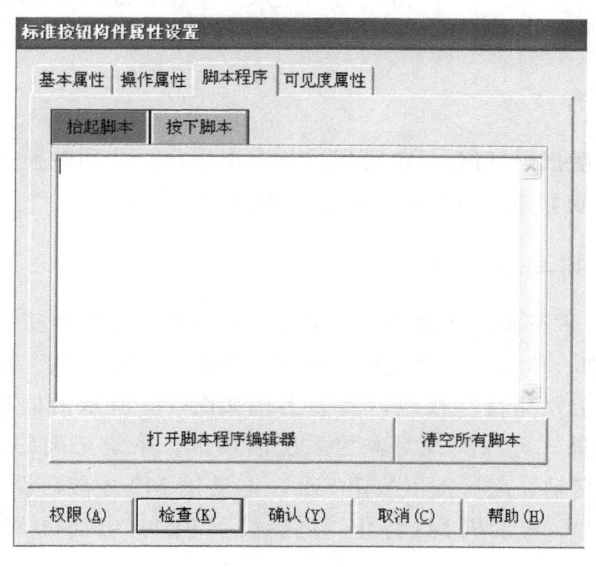


图 4-23　脚本程序选项卡

在“脚本程序”编辑框里写下如下程序：

```
if  电动机 M1 = 1 then
  电动机 M2 = 1
endif
```

将以上程序输入完毕之后，单击“检查”按钮进行语法检查，如果报错，修改程序直至无误。单击“确认”按钮，退出程序编辑。

2. 按钮 SB4 脚本程序

参照按钮 SB2 的编程方法，为按钮 SB4 编写以下脚本程序：

```
if 电动机 M2 = 0 then
  电动机 M1 = 0
endif
```

## （六）工程下载、运行与调试

1. 工程下载

实际的触摸屏监控系统都需要把工程文件下载到触摸屏运行。所以必须建立安装 MCGS 嵌入版的计算机和触摸屏的通信。

图 4-24　标准 USB2.0 打印机线

将标准 USB2.0 打印机线，如图 4-24 所示，扁平接口插到计算机的 USB 接口，微型接口插到 TPC 端的 USB2.0 接口，连接 TPC7062K 和 PC。

单击工具条中的下载按钮，进行下载配置。单击“连机运行”按钮，选择“USB 通信”连接方式，然后单击“通讯测试”按钮，通信测试正常后，单击“工程下载”按钮，如图 4-25 所示。

2. TPC 模拟运行

组态程序下载到触摸屏 TPC 后就可以进行模拟运行。分别触摸按钮 SB1、按钮 SB2、按钮 SB3、按钮 SB4 观察电动机的运行状态是否与设计相同。

3. 计算机上模拟运行

除了下载到 TPC 进行模拟调试外，还可以在计算机上进行模拟运行。在图 4-25 中的“下载配置”对话框中，单击“模拟运行”按钮后单击“工程下载”按钮，进入运行环境。下载完成后，单击“启动运行”按钮，就会出现如图 4-4 所示的监控画面，模拟系统运行。在模拟运行环境里，可以实现对监控系统的调试。系统正确的运行结果：按下按钮 SB1 后，电动机 M1 启动，之后按下按钮 SB2，电动机 M2 才能启动，否则电动机 M2 不能启动；按下按钮 SB3，电动机 M2 停止，之后按下 SB4，电动机 M1 停止，否则电动机 M1 不能启动。

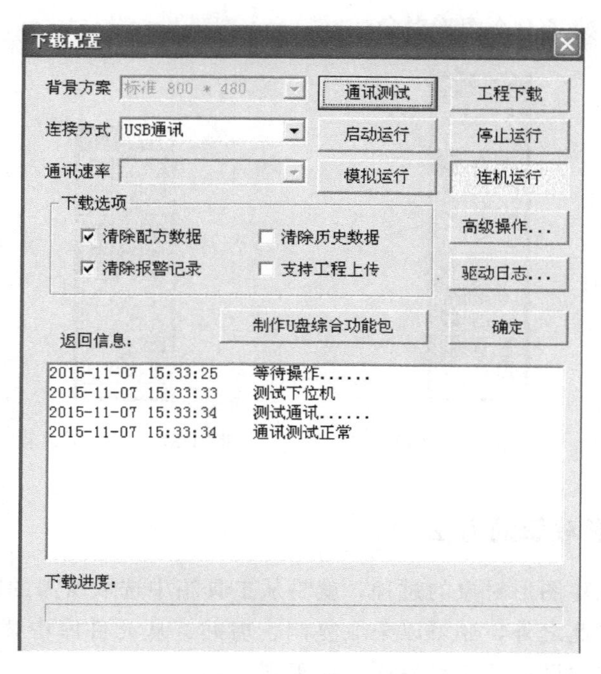


图 4-25　通信测试

电动机顺启逆停监控系统设计结束。需要说明的是，本书介绍的设计方法不是唯一方法，用户可根据需要自行设计和改进。

## 五、知识扩展

在用户窗口中创建图形对象之前，需要从工具箱中选取需要的图形构件，进行图形对象的创建工作。在本任务中，利用工具箱绘制了按钮、标签，添加了两台电动机。MCGS 嵌入版提供了两个工具箱：放置图元和动画构件的绘图工具箱和常用图符工具箱。从这两个工具箱中选取所需的构件或图符，在用户窗口内进行组合，就构成用户窗口的各种图形界面。

鼠标单击工具条中的“工具箱”按钮，则打开了放置图元和动画构件的绘图工具箱，如图 4-26 所示。

其中第 2～9 个的图标对应于 8 个常用的图元对象，后面的 28 个图标对应于系统提供的 16 个动画构件。

图标对应于选择器，用于在编辑图形时选取用户窗口中指定的图形对象；

图标用于从对象元件库中读取存盘的图形对象；

图标用于把当前用户窗口中选中的图形对象存入对象元件库中；

图标用于打开和关闭常用图符工具箱，常用图符工具箱包括系统提供的 27 个图符对象，如图 4-27 所示。

在工具箱中选中所需要的图元、图符或者动画构件，利用鼠标在用户窗口中拖曳出一定大小的图形，就创建了一个图形对象。

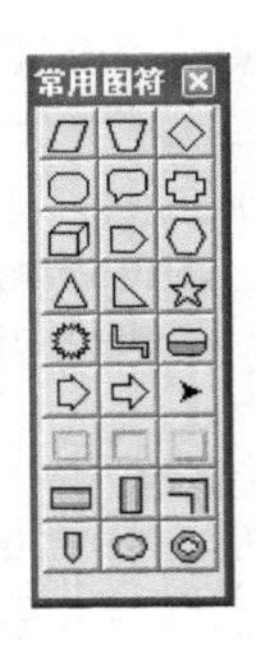

图 4-26　工具箱　　　　图 4-27　图符工具箱

## (一) 创建图形对象的方法

在用户窗口内创建图形对象的过程，就是从工具箱中选取所需的图形对象，绘制新的图形对象的过程。除此之外，还可以采取复制、剪贴、从元件库中读取图形对象等方法，加快创建图形对象的速度，使图形界面更加美观。

## (二) 绘制图形对象

在用户窗口中绘制一个图形对象，实际上是将工具箱内的图符或构件放置到用户窗口中，组成新的图形。

绘制图形对象操作方法：

打开工具箱，鼠标单击选中所要绘制的图元、图符或动画构件。之后把鼠标移到用户窗口内，此时鼠标光标变为“十”字形，按下鼠标左键不放，在窗口内拖动鼠标到适当的位置，然后松开鼠标左键，则在该位置建立了所需的图形，此时鼠标光标恢复为箭头形状。

当绘制折线或者多边形时，在工具箱中选中折线图元按钮，将鼠标移到用户窗口编辑区，先将十字光标放置在折线的起始点位置，单击鼠标，再移动到第二点位置，单击鼠标，如此进行直到最后一点位置时，双击鼠标，完成折线的绘制。如果最后一点和起始点的位置相同，则折线闭合成多边形。多边形是一封闭的图形，其内部可以填充颜色。

## (三) 复制对象

复制对象是将用户窗口内已有的图形对象复制到指定的位置，原图形仍保留，这样可以加快图形的绘制速度，操作步骤如下。

鼠标单击用户窗口内要复制的图形对象，选中（或激活）后，执行“编辑”菜单中“拷贝”命令，或者按快捷键“Ctrl＋C”，然后，执行“编辑”菜单中“粘贴”命令，或者按快捷键“Ctrl＋V”，就会复制出一个新的图形，连续“粘贴”，可复制出多个图形。

图形复制完毕，用鼠标拖动到用户窗口中所需的位置。

也可以采用拖拽法复制图形。先激活要复制的图形对象，按下“Ctrl”键不放，鼠标指针指向要复制的图形对象，按住左键移动鼠标，到指定的位置抬起左键和“Ctrl”键，即可完成图形的复制工作。

### （四）剪贴对象

剪贴对象是将用户窗口中选中的图形对象剪下，然后放置到其他指定位置，具体操作如下。

首先选中需要剪贴的图形对象，执行“编辑”菜单中的“剪切”命令，或者按快捷键“Ctrl＋X”，接着执行“编辑”菜单中的“粘贴”命令，或者按快捷键“Ctrl＋V”，弹出所选图形，移动鼠标，将它放到新的位置。

### （五）操作对象元件库

MCGS 嵌入版设置了称为对象元件库的图形库，用来解决组态结果的重新利用问题。我们在使用本系统的过程中，把常用的、制作完好的图形对象甚至整个用户窗口存入对象元件库中，需要时，再从元件库中取出来直接使用。从元件库中读取图形对象的操作方法如下。

鼠标单击工具箱中的图标，弹出“对象元件库管理”窗口，如图 4-28 所示。MCGS 嵌入版组态软件为用户提供了对象元件库来解决组态结果重新利用的问题。MCGS 的对象元件库中，已经为用户储备了一些常用的图元和图符对象，例如开关、指示灯、马达等。选中对象类型后，从相应的元件列表中选择所要的图形对象，按“确认”按钮，即可将该图形对象放置在用户窗口中。

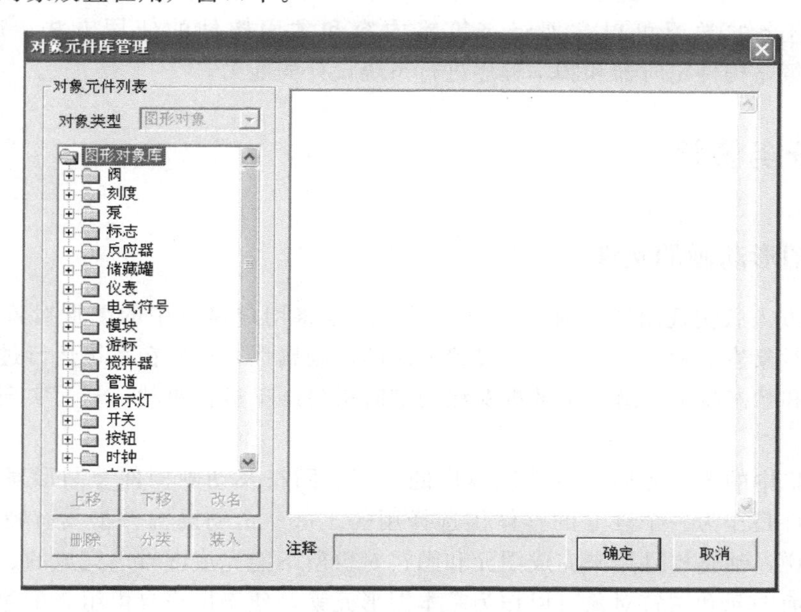


图 4-28　对象元件库管理

当需要把制作完好的图形对象插入到对象元件库中时，先选中所要插入的图形对象，图标激活，鼠标单击该图标，弹出“把选定的图形保存到对象元件库？”对话框，单击“确定”按钮，弹出“对象元件库管理”窗口，默认的对象名为“新图形”，拖动鼠标到指定位置，抬起鼠标，同时还可以对新放置的图形对象进行名字修改、位置移动等操作，单击“确认”按钮，则把新的图形对象存入到对象元件库中。

## 六、思考与练习

1. 利用MCGS嵌入版组态软件，重新绘制完成项目一电动机典型控制组态监控系统中的任务1和任务2的静态画面。

2. 由图形对象搭制而成的图形界面是静止的，如何使它们“动”起来，真实地描述外界对象的状态变化，达到过程实时监控的目的？

# 任务2　楼宇广告彩灯监控设计

## 一、任务描述

随着人们生活环境的不断改善和美化，各种装饰彩灯、广告彩灯越来越多地出现在城市道路楼宇上。广告彩灯的控制就是在广告牌上将一系列有颜色的灯连在一起，然后按一定次序逐个或者几个的依次点亮和熄灭。本任务将通过组态软件和触摸屏实现对楼宇广告彩灯的监控，实现从第一个彩灯每隔2s点亮下一个彩灯，所有彩灯都点亮后，熄灭，再重新点亮第一个彩灯，如此循环；彩灯点亮的同时，由彩灯围绕的“欢迎”两个字不停闪烁。通过本任务的学习可以掌握组态策略内容和常用构件的使用方法，达到能使用MCGS运行策略构件定时器和脚本程序进行系统设计的能力。

## 二、任务资讯

### （一）图形动画的实现

MCGS嵌入版实现图形动画设计的主要方法是将用户窗口中的图形对象与实时数据库中的数据对象建立相关性连接，并设置相应的动画属性，这样在系统运行过程中，图形对象的外观和状态特征，就会由数据对象的实时采集结果进行驱动，从而实现图形的动画效果。

用户窗口中的图形界面是由系统提供的图元、图符及动画构件等图形对象搭配而成的，动画构件是作为一个独立的整体供选择用的。每一个动画构件都具有特定的动画功能，一般来说，动画构件用来完成图元和图符对象所不能完成或难以完成的、比较复杂的动画功能，而图元和图符对象可以作为基本图形元素，便于用户自由组态配置，来完成动画构件中所没有的动画功能。

所谓动画连接，实际上是将用户窗口内创建的图形对象与实时数据库中定义的数据对象，建立起对应的关系，在不同的数值区间内设置不同的图形状态属性（如颜色、大小、位置移动、可见度、闪烁效果等），将物理对象的特征参数以动画图形方式来进行描述，这样在系统运行过程中，用数据对象的值来驱动图形对象的状态改变，进而产生形象逼真的动画效果。图元、图符对象所包含的动画连接方式有如下四类。

1. 颜色动画连接

颜色动画连接，就是指将图形对象的颜色属性与数据对象的值建立相关性关系，使图元、图符对象的颜色属性随数据对象值的变化而变化，用这种方式实现颜色不断变化的动画效果。颜色属性包括填充颜色、边线颜色和字符颜色三种，只有“标签”图元对象才有字符颜色动画连接。对于“位图”图元对象，无须定义颜色动画连接。

2. 位置动画连接

位置动画连接包括图形对象的水平移动、垂直移动和大小变化三种属性，通过设置这三个属性使图形对象的位置和大小随数据对象值的变化而变化。用户只要控制数据对象值的大小和值的变化速度，就能精确地控制所对应图形对象的大小、位置及其变化速度。如果组态时没有对一个标签进行位置动画连接设置，可通过脚本函数在运行时来设置该构件。用户可以定义一种或多种动画连接，图形对象的最终动画效果是多种动画属性的合成效果。例如，同时定义水平移动和垂直移动两种动画连接，可以使图形对象沿着一条特定的曲线轨迹运动，假如再定义大小变化的动画连接，就可以使图形对象在做曲线运动的过程中同时改变其大小。

3. 输入输出连接

为使图形对象能够用于数据显示，并且使操作人员对系统方便操作，更好地实现人机交互功能，系统增加了设置输入输出属性的动画连接方式。设置输入输出连接方式从显示输出、按钮输入和按钮动作三个方面去着手，实现动画连接，体现友好的人机交互方式。

4. 特殊动画连接

在 MCGS 嵌入版中，特殊动画连接包括可见度和闪烁效果两种方式，用于实现图元、图符对象的可见与不可见交替变换和图形闪烁效果，图形的可见度变换也是闪烁动画的一种。

在工程的运行过程中，有时对于一些变量所指示的图形并不是唯一的，可能当变量处于不同的状态时，要有不同的图形来对应。实现这一功能的方法之一是利用特殊动画连接中的可见度连接。另外，有时还需要利用图形的闪烁来作为重要的标志或报警，所以图形对象的闪烁效果也很重要。闪烁效果有两种实现方式：一是自身图形的可见度变化实现闪烁，二是用图形属性的变化实现比如用两种不同的颜色交替出现。用户还可以对闪烁的速度进行调整。

### （二）运行策略组态

一般简单的动态画面，可以利用 MCGS 中的图符与相关变量之间的关联来实现。但对于复杂的工程，监控系统要对运行的流程及设备的运行状态进行有针对性的选择和精确的控制。为此，MCGS 引入运行策略的概念。所谓“运行策略”，是用户为实现对系统运行流程自由控制所组态生成的一系列功能模块的总称。

### 1. 运行策略的分类

根据运行策略的不同作用和功能，MCGS把运行策略分为“启动策略”、“退出策略”、“循环策略”、“报警策略”、“事件策略”、“热键策略”、“用户策略”七种。每种策略都由一系列功能模块组成。MCGS嵌入版运行策略窗口中“启动策略”、“退出策略”和“循环策略”为系统固有的三个策略块，其余的则由用户根据需要自行定义，每个策略都有自己的专用名称。MCGS嵌入版系统的各个部分通过策略的名称来对策略进行调用和处理。

（1）启动策略

启动策略为系统固有策略，在MCGS嵌入版系统开始运行时自动被调用一次。用户通常将一些初始化参数和复位程序的条件放在该策略中。

（2）退出策略

退出策略为系统固有策略，在退出MCGS嵌入版系统时自动被调用一次。用户通常将一些需要记忆的参数和状态放在该策略中，以便下次启动时能够延续上次的工作状态。

（3）循环策略

循环策略为系统固有策略，也可以由用户在组态时创建，在MCGS嵌入版系统运行时按照设定的时间循环运行。在一个应用系统中，用户可以定义多个循环策略。

### 2. 组态策略内容

（1）新建策略

在运行策略窗口中，通过单击“新建策略”按钮就可以完成新策略的建立。按下按钮后，系统会弹出一个选择建立策略的对话框（启动策略、退出策略除外）。新建的策略块只是一个空的结构框架，具体内容需由用户设置。策略的执行顺序是按照运行策略窗口中的先后顺序进行的。

（2）策略属性

用户在工作台的“运行策略”窗口页中，选中指定的策略块，按工具条中的“属性”按钮，可以弹出“策略属性”对话框定义策略的属性，来规定策略运行时的一些必要的参数，如策略名词、策略的功能和参数等。

（3）策略组态

策略组态就是用户规定所选策略的运行模式，用户可以在该策略中，建立若干的策略行，每个策略行都具有一个运行的条件。当条件成立时执行该策略行，用户就可以根据自己的意愿来配置不同的策略。

### 3. 策略功能构件

MCGS嵌入版中的策略构件以功能块的形式来完成对实时数据库的操作、用户窗口的控制等功能，它充分利用面向对象的技术，把大量的复杂操作和处理封装在构件的内部，而提供给用户的只是构件的属性和操作方法，用户只需在策略构件的属性页中正确设置属性值和选定构件的操作方法，就可满足大多数工程项目的需要，而对复杂的工程，只需制定所需的策略构件，然后将它们加到系统中来即可。

MCGS 嵌入版为用户提供了几种最基本的策略构件包括“策略调用”（调用指定的用户策略）、“数据对象”（数据值读写、存盘和报警处理）、“设备操作”（执行指定的设备命令）、“退出策略”（用于中断并退出所在的运行策略块）、“脚本程序”（执行用户编制的脚本程序）、“定时器”（用于定时）、“计数器”（用于计时）、“窗口操作”（打开、关闭、隐藏和打印用户窗口）。

### 4. 用户脚本程序

脚本程序是组态软件中的一种内置编程语言引擎。当某些控制和计算任务通过常规组态方法难以实现时，通过使用脚本语言，能够增强整个系统的灵活性，解决其常规组态方法难以解决的问题。

（1）脚本程序语言要素

在 MCGS 组态软件中，对脚本程序语言的要素做了具体的规定，包括“数据类型”、“变量及常量”、“MCGS 对象”、“表达式”、“运算符”、“运算符优先级”等。

① 数据类型

MCGS 嵌入版脚本程序语言使用的数据类型只有三种：开关型（表示开或者关的数据类型，通常 0 表示关，非 0 表示开。也可以作为整数使用）、数值型（值在 3.4E±38 范围内）、字符型（最多 512 个字符组成的字符串）。

② 变量、常量及系统函数

变量：脚本程序中，用户不能定义子程序和子函数，其中数据对象可以看作是脚本程序中的全局变量，在所有的程序段共用。可以用数据对象的名称来读写数据对象的值，也可以对数据对象的属性进行操作。开关型、数值型、字符型三种数据对象分别对应于脚本程序中的三种数据类型。在脚本程序中不能对组对象和事件型数据对象进行读写操作，但可以对组对象进行存盘处理。

常量：是已经赋了值的数据对象，包括开关型常量（0 或非 0 的整数）、数值型常量（带小数点或不带小数点的数值）、字符型常量（双引号内的字符串）。

系统变量：MCGS 嵌入版系统定义的内部数据对象作为系统内部变量，在脚本程序中可自由使用，在使用系统变量时，变量的前面必须加“＄”符号。

系统函数：MCGS 嵌入版系统定义的内部函数，在脚本程序中可自由使用，在使用系统函数时，函数的前面必须加“!”符号。

（2）脚本程序基本语句

由于 MCGS 嵌入版脚本程序是为了实现某些多分支流程的控制及操作处理，因此包括了几种最简单的语句：赋值语句、条件语句、退出语句和注释语句，同时，为了提供一些高级的循环和遍历功能，还提供了循环语句。所有的脚本程序都可由这五种语句组成，当需要在一个程序行中包含多条语句时，各条语句之间须用“：”分开，程序行也可以是没有任何语句的空行。大多数情况下，一个程序行只包含一条语句，赋值程序行中根据需要可在一行上放置多条语句。

赋值语句的形式为：数据对象＝表达式。赋值号用“＝”表示，它的具体含义是把“＝”右边表达式的运算值赋给左边的数据对象。赋值号左边必须是能够读写的数据对象，如开关型数据、数值型数据以及能进行写操作的内部数据对象，而组对象、事件型数据对象、只读的内部数据对象、系统函数以及常量，均不能出现在赋值号的左边，因为不能对这些对象进行写操作。赋值号的右边为一表达式，表达式的类型必须与左边数据对象值的类型相符合，否则系统会提示“赋值语句类型不匹配”的错误信息。

条件语句有如下三种形式：

```
If【表达式】Then【赋值语句或退出语句】
If【表达式】Then
【语句】
EndIf
If【表达式】Then
【语句】
Else
【语句】
EndIf
```

条件语句中的四个关键字“If”、“Then”、“Else”、“Endif”不分大小写。如拼写不正确，检查程序会提示出错信息。

条件语句允许多级嵌套，即条件语句中可以包含新的条件语句，MCGS 脚本程序的条件语句最多可以有 8 级嵌套，为编制多分支流程的控制程序提供方便。

“IF”语句的表达式一般为逻辑表达式，也可以是值为数值型的表达式，当表达式的值为非 0 时，条件成立，执行“Then”后的语句；否则，条件不成立，将不执行该条件块中包含的语句，开始执行该条件块后面的语句。值为字符型的表达式不能作为“if”语句中的表达式。

循环语句为 While 和 EndWhile，其结构为：

```
While【条件表达式】
…
EndWhile
```

当条件表达式成立时（非零），循环执行 While 和 EndWhile 之间的语句。直到条件表达式不成立（为零），退出。

退出语句为“Exit”，用于中断脚本程序的运行，停止执行其后面的语句。一般在条件语句中使用退出语句，以便在某种条件下，停止并退出脚本程序的执行。

以单引号“’”开头的语句称为注释语句，注释语句在脚本程序中只起到注释说明的作用，实际运行时，系统不对注释语句做任何处理。

## 三、任务分析

### （一）能力目标

1. 能够根据系统要求进行监控画面的制作；
2. 会使用 MCGS 运行策略构件定时器和脚本程序进行系统设计。

### （二）知识目标

1. 熟悉特殊动画连接；

2. 了解运行策略的分类；
3. 掌握组态策略内容和常用构件的使用方法。

### （三）仪器设备

计算机、MCGS 嵌入版、TPC7062 触摸屏。

### （四）工程画面

楼宇广告彩灯组态监控画面如图 4-29 所示。

### （五）设计思路

MCGS 嵌入版对象元件库中没有彩灯元件，只能采用自制的元件。可以采用椭圆工具绘制两个不同填充颜色的圆形叠加在一起，利用特殊动画连接的“可见度”功能，进行两个圆的显示控制达到模拟点亮功能。彩灯的点亮必须按照一定的顺序，并且有相应的时间要求，可以利用运行策略组态里的脚本程序和定时器构件实现。利用特殊动画连接的“闪烁效果”功能，可以实现“欢迎”两个字的闪烁。楼宇广告彩灯监控系统参考画面如图 4-29 所示。

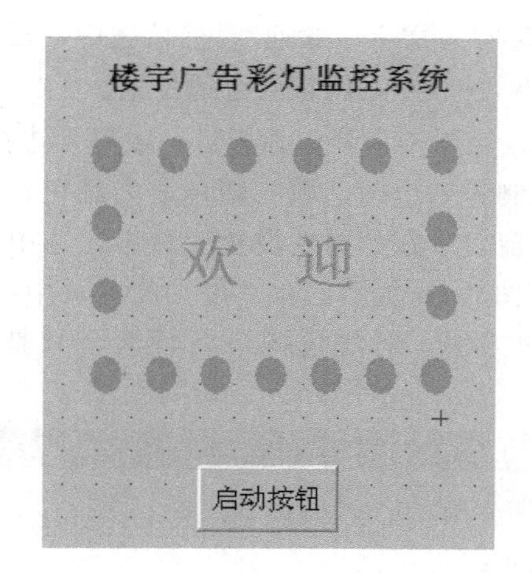


图 4-29　楼宇广告彩灯监控系统画面

## 四、任务实施

### （一）建立工程

楼宇广告彩灯监控系统工程的创建与任务 1 相同，这里不再重复。

### （二）定义变量

通过任务分析，可以确定系统至少需要以下变量，见表 4-11。需要说明的是变量的定义，在系统设计过程中，可以根据需要随时补充。

表 4-11　楼宇广告彩灯监控系统变量分配表

| 变量名 | 类型 | 注释 |
|---|---|---|
| 启动按钮 | 开关型 | 按下启动按钮，系统运行；再按一次，系统停止 |
| 灯 1～灯 16 | 开关型 | 用于 16 个彩灯的控制 |

单击工作台中的“实时数据库”选项卡，进入“实时数据库”窗口页。根据任务 1 中的方法，把表 4-11 中的变量逐一添加到实时数据库中。

## (三) 监控画面的设计与编辑

### 1. 画面的建立

根据任务 1 中画面建立的方法，在“用户窗口”页建立“楼宇广告彩灯监控”的新窗口，并将其设置为启动窗口。

### 2. 画面的编辑

① 利用“标签”工具 **A** 写入文字“楼宇广告彩灯监控”，调整大小及位置。

② 利用“标签”工具 **A** 写入文字“欢迎”，然后选中，设置字体颜色“红色”、字体“宋体”、字形“粗体”、大小“一号”，调整到合适位置。

③ 利用“椭圆”工具 ⬭，画一个圆作为彩灯，设置无边线，颜色填充为黑色，代表彩灯灭，调整合适大小。复制另一个圆，填充颜色改为红色，代表彩灯亮。双击黑色圆，弹出“动画组态属性设置”窗口，在“属性设置”页中，选中“可见度”，窗口中会多出一个“可见度”选项页，如图 4-30 所示。在“可见度”页中，选中“对应图符不可见”，如图 4-31 所示。按照同样的方法，对红色圆进行设置，只是在“可见度”页中，选中“对应图符可见”。

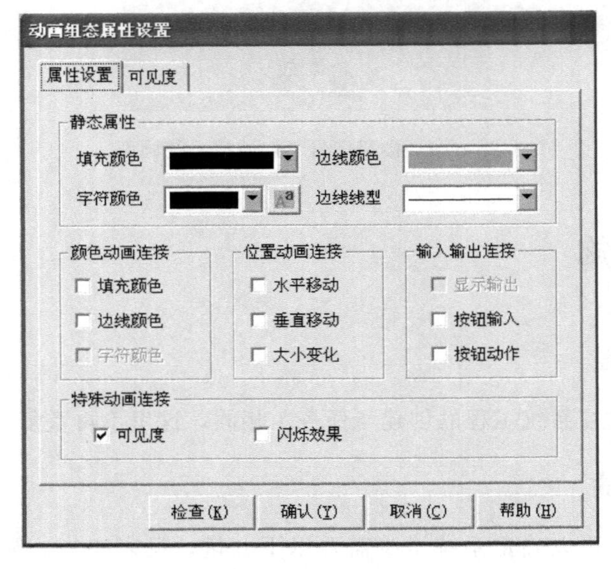


图 4-30　选择可见度

完成以上设置后，移动红色圆，重叠到黑色圆上，框选两个圆，右击，选择“排列”——“合成单元”，把两个圆组合成一个彩灯图符，如图 4-32 所示。

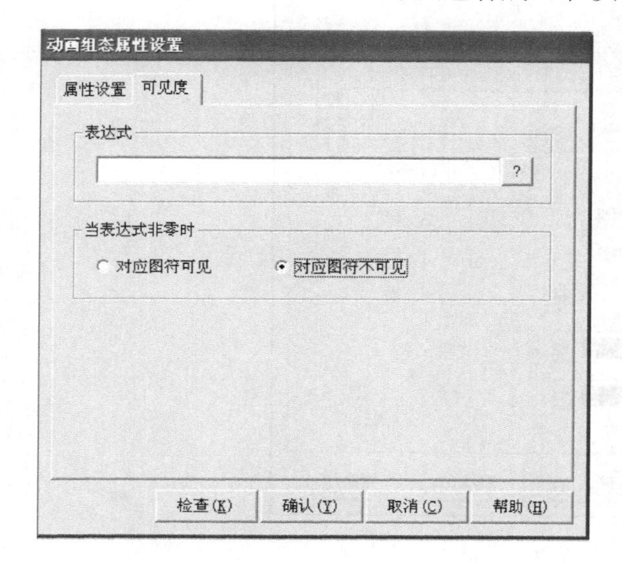


图 4-31　设置可见度

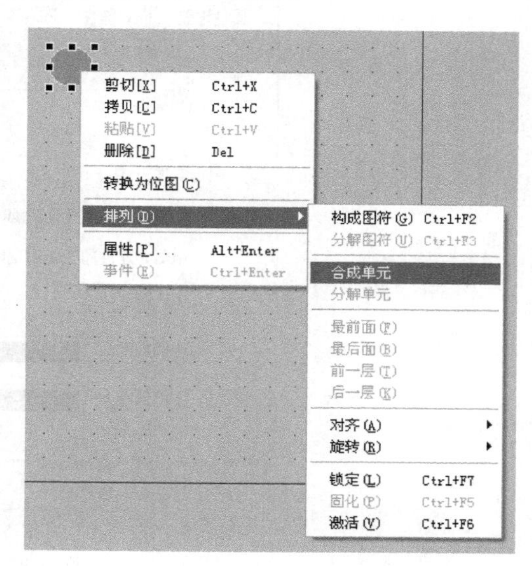


图 4-32　合成单元

④ 复制上一步合成的彩灯图符，再粘贴十五个。粘贴完成后，参照图 4-29 所示，围绕“欢迎”两个字排列这十六个彩灯。在排列的过程中，可以用“↑”、“↓”、“→”、“←”键或鼠标左键调整彩灯的位置，但对于多个图形对象的排列很不方便。这时可以使用 MCGS 的“编辑条”工具。“编辑条”工具的图标是。单击“编辑条件”图标，在工具栏出现辅助工具条。MCGS 提供了 20 余种编辑工具，以图标形式显示在工具条上，包括“左对齐”、“右对齐”、“上对齐”、“下对齐”、“中心对中”、“横向等间距”、“纵向等间距”等。当有多个图形对象被选中时，以当前图形对象为基础，使用工具条上的排列和分布按钮可以对被选中的图形对象进行位置的关系调整。

⑤ 利用“标准按钮”工具，画按钮，并设置按钮基本属性“文本”为“启动按钮”，调整大小及位置。

## （四）动画连接

### 1. “欢迎”两字的动画

双击文字“欢迎”，弹出“标签动画组态属性”设置窗口，选中特殊动画连接中的“闪烁效果”；在窗口中，选择“闪烁效果”页，表达式项中选择“启动按钮”变量，其余默认不变，如图 4-33 所示。

### 2. “启动按钮”的动画

双击“启动按钮”，弹出“标准按钮构件属性设置”窗口；选择“操作属性”页，选中“数据对象值操作”，选择“取反”，操作变量选择“启动按钮”，如图 4-34 所示。

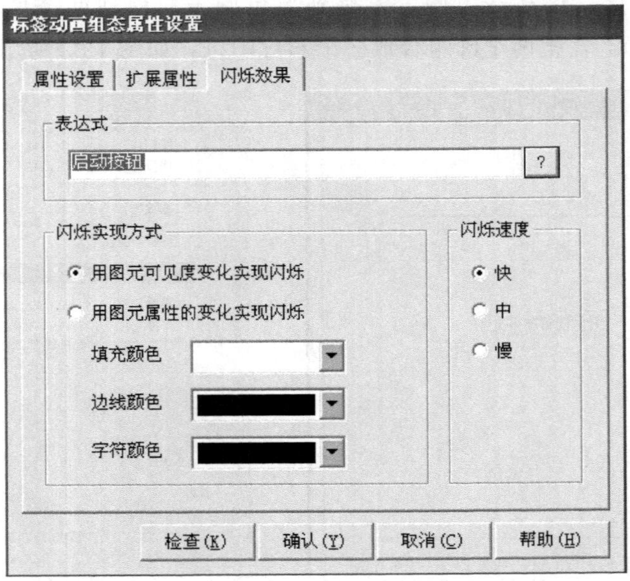

图 4-33　闪烁效果设置

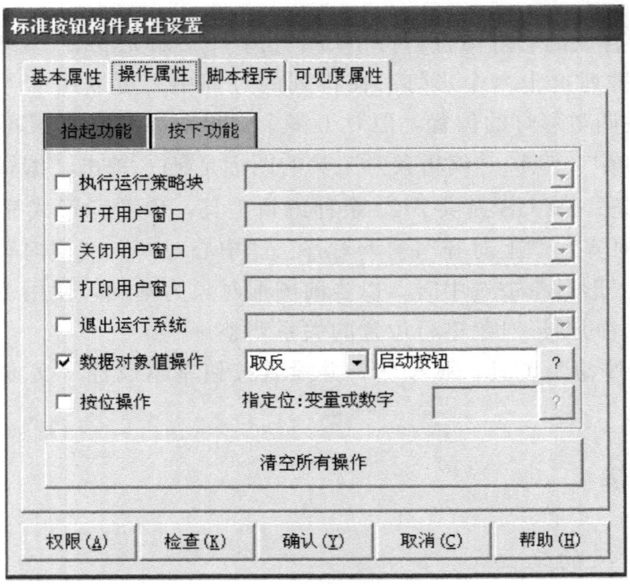

图 4-34　按钮属性设置

### 3. 彩灯的动画

双击左上角第一个彩灯，弹出“单元属性设置”窗口；选择“数据对象”页，选中“可见度”行，“数据对象连接”选择“灯 1”，如图 4-35 所示，单击“确认”按钮。按照同样的方法依次为剩下的彩灯进行动画连接设置。

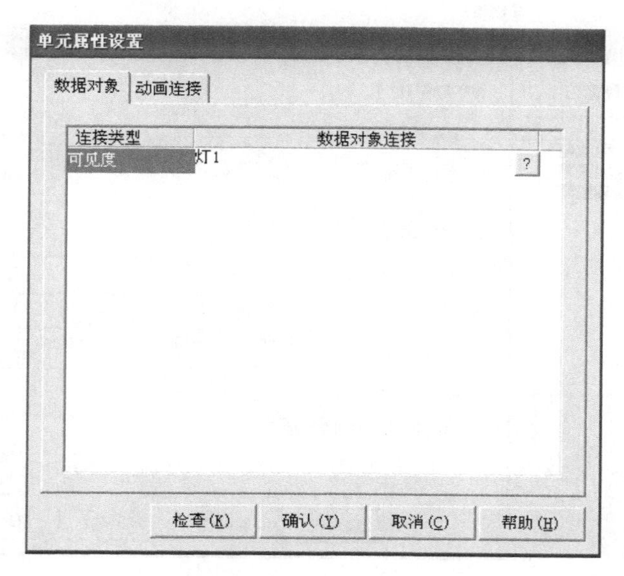


图 4-35　彩灯动画设置

## （五）监控程序编写

对于彩灯的控制，可以通过编写监控程序来实现。在 MCGS 中编写程序主要采用策略组态的形式。其中定时器构件可以实现定时功能，脚本程序用于实现系统运行流程控制。

### 1. 定时器的设置

（1）在策略中添加定时器构件

单击屏幕左上角的工作台图标，弹出“工作台”窗口；单击“运行策略”选项卡，进入“运行策略页”；选中“循环策略”，单击右侧“策略属性”按钮，弹出“策略属性设置”窗口；在“定时循环执行，循环时间”一栏中，填入 200，如图 4-36 所示，单击确认按钮。选中“循环策略”，单击右侧“策略组态”按钮，弹出“策略组态：循环策略”窗口；单击“工具箱”按钮，弹出“策略工具箱”；在工具栏找到“新增策略行”按钮，并单击，在循环策略窗口出现了一条新策略；在“策略工具箱”选中“定时器”，光标变为小手形状；单击新增策略行末端的方块，定时器被加到该策略，如图 4-37 所示。

（2）定义与定时器有关的变量

为了更好地控制定时器的运行，需要在原先所建变量的基础上，再添加 4 个变量，如表 4-12 所示。参照前面的方法，把变量添加到实时数据库中，注意变量类型。

**表 4-12　定时器相关变量**

| 变量名 | 类型 | 注释 |
|---|---|---|
| 定时器启动 | 开关型 | 控制定时器的启停，1 启动，0 停止 |
| 计时时间 | 数值 | 代表定时器计时时间的当前值 |
| 时间到 | 开关 | 定时器定时时间到为 1，否则为 0 |
| 定时器复位 | 开关 | 控制定时器复位，1 复位 |

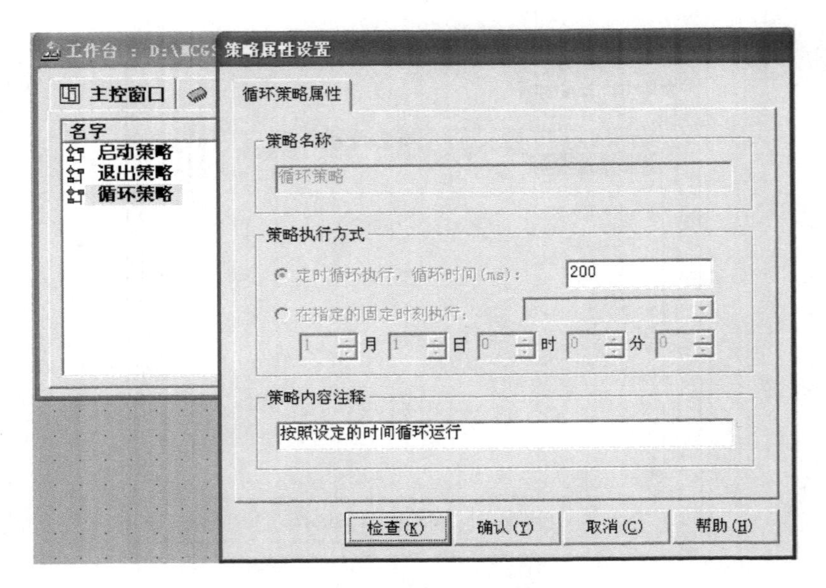


图 4-36　策略属性设置

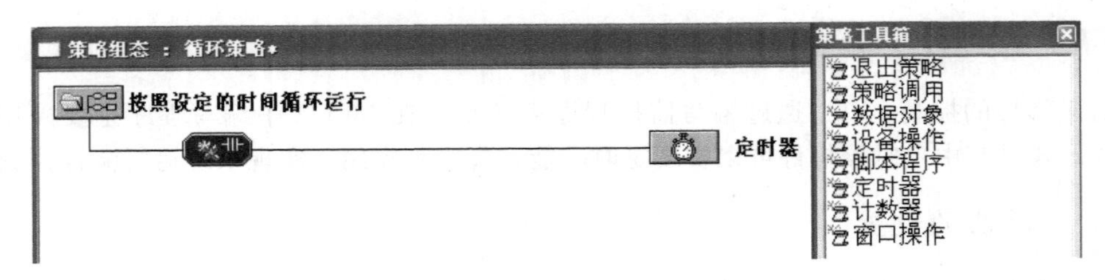


图 4-37　策略组态

(3) 定时器属性设置

属性设置的目的是使定时器和相关的变量建立联系，完成它应具有的启动、计时、状态报告等功能。单击工作台“运行策略”选项卡，进入“运行策略”页；选中“循环策略”，单击“策略组态”按钮，重新进入“策略组态：循环策略”页；双击新增策略行末端的定时器方块，出现定时器属性设置，如图 4-38 所示。

定时器基本属性“设定值”设置为 32，代表设定时间为 32s（每个彩灯亮 2s，16 个彩灯共 32s）。“当前值”设置为“计时时间”变量，“计时条件”设置为“定时器启动”变量。当“定时器启动”变量为 1 时，定时器开始计时；为 0 时，停止计时。“复位条件”设置为“定时器复位”变量，代表该变量为 1 时，定时器复位；为 0 时，定时器才能正常计时。当需要重新开始计时时，先要让定时器复位。“计时状态”设置为“时间到”变量，计时时间超过设定时间时，“时间到”变量将变为 1，否则为 0。

## 2. 监控程序

(1) 将脚本程序添加到策略行

进入循环策略组态窗口，单击工具栏“新增策略行”按钮，在定时器下增加一行新策略；选中策略工具箱的“脚本程序”，光标变为手形；单击新增策略行末端的小方块，

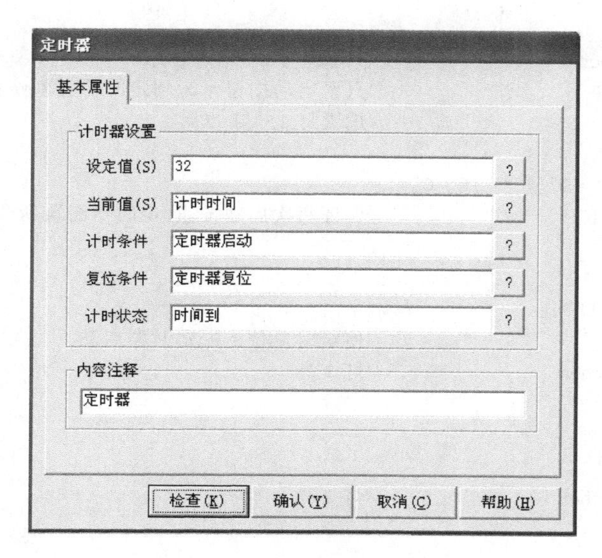


图 4-38　定时器属性设置

脚本程序被加到该策略；双击“脚本程序”策略行末端的方块，出现脚本程序编辑窗口，如图 4-39 所示。

图 4-39　脚本程序编辑窗口

（2）脚本程序清单

按照控制要求设计脚本程序，并录入到脚本程序编辑窗口。

脚本程序清单（以灯 1 和灯 2 的控制为例，省略了余下灯的控制）如下：

```
'系统启停
if 启动按钮 = 1 then
    定时器启动 = 1                    '如果启动按钮 = 1,则向定时器发出启动命令
```

```
endif
if 启动按钮 = 0 then
    定时器启动 = 0                    '只要启动按钮 = 0,则定时器立刻停止工作
灯 1 = 0                              '熄灭灯 1 - 灯 16
灯 2 = 0
    此处省略"灯 3 = 0"至"灯 16 = 0"
    定时器复位 = 1                    '保证每次启动按钮,定时器能重新开始计时
endif
'运行控制
if 定时器启动 = 1 then
  定时器复位 = 0                      '使定时复位 = 0,定时器启动
  if 计时时间  2 then                 '灯 1 亮
    灯 1 = 1
    exit
  endif
  if 计时时间  4 then                 '灯 2 亮
    灯 2 = 1
    exit
  endif
  此处省略其余灯的点亮
if 时间到 then                        '定时时间到,熄灭所有灯
    灯 1 = 0
    灯 2 = 0
  此处省略其余灯的熄灭
    定时器复位 = 1                    '定时器复位为重新定时做准备
    exit
  endif
endif
```

### 3. 工程下载、运行与调试

参考任务 1 的方法，进行楼宇广告彩灯监控工程的下载和模拟运行，运行画面如图 4-29 所示。系统正确的运行结果：单击启动按钮，“欢迎”两个字不停闪烁，彩灯会从左上角第一个彩灯逐一点亮，所有彩灯都点亮后，全部熄灭，重新开始循环；再次单击启动按钮，“欢迎”两个字停止闪烁，所有彩灯将熄灭。

## 五、扩展知识

为了避免现场人为误操作所引起的故障和事故，保护工程开发人员的劳动成果和利益，MCGS 嵌入版组态软件针对使用者设置了“用户权限管理”的一套安全机制，针对开发者设置了一套“工程安全管理”的安全机制，统称安全机制。

### (一) 用户权限管理

在用户权限管理中，主要是设置用户名、用户密码、用户组名。每个用户名具有独立的密码，而每个用户组中可以包含有若干个用户，用户可以被多次分配到不同的用户组中，只要对用户组规定了行使的权限，那组中所包含的全体用户便同时享有该权利。在

MCGS嵌入版组态软件中，负责人行使最高的权限，用户只能修改其密码而不能删除负责人。负责人可以建立新用户或删除已有的用户，作为系统提供的管理员组也是负责人所不能删除的（不能再建立新的管理员组，否则将不能被删除）。凡是具有操作功能的按钮、菜单、构件等都可以实施权限的设定。规定了不同的权限，就是建立了安全的运行机制。

### （二）工程密码设置

在工程安全管理，MCGS嵌入版主要为用户提供了两项安全保护措施，包括“工程密码设置”和“绑定软件狗”。

工程密码设置是对已组态的工程文件行使的一种安全机制，密码一旦生成，再次打开组态文件时系统会提示输入密码，否则不能进入该组态环境。绑定软件狗是为了保护开发者的劳动成果不被盗用而设置的一种安全机制，开发者只要选中该菜单选项，那么已组态的工程文件只能和该软件狗共用，从而保证了工程文件运行的唯一性。这里简要介绍下工程密码设置的具体操作步骤：回到MCGS工作台，选择工具菜单“工程安全管理”中的“工程密码设置”选项，这时将弹出“修改工程密码”对话框，如图4-40所示；在新密码、确认新密码输入框中输入000，单击“确认”按钮，工程密码设置完毕；退出楼宇彩灯监控系统。重新打开楼宇彩灯监控系统，发现弹出了一个对话框，要求输入工程密码，只有密码输入正确，才能进入系统对工程进行修改。

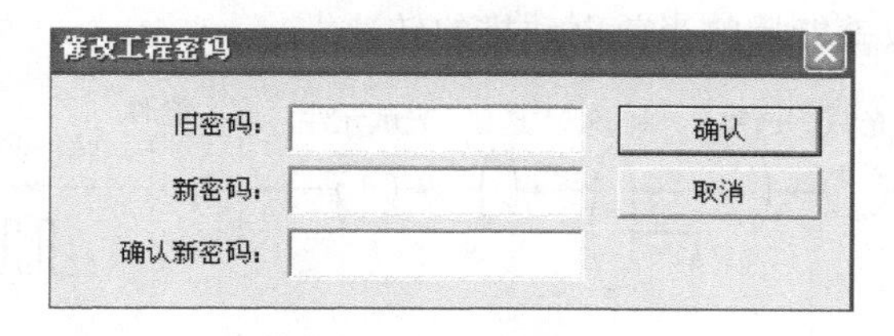


图4-40　工程密码设置

## 六、思考与练习

1. 在楼宇广告彩灯监控系统实现中，采用了特殊动画连接实现了彩灯闪烁。除了这种方法，还有没有别的实现方法呢？

提示：可采用颜色填充动画连接实现。

2. 在楼宇广告彩灯监控系统中，彩灯只有一种工作模式，如何为彩灯监控再增加一种工作模式？

# 任务3　楼宇升降电梯监控设计

## 一、任务描述

随着经济的发展，电梯已成为人民生活中不可缺少的工具，其运行的可靠性也成为人们关注的焦点，所以编写楼宇升降电梯的监控系统具有重要意义。电梯监控的目的在于用最少的人实现电梯最好的管理，提供较为直观、清晰、准确的电梯运行状态进而为维修和故障诊断提供方便，充分提高系统的工作效率。在本次任务中，我们用组态软件完成电梯的升降、开关门按钮显示、停留楼层状态显示。通过此次任务的学习，我们需要掌握组态中各种动画连接属性设置，掌握脚本语言基本语法，掌握组态工程建立、运行和调试的过程，培养学生利用组态软件绘制动态画面、实时监控的能力。

## 二、任务资讯

工程人员在进行楼层判断时一般应用两种方法：第一种方法在电梯相应的楼层间安装传感器，当传感器检测到轿厢到达时，把信号传给 PLC 表示轿厢到达相应楼层；第二种方法是在升降电机的转子上安装编码器，通过读取编码器的值来判断轿厢所处楼层。

旋转编码器是通过光电转换，将输出至轴上的机械、几何位移量转换成脉冲或数字信号的传感器，主要用于速度或位置（角度）的检测。典型的旋转编码器是由光栅盘和光电检测装置组成。光栅盘是在一定直径的圆板上等分地开通若干个长方形狭缝，由于光电码盘与电动机同轴，电动机旋转时，光栅盘与电动机同速旋转，经发光二极管等电子元件组成的检测装置检测输出若干脉冲信号，其原理示意图如图 4-41 所示，通过计算每秒旋转编码器输出脉冲的个数就能反映当前电动机的转速。

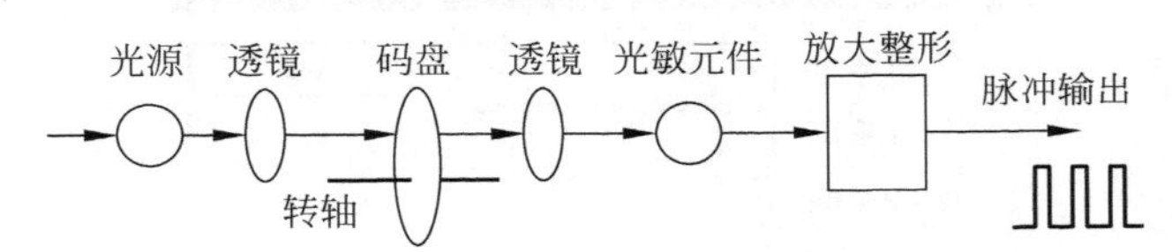


图 4-41　旋转编码器原理示意图

一般来说，根据旋转编码器产生脉冲的方式的不同，可以分为增量式、绝对式及复合式三大类，增量式旋转编码器应用较为广泛。

增量式编码器是直接利用光电转换原理输出三组方波脉冲 A、B 和 Z 相；A、B 两组脉冲相位差 90，用于辨向，当 A 相脉冲超前 B 相时为正转方向，而当 B 相脉冲超前 A 相时则为反转方向；Z 相为每转一个脉冲，用于基准点定位，如图 4-42 所示。

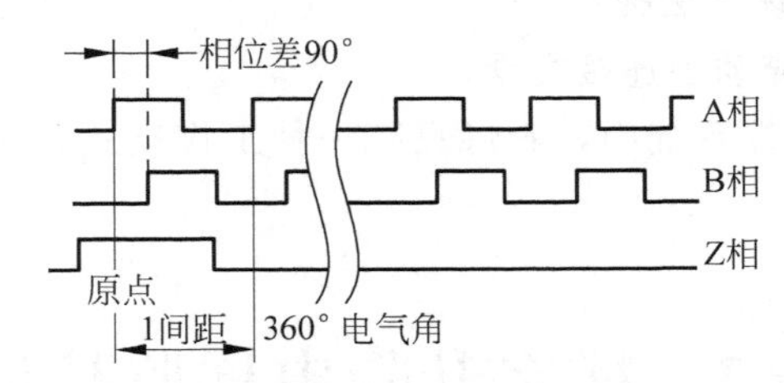


图 4-42　A、B、C 三相角度差示意图

电梯一般使用这种具有 A、B 两相 90°相位差的通用型旋转编码器，用于计算电梯轿厢离地面的高度。编码器直接连接到为轿厢提供动力的电动机转子上，A、B 两相输出端直接连接到 PLC 的高速计数器输入端，随转子的正反转 A、B 两相输出不同的脉冲，进

而推算轿厢高度。

## 三、任务分析

### （一）能力目标

1. 能进行各种动画连接属性设置；
2. 能正确使用脚本语句编写脚本程序，并进行程序修改、运行和调试。

### （二）知识目标

1. 掌握动画连接设置方法；
2. 掌握脚本语言基本语句语法；
3. 掌握组态工程建立、运行和调试的过程。

### （三）仪器设备、软件

计算机、MCGS 嵌入版 7.7

### （四）工程画面

楼宇升降电梯监控画面如图 4-43 所示。

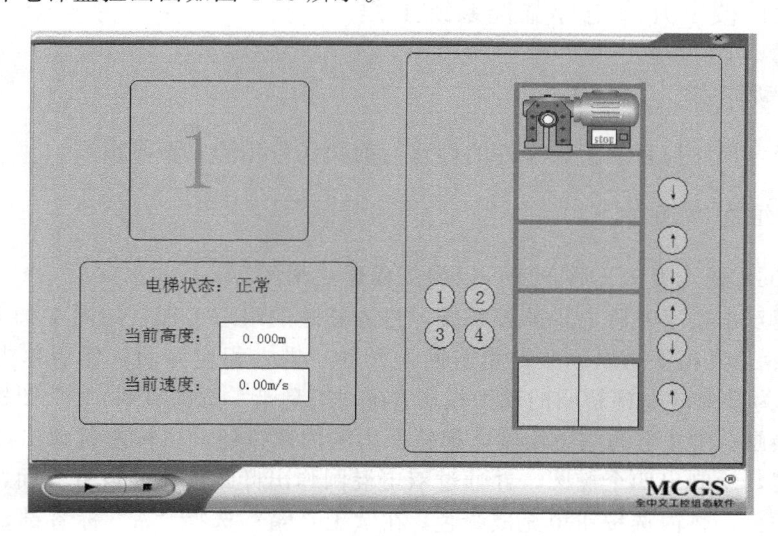


图 4-43　楼宇升降电梯监控画面

### （五）变量定义

选择工作台实时数据库，在其中建立相应的变量，建立变量方法有三种：第一种，可以选择批量添；第二种，可以选择新增对象，进行单个添加；第三种，可以在进行属性设置时，边用边添加。建立相应变量如图 4-44 所示。

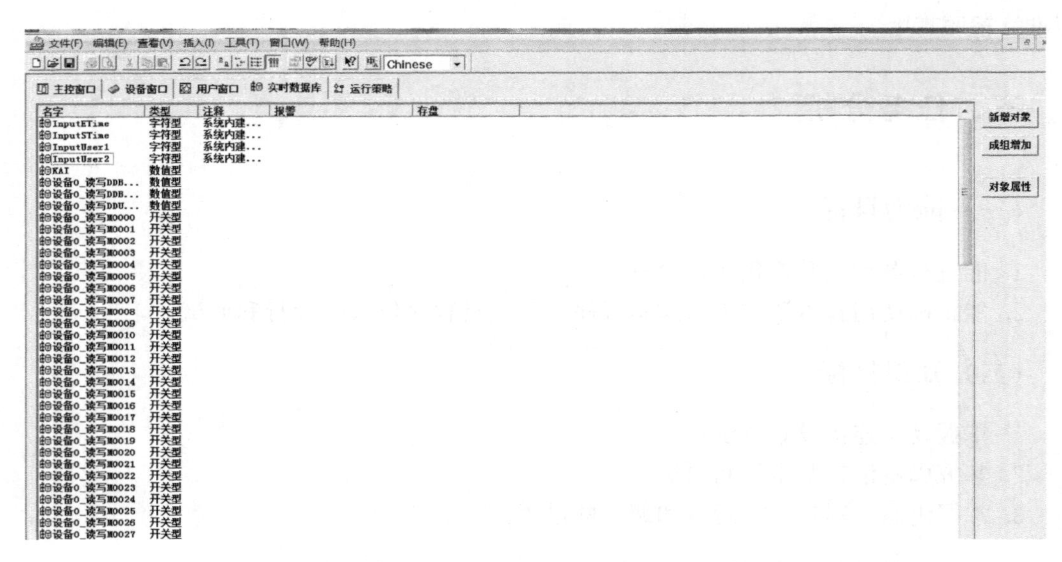


图 4-44　在实时数据库中建立相应的变量

## 四、任务实施

### (一) 设计楼宇升降电梯监控系统工程

#### 1. 创建新工程

楼宇升降电梯监控系统工程文件的创建与前面任务相同，不再重复。

#### 2. 创建组态画面

进入 MCGS 嵌入版 7.7 后，就可以为工程建立画面。

鼠标左键双击楼宇升降电梯监控系统，进入新建的组态工程，如图 4-45 所示。

在 MCGS 工具箱中用鼠标左键单击插入元件，进入相应界面，然后单击马达，并选择马达 4，作为升降的电梯轿厢的动力机构；在“工具箱”选择直线“/”图标，在画面上完成井道的绘画；在井道的左边绘制电梯轿厢内的内选按钮，鼠标左键单击“工具箱”上的“椭圆”键，绘制出四个椭圆，并通过双击椭圆弹出椭圆的属性设置界面，选择静态属性里的填充颜色，将内选按钮填充成绿色；在“工具箱”选择“A”标签键，绘制四个矩形框，并分别在内部编辑文本文字 1、2、3、4，完成后将矩形框移动到所画椭圆的上方。至此我们所画界面如图 4-46 所示。

运用绘制内选按钮同样的方法，我们在井道右侧完成外选按钮的绘制，如图 4-47 所示。

电梯的正常运行状态与检修状态一般是通过转换开关来实现转换。当电梯在正常运行状态时，我们一般需要显示电梯当前的高度和运行速度。高度和速度我们通过选择“工具箱”中的标签来实现。选择“标签”，绘制矩形框，然后双击矩形框，弹出标签动画组态

图 4-45　新建组态界面

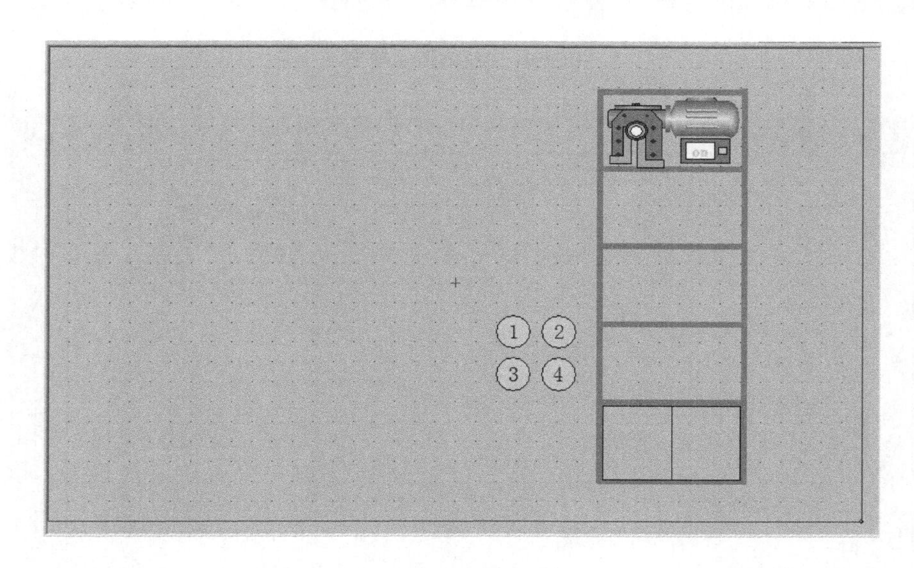


图 4-46　内选按钮绘制

属性设置，选择静态属性中的填充颜色，将输入框的颜色填充成白色，然后单击输入输出连接中的显示输出，使标签具有输出功能。“电梯状态：”、“当前高度：”、“当前速度：”、“正常”绘制时我们依旧选择“工具箱”中的标签键，绘制矩形框，然后双击，将边线颜色设置成没有边线。然后单击扩展属性，在文本内容输入中输入相应的文字，完成后将矩形框拖到相应位置。电梯状态绘制结果如图 4-48 所示。

电梯轿厢到达相应楼层时，需要显示轿厢所到达的楼层；电梯轿厢在上行以及下行过程中，能够及时显示电梯的运行状态。依据以上要求，我们按照绘制“当前高度”的方法

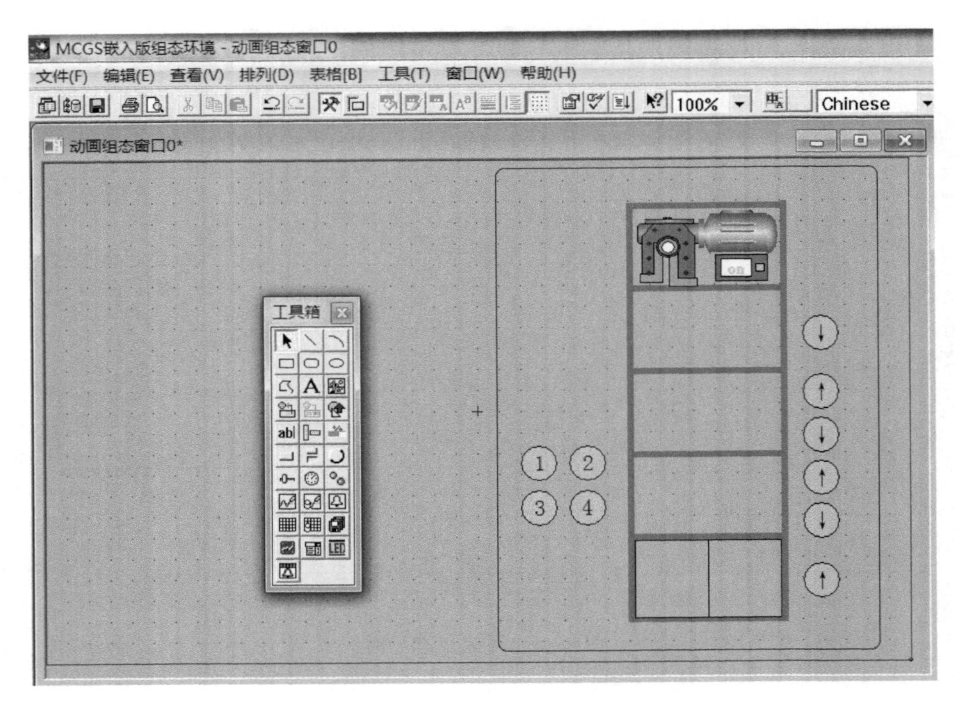


图 4-47　外选按钮绘制

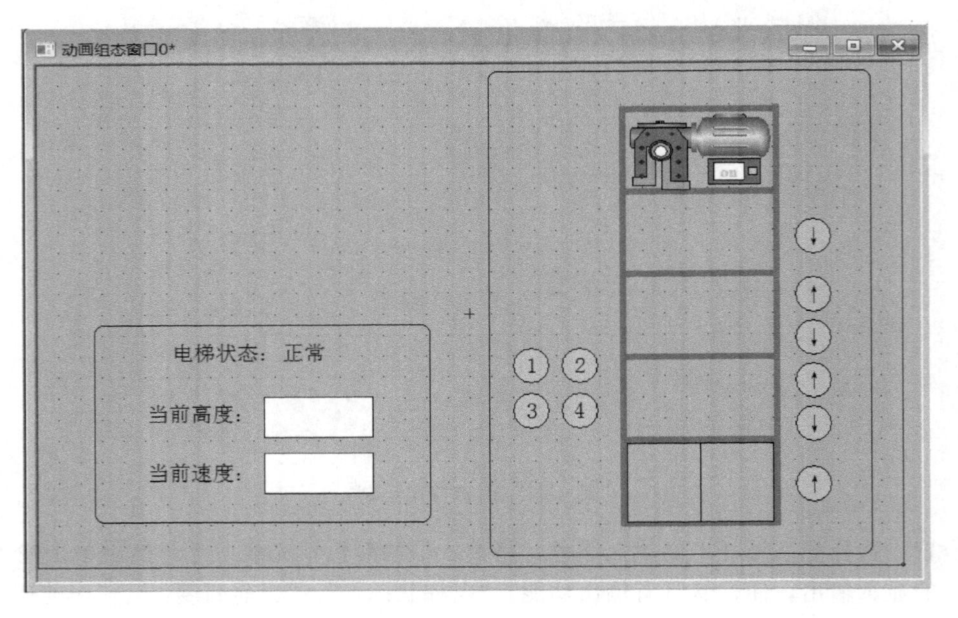


图 4-48　电梯状态绘制

完成 1、2、3、4 楼层数字的绘制。绘制轿厢上行、下行时，我们选择“工具箱”常用符号中的“△”，并将其填充成红色，然后拖到相应位置。

至此，我们已经完成楼宇升降电梯监控系统画面的绘制，如图 4-49 所示。

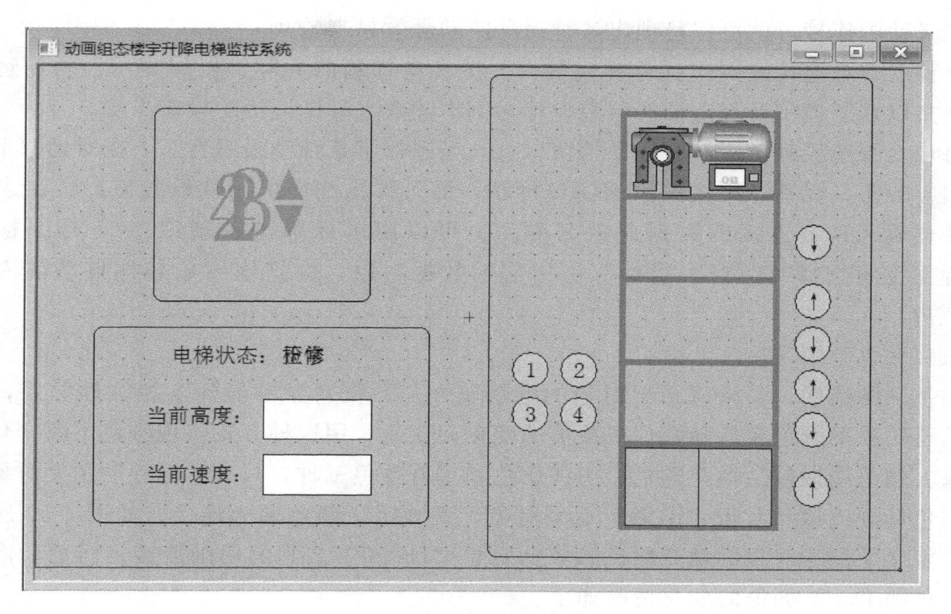


图 4-49　电梯楼层显示绘制

3. 动画连接

由图形对象绘制而成的图形界面是静止的，需要对这些图形对象进行动画设计，真实地描述外界对象的状态变化，达到过程实时监控的目的。MCGS 实现图形动画设计的主要方法是将用户窗口中图形对象与实时数据库中的数据对象建立相关的连接，并设置相应的动画属性，用数据对象的值来驱动图形对象的状态改变，进而实现形象逼真的动画效果。

MCGS 提供的图元、图符对象所包含的动画连接方式有分四类共 9 种。

(1) 颜色动画连接

◇ 填充颜色

◇ 边线颜色

(2) 位置动画连接

◇ 水平移动

◇ 垂直移动

◇ 大小变化

(3) 输入输出连接

◇ 按钮输入

◇ 按钮动作

(4) 特殊动画连接

◇ 可见度变化

◇ 闪烁效果

一个图元、图符对象可以同时定义多种动画连接，由图元、图符组合而成的图形对象，最终的动画效果是多种动画连接方式的组合效果。我们根据实际需要，灵活地对图形对象定义动画连接，就可以呈现出各种逼真的动画效果来。

电梯的动画连接主要包括电梯门的开、关和电梯箱的升降、楼层显示、轿厢运行方向。本文以四层楼宇升降电梯的监控设计为例讲述建立动画连接的操作步骤。

每种动画连接都对应于一个属性窗口页，当选择了某种动画属性时，在对话框上端就增添相应的窗口标签，用鼠标单击窗口标签，即可弹出相应的属性设置窗口。在表达式名称栏内输入所要连接的数据对象名称。也可以用鼠标单击右端带“?”号图标的按钮，弹出变量选择对话框，鼠标双击所需的数据对象，则把该对象名称自动输入表达式一栏内。

(1) 颜色动画连接

颜色动画连接，是指将图形对象的颜色属性与数据对象的值建立相关性关系，使图元、图符对象的颜色属性随数据对象值的变化而变化，用这种方式实现颜色不断变化的动画效果。颜色属性包括填充颜色、边线颜色和字符颜色三种，只有“标签”图元对象才有字符颜色动画连接。对于“位图”图元对象，无须定义颜色动画连接。如图 4-50 所示的设置，定义了图形对象的填充颜色和数据对象“Data0”之间的动画连接运行后，图形对象的颜色随 Data0 的值的变化情况如下。

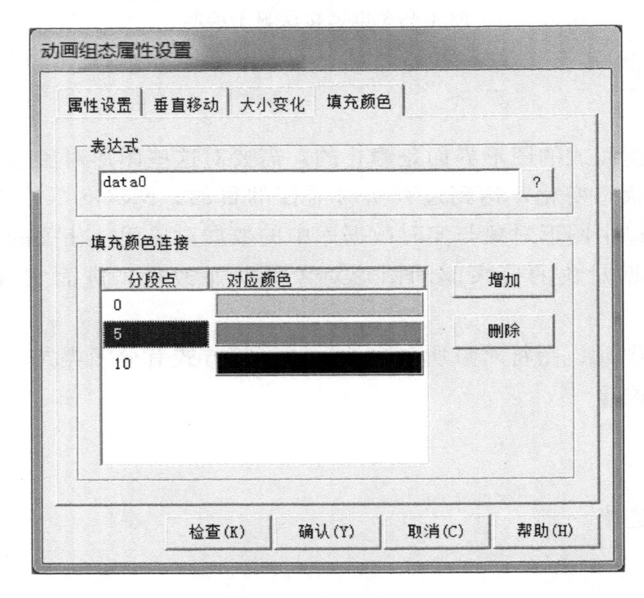


图 4-50　颜色动画设置

当 Data0 小于 0 时，对应的图形对象的填充颜色为绿色；当 Data0 在 0 和 5 之间时，对应图形对象的填充颜色为红色；当 Data0 在 5 和 10 之间时，对应图形对象的填充颜色为黑色。图形对象的填充颜色由数据对象 Data0 的值来控制，或者说是用图形对象的填充颜色来表示对应数据对象的值的范围。与填充颜色连接的表达或可以是一个变量，用变量的值来决定图形对象的填充颜色。当变量的值为数值型时，最多可以定义 32 个分段点，每个分段点对应一种颜色；当变量的值为开关型时，只能定义两个分段点，即 0 或非 0 两种不同的填充颜色。

在图 4-50 所示的属性设置窗口中，还可以进行如下操作：

① 按“增加”按钮，增加一个新的分段点；

② 按“删除”按钮，删除指定的分段点；

③ 用鼠标双击分段点的值，可以设置分段点数值；

④ 用鼠标双击颜色栏，弹出色标列表框，可以设定图形对象的填充颜色、边线颜色和字符颜色的动画连接与填充颜色动画连接相同。

我们在构建四层电梯的监控时，没有用到颜色动画连接，而我们画一个矩形框可在矩形框里填充颜色，用来代替实际中电梯开门后里面的颜色。

（2）位置动画连接

位置动画连接包括图形对象的水平移动、垂直移动和大小变化三种属性，通过设置这三个属性使图形对象的位置和大小随数据对象值的变化而变化。我们只要控制数据对象值的大小和变化速度，就能精确地控制所对应图形对象的大小、位置及其变化速度。如果组态时没有对一个标签进行位置动画连接设置，可通过脚本函数在运行时来设置该构件。

①水平移动

平行移动的方向包含水平和垂直两个方向，其动画连接的方法相同，如图 4-51 所示。首先要确定对应连接对象的表达式，然后再定义表达式的值所对应的位置偏移量。以图中的组态设置为例，当表达式 Data0 的值为 0 时，图形对象的位置向右移动 0 点（即不动）；当表达式 Data0 的值为 100 时，图形对象的位置向右移动 100 点；当表达式 Data0 的值为其他值时，利用线性插值公式即可计算出相应的移动位置。偏移量是以组态时图形对象所在的位置为基准（初始位置），单位为像素点，向左为负方向，向右为正方向（对垂直移动，向下为正方向，向上为负方向）。当把图中的 100 改为－100 时，则随着 Data0 值从小到大的变化，图形对象的位置则从基准位置开始，向左移动 100 点。

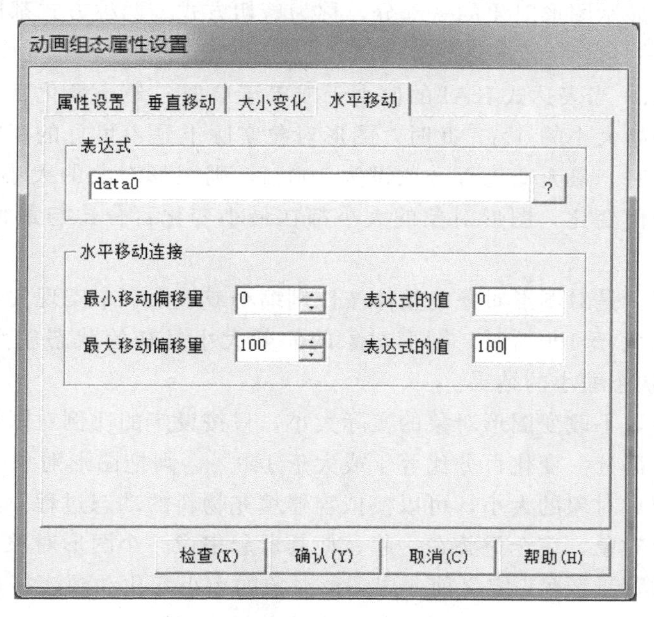


图 4-51　水平移动设置

②大小变化

图形对象的大小变化以百分比的形式来衡量的，把组态时图形对象的初始大小作为基准（100%即为图形对象的初始大小），如图 4-52 所示。在 MCGS 嵌入版中，图形对象大小变化方式有如下七种：以中心点为基准，沿 X 方向和 Y 方向同时变化；以中心点为基准，只沿 X（左右）方向变化；以中心点为基准，只沿 Y（上下）方向变化；以左边界为基准，沿着从左到右的方向发生变化；以右边界为基准，沿着从右到左的方向发生变化；以上边界为基准，沿着从上到下的方向发生变化；以下边界为基准，沿着从下到上的方向发生变化。

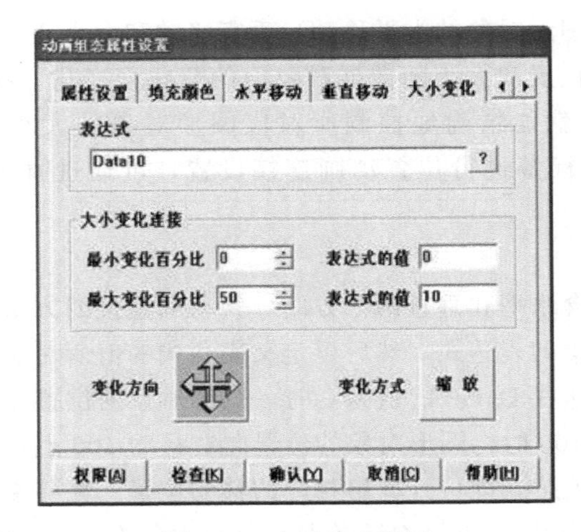


图 4-52　水平移动设置

改变图形对象大小的方法有两种，一是按比例整体缩小或放大，称为缩放方式；二是按比例整体剪切，显示图形对象的一部分，称为剪切方式。两种方式都以图形对象的实际大小为基准的。

如图 4-53 所示，当表达式 KAI 的值小于或等于 0 时，最小变化百分比设为 0，即图形对象的大小为初始大小的 0%，此时，图形对象实际上是不可见的；当表达式 Data0 的值大于或等于 100 时，最大变化百分比设为 100%，则图形对象的大小与初始大小相同。不管表达式的值如何变化，图形对象的大小都在最小变化百分比与最大变化百分比之间变化。

在缩放方式下，是对图形对象的整体按比例缩小或放大，来实现大小变化的。当图形对象的变化百分比大于 100%时，图形对象的实际大小是初始状态放大的结果，当小于 100%时，是初始状态缩小的结果。

在剪切方式下，不改变图形对象的实际大小，只按设定的比例对图形对象进行剪切处理，显示整体的一部分。变化百分比等于或大于 100%，则把图形对象全部显示出来。采用剪切方式改变图形对象的大小，可以模拟容器填充物料的动态过程。具体步骤：首先制作两个同样的图形对象，完全重叠在一起，使其看起来像一个图形对象；将前后两层的图形对象设置不同的背景颜色；定义前一层图形对象的大小变化动画连接，变化方式设为剪切方式。实际运行时，前一层图形对象的大小按剪切方式发生变化，只显示一部分，而另一部分显示的是后一层图形对象的背景颜色，前后层图形对象视为一个整体，从视觉上如

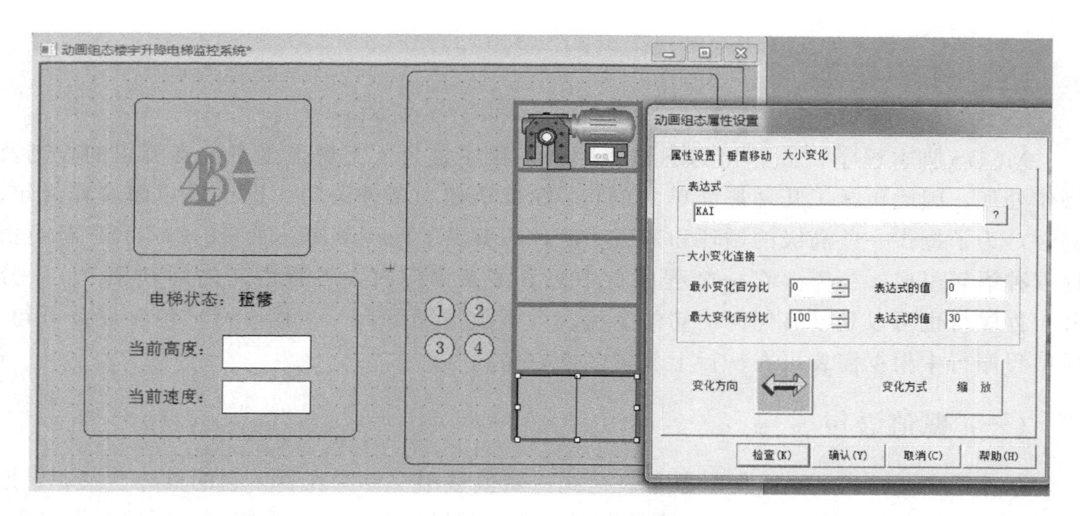


图 4-53　轿厢门开合动作设置

同一个容器内物料按百分比填充，获得逼真的动画效果。

可见度连接的属性窗口页如图 4-54 所示，在“表达式”栏中，将图元、图符对象的可见度和数据对象（或者由数据对象构成的表达式）建立连接，而在“当表达式非零时”的选项栏中，来根据表达式的结果来选择图形对象的可见度方式。如图 4-54 所示的设置方式，将图形对象和数据对象 Data1 建立了连接，当 Data1 的值为 1 时，指定的图形对象在用户窗口中显示出来；当 Data1 的值为 0 时，图形对象消失，处于不可见状态。

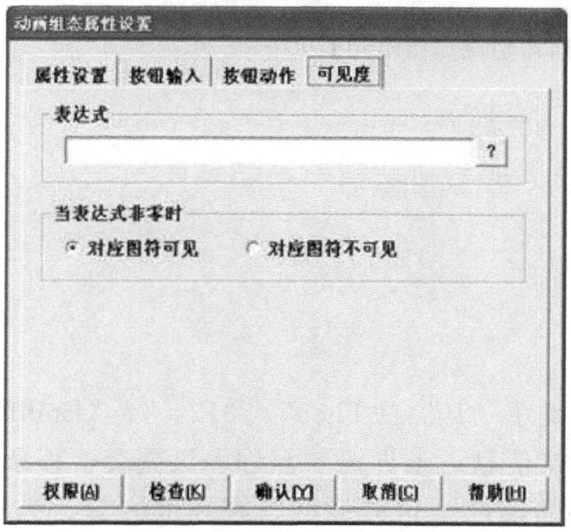

图 4-54　可见度设置

通过这样的设置，就可以利用数据对象（或者表达式）值的变化，来控制图形对象的可见状态。电梯设计中，需要将用于楼层显示的数字 1、2、3、4 分别设置可见度，当用于检测轿厢的传感器发出相应信号或者轿厢到达相应高度时，表达式为真，显示轿厢所在楼层。

为轿厢提供动力的电机正传时，显示上行的“△”显示，电机反转时显示下行的“△”，可见度表达式为真，显示电梯下行。

## 五、知识拓展

MCGS脚本程序。由于MCGS嵌入版脚本程序是为了实现某些多分支流程的控制及操作处理，因此包括了几种最简单的语句：赋值语句、条件语句、退出语句和注释语句，同时，为了提供一些高级的循环和遍历功能，还提供了循环语句。所有的脚本程序都可由这五种语句组成，当需要在一个程序行中包含多条语句时，各条语句之间须用"："分开，程序行也可以是没有任何语句的空行。大多数情况下，一个程序行只包含一条语句，赋值程序行中根据需要可在一行上放置多条语句。

### （一）赋值语句

赋值语句的形式为：数据对象＝表达式。赋值号用"＝"表示，它的具体含义是：把"＝"右边表达式的运算值赋给左边的数据对象。赋值号左边必须是能够读写的数据对象，如开关型数据、数值型数据以及能进行写操作的内部数据对象，而组对象、事件型数据对象、只读的内部数据对象、系统函数以及常量，均不能出现在赋值号的左边，因为不能对这些对象进行写操作。赋值号的右边为一表达式，表达式的类型必须与左边数据对象值的类型相符合，否则系统会提示"赋值语句类型不匹配"的错误信息。

### （二）条件语句

条件语句有如下三种形式：

```
1.If【表达式】Then【赋值语句或退出语句】
2.If【表达式】Then
【语句】
EndIf
3.If【表达式】Then
【语句】
Else
【语句】
EndIf
```

条件语句中的四个关键字"If"、"Then"、"Else"、"Endif"不分大小写。如拼写不正确，检查程序会提示出错信息。条件语句允许多级嵌套，即条件语句中可以包含新的条件语句，MCGS脚本程序的条件语句最多可以有8级嵌套，为编制多分支流程的控制程序提供方便。

"IF"语句的表达式一般为逻辑表达式，也可以是值为数值型的表达式，当表达式的值为非0时，条件成立，执行"Then"后的语句；否则，条件不成立，将不执行该条件块中包含的语句，开始执行该条件块后面的语句。值为字符型的表达式不能作为"if"语句中的表达式。

### （三）循环语句

循环语句为While和EndWhile，其结构为：

```
While【条件表达式】
…
EndWhile
```

当条件表达式成立时（非零），循环执行 While 和 EndWhile 之间的语句。直到条件表达式不成立（为零），退出。

## （四）退出语句

退出语句为“Exit”，用于中断脚本程序的运行，停止执行其后面的语句。一般在条件语句中使用退出语句，以便在某种条件下，停止并退出脚本程序的执行。

## （五）注释语句

以单引号“'”开头的语句称为注释语句，注释语句在脚本程序中只起到注释说明的作用，实际运行时，系统不对注释语句进行任何处理。

在四层楼宇监控中我们用条件语句实现电梯基本运行功能。

```
if m1 = 1 then
sj = sj + 2
if sj = 50 then
m1 = 0
m2 = 1
sj = 0
endif
endif
IF m1 = 1 AND KAI   30 THEN
m2 = 0
KAI = KAI + 2
endif
IF m2 = 1 AND KAI   0 THEN
m1 = 0
KAI = KAI - 3
if kai = 0 then
m2 = 0
endif
endif
if nei2 = 1 and nei1 = 0 and m1 = 0 and m2 = 0 and yishang = 0 and shangxia   530 then
shangxia = shangxia + 10
xia = 0
shang1 = 1
if shangxia   510 and shangxia   550 then
nei2 = 0
shang1 = 0
m1 = 1
endif
endif
if erxia = 1 and nei1 = 0 and m1 = 0 and m2 = 0 and yishang = 0 and shangxia   530 then
shangxia = shangxia + 10
xia = 0
```

```
shang1 = 1
if shangxia  510 and shangxia  550 then
erxia = 0
shang1 = 0
m1 = 1
endif
endif
if ershang = 1 and nei1 = 0 and m1 = 0 and m2 = 0 and yishang = 0 and shangxia  530 then
shangxia = shangxia + 10
xia = 0
shang1 = 1
if shangxia  510 and shangxia  550 then
ershang = 0
shang1 = 0
m1 = 1
endif
endif
if nei2 = 1 and nei1 = 0 and nei4 = 0 and yishang = 0 and m1 = 0 and m2 = 0 and shangxia  1070 and
sixia = 0 then
s2 = 1
endif
if nei2 = 1 and nei1 = 0 and nei4 = 0 and yishang = 0 and m1 = 0 and m2 = 0 and shangxia  1535 and
sixia = 0 then
s2 = 1
endif
if ershang = 1 and nei1 = 0 and yishang = 0 and m1 = 0 and m2 = 0 and shangxia  1535 and sixia = 0
and nei4 = 0 then
s2 = 1
endif
if ershang = 1 and nei1 = 0 and yishang = 0 and m1 = 0 and m2 = 0 and shangxia  1010 and sixia = 0
and nei4 = 0 then
s2 = 1
endif
if s2 = 1 then
shangxia = shangxia - 10
xia1 = 1
if shangxia = 510 then
s2 = 0
ershang = 0
nei2 = 0
xia1 = 0
m1 = 1
endif
endif
if nei3 = 1 and nei2 = 0 and nei1 = 0 and m1 = 0 and m2 = 0 and ershang = 0 and yishang = 0 and
shangxia  1025 then
shangxia = shangxia + 10
xia = 0
shang1 = 1
if shangxia  1025 and shangxia  1070 then
nei3 = 0
```

```
sanshang = 0
shang1 = 0
m1 = 1
endif
endif
if sanxia = 1 and nei2 = 0 and m1 = 0 and m2 = 0 and ershang = 0 and yishang = 0 and nei1 = 0 and
shangxia  1025 then
shangxia = shangxia + 10
xia = 0
shang1 = 1
if shangxia  1025 and shangxia  1070 then
sanxia = 0
shang1 = 0
m1 = 1
endif
endif
if sanshang = 1 and nei2 = 0 and m1 = 0 and m2 = 0 and ershang = 0 and yishang = 0 and nei1 = 0 and
shangxia  1025 then
shangxia = shangxia + 10
xia = 0
shang1 = 1
if shangxia  1025 and shangxia  1070 then
sanshang = 0
shang1 = 0
m1 = 1
endif
endif
if nei3 = 1 and shangxia  1070 and m2 = 0 and m1 = 0 and shangxia  1535 then
s3 = 1
endif
if sanshang = 1 and shangxia  1070 and m2 = 0 and m1 = 0 and shangxia  1535 then
s3 = 1
endif
if s3 = 1 then
shangxia = shangxia - 10
xia1 = 1
if shangxia  = 1025 then
xia1 = 0
s3 = 0
sanshang = 0
nei3 = 0
m1 = 1
endif
endif
if nei4 = 1 and nei3 = 0 and yishang = 0 and nei1 = 0 and m1 = 0 and m2 = 0 and sanshang = 0 and
ershang = 0 and nei2 = 0 then
xia = 1
endif
if nei4 = 1 and nei3 = 0 and yishang = 0 and nei1 = 0 and m1 = 0 and m2 = 0 and sanshang = 0 and
ershang = 0 and nei2 = 0 and shangxia  1070 then
xia = 1
```

```
endif
if sixia = 1 and yishang = 0 and nei1 = 0 and m1 = 0 and m2 = 0 and sanshang = 0 and ershang = 0 and
nei3 = 0 and nei2 = 0 then
xia = 1
endif
if sixia = 1 and yishang = 0 and nei1 = 0 and m1 = 0 and m2 = 0 and sanshang = 0 and ershang = 0 and
nei3 = 0 and nei2 = 0 and shangxia  1070 then
xia = 1
endif
if xia = 1 then
shangxia = shangxia + 10
shang1 = 1
if shangxia  1535 then
shang1 = 0
xia = 0
sixia = 0
nei4 = 0
m1 = 1
endif
endif
if nei1 = 1 and ershang = 0 and nei2 = 0 and sanshang = 0 and nei3 = 0 and sixia = 0 and nei4 = 0 and
erxia = 0 and sanxia = 0 and m1 = 0 and m2 = 0 and nei4 = 0 then
xiayi = 1
endif
if yishang = 1 and ershang = 0 and nei2 = 0 and sanshang = 0 and nei3 = 0 and sixia = 0 and nei4 = 0
and erxia = 0 and sanxia = 0 and m1 = 0 and m2 = 0 then
xiayi = 1
endif
if xiayi = 1 then
shangxia = shangxia - 10
xia1 = 1
if shangxia  = 29 then
xia1 = 0
xiayi = 0
yishang = 0
nei1 = 0
m1 = 1
endif
endif
if shangxia  1500 and shangxia  1550 and nei3 = 1 and nei4 = 0 and m1 = 0 and m2 = 0 and sixia =
0 then
shangxia = shangxia - 10
xia1 = 1
if shangxia  = 1025 then
xia1 = 0
nei3 = 0
m1 = 1
endif
endif
if shangxia  1010 and shangxia  1550 and sanxia = 1 and nei4 = 0 and m1 = 0 and m2 = 0 and sixia =
0 then
```

```
shangxia = shangxia - 10
xia1 = 1
if shangxia  = 1025 then
xia1 = 0
sanxia = 0
m1 = 1
endif
endif
if shangxia  520 and shangxia  1550 and nei2 = 1 and nei3 = 0 and nei4 = 0 and sanxia = 0 and m1 =
0 and m2 = 0 and sixia = 0 then
shangxia = shangxia - 10
xia1 = 1
if shangxia  = 510 then
xia1 = 0
nei2 = 0
m1 = 1
endif
endif
if shangxia  500 and shangxia  1550 and erxia = 1 and nei3 = 0 and nei4 = 0 and sanxia = 0 and m1 =
0 and m2 = 0 and sixia = 0 then
shangxia = shangxia - 10
xia1 = 1
if shangxia  = 510 then
xia1 = 0
erxia = 0
m1 = 1
endif
endif
if shangxia  250 and shangxia  770 then
c2 = 1
c1 = 0
c3 = 0
c4 = 0
endif
if shangxia  250 then
c1 = 1
c2 = 0
c3 = 0
c4 = 0
endif
if shangxia  770 and shangxia  1280 then
c3 = 1
c1 = 0
c2 = 0
c4 = 0
endif
if shangxia  1280 then
c4 = 1
c1 = 0
c2 = 0
c3 = 0
endif
```

## 六、思考与练习

1. 根据所学知识，利用系统自动时间和图片完成图 4-55 的绘制。

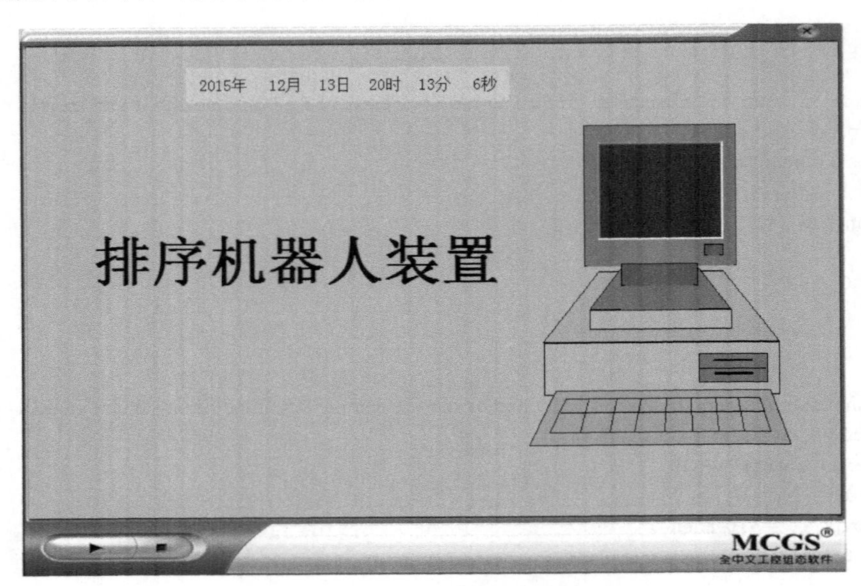


图 4-55　插装机器人登录界面

2. 在完成（1）的基础上，为登录界面加入密码，密码为“123”，只有密码正确才能跳入下个界面，如图 4-56 所示。

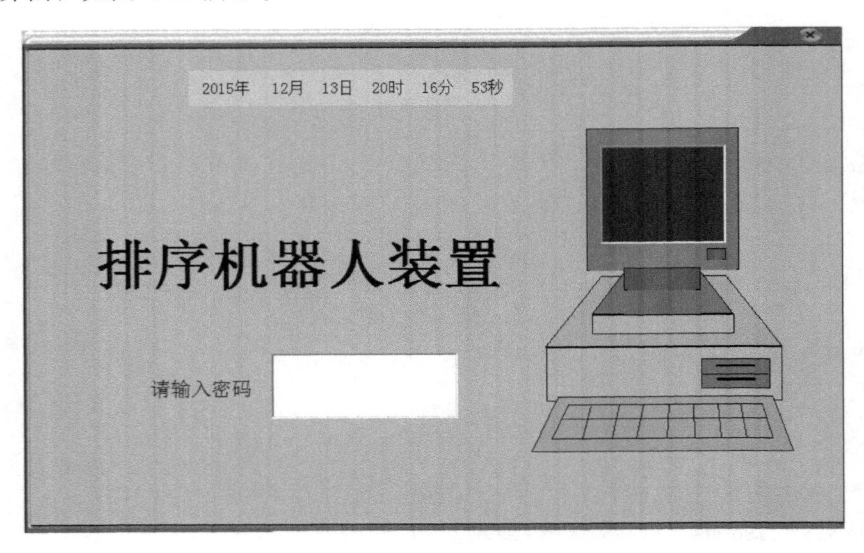


图 4-56　插装机器人密码登录界面

# 项目五

# 十字路口交通灯组态监控系统

## 任务1　基于西门子 S7-200PLC 的交通灯组态监控系统

### 一、任务描述

十字路口交通灯控制系统的控制。

具体要求：东西方向红灯亮保持 15s，同时南北方向绿灯亮 10s，10s 之后，南北方向绿灯闪烁 3s，然后南北方向黄灯亮 2s，之后南北方向黄灯灭；南北方向红灯亮 15s，东西方向绿灯亮 10s，10s 之后，东西方向绿灯闪烁 3s，然后东西方向黄灯亮 2s，之后东西方向黄灯灭，循环此过程。使用组态王软件实现对十字路口交通灯控制系统操作过程、各个方向交通灯运行及车辆通行情况实现动态监控。过此任务学习来掌握组态中各种动画效果的使用，掌握画面命令语言在交通灯组态工程中的运用。培养学生组态画面绘制、动画连接设置及命令语言编写的综合工程设计的能力。任务示意图如图 5-1 所示。

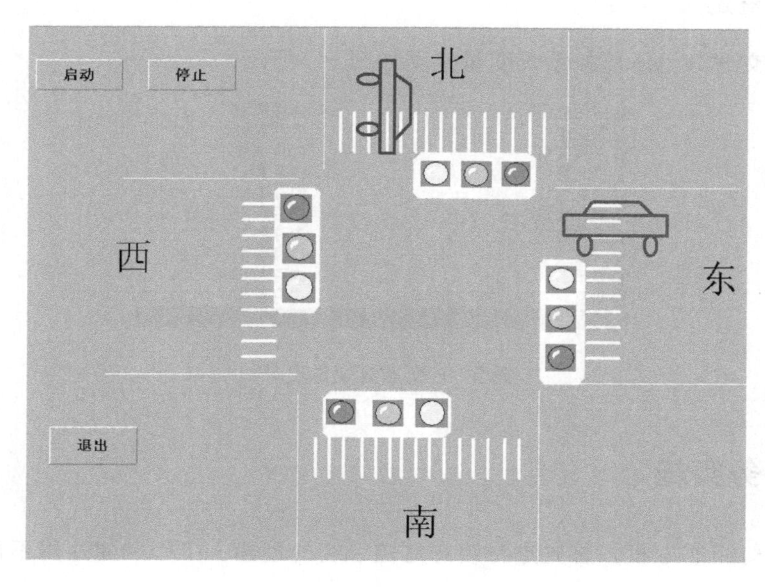


图 5-1　十字路口交通灯组态模拟监控工程

## 二、任务资讯

1. 水平、垂直移动动画连接向导使用，设置方式见项目三。
2. 延时、逻辑非命令语言语法使用，相关知识参考项目一中任务 3。

## 三、任务分析

### (一) 能力目标

1. 能独立创建并实现十字路口交通灯组态工程。
2. 能利用水平、垂直移动动画及命令语言调试且实现交通灯组态画面状态监控。

### (二) 知识目标

1. 掌握交通灯组态画面绘制，水平、垂直移动动画连接，延时、逻辑非脚本语言编写。
2. 掌握交通灯的组态监控工程的调试、故障排除。

### (三) 仪器设备

计算机、组态王软件 6.55

### (四) 工程画面

十字路口交通灯控制系统组态监控画面如图 5-1 所示。

### (五) 变量定义

十字路口交通灯组态监控系统变量定义如图 5-2 所示。

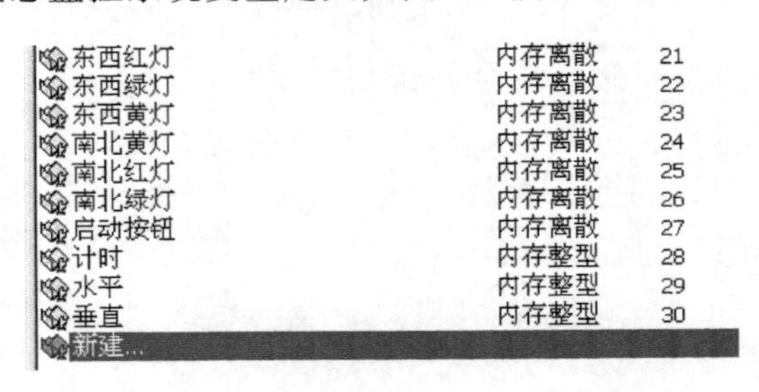


图 5-2　交通灯变量定义

## 四、任务实施

设计交通灯组态工程，首先进行组态监控系统的创建。工程创建这里不再详述。

### 1. 新建画面

选择“文件/画面”，单击“新建”按钮出现如图 5-3 所示对话框。

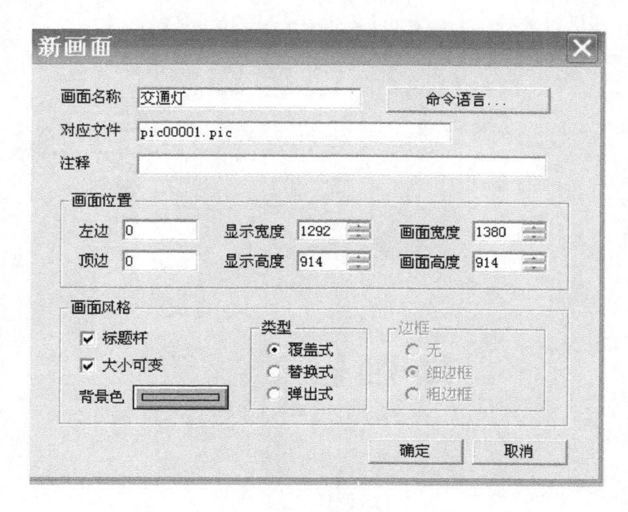


图 5-3　新建画面名称

填写画面名称及参数，单击“确定”按钮出现对话框如图 5-4 所示。

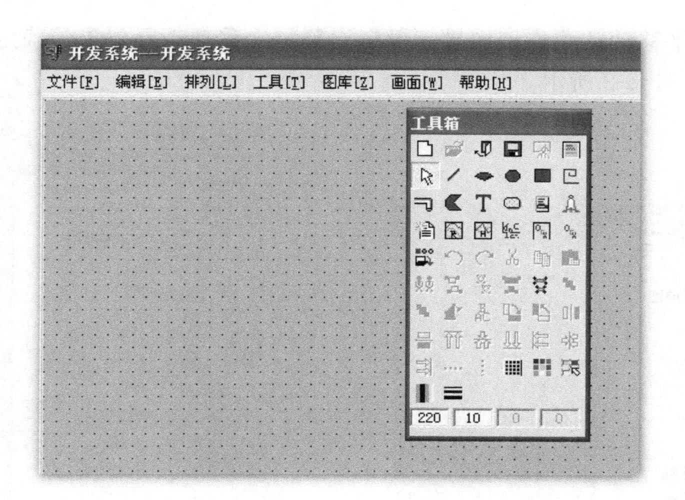


图 5-4　画面绘制区

开发系统内绘制监控画面如图 5-5 所示。

### 2. 定义 I/O 变量

I/O 变量定义如图 5-2 所示。

### 3. 动画连接

① 对南、北方向小车首先要合并图素，如图 5-6 所示。

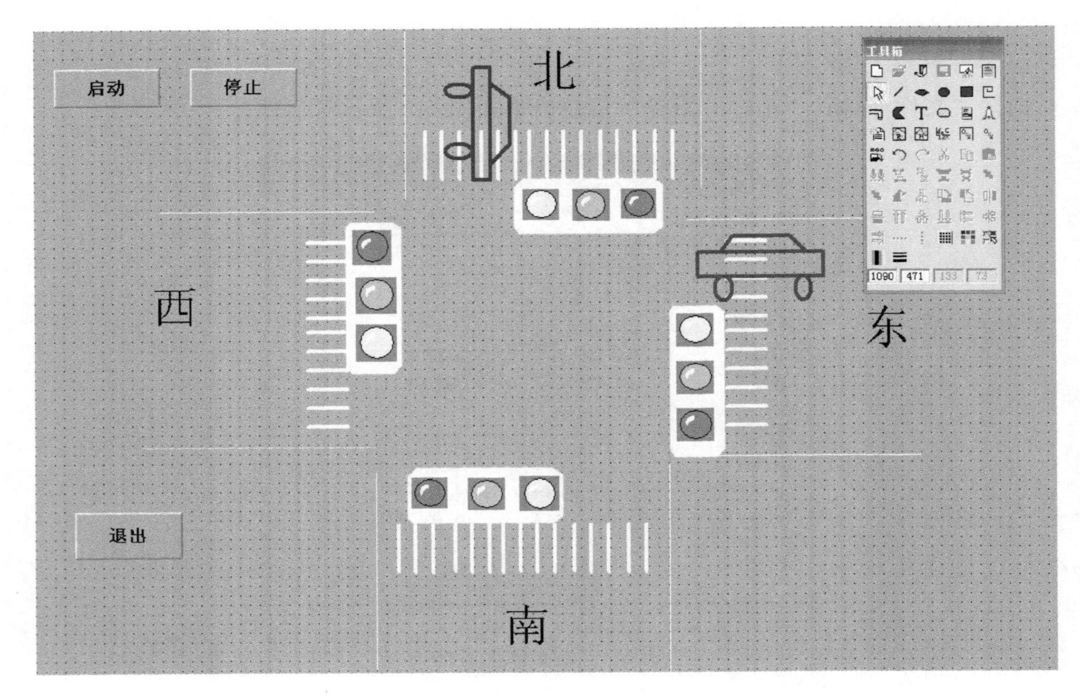


图 5-5　交通灯监控画面

然后利用水平移动动画连接向导，设定水平方向移动动画效果，确定小车水平移动的距离，如图 5-7、图 5-8 所示。

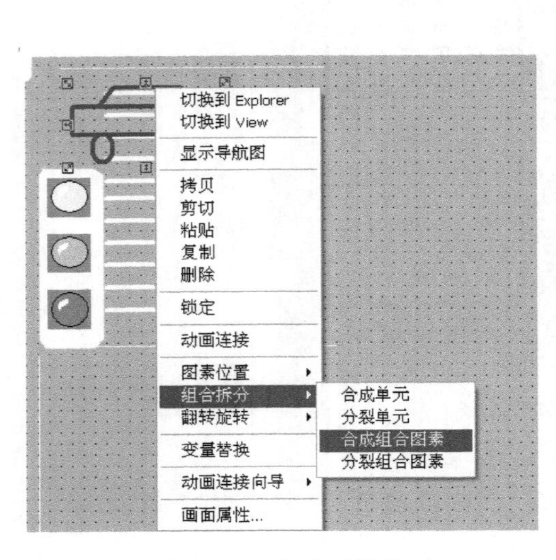


图 5-6　小车合并图素

图 5-7　水平移动动画连接向导

② 对水平方向红灯设置动画连接如图 5-9 所示。

③ 对水平方向绿灯、黄灯，垂直方向红灯、绿灯、黄灯的动画设置方法同水平方向红灯一样。

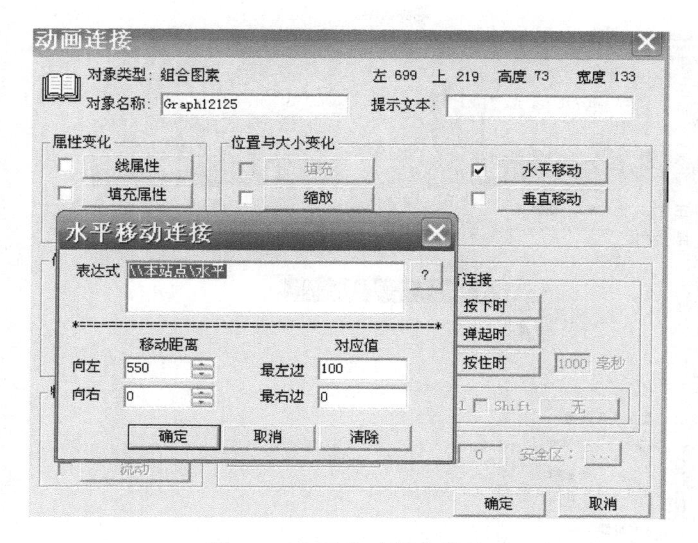


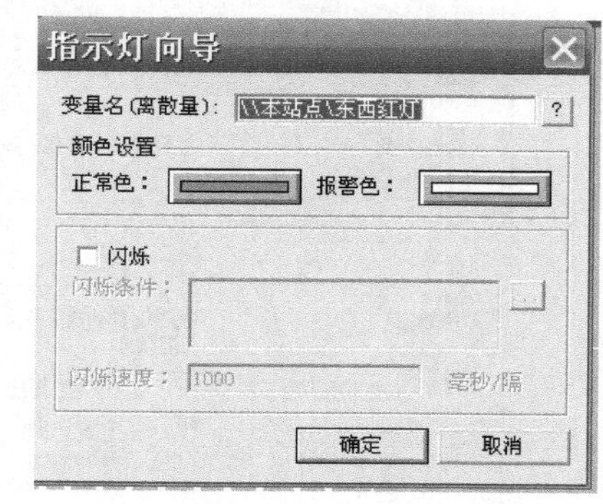


图 5-8　水平移动距离设置　　　　图 5-9　水平红灯动画连接

④ 对启动按钮进行动画连接如图 5-10 所示。

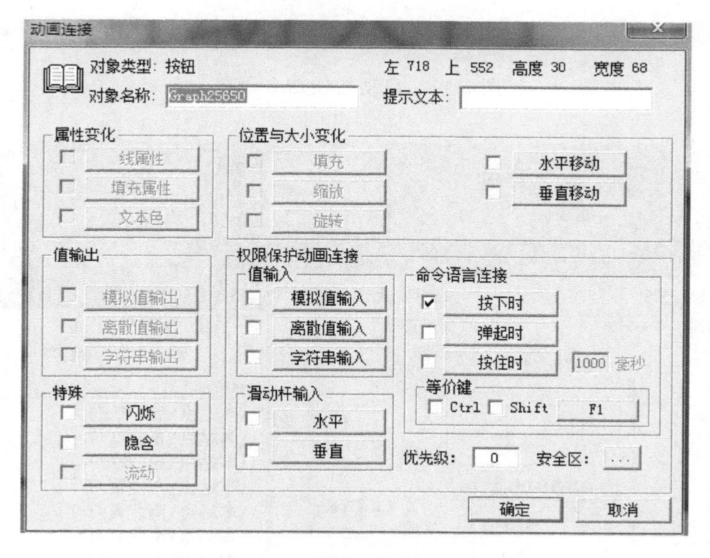


图 5-10　启动按钮选择动画连接

选择命令语言连接/按下时，输入下面的命令语言，如图 5-11 所示。

⑤ 对停止按钮进行动画连接如图 5-12 所示。

## 4. 命令语言

命令语言的编写，参考画面命令语言如下（监控画面存在时每隔 500ms 执行一次）：

```
if(\\本站点\启动按钮 == 1)
    \\本站点\计时 = \\本站点\计时 + 1;
if(\\本站点\计时 = 20&&\\本站点\启动按钮 == 1)
{
```

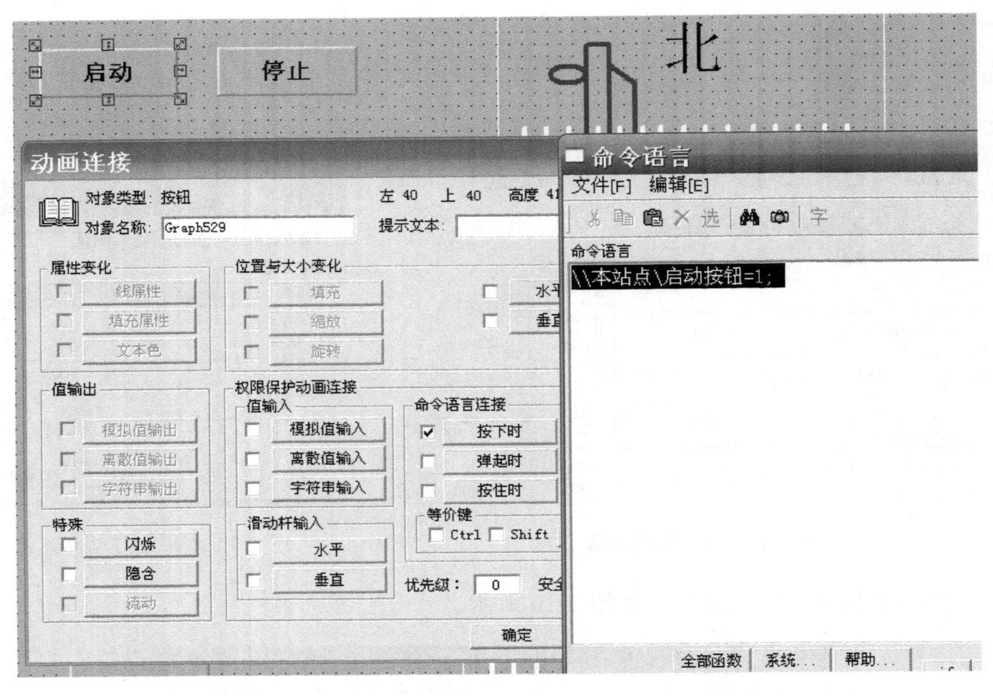


图 5-11　启动按钮命令语言

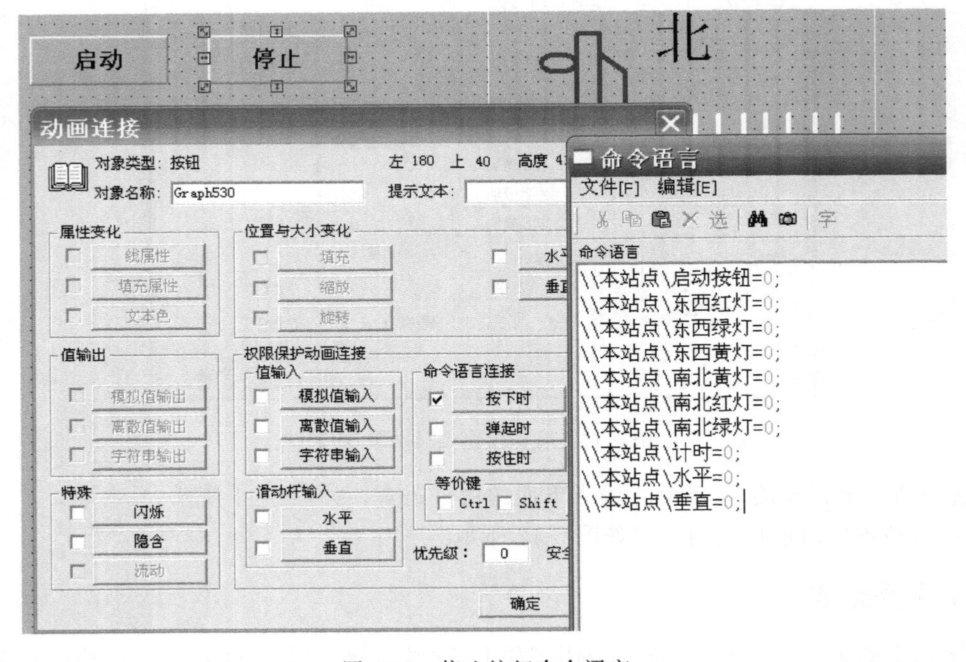


图 5-12　停止按钮命令语言

\\本站点\东西绿灯=1;\\本站点\东西红灯=0;\\本站点\东西黄灯=0;
\\本站点\南北红灯=1;\\本站点\南北绿灯=0;\\本站点\南北黄灯=0;
\\本站点\水平=\\本站点\水平+5;

```
}
if(\ \本站点\计时  20&&\ \本站点\计时  =26)
    \ \本站点\东西绿灯 = ! \ \本站点\东西绿灯;
if(\ \本站点\计时  26&&\ \本站点\计时  =30)
{    \ \本站点\东西黄灯 = 1; \ \本站点\东西绿灯 = 0;}
if(\ \本站点\计时  30&&\ \本站点\计时  =50)
{
    \ \本站点\南北红灯 = 0; \ \本站点\南北绿灯 = 1; \ \本站点\南北黄灯 = 0;
    \ \本站点\东西绿灯 = 0; \ \本站点\东西红灯 = 1; \ \本站点\东西黄灯 = 0;
    \ \本站点\垂直 = \ \本站点\垂直 + 5;
}
if(\ \本站点\计时  50&&\ \本站点\计时  =56)
    \ \本站点\南北绿灯 = ! \ \本站点\南北绿灯;
if(\ \本站点\计时  56&&\ \本站点\计时  =60)
{    \ \本站点\南北黄灯 = 1; \ \本站点\南北绿灯 = 0;}
if(\ \本站点\计时  60)
{  \ \本站点\计时 = 0;
   \ \本站点\水平 = 0;
   \ \本站点\垂直 = 0;
}
```

## 五、思考与练习

结合已经完成的交通灯组态工程，试着在本工程中加入倒数计时显示功能，如图 5-13 所示。

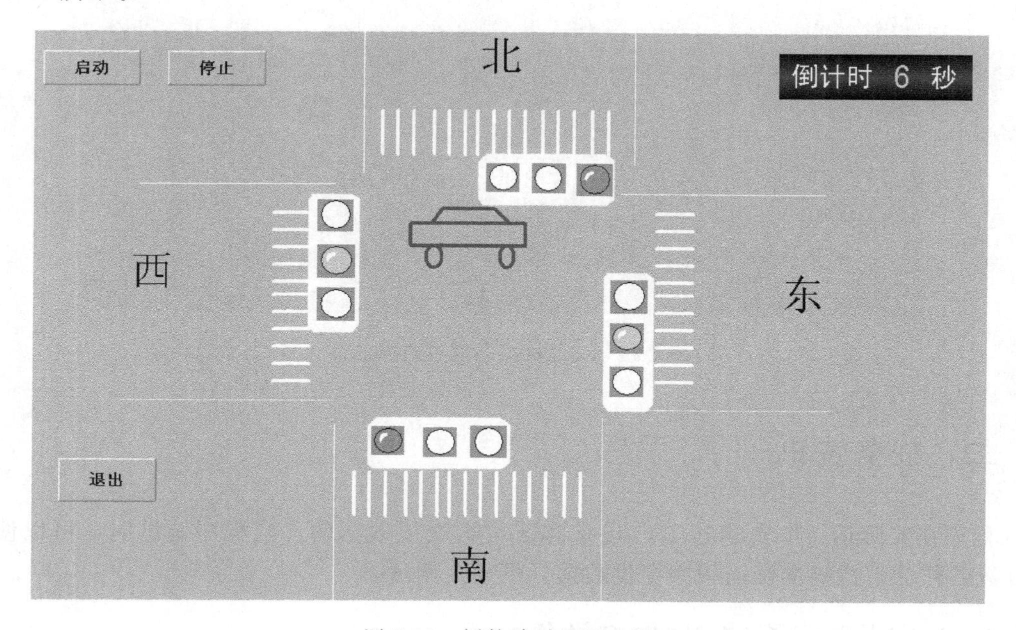


图 5-13　倒数计时显示功能

# 任务 2　基于 PLC 和组态软件的十字路口交通灯监控系统设计

## 一、任务描述

具体要求：东西方向红灯亮保持 25s，同时南北方向绿灯亮 20s，20s 之后，南北方向绿灯闪烁 3s，然后南北方向黄灯亮 2s，之后南北方向黄灯灭；南北方向红灯亮 25s，东西方向绿灯亮 20s，20s 之后，东西方向绿灯闪烁 3s，然后东西方向黄灯亮 2s，之后东西方向黄灯灭，循环此过程。使用西门子 S7-200PLC 实现上述控制要求，并用组态王软件实现对十字路口交通灯控制系统操作过程、各个方向交通灯运行及车辆通行情况实现动态监控。任务示意图如图 5-14 所示。

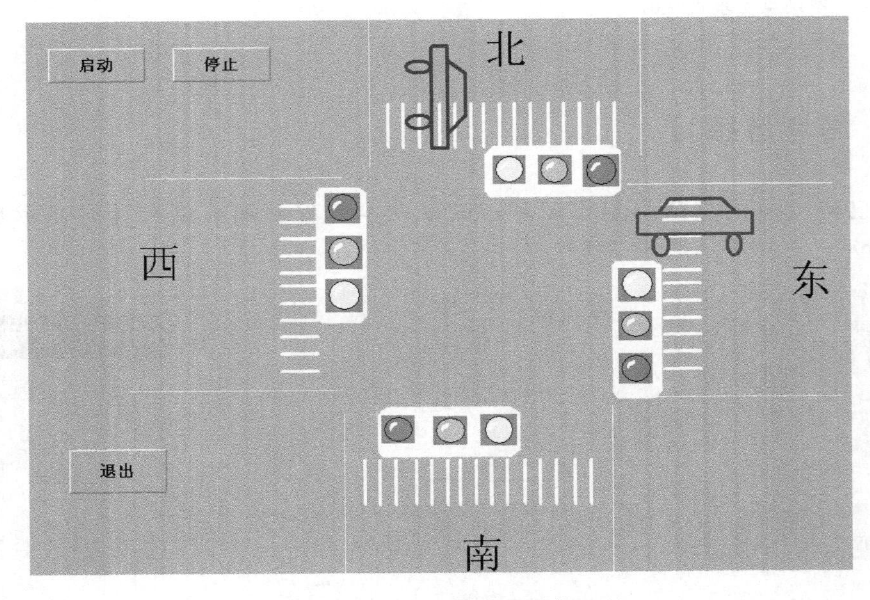


图 5-14　交通灯组态模拟监控工程

## 二、任务资讯

程序在实际运行中是通过 I/O 设备和下位机交换数据的，当程序调试时，可以使用 I/O 设备作为下位机向画面程序提供数据，供用户调试。

### （一）定义西门子 S7-200PLC 设备

（1）在工程浏览器的目录显示区，用鼠标左键单击大纲项设备下的成员 COM1 或 COM2，则在目录内容显示区出现“新建”图标，选中“新建”图标后双击鼠标左键，弹出“设备配置向导”对话框；或者单击鼠标右键，则弹出浮动式菜单，选择菜单命令“新建逻辑设备”，也弹出“设备配置向导”对话框。西门子 PLC 设备上电后，从树形设备列表区中可选择 PLC 子目录下的 S7-200 系列，如图 5-15 所示。

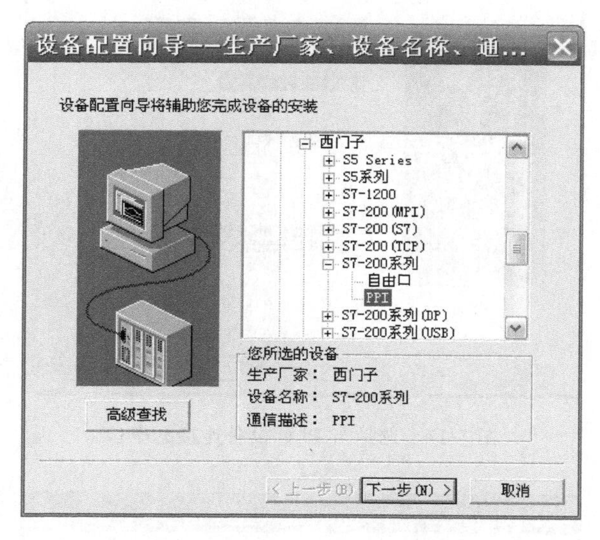


图 5-15　西门子 S7-200 设备配置向导

（2）单击“下一步”按钮，则弹出“设备配置向导——逻辑名称”对话框，如图 5-16 所示。

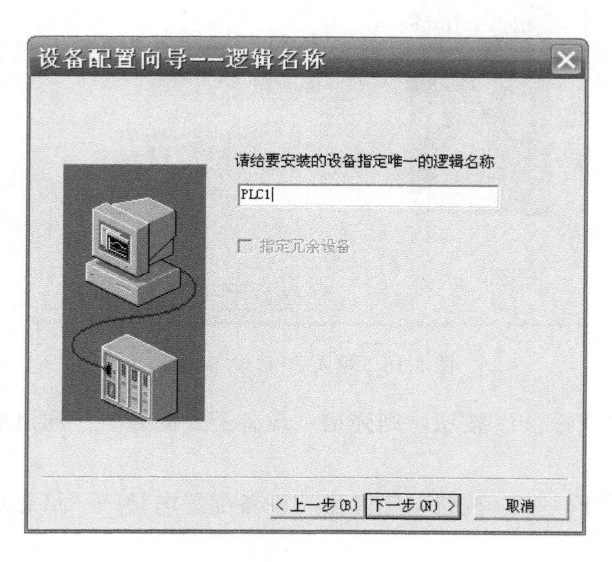


图 5-16　设备逻辑名称

（3）继续单击“下一步”按钮，则弹出“设备配置向导——选择串口号”对话框，这个串口一定是计算机与 PLC 设备通信的端口，如图 5-17 所示。

（4）继续单击“下一步”按钮，则弹出“设备配置向导——设备地址设置指南”对话框，地址一定是 PLC 设备远程地址，如图 5-18 所示。

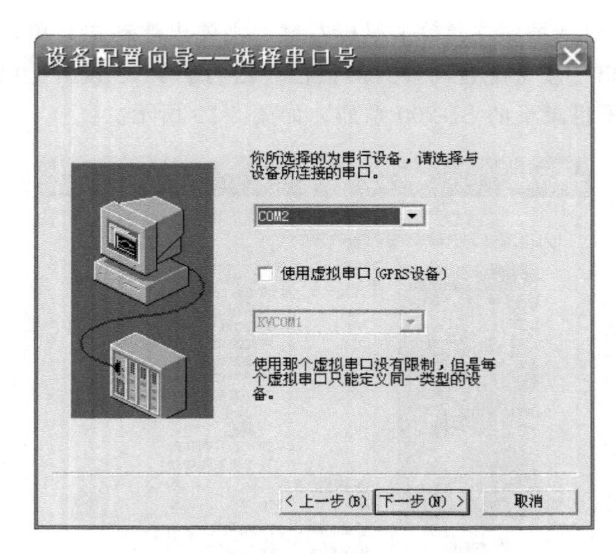


图 5-17　选择与 PLC 设备连接的串口

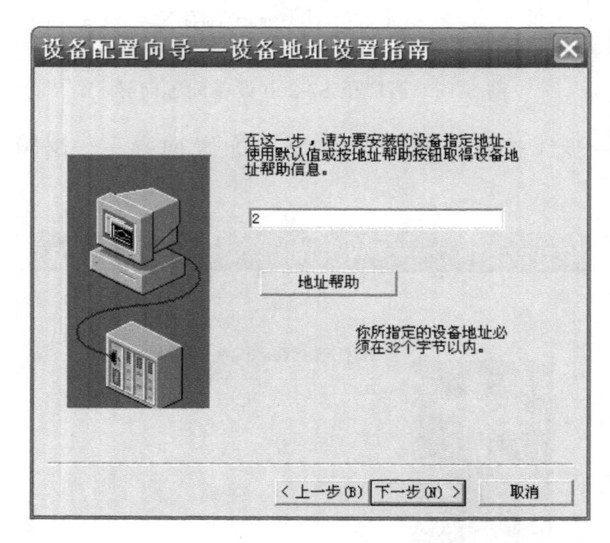


图 5-18　填入 PLC 设备地址

（5）继续单击“下一步”按钮，则弹出“设备配置向导——通讯参数”对话框，这里不再说明。

（6）继续单击“下一步”按钮，则弹出“设备配置向导——信息总结”对话框，这里不再说明。

## （二）西门子 S7-200 设备通信测试

为保证用户对硬件的方便使用，在完成设备配置与连接后，用户在组态王开发环境中即可以对硬件进行测试。对于测试的寄存器可以直接将其加入到变量列表中。当用户选择某设备后，单击鼠标右键弹出浮动式菜单，除 DDE 外的设备均有菜单项“测试设备名”。定义西门子 S7-200PLC 设备，在设备名称上右击，弹出快捷菜单，如图 5-19 所示。

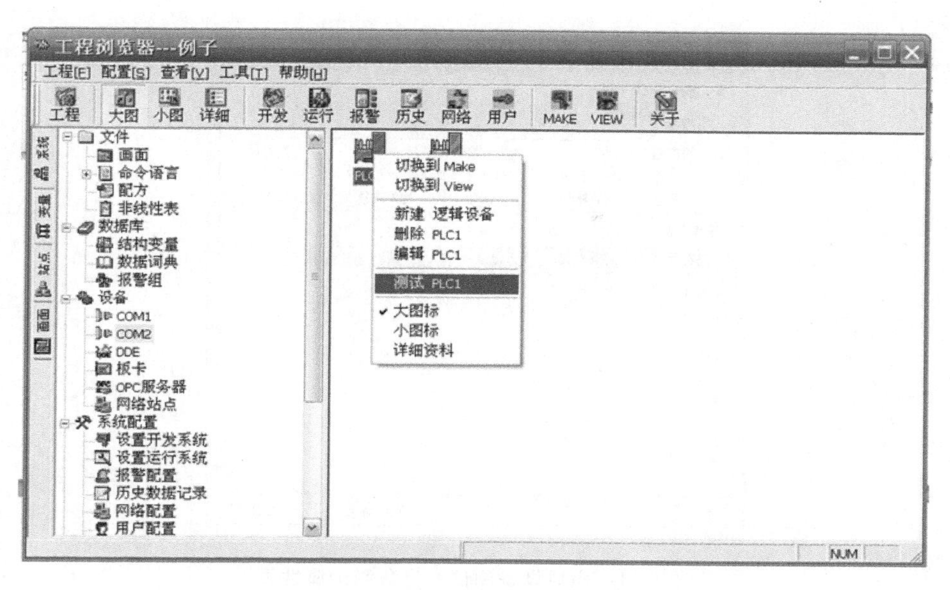


图 5-19　硬件设备测试

使用设备测试时，选择“测试”命令对于不同类型的硬件设备将弹出不同的对话框，如对于串口通信设备将弹出如图 5-20 所示的对话框。

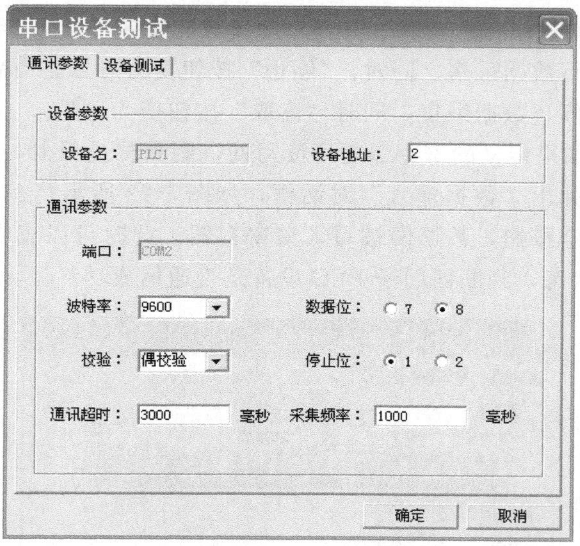

串口设备测试
通讯参数 | 设备测试
设备参数
设备名：PLC1　设备地址：2
通讯参数
端口：COM2
波特率：9600　数据位：7　8
校验：偶校验　停止位：1　2
通讯超时：3000 毫秒　采集频率：1000 毫秒
确定　取消

图 5-20　串口设备测试—通讯参数属性页

对话框共分为两个属性页：通讯参数和设备测试。“通讯参数”属性页中主要定义设备连接的串口参数、设备的定义等，设备测试页如图 5-21 所示。这些参数的选择请参照组态王设备帮助。

选择要进行通信测试的设备的寄存器。

寄存器：从寄存器列表中选择寄存器名称，并填写寄存器的序号（参见组态王设备帮助）。

图 5-21　串口设备测试—设备测试属性页

添加：单击该按钮，将定义的寄存器添加到“采集列表”中，等待采集。

删除：如果不再需要测试某个采集列表中的寄存器，在采集列表中选择该寄存器，单击该按钮，将选择的寄存器从采集列表中删除。

读取/停止：当没有进行通信测试的时候，“读取”按钮可见，单击该按钮，对采集列表中定义的寄存器进行数据采集。同时，“停止”按钮变为可见。当需要停止通信测试时，单击“停止”按钮，停止数据采集，同时“读取”按钮变为可见。

向寄存器赋值：如果定义的寄存器是可读写的，则测试过程中，在“采集列表”中双击该寄存器的名称，弹出“数据输入”对话框，如图 5-22 所示。在“输入数据”编辑框中输入数据，单击确定按钮，数据便被写入该寄存器。此时可以查看西门子 PLC 输出线圈 Q0.0 或 Q0.1 的状态，判断西门子 PLC 设备是否通信成功。

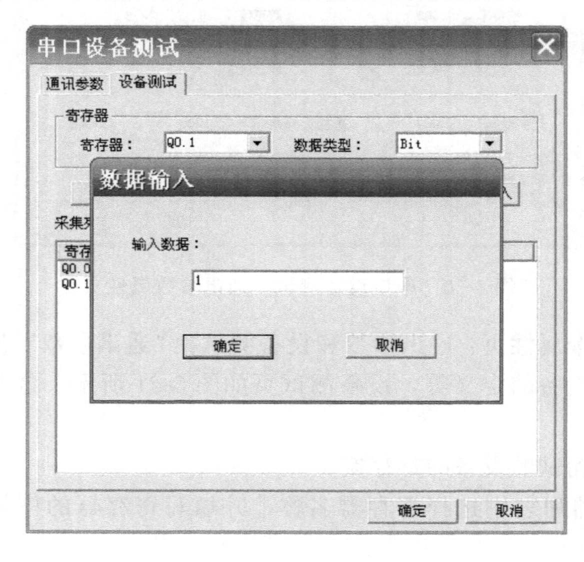


图 5-22　“数据写入”对话框

# 三、任务分析

## （一）目标要求

### 1. 能力目标

（1）初步具备简单工程的分析能力；
（2）初步具备交通灯控制系统的构建能力；
（3）增强独立分析、综合开发研究、解决具体问题的能力；
（4）初步具备对交通灯控制系统的设计能力；
（5）初步具备对交通灯控制系统的分析能力；
（6）初步具备对交通灯控制系统的组态能力；
（7）初步具备对交通灯控制系统的统调能力。

### 2. 知识目标

（1）掌握交通灯控制系统的控制要求；
（2）掌握交通灯控制系统的硬件接线；
（3）掌握交通灯控制系统的通信方式；
（4）掌握交通灯控制系统的控制原理；
（5）掌握使用组态王创建工程的方法；
（6）掌握交通灯控制系统设备连接的设置方法；
（7）掌握交通灯控制系统的组态设计方法。

## （二）理实一体化教学环节

如图 5-23 所示，是一个十字路口交通灯控制实验模块。

设置一个启动开关、停止开关。当按下启动开关“SB1 ”之后，信号灯控制系统开始工作，首先南北方向红灯亮，东西方向绿灯亮。当按下停止开关“SB2”后，信号控制系统停止，所有信号灯灭。

基于西门子 S7-200PLC 的交通灯控制系统理实一体化教学任务见表 5-1。

**表 5-1　理实一体化教学环节**

| | |
|---|---|
| 环节一 | 交通灯控制系统的控制要求 |
| 环节二 | 交通灯控制系统实训设备的基本配置及控制接线图 |
| 环节三 | 交通灯控制系统的组成及控制原理 |
| 环节四 | 交通灯控制系统的组态 |
| 环节五 | 交通灯控制系统的调试 |

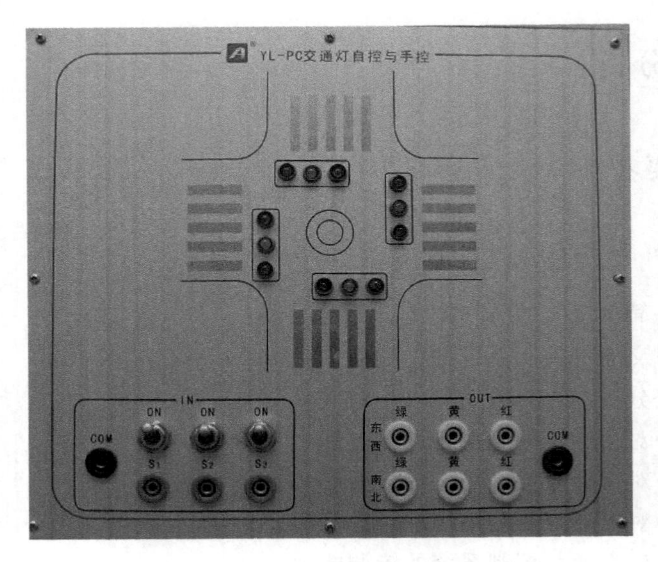


图 5-23　十字路口交通灯控制实验模块

## (三) 理实一体化教学步骤

(1) 实训设备基本配置

西门子 S7-200 系列 PLC（CPU226）一块；

十字路口交通灯控制模拟实验模块一块；

PC/PPI 通信电缆一条；

组态王（6.55）软件一套；

STEP 7 MicroWIN V4.0 软件一套；

计算机一台；

连接导线若干。

(2) 交通灯控制系统 I/O 分配

交通灯输入、输出端与 PLC 地址编号对照表见表 5-2。

**表 5-2　交通灯控制系统 I/O 分配表**

| 输　入 | | | 输　出 | | |
|---|---|---|---|---|---|
| 名称 | 功能 | 编号 | 名称 | 功能 | 编号 |
| SB1 | 启动开关 | I0.0 | HL1 | 南北方向绿灯 | Q0.0 |
| SB2 | 停止开关 | I0.1 | HL2 | 南北方向黄灯 | Q0.1 |
| | | | HL3 | 南北方向红灯 | Q0.2 |
| | | | HL4 | 东西方向绿灯 | Q0.3 |
| | | | HL5 | 东西方向黄灯 | Q0.4 |
| | | | HL6 | 东西方向红灯 | Q0.5 |

(3) 交通灯控制系统接线图

依据 PLC 的 I/O 地址分配表，结合系统的控制要求，十字路口交通灯控制硬件接线如图 5-24 所示。

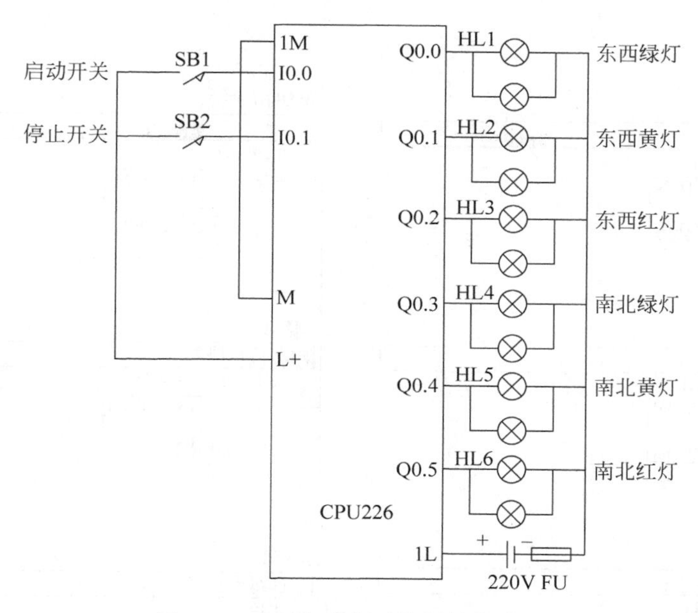


图 5-24　交通灯控制系统硬件接线图

## 四、任务实施

### （一）交通灯控制系统 PLC 程序设计

交通灯控系统梯形图如图 5-25 所示。

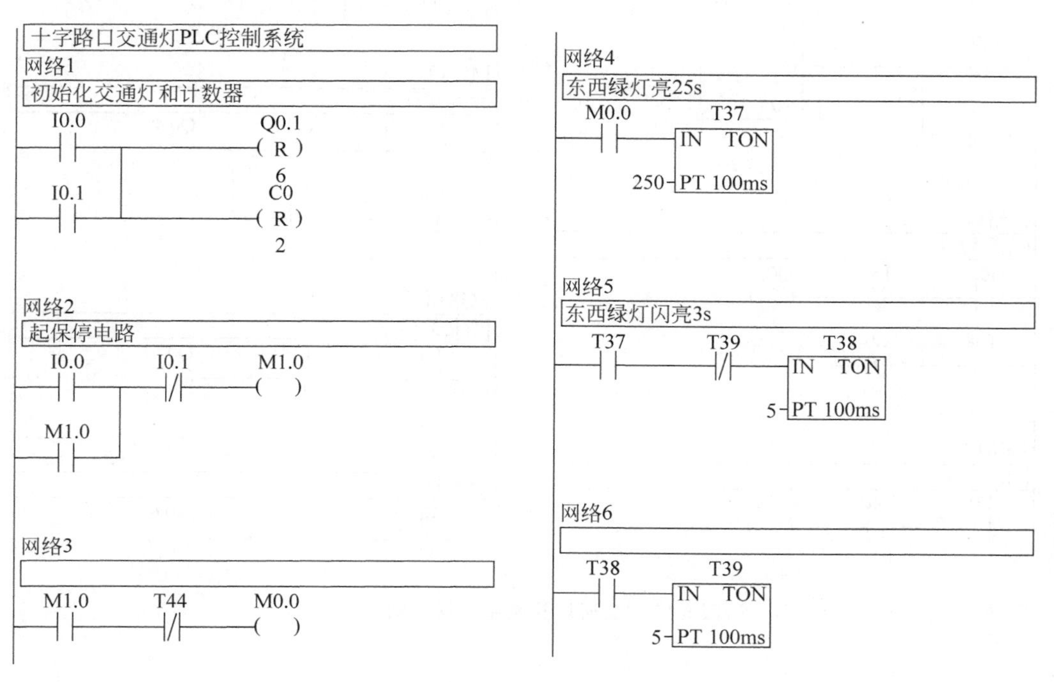


图 5-25　交通灯控制系统梯形图

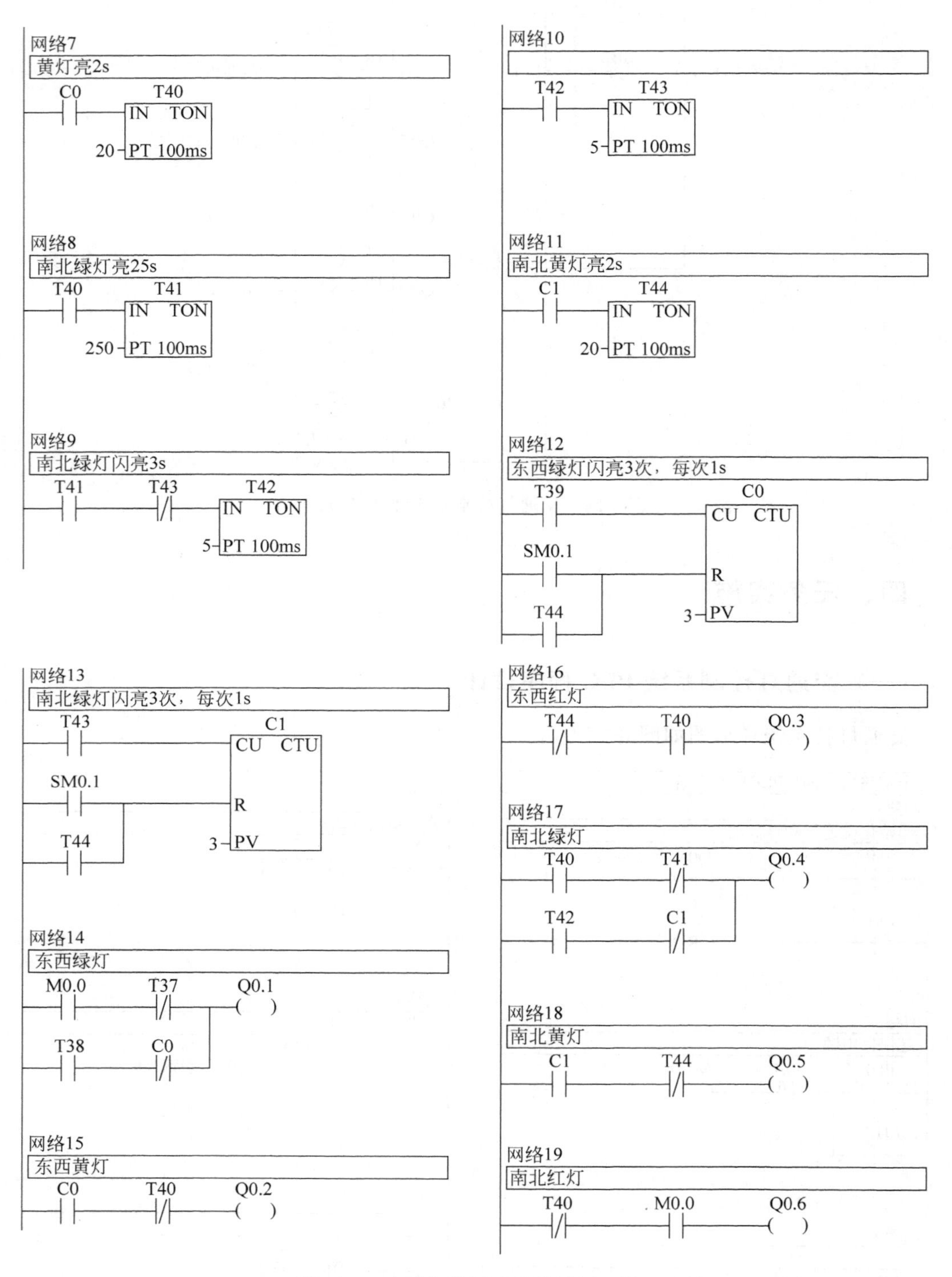


图 5-25 交通灯控制系统梯形图（续）

## （二）交通灯控制系统的组态

### 1. 新建工程

在“工程管理器”窗口中，选择菜单“文件”下的“新建工程”，新建交通工程文件，如图 5-26 所示。

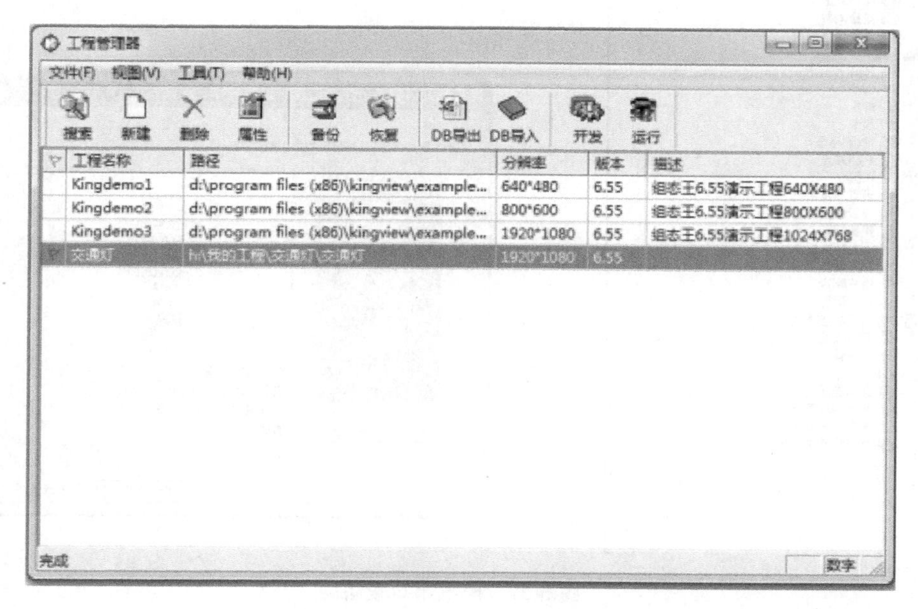


图 5-26　新建交通灯控制系统工程

### 2. 设备组态

① 添加串口设备

添加串口设备：组态王交通灯工程浏览器的左侧选择“设备/COM1”选项，在右侧双击“新建”按钮，运行“设备配置向导”对话框。

选择：设备驱动至 PLC 至西门子至 S7-200 系列至 PPI 下，如图 5-27 所示。

单击“下一步”按钮，给设备指定唯一的逻辑名称——交通灯，如图 5-28 所示为逻辑名称画面。

单击“下一步”按钮，选择串口号，选择“COM1”（需与 PC 上使用的串口号一致），如图 5-29 所示为选择串口号画面。

单击“下一步”按钮，为设备指定地址，设备地址格式为：由于 S7-200 系列 PLC 的型号不同，设备地址的范围不同，所以对于某一型号设备的地址范围，请参见相关硬件手册。组态王的设备地址要与 PLC 的 PORT 口设置一致，设置 PLC 的地址为默认即可，如图 5-30 所示。

② 设置串口通信参数

双击“设备/COM1”，弹出设置串口对话框，设置串口 COM1 的通信参数，波特率选“9600”，奇偶校验选“偶校验”，数据位选“8”，停止位选“1”，通信方式选“RS-

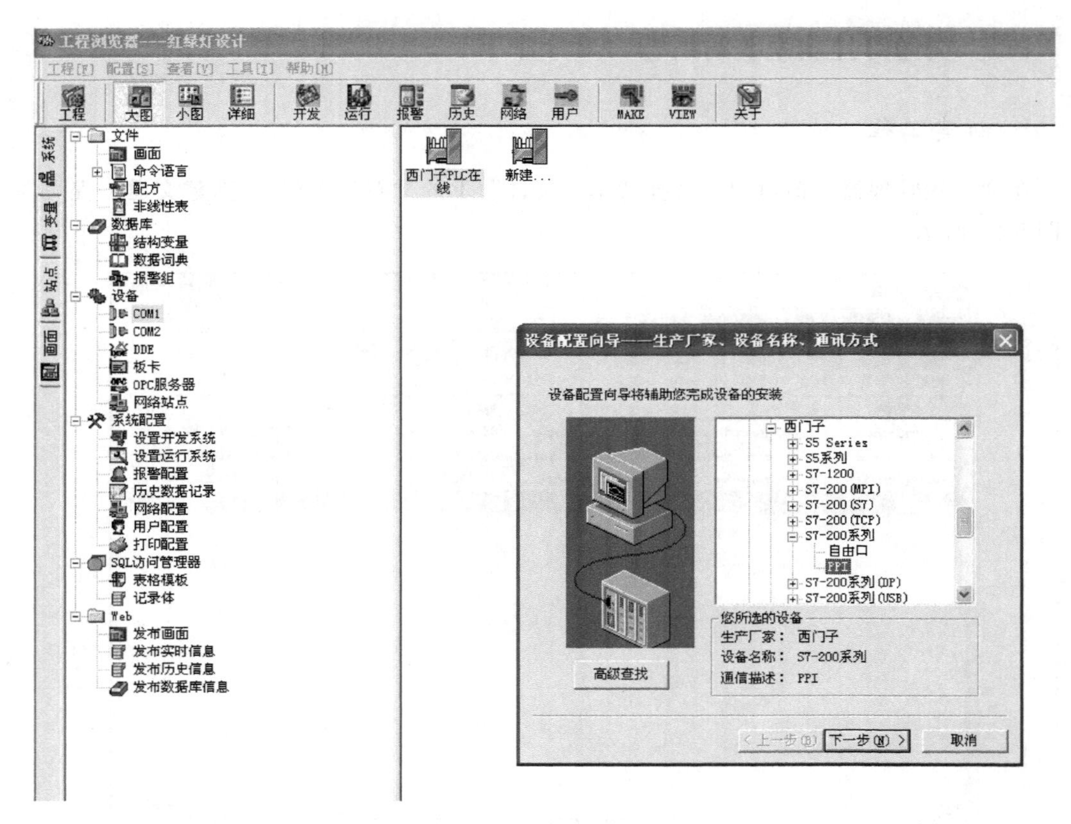


图 5-27 配置串口设备

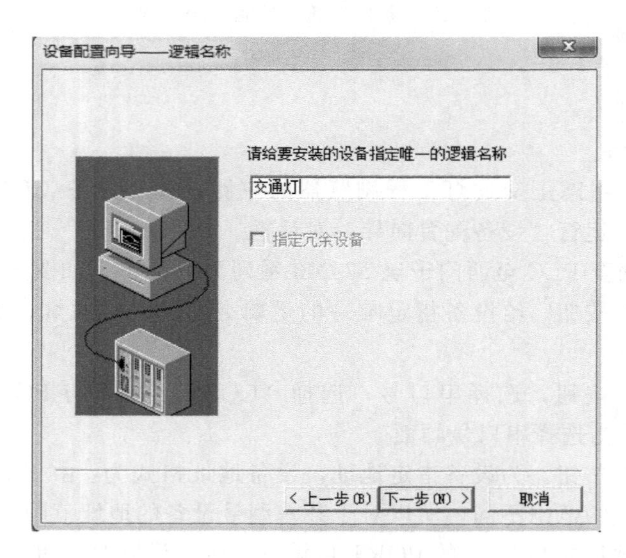


图 5-28 逻辑名称画面

232”，如图 5-31 所示。

设置完毕，单击“确定”按钮，就完成了对 COM1 的通信参数配置，保证 COM1 与 I/O 设备模块通信能够正常进行。

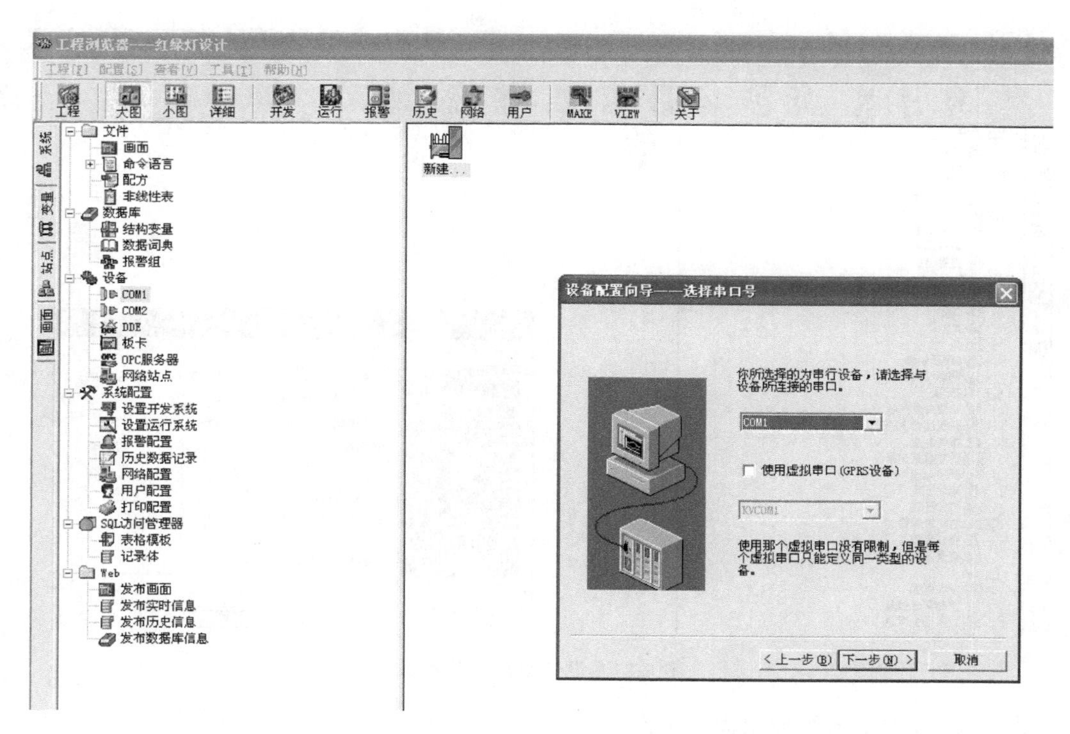


图 5-29　选择串口号画面

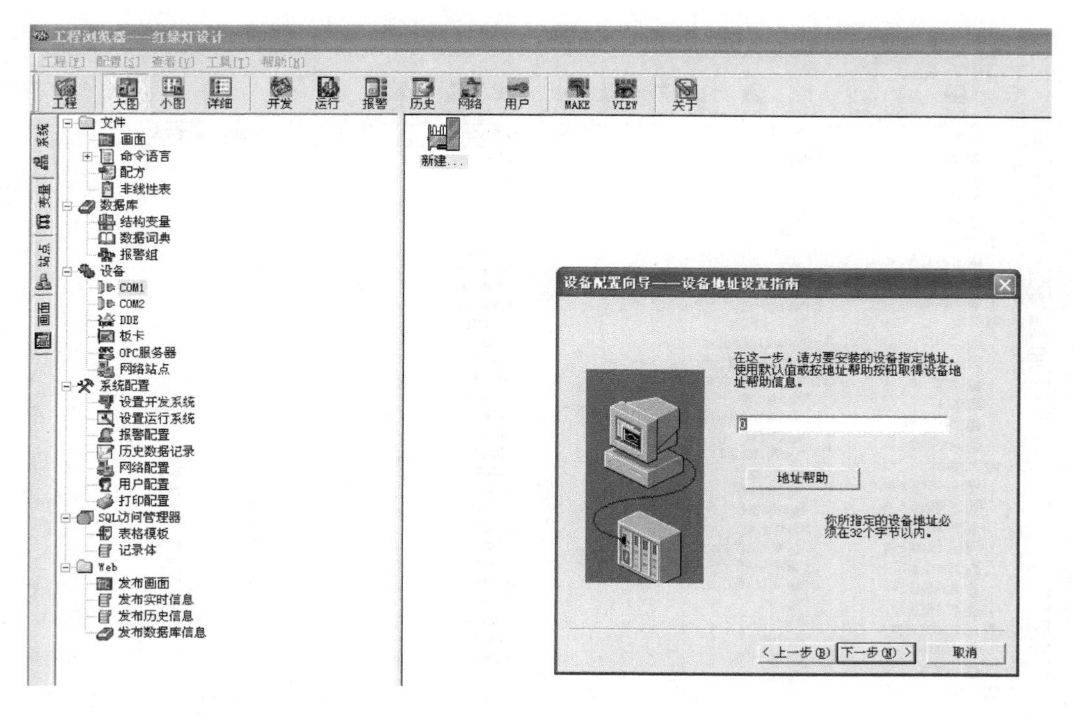


图 5-30　设备地址画面

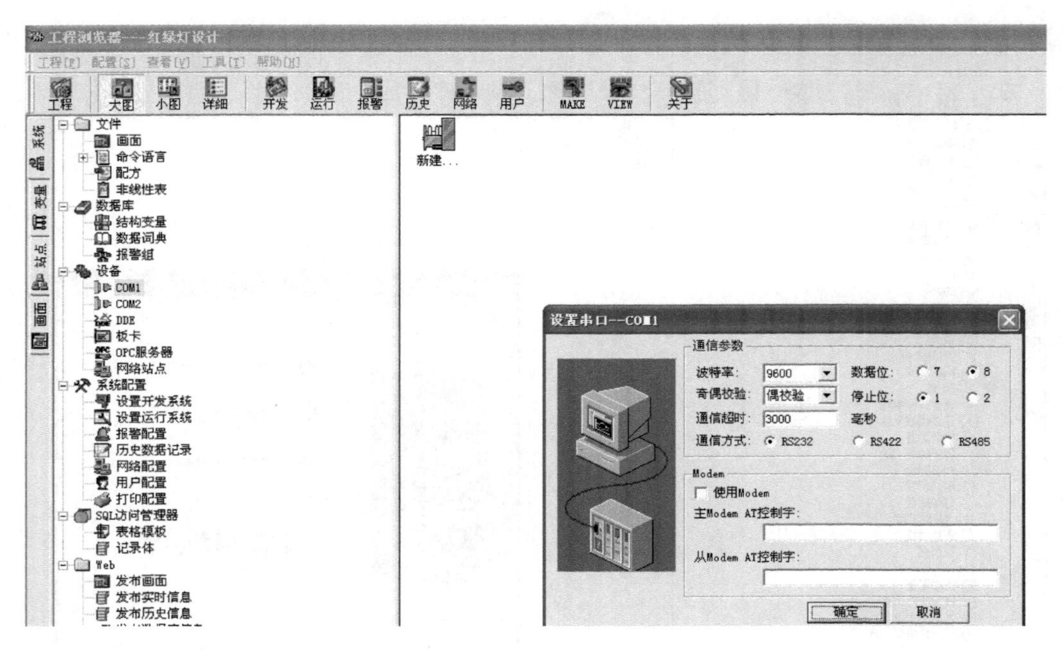


图 5-31　设置串口通信参数

③ 交通灯控制系统数据词典组态

交通灯控制系统数据词典组态如图 5-32 所示。

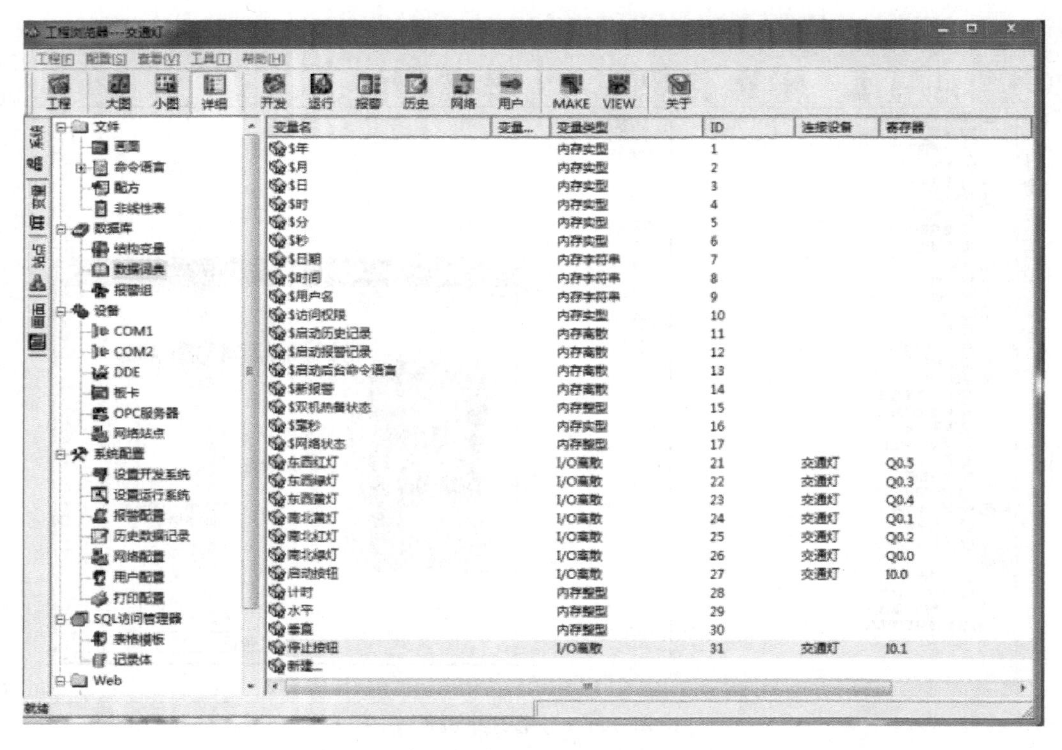


图 5-32　交通灯控制系统数据词典组态窗口

④ 创建画面窗口，如图 5-33 所示。

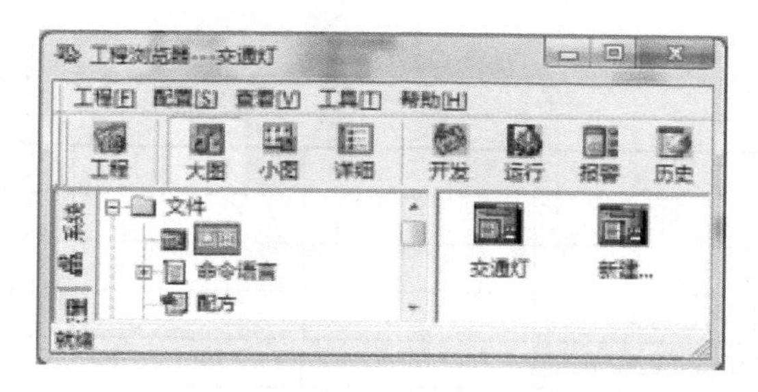


图 5-33　画面组态窗口

⑤ 用户窗口组态

双击交通灯控制系统画面窗口，打开动画组态界面，绘制画面如图 5-34 所示。

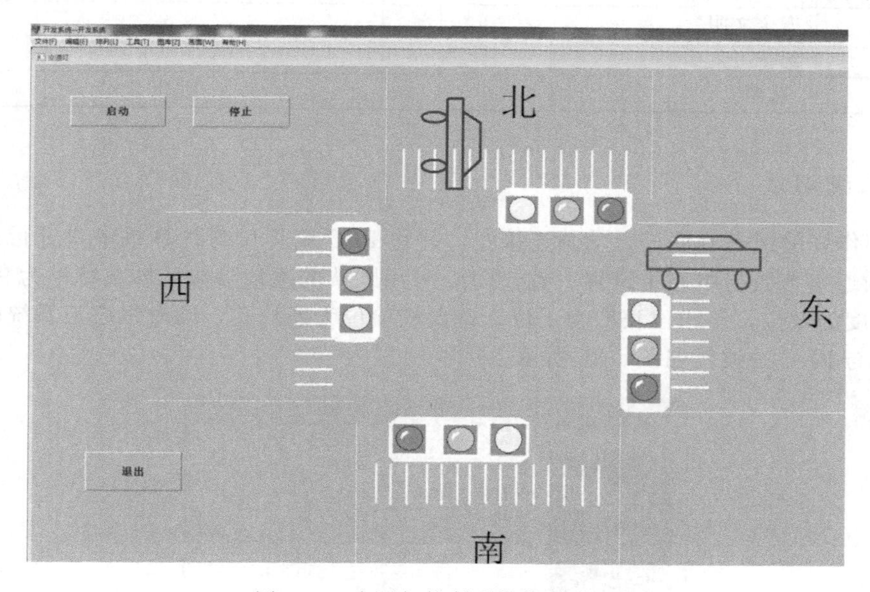


图 5-34　交通灯控制系统控制界面

东西方向绿灯、黄灯、红灯，南北方向绿灯、黄灯、红灯的动画连接。以东西方向红灯为例，对应数据变量“\\本站点\东西红灯”为“1”时，显示颜色为红色；“\\本站点\东西红灯”为“0”时，显示颜色为灰色，如图 5-35 所示。

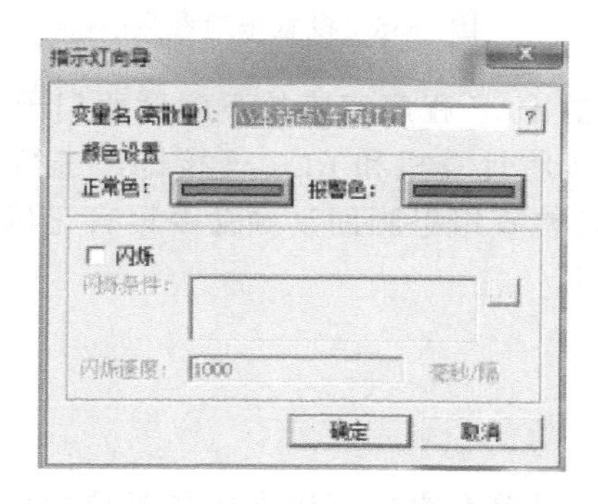


图 5-35　东西方向红灯的动画连接

东西及南北方向行车指示的动画连接，参考项目三，自行完成。

3．实操考核

| 学　号 | | | | | |
|---|---|---|---|---|---|
| 姓名 | | | | | |
| 考核内容分值 | 硬件接线（5 分） | | | | |
| | 控制原理（10 分） | | | | |
| | 数据词典组态（20 分） | | | | |
| | 设备组态（10 分） | | | | |
| | 用户窗口组态（20 分） | | | | |
| | 命令语言组态（10 分） | | | | |
| | 系统调试（25 分） | | | | |
| 扣分 | 安全文明 | | | | |
| | 纪律卫生 | | | | |
| 总评 | | | | | |

4．系统调试

① 制作好的组态画面进行动画连接好，并将 PLC 编程口与计算机串口进行连接，并对 PLC 的通信参数与组态王设置一致，PLC 采用默认的通信参数，即波特率为 9600 b/s，数据位长度为 8 位，停止位长度为 1 位，奇偶校验位为偶校验，同时组态王系统的 COM1 口设置要与 PLC 一致，如图 5-36 所示。

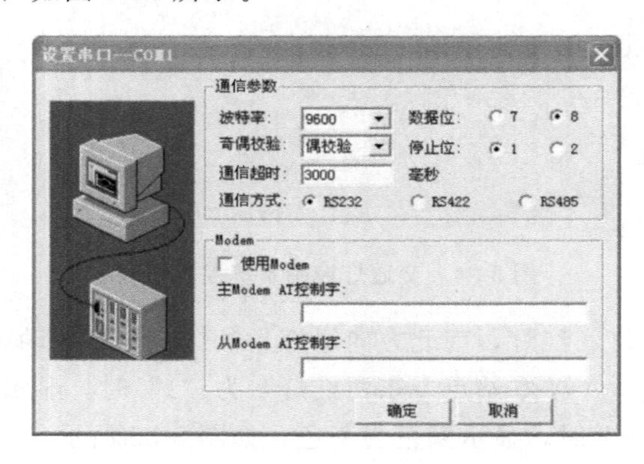


图 5-36　设置串口参数

② 输入程序，将设计好的 PLC 程序正确的下载到西门子 S7-200PLC 中。

③ 系统调试，按要求正确将计算机和 PLC 连接好，进行系统调试，观察组态画面动画运行效果是否正常，否则，检查组态画面动画命令语言正确与否，直至修改组态动画正常运行为止。

## 五、思考与练习

在完成本任务的基础上，试着在交通灯组态监控系统中增加数码倒计时显示。

# 项目六

# 机械手组态监控系统

## 任务1　基于组态软件的机械手监控系统设计

### 一、任务描述

运用组态软件模拟监控机械手动作过程。组态软件模拟过程：按下“右转”按钮，机械手旋转到右边；按下“伸出”按钮，机械手伸出；按下“缩回”按钮，机械手缩回；按下“下降”按钮，机械手下降；按下“上升”按钮，机械手上升；按下“加紧”按钮，机械手夹紧；按下“松开”按钮，机械手松开；当机械手旋转到左侧时，所实现的功能与其在右侧功能相同。通过此任务来学习 MCGS 组态软件命令语言编写脚本程序，实现机械手画面动画效果，培养学生命令语言编程能力。

### 二、任务资讯

机械手根据驱动动力的不同，可分为气动机械手、液压机械手和电动机械手；按照机械手工作性质的不同，可分为搬运机械手、焊接机械手和注塑机械手等。用气动元件组成的机械手称为气动机械手。

气动是指“气压传动与控制”或“气动技术”的简称。气动技术是以压缩空气为工作介质进行能量传递或信号传递的工程技术，是实现各种生产控制、自动控制的手段之一。

一个完整的气动系统包括能源部件、控制元件、执行元件和辅助装置四部分。用规定的图形符号来表征系统中的元件、元件之间的连接、压缩气体的流动方向和系统实现的功能，这样的图形叫气动系统图或气动回路图。

1. 单作用气缸

单作用气缸在活塞一侧进入压缩空气推动活塞运动，使活塞杆伸出或缩回，另一侧是通过呼吸口开放在大气中。这种气缸只能在一个方向上做功，活塞的反向运动则靠一个复位弹簧或施加压力实现。由于压缩空气只能在一个方向上控制气缸活塞的运动，因此称为单作用气缸，如图 6-1 所示。

2．双作用气缸

双作用气缸如图 6-2 所示，活塞的往返运动是依靠压缩空气从缸内被活塞分割开的两个腔室（有杆腔、无杆腔）交替进入和排除来实现的，压缩空气可以在两个方向做功。由于气缸活塞的往返运动全部靠压缩空气来实现，因此称为双作用气缸。

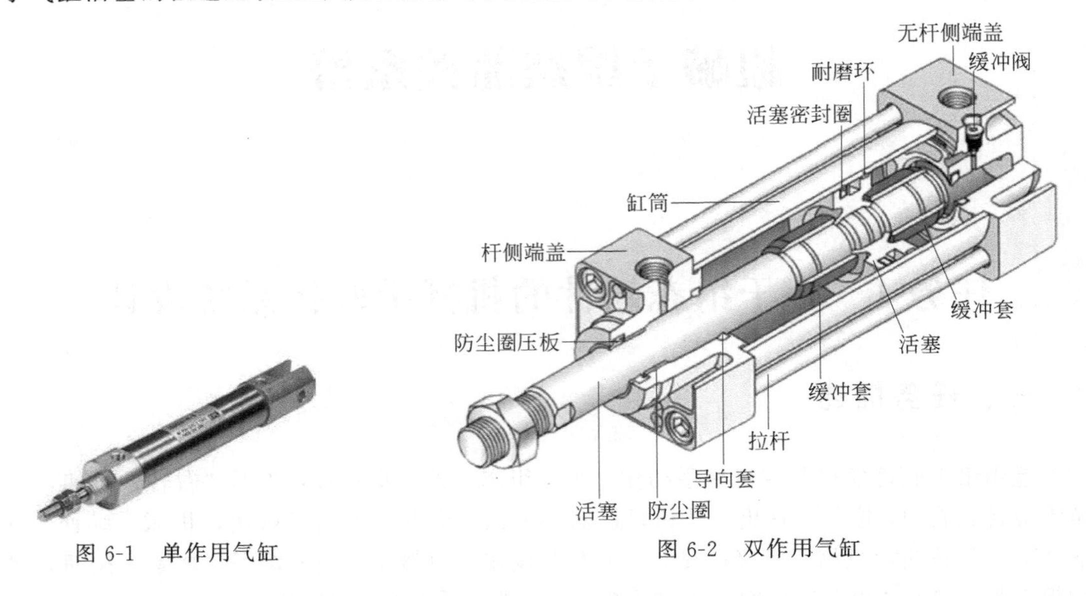


图 6-1　单作用气缸

图 6-2　双作用气缸

3．旋转气缸

旋转气缸是利用压缩空气驱动输出轴小于 360°的角度范围内做往复摆动的气动执行元件，多用于物体的转位、工件的翻转、阀门的开闭等场合，如图 6-3 所示。旋转气缸按结构特点可分为叶片式和齿轮齿条式两大类。

4．气爪

气爪（又称气动手指、气动抓手）可以实现各种抓取功能，是现代气动机械手中的一个重要部件。气爪的主要类型有平行气爪气缸、摆动气爪气缸、旋转气爪气缸和三点气爪气缸等。手爪气缸如图 6-4 所示。

图 6-3　旋转气缸

图 6-4　手爪气缸

5．方向控制阀

用于改变气体通道，使气体流动方向发生变化从而改变气动执行元件的运动方向的元件称为换向阀。换向阀按操作方式主要有人力操纵控制、机械操纵控制、气压操纵控制和电磁操纵控制四种类型。利用电磁线圈通电时，静铁芯对动铁芯产生的电磁吸力，使阀芯改变位置实现换向的方向控制阀称作电磁换向阀，如图 6-5、图 6-6 所示。换向阀的阀芯在不同位置时，各接口有不同的通断位置，换向阀阀芯位置和接口通断的不同就可以得到各种不同功能的换向阀。

图 6-5　二位二通五通电磁阀

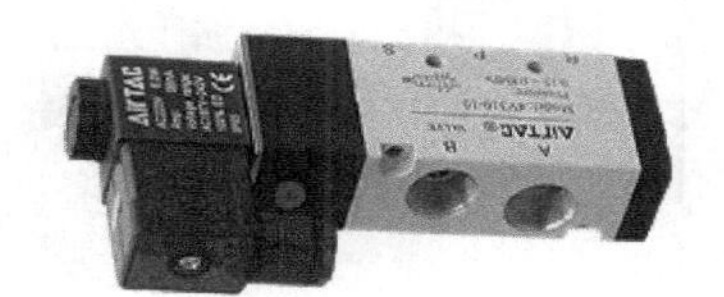


图 6-6　二位五通电磁阀

“位”，指的是阀芯相对于阀体具有几个不同的工作位置，有两个不同的工作位置称二位阀，有三个不同的工作位置称三位阀。

6．流量控制阀

控制压缩空气流量的元件，叫作流量控制阀。进入气缸的压缩空气流量越大，活塞移动的速度越大，因此，流量控制阀也称为速度控制阀。单向节流阀是气动系统中常用的流量控制阀，它由单向阀和节流阀并联而成，节流阀只在一个方向上起流量控制作用，相反方向的气流可以通过反向阀自由流通，如图 6-7 所示。利用单向节流阀可以实现对执行元件每个方向上的运动速度的单向调节。

图 6-7　单向流量控制阀

## 三、任务分析

### （一）能力目标

1．能使用 MCGS 组态软件设置机械手画面动画连接；
2．能正确使用 MCGS 组态软件命令语句编写脚本程序，实现机械手画面动画效果；
3．能使用 MCGS 实现监控系统。

## （二）知识目标

1. 掌握动画连接设置方法；
2. 掌握脚本命令语言编程方法；
3. 掌握机械手组态工程运行和调试方法。

## （三）仪器软件

计算机、MCGS 嵌入版、TPC7062 触摸屏。

## （四）工程画面

要求：机械手动作准确，显示机械手动作过程，如图 6-8 所示。

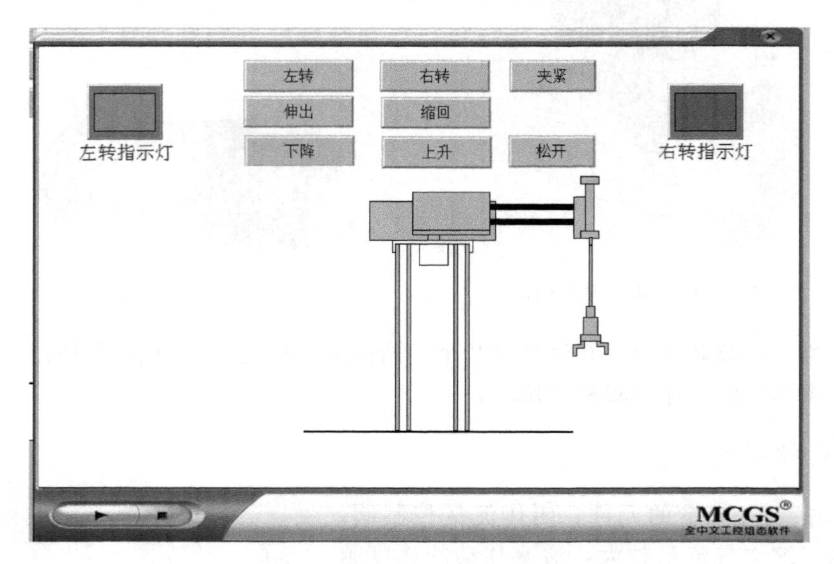


图 6-8　机械手运行界面

## （五）机械手组态监控系统变量定义

实时数据库系统变量定义如图 6-9 所示。

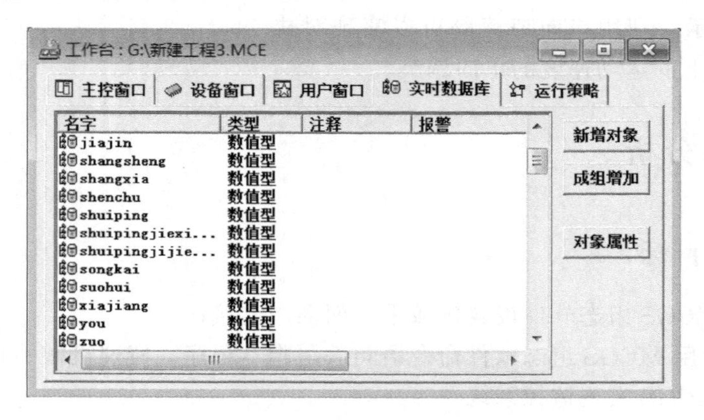


图 6-9　实时数据库系统变量定义

## 四、任务实施

### （一）设计机械手监控系统工程

#### 1. 创建新工程

机械手组态工程文件的创建与任务 1 相同，这里不再重复。

#### 2. 创建组态画面

进入 MCGS 组态软件后，就可以为工程建立画面。
用鼠标左键双击机械手监控系统，进入新建的组态工程，如图 6-10 所示。

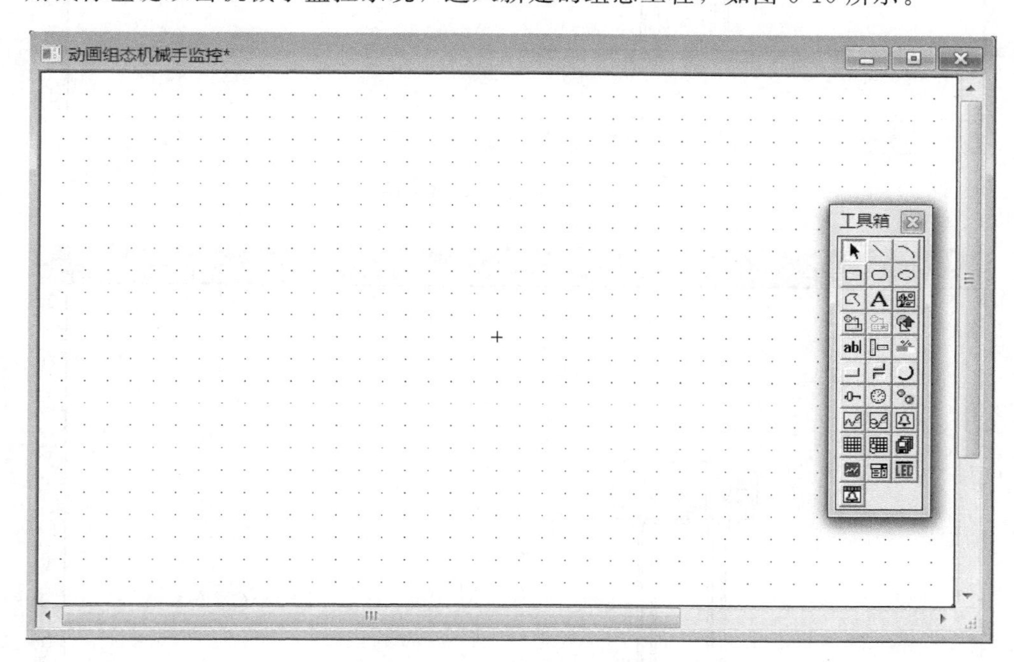


图 6-10　机械手监控系统绘制界面

选择工具箱中“\”完成机械手底座的设计。设计完成后单击软件菜单栏中查看按钮，然后用鼠标左键单击里面的绘图编辑条，绘图工具条会在 MCGS 组态软件菜单栏下方显示。单击绘图编辑条中“构成图幅”键，将机械手底座固话成为一个图幅，这样便于机械手底座的移动，有利于画面设计，如图 6-11 所示。

底座设计完成后用选择“工具箱”中“矩形框”和“\”完成机械手摆臂设计。完成后用鼠标左键单击绘图编辑条中的“置于最前面”，使悬臂在相应位置能够完全显示，如图 6-12 所示。

机械手悬臂气缸的伸出和缩回，使用直线的大小变化实现，为了体现机械手的真实感，现在摆臂上画一段直线，这段直线是不进行大小变化的，如图 6-13 所示。

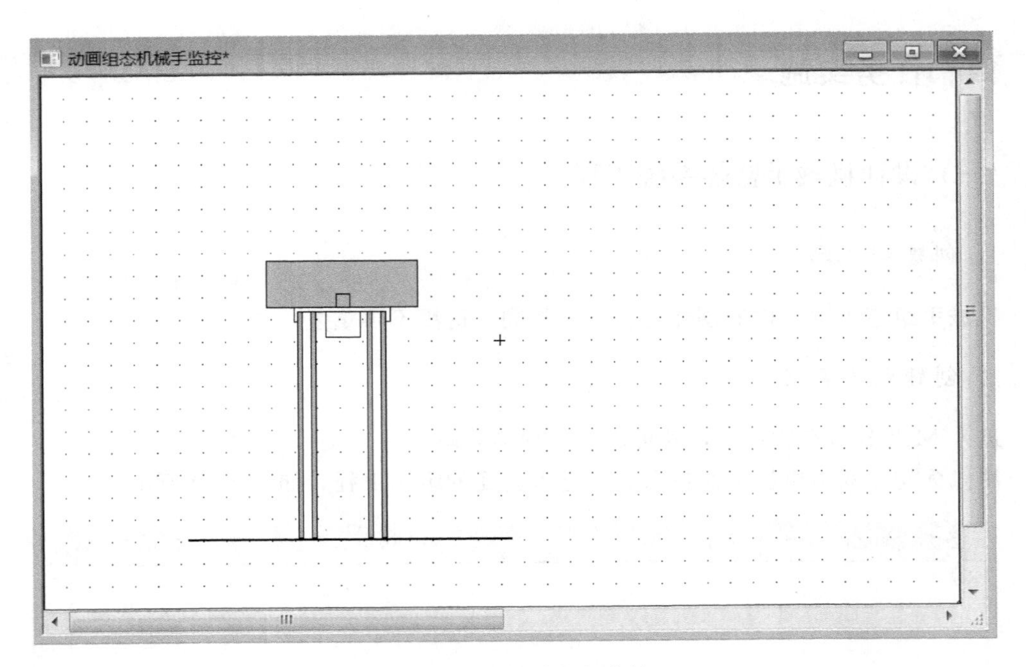


图 6-11　机械手底座绘制

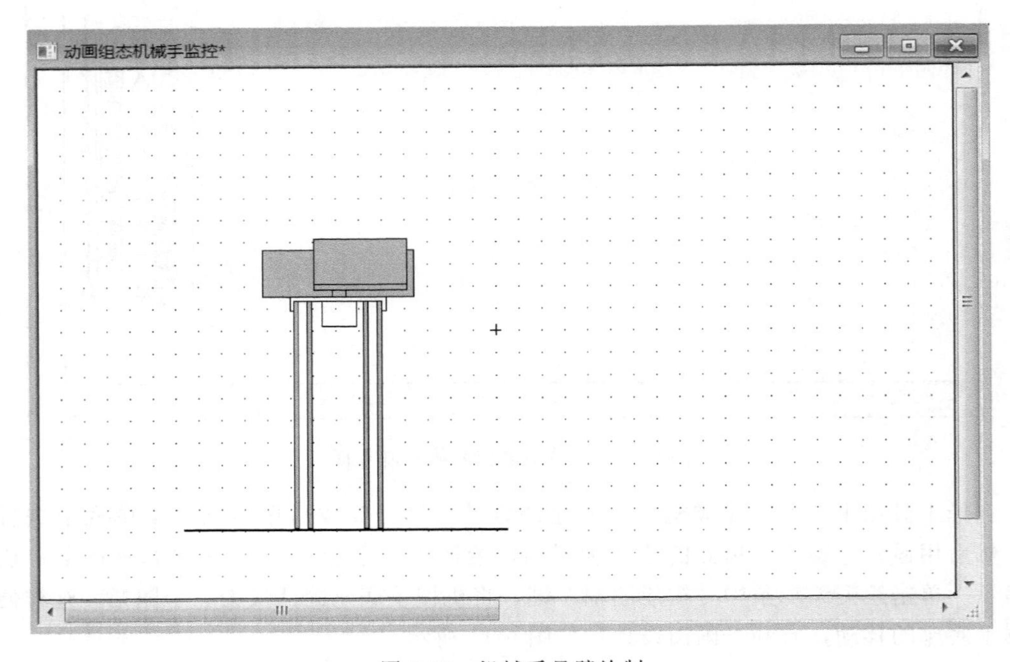


图 6-12　机械手悬臂绘制

绘制机械手的伸出和缩回，绘制完成双击两条直线，选择动画组态属性设置里的水平移动。单击水平移动表达式填写“shuiping”，大小变化连接中的最大变化百分比为 100，表达式的值设置为 30，变化方向选择向右，变化方式为缩放，如图 6-14 所示。

选择工具箱中的“\”完成，完成手臂气缸设计，并应用上步方法，将悬臂气缸固化

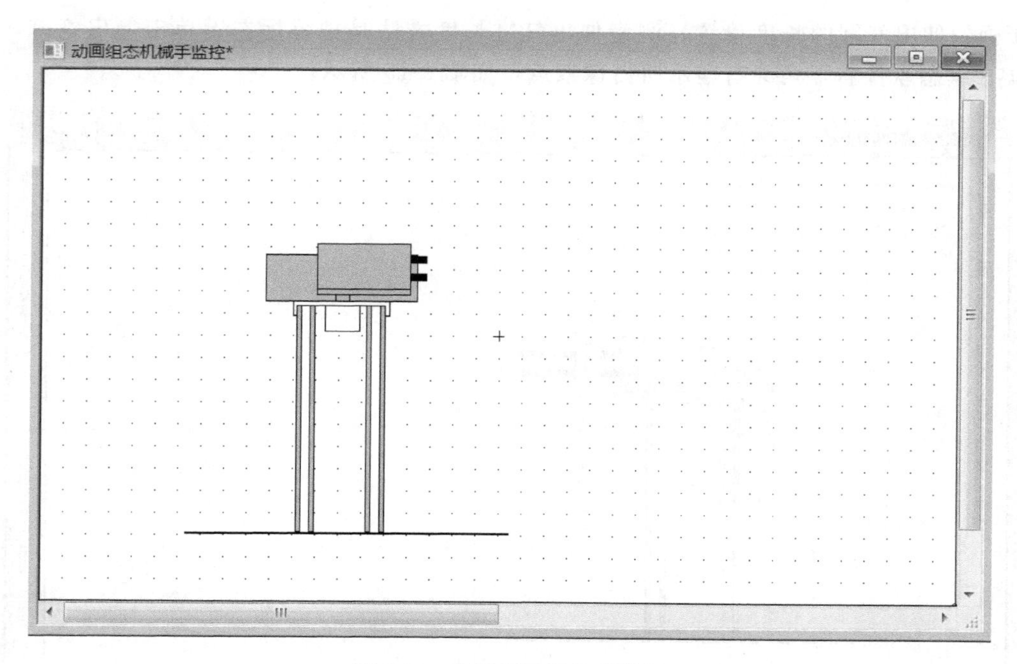


图 6-13　机械手悬臂前端绘制

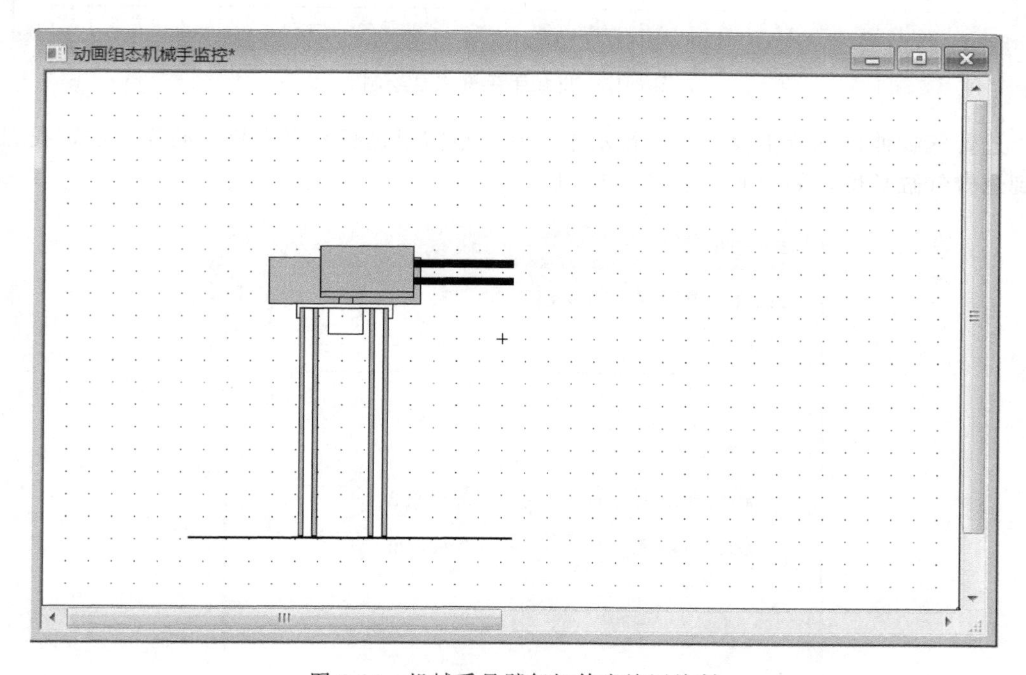


图 6-14　机械手悬臂气缸伸出缩回绘制

成一个图幅。在机械手伸缩过程中，手臂气缸需跟随悬臂气缸伸出与缩回一起向右或者向左移动，因此，我们需要对悬臂进行动画属性设置。设置方法与上步相同，区别在我们选择的是“水平移动”。在“水平移动”表达式里填入“shuipingjixieshou”，最大偏移量为74，表达式的值为30，这样悬臂就能随着伸出进行各种动作。最大偏移量74，是依据我们所画的伸出气缸的长度设置，测量伸出气缸长度方法是把鼠标左键单击伸出气缸，在MCGS组态软件右下角会有显示所占像素点，如图6-15所示。

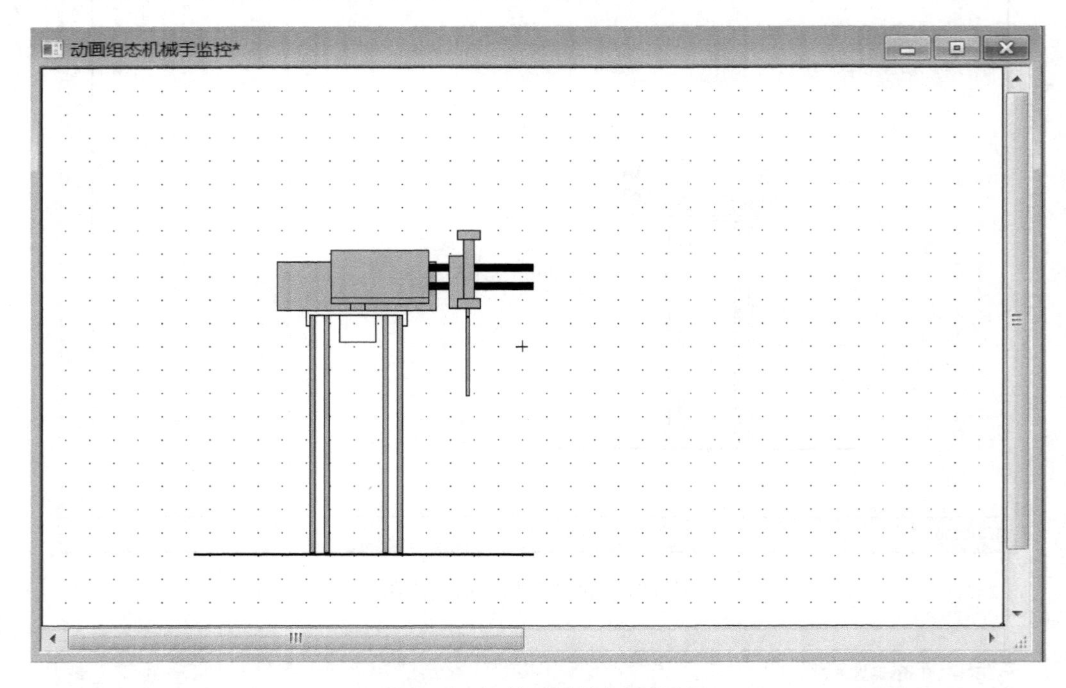


图6-15　机械手手臂气缸绘制

悬臂气缸伸出部分不仅不要进行水平移动，也需要进行垂直变化，同样方法，我们会得到悬臂气缸长度，如图6-16、图6-17所示。

动画组态属性设置

属性设置　水平移动　大小变化

表达式

shuiping

水平移动连接

最小移动偏移量　0　表达式的值　0

最大移动偏移量　74　表达式的值　30

检查(K)　确认(Y)　取消(C)　帮助(H)

图6-16　机械手手臂气缸水平移动设置

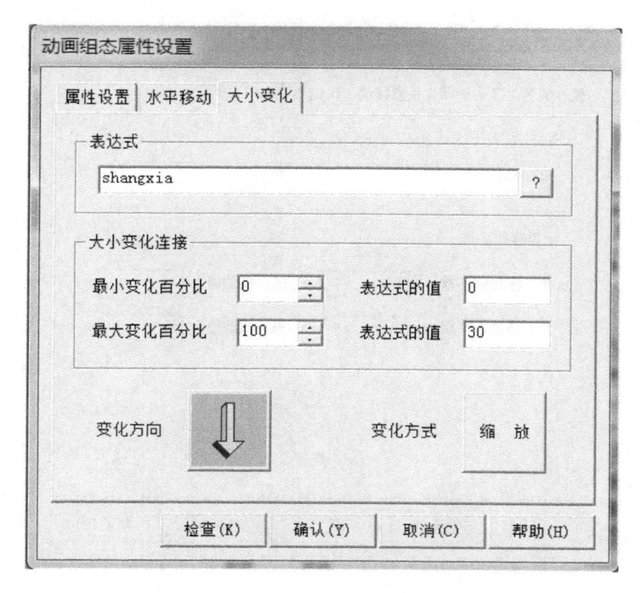


图 6-17　机械手手臂气缸垂直移动设置

手爪气缸需要进行水平移动和垂直移动，同时我们使用可见度，实现手爪的抓紧与松开显示，如图 6-18 至图 6-21 所示。

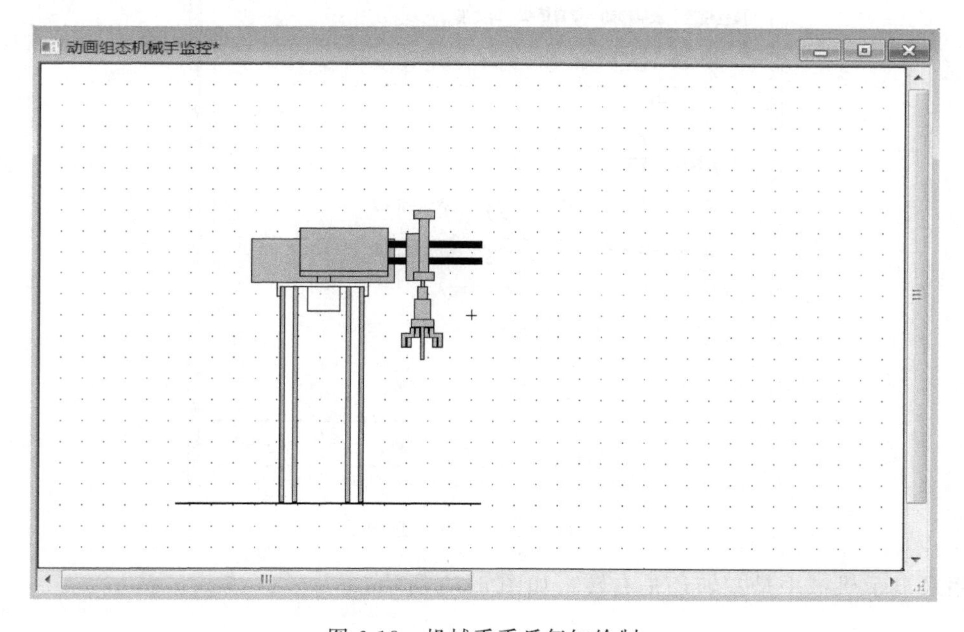


图 6-18　机械手手爪气缸绘制

当右边机械手部分绘制完成后，用同样方法完成左侧机械手绘制。但这里我们需要特别注意，左侧的机械手是需要向左侧伸出，因此在设置水平移动连接最大移动偏移量时，需换成负数，如图 6-22 所示。

主体绘制完成后，需进行按钮和指示灯绘制。按钮用来实现机械手各动作的启动，指

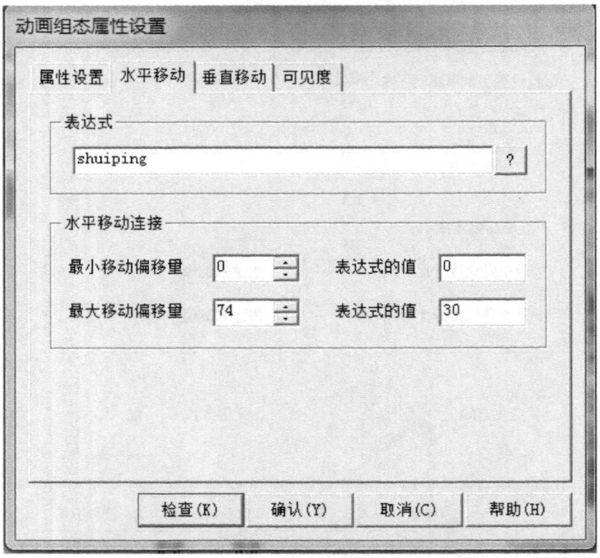

图 6-19　手爪气缸水平设置

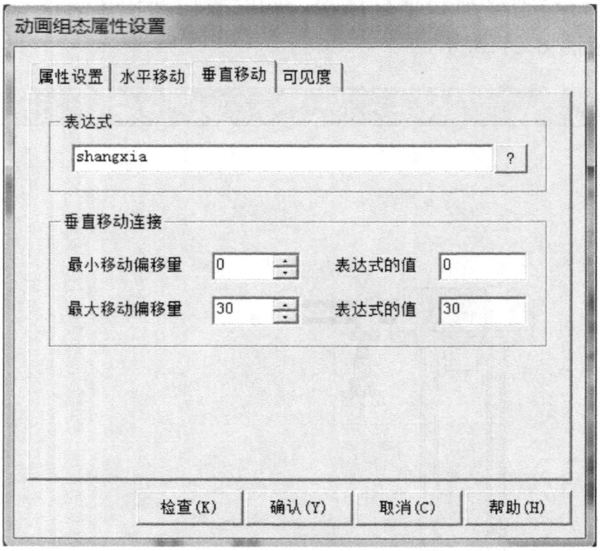

图 6-20　手爪气缸垂直设置

示灯用来显示机械手是左转还是右转，如图 6-23 所示。

### 3. 动画连接

机械手各动作是使用开关量进行控制的，要使“左转”启动按钮、“右转”启动按钮、“伸出”、“缩回”等按钮在运行时能起到真实作用，需要对按钮属性进行定义，双击“右转”按钮，选择抬起功能“基本属性”中数据对象值操作为清零，并在其后输入我们实时数据库中定义的变量“zuo”；选择按下功能“基本属性”中数据对象值操作置为 1，并在

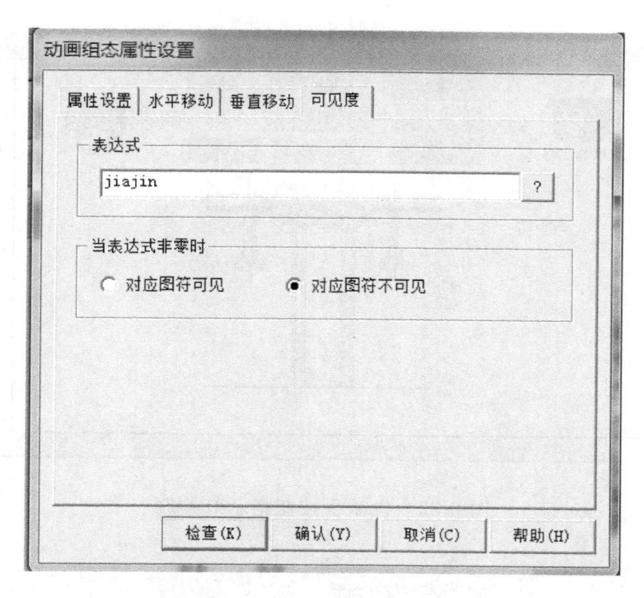


图 6-21　手爪夹紧与放松设置

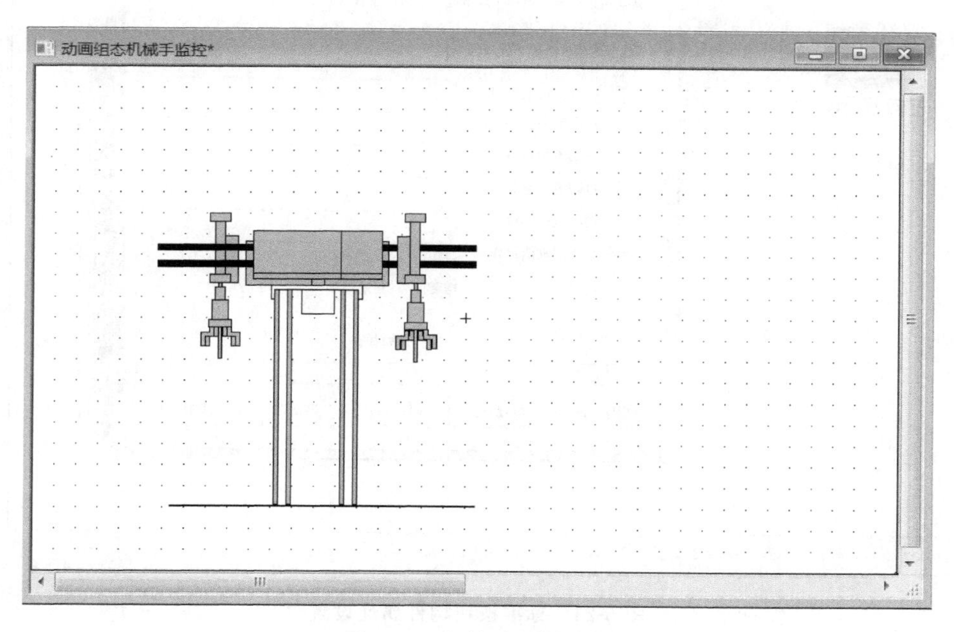


图 6-22　机械手左侧绘制

其后输入我们实时数据库中定义的变量“you”。其他按钮设置与“右转”按钮设置相同。弹出对话框如图 6-24 所示。

机械手能够左右摇摆，因此当机械手旋转到左侧时，右侧部分机械手需要隐藏，当机械手旋转到右侧时，左侧部分机械手需要隐藏，我们用图幅的可见度来实现。我们把右侧机械手图幅的可见度全部设置为“you”可见，左侧机械手全部设置为“zuo”可见，这样我们就完成了组态软件界面的绘制。

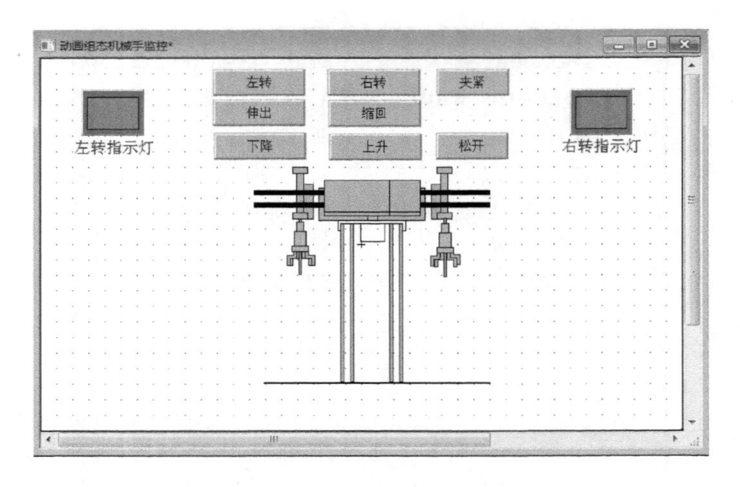


图 6-23　机械手按钮指示灯绘制

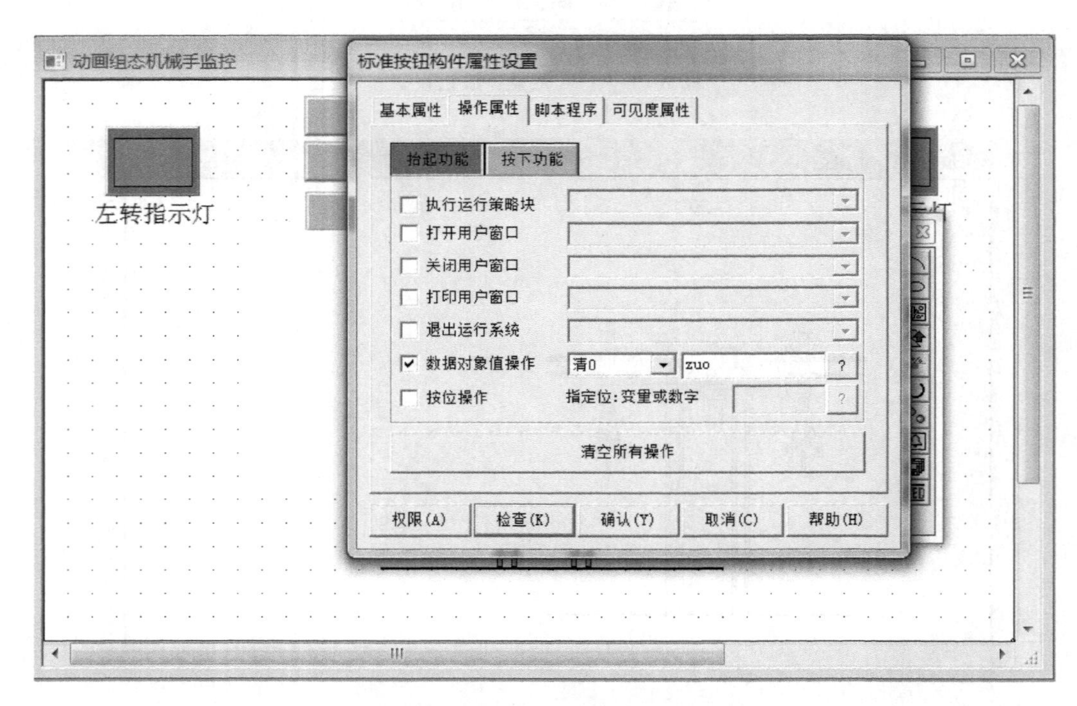


图 6-24　标准按钮构件属性设置

### 4. 脚本语言编写

双击工作台的空白处，将会弹出用户窗口属性设置，这时第一种方法我们可以直接在空白处编写脚本程序，第二种方法可以单击打开脚本程序编辑器，里面带有系统辅助脚本程序，这样在脚本程序编辑器里进行程序编写比较方便。循环时间默认是 1000ms，时间太短，容易导致程序检测不到按钮，时间太长浪费时间，为了节约时间我们一般会改为 10ms，如图 6-25 所示。

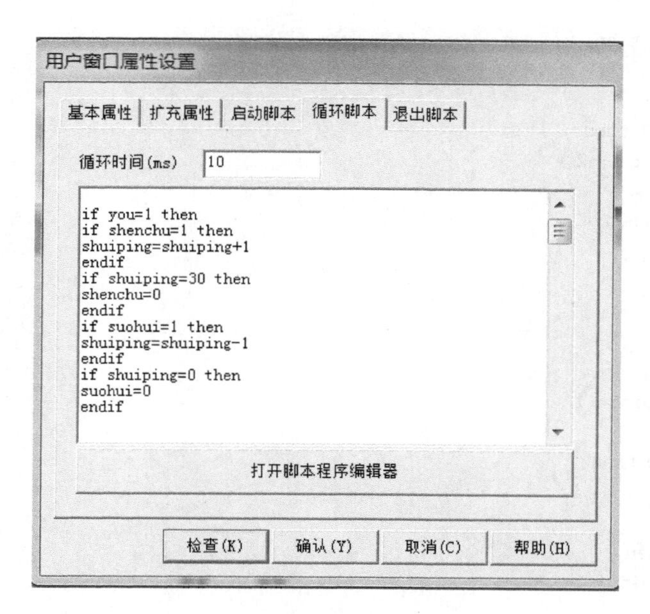


图 6-25 脚本语言编程环境

机械手控制循环脚本程序：

```
if you = 1 then
if shenchu = 1 then
shuiping = shuiping + 1
endif
if shuiping = 30 then
shenchu = 0
endif
if suohui = 1 then
shuiping = shuiping - 1
endif
if shuiping = 0 then
suohui = 0
endif
if shenchu = 1 then
shuipingjiexieshou = shuipingjiexieshou + 1
endif
if shuipingjiexieshou = 30 then
shenchu = 0
endif
if suohui = 1 then
shuipingjiexieshou = shuipingjiexieshou - 1
endif
if shuipingjiexieshou = 0 then
suohui = 0
endif
if xiajiang = 1 then
shangxia = shangxia + 2
endif
```

```
if shangxia = 68 then
xiajiang = 0
endif
if shangsheng = 1 then
shangxia = shangxia - 2
endif
if shangxia = 0 then
shangsheng = 0
endif
endif
if zuo = 1 then
if shenchu = 1 then
shuiping = shuiping + 1
endif
if shuiping = 30 then
shenchu = 0
endif
if suohui = 1 then
shuiping = shuiping - 1
endif
if shuiping = 0 then
suohui = 0
endif
if shenchu = 1 then
shuipingjiexieshou = shuipingjiexieshou + 1
endif
if shuipingjiexieshou = 30 then
shenchu = 0
endif
if suohui = 1 then
shuipingjiexieshou = shuipingjiexieshou - 1
endif
if shuipingjiexieshou = 0 then
suohui = 0
endif
if xiajiang = 1 then
shangxia = shangxia + 2
endif
if shangxia = 68 then
xiajiang = 0
endif
if shangsheng = 1 then
shangxia = shangxia - 2
endif
if shangxia = 0 then
shangsheng = 0
endif
endif
```

5. 运行调试

机械手监控系统工程已经初步建立，进入到运行和调试阶段，在 MCGS 组态软件中单击“工具栏”中的“下载工程并进入运行环境”将工程下载，如图 6-26 所示。

下载配置
背景方案 标准 800 * 480
连接方式 USB通讯
通讯速率
通讯测试　工程下载
启动运行　停止运行
模拟运行　连机运行
下载选项
清除配方数据　清除历史数据
清除报警记录　支持工程上传
高级操作...
驱动日志...
制作U盘综合功能包　确定
返回信息：
2015-12-13 10:52:06　等待操作......
下载进度：

图 6-26　工程下载配置

当未连接触摸屏时，我们可以进行模拟运行，如图 6-27 所示。

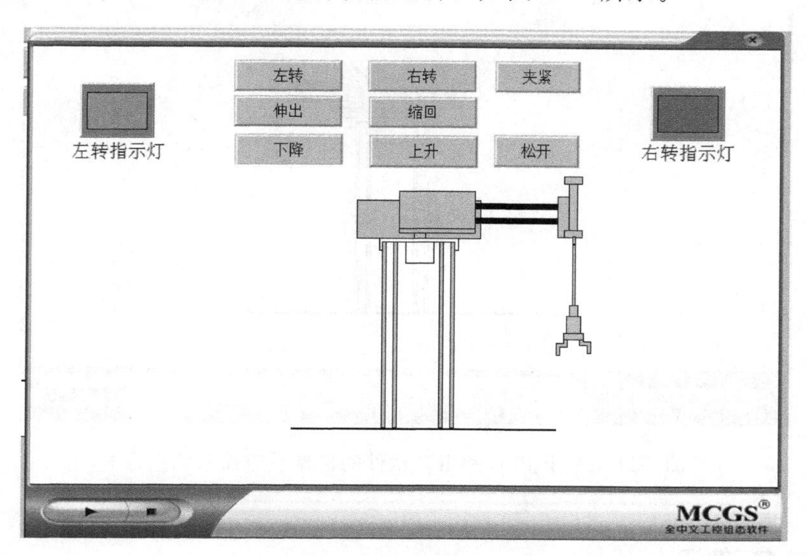


图 6-27　机械手监控运行界面

## 五、思考与练习

1. 一些机电设备为什么要规定初始位置？

2. 机械手搬运物件时，会有不同的工作顺序，如悬臂伸出→手臂下降→手爪抓取物料→手臂上升→悬臂缩回→机械手转动→悬臂伸出→手爪松开。你还能说出其他搬运顺序吗？你为什么采用这种搬运顺序？

# 任务 2　基于 PLC 和组态软件的机械手监控系统设计

## 一、任务描述

使用三菱 $FX_{2N}$-48MR PLC 控制机械手动作，同时用 MCGS 组态软件监控机械手动作过程。组态软件显示机械手动作过程：按下启动按钮后，旋转气缸右转，右转到位，悬臂气缸伸出；伸出到位后，手臂气缸伸出；手臂气缸伸出到位，手爪抓紧；抓紧到位，手臂缩回；缩回到位，悬臂气缸缩回；缩回到位，旋转气缸手左转；左转到位，悬臂气缸伸出；伸出到位，手臂气缸下降；下降到位，手爪松开；松开到位，手臂气缸上升；上升到位，悬臂气缸缩回；缩回到位，机械手右转，不断进行循环，直到按下停止按钮。通过此任务学习，学习机械手 PLC 编程调试，掌握组态工程与三菱 PLC 联机通信。任务示意图如图 6-28 所示。

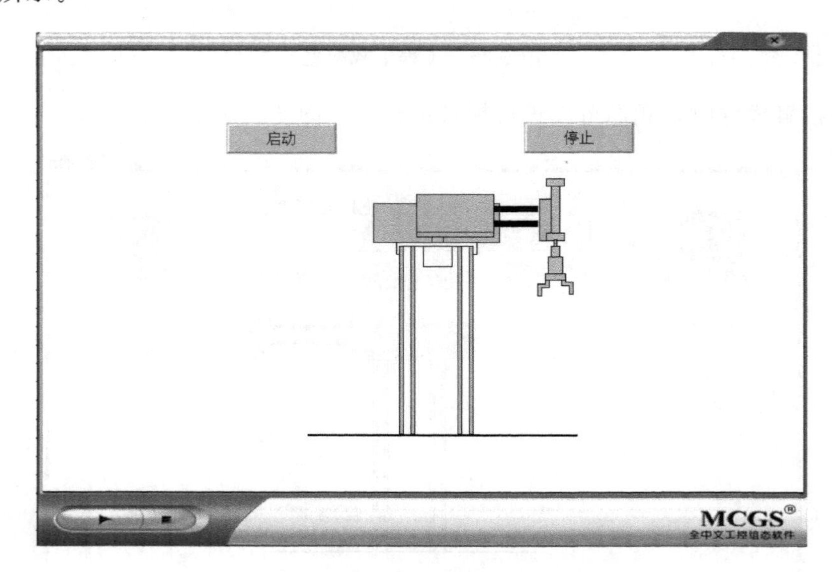


图 6-28　基于 PLC 和组态软件的机械手监控系统工程

## 二、任务资讯

### （一）定时器

三菱 $FX_{2N}$系列 PLC 的定时器（T）与我们继电器控制系统中的时间继电器作用是相似的。它有一个设定值寄存器字，一个当前值寄存器字，和一个用来储存其输出触点状态的映像寄存器位，这三个存储单元使用同一个元件号。FX 系列 PLC 的定时器分为通用定时器和累计型计时器。

在三菱 PLC 中，用 K 表示常数，H 表示十六进制数，我们一般用常数 K 作为定时器的设定值，也可以通过将数据寄存器（D）的值赋给定时器来对其进行设置。

### 1. 通用定时器

PLC 内部各种定时器的个数和元件编号见表 6-1。因为 FX 系列 PLC 的定时器为 16 位，所以 100ms 定时器最大能够实现 3276.7s 的定时，10ms 的定时器最多能实现 327.67s 定时，1ms 定时器能实现 32.767s 定时。如表 6-1 所示。

**表 6-1　定时器**

| PLC | $FX_{1s}$ | $FX_{1N}$，$FX_{2N}$，$FX_{2NC}$ |
|---|---|---|
| 100ms 定时器 | 63 点，T0～62 | 200 点，T0～T199 |
| 10ms 定时器 | 31 点，T32～C62 | 46 点，T200～T245 |
| 1ms 累计型定时器 | 1 点，T63 | 4 点，T246～T249 |
| 100ms 累计型定时器 | — | 6 点，T250～T255 |

当 X1 常开触点接通时，通用定时器 T1 的当前值计数器从零开始对 100ms 时钟脉冲进行累加计数。当当前值与设定值相等时，定时器 T1 的常开触点接通，常闭触点断开，即定时器的输出触点在其线圈被驱动 100ms×10＝1s 后动作。X1 常开触点断开后，定时器被复位，所有值清零，它的常开触点断开，常闭触点接通。通用定时器没有保持功能，在输入电路断开或停电时复位。通用定时器如图 6-29 所示。

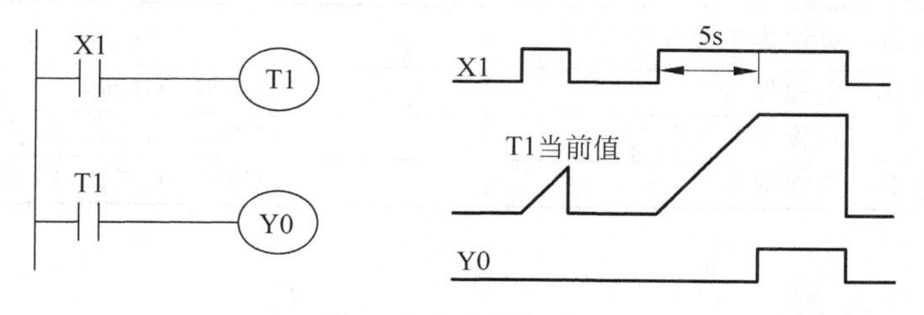


图 6-29　通用定时器

### 2. 累计型定时器

累计型定时器按时钟脉冲的不同分为两种，一种是对 1ms 时钟脉冲进行计数，另外一种是对 100ms 时钟脉冲进行计数。T250～T255 的定时范围为 0.1～3276.7s。X0 常开触点得电导通时，T251 当前值计时器对 100ms 时钟脉冲进行累加计数。X0 常开触点断开或停电时定时器停止定时，但 T251 的当前值不会因为掉电而发生改变，这是通用型定时器与累计型定时器区分的本质。常开触点 X0 再次导通，定时器 T251 当前值会在 X0 断开前基础上继续进行累计计时，当前值（$t_1+t_2$）与设定值相等时，T251 的常开触点动作。因累计型定时器线圈断电时，定时器不会复位，所以需要用 X1 的常开触点驱动复位指令使 T251 强制复位。累计型定时器如图 6-30 所示。

### 3. 定时器的定时精度

定时器的精度与程序写法有直接关系，如果定时器的触点在线圈之前，精度将会降

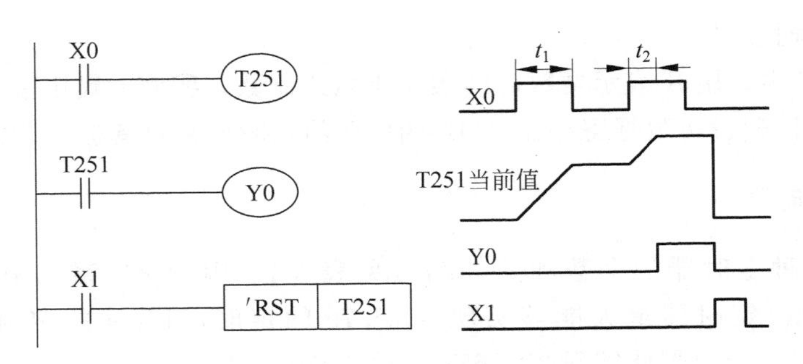


图 6-30　累计型定时器

低。平均误差约为 1.5 倍扫描周期。如果定时器的触点在线圈之后，最大定时误差为 2 倍扫描周期加上输入滤波器时间。如果定时器的触点在线圈之前，最大定时误差为 3 倍扫描周期加上输入滤波器时间。最小定时误差为输入滤波器时间减去定时器的分辨率，1ms、10ms 和 100ms 定时器的分辨率分别为 1ms、10ms 和 100ms。

## （二）内部计数器

PLC 内部计数器（C）是用来对内部映像寄存器（X、Y、M 和 S）提供的信号计数，为了计数准确，计数脉冲为 ON 或 OFF 的持续时间，应大于 PLC 的扫描周期，其响应速度通常小于数十赫兹。计数器的类型与元件号的关系见表 6-2。

**表 6-2　计数器**

| | |
|---|---|
| 16 位加计数器，可设为电池保持 | C0～C99，100 点 |
| 16 位加计数器，电池保持 | C100～C199，100 点 |
| 32 位加计数器，可设为电池保持 | C200～C219，20 点 |
| 32 位加计数器，电池保持 | C220～C234，15 点 |

### 1. 16 位加计数器

16 位加计数器的设定值为 1～32767。加计数器的工作过程如图 6-31 所示，X0 常开触点接通后，C1 被复位，它对应的位存储单元被置 0，其常开触点断开，常闭触点接通，同时其计数当前值被置为 0。X1 常开触点提供计数输入信号，当计数器的复位输入电路断开，X1 常开触点闭合（即计数脉冲的上升沿）时，计数器的当前值加 1。在 4 个计数脉冲之后，C1 的当前值与设定值 4 相等，它对应的位存储单元被置 1，C1 的常开触点接通，常闭触点断开，当再来计数脉冲时，C1 当前值不再发生改变，直到复位电路导通，C1 的当前值被置为 0。

累计型计数器与累计型定时器在断电时动作相仿，计数器在电源断电时可以保持其状态信息，重新送电后能立即按断电时的状态恢复工作。

### 2. 32 位加/减计数器

32 位加/减计数器 C200—C234 的设定值为－2147483648～＋2147483647，特殊辅助继电器 M8200—M8234 决定加/减计数方式，对应特殊辅助继电器为 ON 时，为减计数，

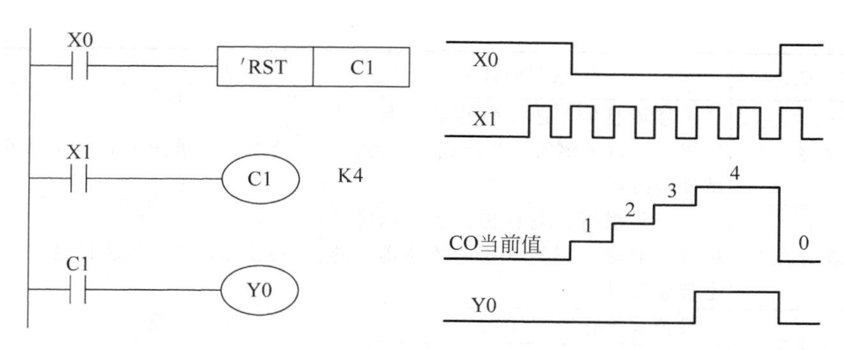


图 6-31　16 位加计数器工作过程

反之，为加计数。

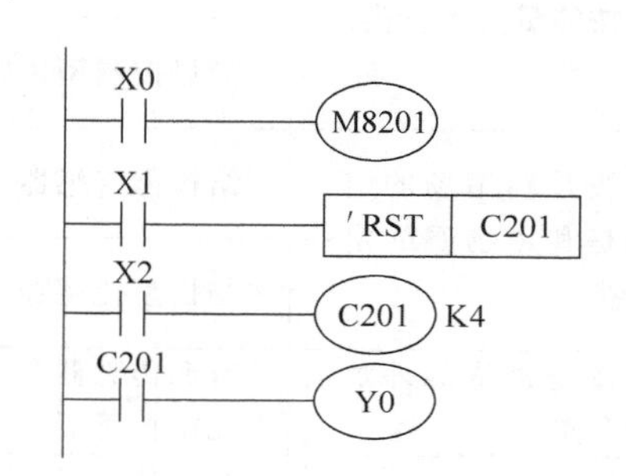


图 6-32　32 位加/减计数器工作流程

32 位计数器的设定值除了可以由常数 K 设定外，还可以通过指定数据寄存器来设定，32 位设定值存放在元件号相连的两个数据寄存器中。如果指定的是 D2，则设定值存放在 D3 和 D2 中。图 6-32 中 C201 的设定值为 4，在加计数时，若计数器的当前值由3→4 时，计数器 C201 常开触点闭合，当前值≥4 时，常开触点仍然闭合；当前值由 4→3 时，常开触点断开，当前值≤3 时，常开触点仍然断开。图 6-32 中复位输入常开触点 X1 接通时，C201 被复位，其常开触点断开，常闭触点接通，当前值被置为 0。

计数器的当前值在最大值 2147483647 时加 1，将变为最小值－2147483648，这种计数器称为“环形计数器”。

## （三）传感器

传感器是指能感受规定被测量，并按照一定的规律转换成可用电信号的器件或装置。在 PLC 控制中，将传感器的输出信号接到 PLC 输入端 X 上，用来检测机械手动作是否到位。

传感器的种类繁多，功能各异。由于同一被测量物体可用不同转换原理实现探测，利用同一种物理法则、化学反应或生物效应可设计制作出检测不同测量物体的传感器，而功能大同小异的同一类传感器可用于不同的技术领域，因此传感器有不同的分类法。具体分类见表 6-3。

**表 6-3　传感器的分类**

| 分类方法 | 传感器的种类 | 说　明 |
|---|---|---|
| 依据效应分类 | 物理传感器 | 基于物理效应（光、电、声、磁、热） |
| | 化学传感器 | 基于化学效应（吸附、选择性化学分析） |
| | 生物传感器 | 基于生物效应（酶、抗体、激素等分子识别和选择功能） |

续表

| 分类方法 | 传感器的种类 | 说明 |
| --- | --- | --- |
| 按输入量分类 | 位移传感器、速度传感器、温度传感器、压力传感器、气体成分传感器、浓度传感器等 | 传感器以被测量的物理量名称命名 |
| 按工作原理分类 | 应变传感器、电容传感器、电感传感器、电磁传感器、压电传感器、热电传感器等 | 传感器以工作原理命名 |
| 按输出信号分类 | 模拟式传感器 | 输出为模拟量 |
| | 数字式传感器 | 输出为数字量 |
| 按能量关系分类 | 能量转换型传感器 | 直接将被测量的能量转换为输出量的能力 |
| | 能量控制型传感器 | 由外部供给传感器能量，而由被测量的能量控制输出量的能量 |
| 按是利用场的定律还是利用物质的定律分类 | 结构型传感器 | 通过敏感元件几何结构参数变化实现信息转换 |
| | 物性型传感器 | 通过敏感元件材料物理性质的变化实现信息转换 |
| 按是否依靠外加能源分类 | 有源传感器 | 传感器工作时需外加电源 |
| | 无源传感器 | 传感器工作时无须外加电源 |
| 按使用的敏感材料分类 | 半导体传感器、光纤传感器、陶瓷传感器、金属传感器、高分子材料传感器、复合材料传感器等 | 传感器以使用的敏感材料命名 |

### 1. 传感器的结构

传感器通常由敏感元件、转换元件及转换电路组成。敏感元件是指传感器中能直接感受（或响应）被测量的部分；转换元件是能将感受到的非电量直接转换成电信号的器件或元件；转换电路是对电信号进行选择、分析放大，并转换为需要的输出信号等的信号处理电路。

### 2. 传感器的工作原理

(1) 电容传感器

电容传感器的感应面由两个同轴金属电极构成，就像“打开的”电容器电极。这两个电极构成一个电容，串联在 RC 振荡回路内。电源接通，当电极附近没有物体时，电容器容量小，不能满足振荡条件，RC 振荡器不振荡；当有物体朝着电容器的电极靠近时，电容器的容量增加，振荡器开始振荡。通过后级电路的处理，将不振荡和振荡两种信号转换成开关信号，从而起到了检测有无物体接近的目的。这种传感器既能检测金属物体，又能检测非金属物体。它对金属物体可以获得最大的动作距离，而对非金属物体，动作距离的决定因素之一是材料的介电常数。材料的介电常数越大，可获得的动作距离越大。材料的面积对动作距离也有一定影响。大多数电容传感器的动作距离都可通过其内部的电位器进行调节、设定。

（2）光电传感器（光电开关）

光电传感器是通过把光强度的变化转换成电信号的变化来实现检测。光电传感器一般由发射器、接收器和检测电路三部分组成。发射器对准物体发射光束，发射的光束一般来源于发光二极管和激光二极管等半导体光源。光束不间断地发射，或者改变脉冲宽度。接收器由发光二极管或光电三极管组成，用于接收发射器发出的光线。检测电路用于滤出有效信号。常用的光电传感器又分为漫反射式、反射式、对射式等几种。

（3）磁性开关

磁感应式传感器是利用磁性物体的磁场作用来实现对物体的感应，它主要包括霍尔传感器和磁性传感器两种。

① 霍尔传感器

当一块通有电流的金属或半导体薄片垂直地放在磁场中时，薄片的两端就会产生电位差，这种现象称为霍尔效应。霍尔元件是一种磁敏元件，用霍尔元件做成的传感器称为霍尔传感器，也称为霍尔开关。当磁性物件移近霍尔开关时，开关检测面上的霍尔元件因产生霍尔效应而使开关内部电路状态发生变化，由此识别附近有磁性物体的存在，并输出信号，这种接近开关的检测对象必须是磁性物体。

② 磁性传感器

磁性传感器又称磁性开关，是液压与气动系统中常用的传感器。磁性开关可以直接安装在气缸上，当带有磁环的活塞移动到磁性开关所在位置时，磁性开关内的两个金属簧片在磁环磁场的作用下吸合，发生信号。当活塞移开，磁场离开金属簧片，触点自动断开，信号切断。通过这种方式可以很方便地实现对气缸活塞位置的检测。

磁性开关有蓝色和棕色 2 根引出线，使用时蓝色引出线应连接到 PLC 输入公共端，棕色引出线应连接到 PLC 输入端。磁性开关的内部电路如图 6-33 中虚线框内所示。

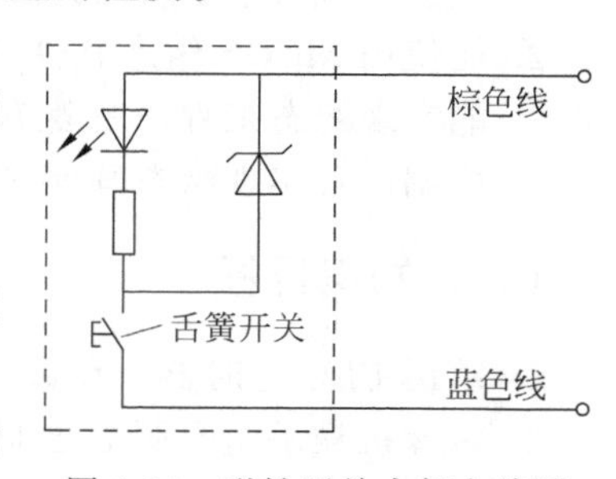

图 6-33　磁性开关内部电路图

机械手气缸都是带磁性开关的气缸，这些气缸的缸筒采用导磁性弱、隔磁性强的材料，如硬铝、不锈钢等。在非磁性体的活塞上安装一个永久磁铁的磁环，这样就提供了一个反映气缸活塞位置的磁场。而安装在气缸外侧的磁性开关则是用来检测气缸活塞位置，即检测活塞的运动行程的。在磁性开关上设置的 LED 用于显示其信号状态，供调试时使用。磁性开关动作时，输出信号“1”，LED 亮；磁性开关不动作时，输出信号“0”，LED 不亮。

磁性开关的安装位置可以调整，调整方法是松开它的紧固定位螺栓，让磁性开关随着气缸滑动，到达指定位置后，再旋紧固定螺栓。

**表 6-4　气缸活塞到位检测方法与检测器件**

| 检测器件 | 检测方法 | 示　意　图 | 特　　点 |
| --- | --- | --- | --- |
| 形成开关 | 机械接触 | | 1. 安装空间较大<br>2. 不受磁性影响<br>3. 检测位置调整较困难 |

续表

| 检测器件 | 检测方法 | 示意图 | 特点 |
|---|---|---|---|
| 接近开关 | 阻抗变化 | | 1. 安装空间较大<br>2. 不受污浊影响<br>3. 检测位置调整较困难 |
| 光电开关 | 光的变化 | | 1. 安装空间较大<br>2. 不受磁性影响<br>3. 检测位置调整较困难 |
| 磁性开关 | 磁场变化 | | 1. 安装空间较小<br>2. 不受污浊影响<br>3. 检测位置调整较容易 |

## 三、任务分析

### (一) 能力目标

1. 能进行机械手 PLC 编程调试；
2. 能使用 MCGS 组态软件创建并实现机械手组态工程；
3. 能实现组态工程与三菱 PLC 联机通信；
4. 能调试且实现组态画面对 PLC 控制机械手状态监控。

### (二) 知识目标

1. 掌握 PLC 定时器、计数器等基本指令及机械手梯形图程序设计方法；
2. 掌握机械手组态画面绘制、PLC 设备连接、动画剧看定义、动画连接、脚本程序编写；
3. 掌握 PLC 与 MCGS 组态软件通信设置；
4. 掌握 PLC 控制机械手的组态监控工程的调试、排除故障和维护。

### (三) 仪器软件

计算机、MCGS 嵌入版 7.7、TPC7062 触摸屏

### (四) 工程画面

要求：按下启动按钮能准确显示、监控机械手的动作。按下停止按钮，机械手动作停止。

### (五) 机械手组态监控系统变量定义与任务 1 相同

机械手组态监控系统变量定义如图 6-34 所示。

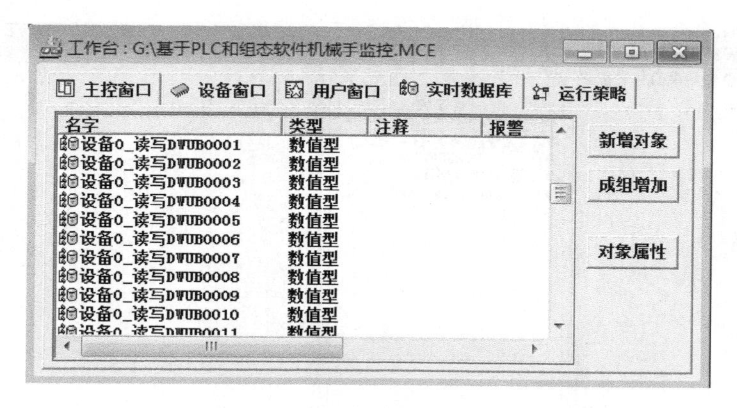


图 6-34　机械手组态监控数据库

## 四、任务实施

### (一) 设计机械手监控系统工程

#### 1. 创建新工程

机械手组态工程文件的创建与任务 1 相同，这里不再重复。

#### 2. 创建组态画面

进入 MCGS 组态软件后，就可以为工程建立画面。

工作台上的设备窗口、用户窗口实时数据库是我们进行组态设计时用到最多的窗口，我们首先进行设备窗口的设置。在进行组态设计时，为了使 PLC 能够与触摸屏经 RS-485 线连接成功，在进行界面绘制前务必先进行设备窗口设置。用鼠标左键单击工作台上“设备窗口”，双击“设备窗口”图标，进入绘制界面。右击，选择设备工具箱，进行串口设备选择与设置，如图 6-35 所示。

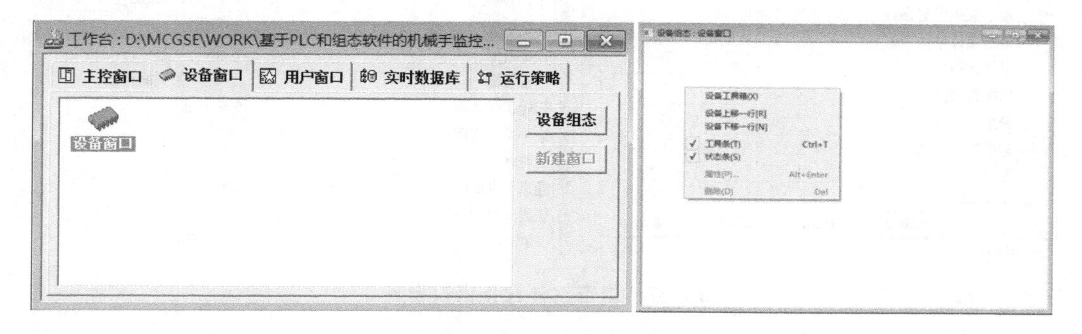


图 6-35　组态软件设备窗口设置 1

在进行串口选择与设置时，我们先用鼠标左键双击选择“通用串口父设备”，然后再选择“三菱 FX 系列编程口”（以三菱 $FX_{2N}$ 为例），如图 6-36 所示。

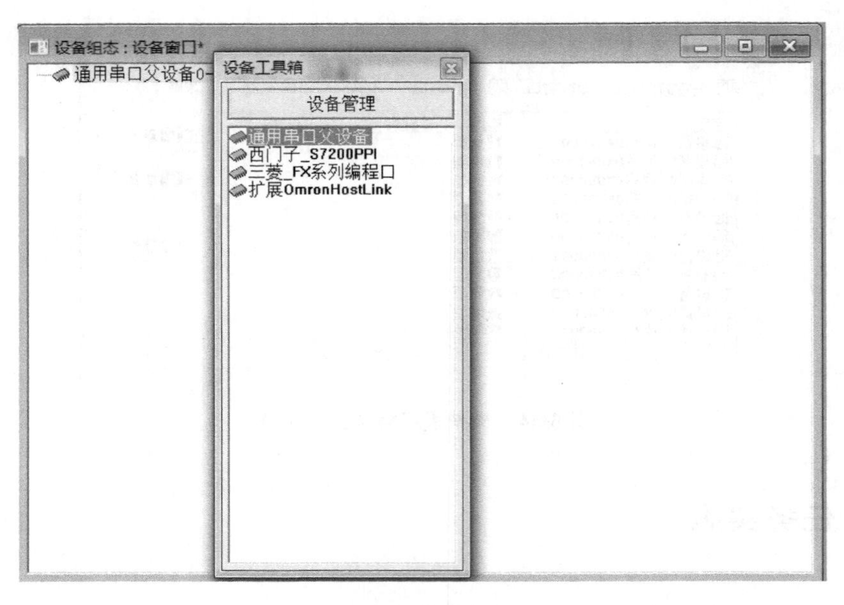


图 6-36　组态软件设备窗口设置 2

进行串口属性设置时，一般先对“通用串口父设备”进行设置，然后再对子设备设置，如图 6-37 所示。

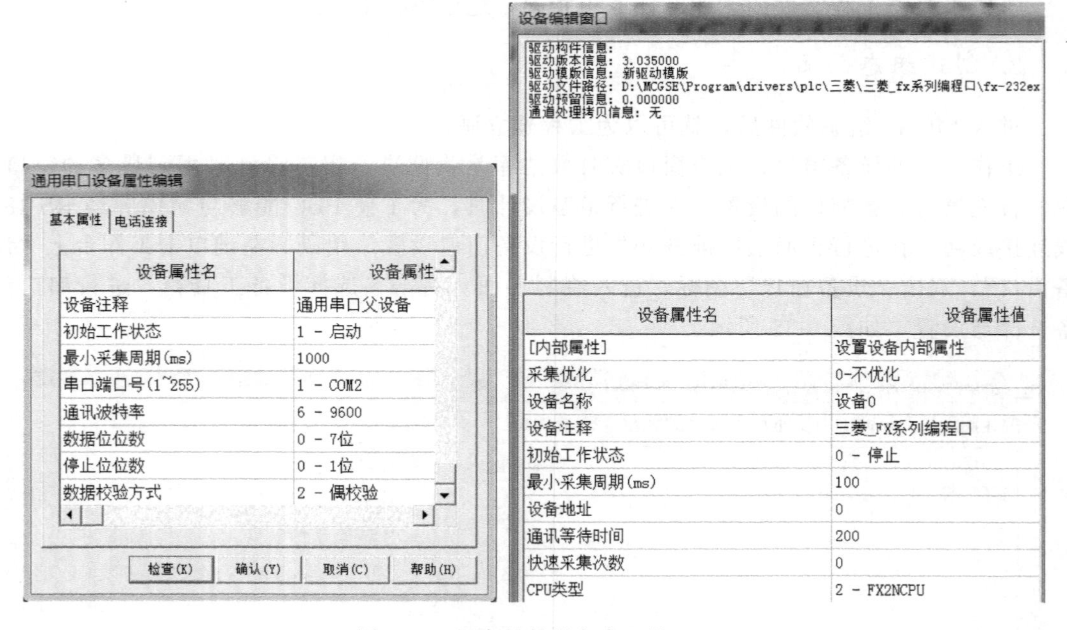


图 6-37　组态软件设备窗口设置 3

完成“设备窗口”设置后，我们进行关闭保存。然后单击工作台“用户窗口”→“新建窗口”。完成后双击进入绘制界面。界面绘制方法与任务 1 基本相同，只阐述不同点，如图 6-38 所示。

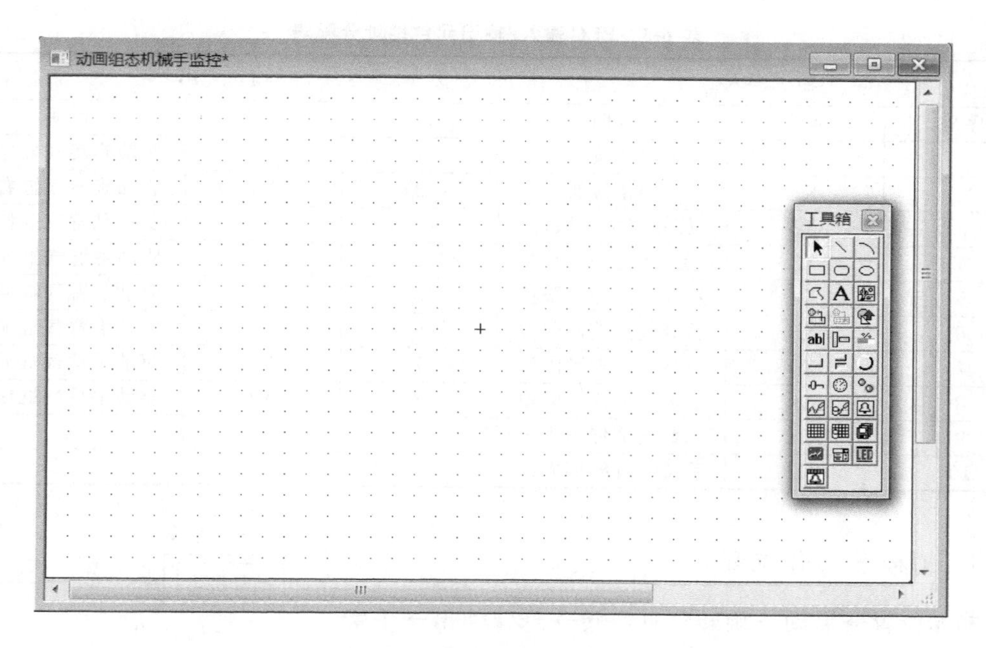


图 6-38　组态软件绘制界面

任务 1 是对机械手动作的模拟，在本任务用 PLC 控制机械手的动作，我们需要将旋转气缸、悬臂气缸、手臂气缸的表达式转换成相应的 PLC 输出线圈、数据寄存器的表达式。在用触摸屏按钮控制 PLC 程序时，需要对按钮属性进行设置。在对其进行设置时，我们一般将操作属性的表达式选择为 PLC 中的辅助继电器，启动按钮方法如图 6-39 所示。

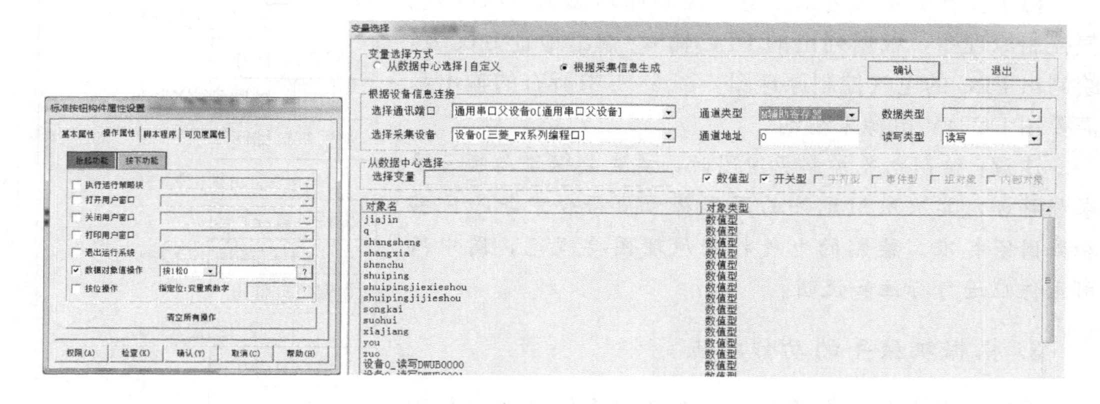


图 6-39　按钮设置方法

停止按钮设置方法与启动按钮相同。

## （二）PLC 控制程序编写

根据工作任务描述，使用 4 个二位五通双控电磁阀分别驱动机械手的 4 个气缸，确定 PLC 输入/输出元件地址分配如表 6-5 所示。

表 6-5 PLC 输入/输出元件地址分配表

| 输 入 | | | 输 出 | | |
|---|---|---|---|---|---|
| 序号 | 地址 | 说明 | 序号 | 地址 | 说明 |
| 1 | X0 | 启动按钮 | 1 | Y0 | 驱动旋转气缸左转 |
| 2 | X1 | 停止按钮 | 2 | Y1 | 驱动旋转气缸右转 |
| 3 | X2 | 旋转气缸右限位 | 3 | Y2 | 驱动悬臂气缸伸出 |
| 4 | X3 | 旋转气缸左限位 | 4 | Y3 | 驱动悬臂气缸缩回 |
| 5 | X4 | 悬臂气缸伸出限位 | 5 | Y4 | 驱动手臂气缸伸出 |
| 6 | X5 | 悬臂气缸缩回限位 | 6 | Y5 | 驱动手臂气缸缩回 |
| 7 | X6 | 手爪气缸夹紧限位 | 7 | Y6 | 驱动手爪气缸夹紧 |
| 8 | X7 | 手爪气缸松开限位 | 8 | Y7 | 驱动手爪气缸松开 |
| 9 | X10 | 手臂气缸伸出限位 | | | |
| 10 | X11 | 手臂气缸缩回限位 | | | |

## 1. 机械手动作流程

初始位置→启动→旋转气缸右转→悬臂伸出→手臂伸出→手爪抓紧→手臂缩回→悬臂缩回→旋转气缸右转→悬臂伸出→手臂伸出→手爪松开→手臂缩回→悬臂缩回→初始位置。根据工作流程画出机械手顺序功能图，如图 6-40 所示。

## 2. 绘制电气控制原理图

由工作任务要求可知，电气控制原理图为 PLC 的电气控制原理图，根据列出的 PLC 输入/输出地址分配表，绘制出 PLC 的电气控制原理图。图 6-41 中所有的输出都需要用 DC24V 电源来驱动。

**注意：**绘制电气控制原理图时，首先要保证与项目要求相符合，其次所用元件的图形符号应符合中华人民共和国国家标准。绘制的电气控制原理图要规范，图中所用元件应进行标注和说明。

## 3. 根据机械手的动作特点

采用步进指令编程的方法，整个工作任务的运行程序如图 6-42 所示。在进行编写时，为了从组态软件上所观察到的机械手的工作过程，将定时器的延时功能用在其中，显示机械手循序渐进过程，如图 6-42 所示。

连接机械手的气路和电路，将程序下载到 PLC，进行调试运行。

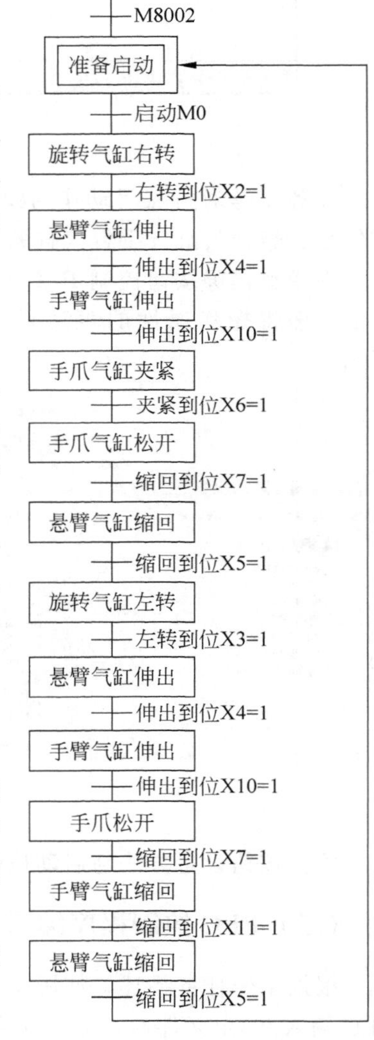


图 6-40 机械手顺序功能图

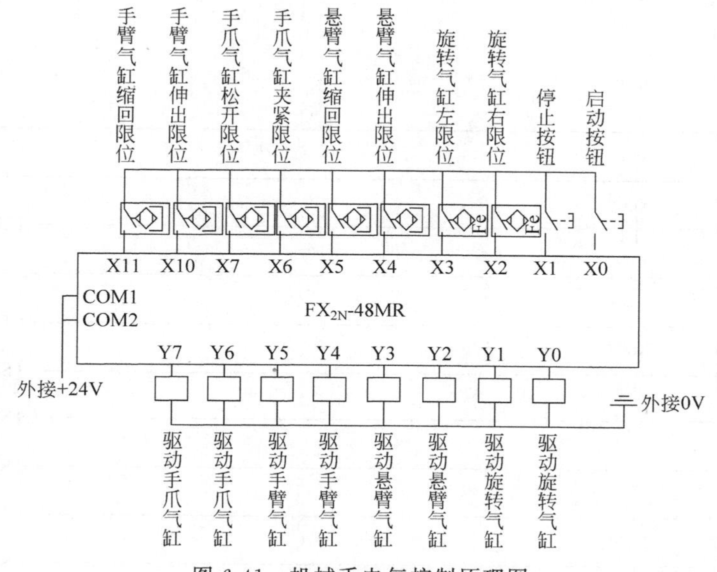


图 6-41　机械手电气控制原理图

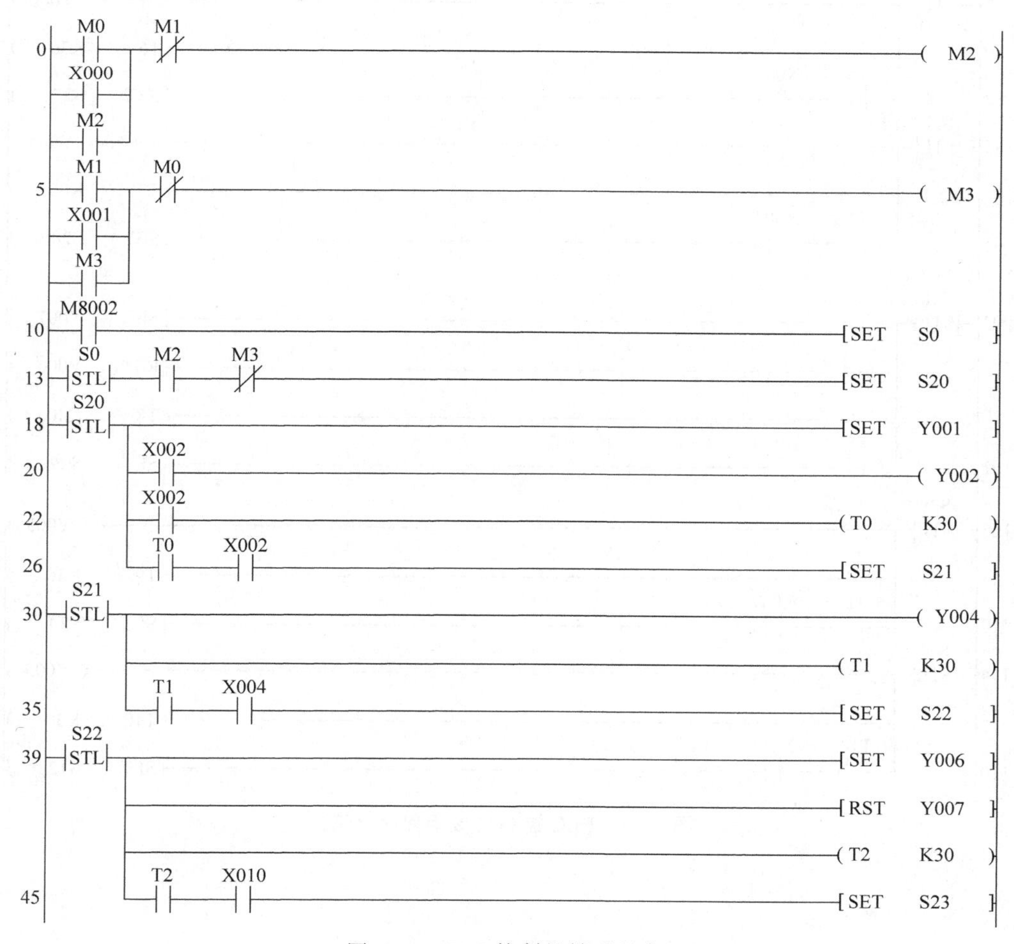


图 6-42　PLC 控制机械手程序

```
      S23
 49 ─┤STL├──────────────────────────────( Y005 )
        ├──────────────────────────────( T3   K30 )
        │  T3      X006
 54     └─┤ ├─────┤ ├───────────────────[SET  S24 ]
      S24
 58 ─┤STL├──────────────────────────────( Y003 )
        ├──────────────────────────────( T4   K30 )
        │  T4      X007
 63     └─┤ ├─────┤ ├───────────────────[SET  S25 ]
      S25
 67 ─┤STL├──────────────────────────────[SET  Y000 ]
        ├──────────────────────────────[RST  Y001 ]
        ├──────────────────────────────( T5   K30 )
        │  T5      X005
 73     └─┤ ├─────┤ ├───────────────────[SET  S26 ]
      S26
 77 ─┤STL├──────────────────────────────( Y002 )
        ├──────────────────────────────( T6   K30 )
        │  T6      X003
 82     └─┤ ├─────┤ ├───────────────────[SET  S27 ]
      S27
 86 ─┤STL├──────────────────────────────( Y004 )
        ├──────────────────────────────( T7   K30 )
        │  T7      X004
 91     └─┤ ├─────┤ ├───────────────────[SET  S28 ]

      S28
 95 ─┤STL├──────────────────────────────[SET  Y007 ]
        ├──────────────────────────────[RST  Y006 ]
        ├──────────────────────────────( T8   K30 )
        │  T8      X010
101     └─┤ ├─────┤ ├───────────────────[SET  S29 ]
      S29
105 ─┤STL├──────────────────────────────( Y003 )
        ├──────────────────────────────( T9   K30 )
        │  T9      X007
110     └─┤ ├─────┤ ├───────────────────[SET  S30 ]
      S31
114 ─┤STL├──────────────────────────────( Y005 )
        ├──────────────────────────────( T10  K30 )
        │  T10     X011
119     └─┤ ├─────┤ ├───────────────────[SET  S12 ]
```

图 6-42　PLC 控制机械手程序（续）

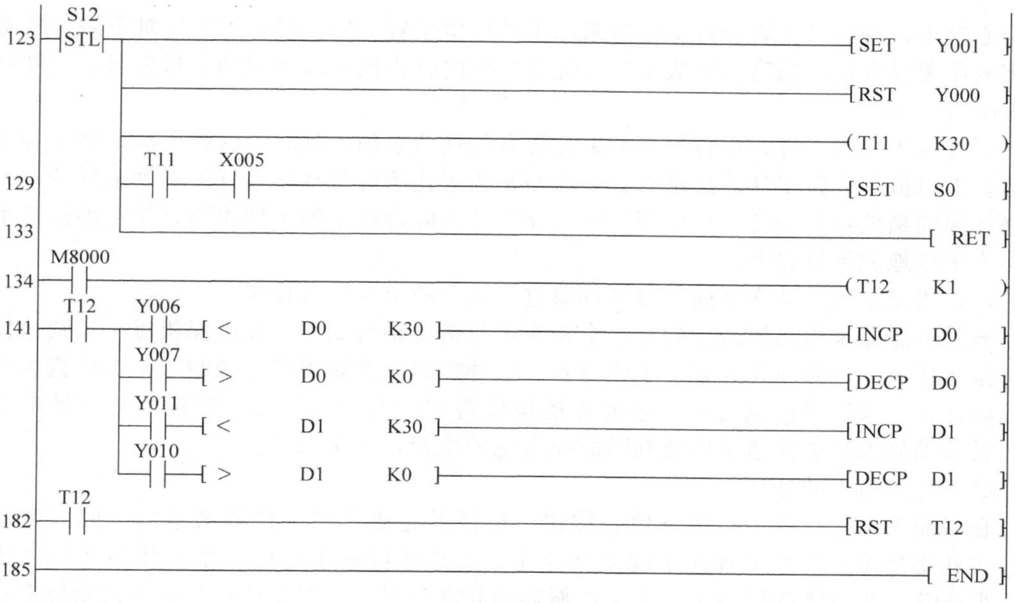

```
      S12
123 ─┤STL├──────────────────────────────[SET   Y001]
          ├──────────────────────────────[RST   Y000]
          ├──────────────────────────────(T11   K30 )
            T11     X005
129       ├──┤ ├────┤ ├──────────────────[SET   S0  ]
133       └──────────────────────────────[ RET ]
     M8000
134 ─┤ ├─────────────────────────────────(T12   K1  )
     T12    Y006
141 ─┤ ├──┬─┤ ├──[<   D0   K30]──────────[INCP  D0  ]
          │ Y007
          ├─┤ ├──[>   D0   K0 ]──────────[DECP  D0  ]
          │ Y011
          ├─┤ ├──[<   D1   K30]──────────[INCP  D1  ]
          │ Y010
          └─┤ ├──[>   D1   K0 ]──────────[DECP  D1  ]
     T12
182 ─┤ ├─────────────────────────────────[RST   T12 ]
185 ─────────────────────────────────────[ END ]
```

图 6-42　PLC 控制机械手程序（续）

## 五、知识拓展

很多机电设备都需要设置初始位置，当设备中的相关部分不在初始位置时，设备就不能启动运行。

（1）机械手初始位置。

任何有程序控制的机械设备或装置都有初始位置，它是设备或装置运行的起点。初始位置的设定应结合设备或装置的特点和实际运行状况进行，不能随意设置。机械手的初始位置所有气缸活塞杆应处于缩回状态。由于机械手的所有动作都是通过气缸来完成的，因此初始位置也就是机械手正常停止的位置。若停止时气缸的活塞杆处于伸出状态，活塞杆表面长时间暴露在空气中，容易受到腐蚀和氧化，导致活塞杆表面光洁度降低，引起气缸的气密性变差。当气缸动作时活塞缩回、伸出，由于表面光洁度降低，摩擦缸内的密封圈，时间长了就会引起气缸漏气。一旦漏气，气缸就不能稳定地工作，严重时还会造成气缸损坏。因此初始位置要求所有气缸活塞杆均缩回。从安全的角度出发，气缸的稳定工作也保证了机械手的安全运行。由于机械手的旋转气缸没有活塞杆，初始位置机械手的悬臂气缸如果停留在右限位，也是可以的。

（2）旋转气缸转动时，悬臂气缸活塞杆处于缩回状态。

在旋转气缸动作时，机械手悬臂伸出越长，悬臂气缸活塞杆受到的作用力就越大，旋转气缸转轴转动时要做的功也越大。如果机械手悬臂伸长较长，旋转时会增加启动负荷，停止时会增加对设备的冲击，容易造成旋转气缸活塞杆扭曲变形和设备的损坏。因此，从设备安全运行的角度出发，旋转气缸转动时悬臂气缸活塞杆必须处于缩回状态。

（3）气爪在抓取工件前后和放置工件前有延时。

气爪能稳定可靠地抓取和放置工件，一般会有一段时间的延时。因为气爪较小，当手臂气缸活塞杆下降到下限位传感器接到信号时，直接驱动气爪夹紧，一方面显得很仓促，另一方面要夹准工件，对设备的调试精度要求很高。首先要将手爪的中心与工件停留位置的中心对准，然后又要确保每次送过来的工件停留位置一致，另外手臂气缸下限位传感器安装的位置要合适，偏高会造成手臂气缸活塞杆的行程没到底就驱动手爪夹紧，工件会被气爪撞击。

若在气爪夹紧工件、手臂气缸活塞杆提升的环节里加入延时，就能可靠地将工件提升搬运。在机械手放置工件前加延时，一方面是为了让手臂气缸活塞杆下降到最低处，另一方面在降到最低点处后有一个停顿，能消除工件下降过程中的惯性作用，使工件以最小的冲击力平稳地放到位置上。

(4) 机械手每个动作之间的转换都通过传感器的位置信号控制。

通过传感器来检测机械手的每一个动作执行情况是否到位，能确保机械手完整地执行每个搬运环节，可靠地完成整个工作过程。这种控制方式属于状态控制，是目前机械设备操控设计普遍采用的控制方法。它能使机械设备准确无误地完成工作任务，一旦出现故障，设备维修人员能快速准确地判断故障出现的位置，及时修复。

(5) 停止信号的处理。

在机械手运行过程中，按下停止按钮，机械手完成当前工件的搬运后，回到原位停止。也就是当停止信号出现时不能立即停止，必须让机械手完成一个工作循环后才能停止。那么首先要分清楚机械手一个工作循环的起点和终点，工作任务中讲的初始位置就是机械手一个工作循环的起点和终点。编写程序时可利用一个辅助继电器 M，通过停止信号使辅助继电器 M 吸合并自锁，利用启动信号切断回路使 M 复位，然后再最后一个步进完成时，将辅助继电器 M 的常开触点串进输出停止步进的回路，将辅助继电器 M 的常闭触点串进输出启动步进的回路，就可符合工作任务的要求。

如果机械手在搬运过程中遇到突然断电等突发情况，要保证机械手所有气缸的气路状态断电瞬间不改变、夹持的工件不掉下，电磁阀的配置就需要有选择。要做到上述功能，机械手的悬臂气缸、手臂气缸、旋转气缸必须用二位五通双控电磁阀驱动。气爪气缸一般情况下选用二位五通单控电磁阀。我让二位五通单控电磁阀线圈通电时气爪松开，断电时气爪夹紧，那么无论在哪个环节，即使遇到突然断电等突发情况，夹持的工件也不会掉下。这样的配置，电磁阀线圈通电时间很短，既节约用电，也延长了电磁阀的使用寿命，更保证了机械手搬运工件过程中的安全运行。

## 六、思考与练习

根据所学知识，实现用 PLC 控制小车的循环移动，用组态软件监控图 6-43 所示的小车运动过程。

图 6-43　小车的循环移动

# 参 考 文 献


[1] 覃贵礼. 组态软件控制技术[M]. 北京：北京理工大学出版社，2007.

[2] 亚控公司. 组态王 Kingview6.55 使用手册. 2007.

[3] 袁秀英. 计算机监控系统的设计与调试—组态控制技术[M]. 2 版 . 北京：电子工业出版社，2010.

[4] 李红萍. 工控组态技术及应用[M]. 西安：西安电子科技大学出版社，2011.

[5] 廖常初. S7-200/300/400PLC 应用教程[M]. 北京：机械工业出版社，2010.

[6] 梁强. 西门子 PLC 控制系统设计及应用[M]. 北京：中国电力出版社，2011.

# 反侵权盗版声明

举报电话：（010）88254396；（010）88258888

传　　真：（010）88254397

E-mail：dbqq@phei.com.cn

通信地址：北京市海淀区万寿路173信箱

　　　　电子工业出版社总编办公室

邮　　编：100036